Göschens Lehrbücherei

1. Gruppe

Reine und angewandte Mathematik

Band 9

Algebra

Von

Professor Dr. Oskar Perron

II

Theorie der algebraischen Gleichungen

Walter de Gruyter & Co.

vormals G. J. Göschen'sche Verlagshandlung
J. Guttentag, Verlagsbuchhandlung — Georg
Reimer — Karl J. Trübner — Veit & Comp.

Berlin W 35

1951

Algebra

Von

Dr. Oskar Perron

o. ö. Professor der Mathematik
an der Universität München

II

Theorie der algebraischen Gleichungen

Dritte, verbesserte Auflage

Mit 5 Figuren

Walter de Gruyter & Co.

vormals G. J. Göschen'sche Verlagshandlung
J. Guttentag, Verlagsbuchhandlung — Georg
Reimer — Karl J. Trübner — Veit & Comp.

Berlin W 35

1951

Archiv-Nr. 12 05 51

Druck von Walter de Gruyter & Co., Berlin W 35

Vorwort zur zweiten Auflage.

Die Grundsätze, die mich bei Abfassung des ersten Bandes geleitet haben, sind auch für den zweiten maßgebend geblieben. Ebenso wie bei der zweiten Auflage des ersten Bandes habe ich mich auch jetzt bemüht, diese Grundsätze noch stärker zur Geltung zu bringen. Vor allem soll der Unterschied zwischen der älteren funktionentheoretischen und der modernen auf den Körperbegriff gegründeten Algebra dem Leser nachdrücklich zum Bewußtsein gebracht werden. Da aber das Buch in erster Linie für die Hand des Studierenden gedacht ist, wurde die Stoffauswahl nach den tatsächlichen Erfordernissen des Lernenden vorgenommen und wurde versucht, alles in möglichst leichtverständlicher, aber natürlich in absolut strenger Form darzustellen.

Im zweiten und fünften Kapitel ist nur wenig geändert. Dagegen hat das erste Kapitel eine starke Erweiterung erfahren, und die beiden wichtigsten Kapitel, das dritte und vierte, sind erheblich umgearbeitet und durch Hinzunahme einiger früher weggelassener Dinge besser abgerundet worden. Dabei konnte ich manche Bemerkungen, die mir von freundlichen Fachkollegen zugegangen sind, verwerten; insbesondere fühle ich mich den Herren Professor Hasse in Marburg und Professor Verriest in Löwen für wertvolle Ratschläge zu Dank verpflichtet. Vor allem gilt aber mein Dank auch wieder den Herren Dr. Bochner und Dr. Aumann, die beim Lesen der Korrektur mich tatkräftig unterstützt und zu wesentlichen Verbesserungen angeregt haben.

München, im Januar 1933. **Oskar Perron.**

Vorwort zur dritten Auflage.

Auch für diesen Band kam natürlich nur ein anastatischer Neudruck in Frage. Immerhin war es möglich, eine Reihe kleiner Änderungen und Verbesserungen anzubringen.

München, 1948 **Oskar Perron.**

Inhaltsverzeichnis.

Erstes Kapitel.

Numerische Auflösung von Gleichungen.

Zweites Kapitel.

Gleichungen bis zum vierten Grad und reziproke Gleichungen.

Drittes Kapitel.

Substitutionen und Gruppen.

Viertes Kapitel.

Die Galoissche Gleichungstheorie.

Fünftes Kapitel.

Die Gleichungen fünften Grades.

Erstes Kapitel.

Numerische Auflösung von Gleichungen.

§ 1. Reelle und komplexe Wurzeln.

1. Sind die Koeffizienten einer Gleichung komplexe Zahlen, so hat sie nach dem Fundamentalsatz der Algebra auch komplexe Zahlen zu Wurzeln. Im gegenwärtigen Kapitel wollen wir uns damit beschäftigen, diese Wurzeln ihrer absoluten Größe nach abzuschätzen und numerisch zu berechnen. Dabei handelt es sich ebenso wie beim Beweis des Fundamentalsatzes selbst vielfach um Methoden, die weniger der Algebra als der Funktionentheorie angehören; doch werden wir mit sehr bescheidenen funktionentheoretischen Mitteln auskommen.

Satz 1. *Sind die Koeffizienten des Polynoms*

$$a_0x^n + a_1x^{n-1} + \cdots + a_n$$

ganze Zahlen, und zwar $a_0 \neq 0$, $a_n \neq 0$, so sind die etwa vorhandenen rationalen Wurzeln alle von der Form $\pm \frac{k}{l}$, wo k ein Teiler von a_n und l ein Teiler von a_0 ist. Wenn also insbesondere $a_0 = 1$, so sind die rationalen Wurzeln notwendig ganze Zahlen.

Ist nämlich r eine rationale Wurzel, so ist das Polynom teilbar durch $x - r$, und folglich hat man die Zerlegung

$$a_0x^n + a_1x^{n-1} + \cdots + a_n = (x - r)\,(a_0x^{n-1} + b_1x^{n-2} + \cdots + b_{n-1}),$$

wo auch die b_ν rationale Zahlen sind. Nach Bd. I, Satz 75 gibt es dann aber eine äquivalente Zerlegung

$$(1)\quad a_0x^n + a_1x^{n-1} + \cdots + a_n = (lx - k)\,(c_0x^{n-1} + c_1x^{n-2} + \cdots + c_{n-1}),$$

bei der l, k und die c_ν ganze Zahlen sind. Die rationale Wurzel r ist dann gleich $\frac{k}{l}$, und da aus (1) folgt:

$$a_0 = lc_0, \qquad a_n = -kc_{n-1},$$

so ist a_0 durch l und ist a_n durch k teilbar; w. z. b. w.

Nach Satz 1 lassen sich die etwaigen rationalen Wurzeln einer Gleichung mit rationalen Koeffizienten stets durch eine endliche Anzahl von Versuchen ermitteln.

II. Nunmehr wenden wir uns zu Gleichungen mit reellen Koeffizienten.

Satz 2. *Hat eine Gleichung mit reellen Koeffizienten eine komplexe nicht reelle Wurzel, so ist die dazu konjugiert-komplexe Zahl ebenfalls eine Wurzel, und zwar von gleicher Vielfachheit.*

Die gegebene Gleichung mit reellen Koeffizienten sei

$$a_0 x^n + a_1 x^{n-1} + \cdots + a_n = 0.$$

Das linksstehende Polynom bezeichnen wir zur Abkürzung mit $f(x)$. Ist ξ eine komplexe Wurzel, so ist

$$f(\xi) = a_0 \xi^n + a_1 \xi^{n-1} + \cdots + a_n = 0.$$

Nach Bd. I, Satz 2 ist dann, wenn $\bar{\xi}$ die zu ξ konjugiert-komplexe Zahl bezeichnet,

$$f(\bar{\xi}) = a_0 \bar{\xi}^n + a_1 \bar{\xi}^{n-1} + \cdots + a_n = 0,$$

also $\bar{\xi}$ ebenfalls eine Wurzel der Gleichung. Ist nun ξ etwa eine k-fache Wurzel, so ist nach Bd. I, Satz 130

$$f(\xi) = 0, \quad f'(\xi) = 0, \quad \ldots, \quad f^{(k-1)}(\xi) = 0, \quad f^{(k)}(\xi) \neq 0,$$

und daher nach dem erwähnten Satz 2 auch

$$f(\bar{\xi}) = 0, \quad f'(\bar{\xi}) = 0, \quad \ldots, \quad f^{(k-1)}(\bar{\xi}) = 0, \quad f^{(k)}(\bar{\xi}) \neq 0;$$

das besagt aber, daß $\bar{\xi}$ ebenfalls eine k-fache Wurzel ist.

Die nicht reellen Wurzeln ordnen sich hiernach zu Paaren konjugiert-komplexer Wurzeln, sind also stets in gerader Anzahl vorhanden. Wir wollen jetzt Methoden kennenlernen, um einer gegebenen Gleichung mit reellen Koeffizienten anzusehen, wieviel reelle und wieviel Paare konjugiert-komplexer Wurzeln sie hat, ohne daß erst die Berechnung der Wurzeln nötig wäre. Sei

$$x^n + a_1 x^{n-1} + \cdots + a_n = 0 \tag{2}$$

die Gleichung. Sind $\xi_1, \ldots, \xi_n$ die n Wurzeln, so ist identisch

$$x^n + a_1 x^{n-1} + \cdots + a_n = (x - \xi_1)(x - \xi_2) \ldots (x - \xi_n), \tag{3}$$

und folglich sind die Zahlen $a_1, \ldots, a_n$, wie bereits in Bd. I, § 52 I bemerkt, die symmetrischen Grundfunktionen der n Wurzeln. Aus ihnen können wir nach Bd. I, § 32 die Potenzsummen

$$s_m = \xi_1^m + \xi_2^m + \cdots + \xi_n^m \qquad (m = 0, 1, 2, \cdots) \tag{4}$$

berechnen. Diese erweisen sich hiernach als reelle Zahlen und können als bekannt angesehen werden. Nunmehr bilden wir die reelle quadratische Form von n Variabeln

$$F(x_1, \ldots, x_n) = \sum_{\lambda=1}^{n} \sum_{\mu=1}^{n} s_{\lambda+\mu-2}\, x_\lambda x_\mu. \tag{5}$$

Ihr Rang und ihre Signatur können nach Bd. I, § 27 berechnet und somit ebenfalls als bekannt angesehen werden. Jetzt beweisen wir den

Satz 3. *Die Anzahl der voneinander verschiedenen Wurzeln der Gleichung* (2) *mit reellen Koeffizienten ist gleich dem Rang, die Anzahl der verschiedenen reellen Wurzeln ist gleich der Signatur der quadratischen Form* (5).

Setzt man in (5) für die $s_{\lambda+\mu-2}$ die Ausdrücke (4) ein, so kommt:

$$\begin{aligned}F(x_1, \ldots, x_n) &= \sum_{\lambda=1}^{n} \sum_{\mu=1}^{n} \Big(\sum_{\nu=1}^{n} \xi_\nu^{\lambda+\mu-2}\Big) x_\lambda x_\mu \\ &= \sum_{\nu=1}^{n} \Big(\sum_{\lambda=1}^{n} \xi_\nu^{\lambda-1} x_\lambda \cdot \sum_{\mu=1}^{n} \xi_\nu^{\mu-1} x_\mu\Big) \\ &= \sum_{\nu=1}^{n} (x_1 + \xi_\nu x_2 + \cdots + \xi_\nu^{n-1} x_n)^2 .\end{aligned}$$

Nunmehr ändern wir ein wenig die Bezeichnung der Wurzeln, um auch ihre Vielfachheit und Reellität in Erscheinung treten zu lassen. Die Anzahl der voneinander verschiedenen reellen Wurzeln sei k; sie seien (falls $k > 0$ ist) mit $\varrho_1, \ldots, \varrho_k$ bezeichnet, und zwar sei $\varrho_\varkappa$ eine $p_\varkappa$-fache Wurzel. Die Anzahl der voneinander verschiedenen Paare konjugiert-komplexer Wurzeln sei l; sie seien (falls $l > 0$ ist) mit $\sigma_1, \bar{\sigma}_1, \ldots, \sigma_l, \bar{\sigma}_l$ bezeichnet, und zwar sei σ_λ, also nach Satz 2 auch $\bar{\sigma}_\lambda$, eine q_λ-fache Wurzel. Die quadratische Form nimmt dann die Gestalt an:

$$(6)\quad \begin{cases} F(x_1, \ldots, x_n) = \sum\limits_{\varkappa=1}^{k} p_\varkappa (x_1 + \varrho_\varkappa x_2 + \cdots + \varrho_\varkappa^{n-1} x_n)^2 \\ + \sum\limits_{\lambda=1}^{l} q_\lambda [(x_1 + \sigma_\lambda x_2 + \cdots + \sigma_\lambda^{n-1} x_n)^2 + (x_1 + \bar{\sigma}_\lambda x_2 + \cdots + \bar{\sigma}_\lambda^{n-1} x_n)^2], \end{cases}$$

wo die erste bzw. zweite Summe fehlt, falls k bzw. l gleich 0 sein sollte. Natürlich ist $k + 2l \leqq n$; falls $k + 2l < n$, bezeichnen wir mit $\tau_1, \ldots, \tau_{n-k-2l}$ noch $n - k - 2l$ reelle Zahlen, die voneinander und von den $\varrho_\varkappa$ verschieden sind. Dann ist die Determinante

$$\begin{vmatrix} 1 & \ldots 1 & 1 & 1 & \ldots 1 & 1 & 1 & \ldots 1 \\ \varrho_1 & \ldots \varrho_k & \sigma_1 & \bar{\sigma}_1 & \ldots \sigma_l & \bar{\sigma}_l & \tau_1 & \ldots \tau_{n-k-2l} \\ \cdot & \cdot & \cdot & \cdot & \cdot & \cdot & \cdot & \cdot \\ \varrho_1^{n-1} & \ldots \varrho_k^{n-1} & \sigma_1^{n-1} & \bar{\sigma}_1^{n-1} & \ldots \sigma_l^{n-1} & \bar{\sigma}_l^{n-1} & \tau_1^{n-1} & \ldots \tau_{n-k-2l}^{n-1} \end{vmatrix},$$

deren erste k Spalten für $k = 0$ natürlich wegfallen (und entsprechend für $l = 0$ oder $n - k - 2l = 0$), nach Bd. I, § 22 I von 0 verschieden. Das gleiche gilt daher auch, wenn

$$(7)\quad \begin{cases} \sigma_\lambda = u'_\lambda + i v'_\lambda, & \bar{\sigma}_\lambda = u'_\lambda - i v'_\lambda \quad (v'_\lambda > 0), \\ \cdot\ \cdot\ \cdot\ \cdot\ \cdot\ \cdot\ \cdot\ \cdot\ \cdot & \cdot\ \cdot\ \cdot\ \cdot\ \cdot\ \cdot\ \cdot \\ \sigma_\lambda^{n-1} = u_\lambda^{(n-1)} + i v_\lambda^{(n-1)}, & \bar{\sigma}_\lambda^{n-1} = u_\lambda^{(n-1)} - i v_\lambda^{(n-1)} \end{cases}$$

gesetzt wird, von der Determinante mit lauter reellen Elementen:

$$\begin{vmatrix} 1 & \ldots 1 & 1 & 0 & \ldots 1 & 0 & 1 & \ldots 1 \\ \varrho_1 & \ldots \varrho_k & u'_1 & v'_1 & \ldots u'_l & v'_l & \tau_1 & \ldots \tau_{n-k-2l} \\ \cdot & \cdot & \cdot & \cdot & \cdot & \cdot & \cdot & \cdot \\ \varrho_1^{n-1} & \ldots \varrho_k^{n-1} & u_1^{(n-1)} & v_1^{(n-1)} & \ldots u_l^{(n-1)} & v_l^{(n-1)} & \tau_1^{n-1} & \ldots \tau_{n-k-2l}^{n-1} \end{vmatrix},$$

die ja gleich der vorausgehenden multipliziert mit $\left(\frac{i}{2}\right)^l$ ist[1]). Daher hat das Gleichungssystem

$$(8)\quad \begin{cases} x'_\varkappa = x_1 + \varrho_\varkappa x_2 + \cdots + \varrho_\varkappa^{n-1} x_n & (\varkappa = 1, 2, \ldots, k)\,, \\ \left.\begin{aligned} x'_{k+2\lambda-1} &= x_1 + u'_\lambda x_2 + \cdots + u_\lambda^{(n-1)} x_n \\ x'_{k+2\lambda} &= \qquad v'_\lambda x_2 + \cdots + v_\lambda^{(n-1)} x_n \end{aligned}\right\} & (\lambda = 1, 2, \ldots, l)\,, \\ x'_{k+2l+\mu} = x_1 + \tau_\mu x_2 + \cdots + \tau_\mu^{n-1} x_n & (\mu = 1, 2, \ldots, n-k-2l) \end{cases}$$

eine nicht verschwindende Determinante, stellt also eine reelle lineare Transformation dar. Durch diese geht die quadratische Form wegen (6) über in:

$$\sum_{\varkappa=1}^{k} p_\varkappa x_\varkappa'^2 + \sum_{\lambda=1}^{l} q_\lambda[(x'_{k+2\lambda-1} + i x'_{k+2\lambda})^2 + (x'_{k+2\lambda-1} - i x'_{k+2\lambda})^2]$$
$$= \sum_{\varkappa=1}^{k} p_\varkappa x_\varkappa'^2 + \sum_{\lambda=1}^{l} 2 q_\lambda x_{k+2\lambda-1}'^2 - \sum_{\lambda=1}^{l} 2 q_\lambda x_{k+2\lambda}'^2 .$$

Es kommen also $k + l$ positive und l negative Vorzeichen; der Rang der quadratischen Form ist daher

$$(k + l) + l = k + 2l\,,$$

und die Signatur ist

$$(k + l) - l = k\,.$$

In dem damit bewiesenen Satz 3 ist der folgende als bemerkenswerter Spezialfall enthalten:

Satz 4. *Die notwendige und hinreichende Bedingung dafür, daß alle Wurzeln der Gleichung* (2) *mit reellen Koeffizienten selbst reell und voneinander verschieden sind, besteht darin, daß die quadratische Form* (5) *positiv definit ist.*

III. Diese Untersuchungen lassen sich soweit vervollkommnen, daß man auch erkennt, wieviel verschiedene reelle Wurzeln zwischen zwei gegebenen reellen Zahlen α, β liegen. Dazu betrachten wir, indem wir alle seitherigen Bezeichnungen beibehalten und unter γ eine beliebige reelle Zahl verstehen, die quadratische Form

$$(9)\qquad G_\gamma(x_1, \ldots, x_n) = \sum_{\lambda=1}^{n} \sum_{\mu=1}^{n} (\gamma s_{\lambda+\mu-2} - s_{\lambda+\mu-1})\, x_\lambda x_\mu\,,$$

die auf Grund einer analogen Rechnung, wie sie oben bei $F(x_1, \ldots, x_n)$ durchgeführt wurde, gleich

$$\sum_{\nu=1}^{n} (\gamma - \xi_\nu)\,(x_1 + \xi_\nu x_2 + \cdots + \xi_\nu^{n-1} x_n)^2$$

ist und folglich auch gleich

[1]) Zum Beweis addiere man in der vorausgehenden Determinante zu den Elementen der $(k+1)$-ten Spalte die der $(k+2)$-ten Spalte; alsdann subtrahiere man von den Elementen der $(k+2)$-ten Spalte die mit $\frac{1}{2}$ multiplizierten Elemente der $(k+1)$-ten Spalte.

$$\sum_{\varkappa=1}^{k} p_\varkappa(\gamma-\varrho_\varkappa)(x_1+\varrho_\varkappa x_2+\cdots+\varrho_\varkappa^{n-1}x_n)^2$$
$$+\sum_{\lambda=1}^{l} q_\lambda[(\gamma-\sigma_\lambda)(x_1+\sigma_\lambda x_2+\cdots+\sigma_\lambda^{n-1}x_n)^2$$
$$+(\gamma-\bar\sigma_\lambda)(x_1+\bar\sigma_\lambda x_2+\cdots+\bar\sigma_\lambda^{n-1}x_n)^2].$$

Durch die reelle lineare Transformation (8) geht die Form daher über in:

$$\sum_{\varkappa=1}^{k} p_\varkappa(\gamma-\varrho_\varkappa)x_\varkappa'^2+\sum_{\lambda=1}^{l} q_\lambda\,[(\gamma-u_\lambda'-iv_\lambda')(x'_{k+2\lambda-1}+ix'_{k+2\lambda})^2$$
$$+(\gamma-u_\lambda'+iv_\lambda')(x'_{k+2\lambda-1}-ix'_{k+2\lambda})^2]=\sum_{\varkappa=1}^{k} p_\varkappa(\gamma-\varrho_\varkappa)x_\varkappa'^2$$
$$+2\sum_{\lambda=1}^{l} q_\lambda[(\gamma-u_\lambda')(x'^2_{k+2\lambda-1}-x'^2_{k+2\lambda})+2v_\lambda'x'_{k+2\lambda-1}x'_{k+2\lambda}].$$

Wenn man hierauf nun die weitere reelle lineare Transformation [1]) ausübt:

$$(10)\quad\begin{cases} x_\varkappa'=x_\varkappa'' & (\varkappa=1,2,\ldots,k)\,,\\ \left.\begin{aligned} x'_{k+2\lambda-1}&=x''_{k+2\lambda-1}+(u_\lambda'-\gamma+v_\lambda')x''_{k+2\lambda}\\ x'_{k+2\lambda}&=x''_{k+2\lambda-1}+(u_\lambda'-\gamma-v_\lambda')x''_{k+2\lambda}\end{aligned}\right\} & (\lambda=1,2,\ldots,l)\,,\\ x'_{k+2l+\mu}=x''_{k+2l+\mu} & (\mu=1,2,\ldots,n-k-2l)\,,\end{cases}$$

so entsteht nach kurzer Rechnung die Form

$$(11)\quad \sum_{\varkappa=1}^{k} p_\varkappa(\gamma-\varrho_\varkappa)x_\varkappa''^2+4\sum_{\lambda=1}^{l} q_\lambda[v_\lambda' x''^2_{k+2\lambda-1}-v_\lambda'\big((\gamma-u_\lambda')^2+v_\lambda'^2\big)x''^2_{k+2\lambda}].$$

Wenn etwa j von den Wurzeln $\varrho_\varkappa$ kleiner als γ und die andern $k-j$ größer als γ sind (also keine gleich γ), so hat die Form (11) $j+l$ positive und $k-j+l$ negative Koeffizienten; die Signatur ist also

$$(j+l)-(k-j+l)=2j-k\,.$$

Sind nun α,β zwei von allen $\varrho_\varkappa$ verschiedene reelle Zahlen, und zwar $\alpha<\beta$, so wählen wir zuerst $\gamma=\alpha$, sodann $\gamma=\beta$. Sind j_1 Wurzeln kleiner als α und j_2 Wurzeln kleiner als β, so daß j_2-j_1 Wurzeln zwischen α und β liegen, so ist die Signatur zuerst $2j_1-k$, sodann $2j_2-k$. Die Differenz der Signaturen ist also $2(j_2-j_1)$, und damit ergibt sich der

Satz 5. *Ist $\alpha<\beta$ und sind die Signaturen der quadratischen Formen*

$$\sum_{\lambda=1}^{n}\sum_{\mu=1}^{n}(\alpha s_{\lambda+\mu-2}-s_{\lambda+\mu-1})x_\lambda x_\mu\,,\qquad \sum_{\lambda=1}^{n}\sum_{\mu=1}^{n}(\beta s_{\lambda+\mu-2}-s_{\lambda+\mu-1})x_\lambda x_\mu$$

bzw. $\sigma_\alpha,\sigma_\beta$, so liegen zwischen α und β genau $\frac{1}{2}(\sigma_\beta-\sigma_\alpha)$ verschiedene Wurzeln der Gleichung (2) *mit reellen Koeffizienten, vorausgesetzt, daß α,β selbst keine Wurzeln der Gleichung sind.*

---

[1]) Das Gleichungssystem (10) ist wegen $v_\lambda'\neq 0$ nach den x_ν'' auflösbar, hat also nach Bd. I Satz 50 eine von 0 verschiedene Determinante (was man übrigens leicht auch direkt verifizieren kann); es stellt also wirklich eine lineare Transformation dar.

IV. Die Determinante der Matrix der quadratischen Form (5) ist

$$\begin{vmatrix} n & s_1 \dots s_{n-1} \\ s_1 & s_2 \dots s_n \\ \cdot & \cdot \quad \cdot \quad \cdot \quad \cdot \\ s_{n-1} & s_n \dots s_{2n-2} \end{vmatrix},$$

also nach Bd. I, § 35 IIC gleich

$$\prod_{\lambda > \mu}^{1, n} (\xi_\lambda - \xi_\mu)^2 .$$

Nach Bd. I, § 52, Formel (16) ist das aber die Diskriminante [1]) der Gleichung (2). Wir wollen jetzt zeigen, daß bei den Gleichungen zweiten und dritten Grades es gar nicht nötig ist, die Signatur der quadratischen Form (5) zu bestimmen, sondern daß dann die Diskriminante allein schon über die Reellität der Wurzeln entscheidet.

Bei der Gleichung zweiten Grades

$$a_0 x^2 + a_1 x + a_2 = 0$$

mit den beiden Wurzeln ξ_1, ξ_2 ist die Diskriminante D nach Bd. I, § 52, Formel (16) gleich $a_0^2(\xi_2 - \xi_1)^2$. Sind also ξ_1, ξ_2 ein Paar konjugiert-komplexer Wurzeln, so ist $\xi_2 - \xi_1$ rein imaginär, also $D < 0$. Sind aber ξ_1, ξ_2 reell, so ist $D > 0$ oder $D = 0$, je nachdem $\xi_1 \neq \xi_2$ oder $\xi_1 = \xi_2$ ist.

Bei der Gleichung dritten Grades

$$a_0 x^3 + a_1 x^2 + a_2 x + a_3 = 0$$

mit den Wurzeln ξ_1, ξ_2, ξ_3 ist die Diskriminante D nach Bd. I, § 52, Formel (16) gleich

$$a_0^4 (\xi_2 - \xi_1)^2 (\xi_3 - \xi_1)^2 (\xi_3 - \xi_2)^2 .$$

Ist nun ein Paar konjugiert-komplexer Wurzeln vorhanden, so seien diese etwa ξ_1, ξ_2. Dann ist $(\xi_2 - \xi_1)^2$ negativ, aber

$$(\xi_3 - \xi_1)^2 (\xi_3 - \xi_2)^2$$

ist als Produkt von zwei konjugiert-komplexen Zahlen positiv, daher $D < 0$. Sind dagegen alle Wurzeln reell, so ist $D > 0$ oder $D = 0$, je nachdem sie alle voneinander verschieden sind oder nicht. Zusammenfassend ergibt sich:

Satz 6. *Eine Gleichung zweiten oder dritten Grades mit reellen Koeffizienten hat, wenn die Diskriminante D positiv ist, lauter reelle und voneinander verschiedene Wurzeln. Wenn D verschwindet, hat sie lauter reelle Wurzeln, die aber nicht alle voneinander verschieden sind. Endlich, wenn D negativ ist, hat sie ein Paar konjugiert-komplexer Wurzeln.*

Die Ausdrücke für die Diskriminante sind in Bd. I, S. 213 mitgeteilt.

[1]) Unter der Diskriminante der Gleichung $f(x) = 0$ versteht man die Diskriminante des Polynoms $f(x)$.

§ 2. Sturmsche Ketten.

I. Es gibt noch eine zweite Methode, um die Anzahl der reellen Wurzeln zu finden. Dazu bedarf es einer Vorbemerkung. Sind $m+1$ nicht verschwindende reelle Zahlen in einer bestimmten Reihenfolge gegeben

(1) $$\alpha_0, \alpha_1, \ldots, \alpha_m,$$

so zählt man einen Zeichenwechsel, sooft auf eine Zahl eine mit anderem Vorzeichen folgt; man zählt eine Zeichenfolge, sooft auf eine Zahl eine mit gleichem Vorzeichen folgt. So finden sich in der Reihe

$$3,\ 2,\quad -1,\quad -1,\ 4,\quad -3,\ 3,\ 3$$

vier Zeichenwechsel und drei Zeichenfolgen. Sind unter den Zahlen (1) auch einige gleich 0, so zählt man soviel Zeichenwechsel und Zeichenfolgen, wie sich ergeben, wenn man die Nullen wegstreicht. So sind in der Reihe

$$0,\ 3,\ 2,\quad -1,\ 0,\ 0,\quad -1,\ 4,\ 0,\quad -3,\ 0,\ 0,\ 0,\ 3,\ 3$$

immer noch vier Zeichenwechsel und drei Zeichenfolgen.

Nunmehr betrachten wir $m+1$ Polynome mit reellen Koeffizienten:

(2) $$F_0(x),\ F_1(x),\ \ldots,\ F_m(x)$$

und ersetzen darin die Variable x durch Zahlenwerte ξ des Intervalles $\alpha \leqq \xi \leqq \beta$. Die $m+1$ Polynome heißen in der angeschriebenen Reihenfolge eine Sturmsche Kette für das Intervall (α, β), wenn sie die folgenden vier Bedingungen erfüllen:

1. $F_0(\alpha) \neq 0$, $F_0(\beta) \neq 0$;
2. $F_m(\xi) \neq 0$ für alle ξ des Intervalles $\alpha \leqq \xi \leqq \beta$;
3. wenn für ein ξ des Intervalles $\alpha \leqq \xi \leqq \beta$ einmal $F_\mu(\xi) = 0$ ist, wo μ eine der Zahlen $1, 2, \ldots, m-1$, so sind $F_{\mu-1}(\xi)$ und $F_{\mu+1}(\xi)$ von 0 verschieden und haben entgegengesetztes Vorzeichen;
4. wenn für ein ξ des Intervalles $\alpha \leqq \xi \leqq \beta$ einmal $F_0(\xi) = 0$ ist, so sind $F_1(\xi)$ und die Ableitung $F_0'(\xi)$ von 0 verschieden und haben gleiches Vorzeichen.

Wenn nun ξ irgendeine Zahl des Intervalles $\alpha \leqq \xi \leqq \beta$ bedeutet, so hat die Zahlenreihe

(2a) $$F_0(\xi),\ F_1(\xi),\ \ldots,\ F_m(\xi)$$

eine bestimmte Anzahl Zeichenwechsel. Um darüber größere Klarheit zu gewinnen, denken wir uns die etwa vorhandenen, zwischen α und β gelegenen verschiedenen Wurzeln der Polynome (2) der Größe nach aufgeschrieben:

$$\xi_1, \xi_2, \ldots, \xi_k,$$

und setzen noch $\alpha = \xi_0$, $\beta = \xi_{k+1}$, so daß

$$\xi_0 < \xi_1 < \xi_2 < \cdots < \xi_k < \xi_{k+1}$$

ist. Nun folgt aus Bd. I, Satz 127, daß jede Zahl $F_\mu(\xi)$ für alle ξ im Innern eines Teilintervalles $(\xi_{\nu-1}, \xi_\nu)$ gleiches Vorzeichen hat; also ist auch die Anzahl der Zeichenwechsel in der Reihe (2a) für alle solchen ξ die gleiche. Nun fragen wir, wie sich diese Anzahl ändert, wenn wir von einem Teilintervall $(\xi_{\nu-1}, \xi_\nu)$ zum nachstfolgenden $(\xi_\nu, \xi_{\nu+1})$ übergehen. Dabei kann wegen Bd. I, Satz 127 nur dann ein zwischen zwei Zahlen $F_\mu(\xi)$, $F_{\mu+1}(\xi)$ bestehender Zeichenwechsel in eine Zeichenfolge übergehen oder umgekehrt, wenn $F_\mu(\xi_\nu)$ oder $F_{\mu+1}(\xi_\nu)$ verschwindet. Nun sind zwei Fälle zu unterscheiden:

Wenn erstens ξ_ν keine Wurzel von $F_0(x)$ und folglich eine Wurzel von (mindestens) einem andern Polynom $F_\mu(x)$ ist, so ist nach Bedingung 2 $\mu < m$, und nach Bedingung 3 sind $F_{\mu-1}(\xi_\nu)$ und $F_{\mu+1}(\xi_\nu)$ von 0 verschieden und haben entgegengesetztes Vorzeichen. Diese Vorzeichen müssen die Zahlen $F_{\mu-1}(\xi)$ und $F_{\mu+1}(\xi)$ wieder wegen Bd. I, Satz 127 für alle ξ im Innern des ganzen Intervalles $(\xi_{\nu-1}, \xi_{\nu+1})$ beibehalten. Für all diese ξ liegt also in dem Reihenstück

$$F_{\mu-1}(\xi), \quad F_\mu(\xi), \quad F_{\mu+1}(\xi),$$

was auch $F_\mu(\xi)$ für ein Vorzeichen haben mag, immer genau ein Zeichenwechsel vor, also im Teilintervall $(\xi_{\nu-1}, \xi_\nu)$ ebenso viele wie in $(\xi_\nu, \xi_{\nu+1})$, nämlich einer. Hieraus erkennt man, daß in diesem Fall die Anzahl der Zeichenwechsel in der Reihe (2a) beim Übergang vom Intervall $(\xi_{\nu-1}, \xi_\nu)$ zum nächsten $(\xi_\nu, \xi_{\nu+1})$ sich nicht ändert.

Wenn aber zweitens ξ_ν eine Wurzel von $F_0(x)$ ist, so sind nach Bedingung 4 die Zahlen $F_1(\xi_\nu)$ und $F_0'(\xi_\nu)$ von 0 verschieden und haben gleiches Vorzeichen, welches dann $F_1(\xi)$ für alle ξ im Innern des ganzen Intervalles $(\xi_{\nu-1}, \xi_{\nu+1})$ beibehalten muß. Ist es das positive, so ist[1])

in $(\xi_{\nu-1}, \xi_\nu)$: $\quad F_0(\xi) < 0, \quad F_1(\xi) > 0,$
in $(\xi_\nu, \xi_{\nu+1})$: $\quad F_0(\xi) > 0, \quad F_1(\xi) > 0,$

so daß ein Zeichenwechsel verlorengeht. Ist es aber das negative, so ist[1])

in $(\xi_{\nu-1}, \xi_\nu)$: $\quad F_0(\xi) > 0, \quad F_1(\xi) < 0,$
in $(\xi_\nu, \xi_{\nu+1})$: $\quad F_0(\xi) < 0, \quad F_1(\xi) < 0,$

[1]) Das beruht auf dem bekannten Satz der Differentialrechnung: „Wenn die Ableitung $F'(x)$ an einer Stelle $x = \xi$ positiv (negativ) ist, so nimmt der Funktionswert an dieser Stelle mit wachsendem x zu (ab)." Dieser Satz läßt sich für ein Polynom $F(x)$, wofür er hier einzig in Frage kommt, folgendermaßen beweisen: Nach dem Taylorschen Satz ist, wenn der Grad von $F(x)$ mit n bezeichnet wird und wenn $F'(\xi) \neq 0$ ist:

$$\begin{aligned} F(\xi + h) - F(\xi) &= hF'(\xi) + \frac{h^2}{2!}F''(\xi) + \cdots + \frac{h^n}{n!}F^{(n)}(\xi) \\ &= hF'(\xi) \cdot \left\{1 + \frac{h}{2!}\frac{F''(\xi)}{F'(\xi)} + \cdots + \frac{h^{n-1}}{n!}\frac{F^{(n)}(\xi)}{F'(\xi)}\right\}. \end{aligned}$$

Der numerische Wert der geschweiften Klammer liegt, wenn $|h|$ hinreichend klein ist, in der Nähe von 1, ist also positiv. Wenn daher $F'(\xi) > 0$ ist, so ist

$$F(\xi + h) - F(\xi) \begin{cases} > 0 & \text{für } h > 0 \\ < 0 & \text{für } h < 0; \end{cases}$$

der Funktionswert $F(\xi)$ wächst also zugleich mit ξ. Wenn aber $F'(\xi) < 0$, so ist

$$F(\xi + h) - F(\xi) \begin{cases} < 0 & \text{für } h > 0 \\ > 0 & \text{für } h < 0; \end{cases}$$

der Funktionswert $F(\xi)$ nimmt also mit wachsendem ξ ab.

so daß ebenfalls ein Zeichenwechsel verlorengeht. Hieraus schließt man, daß, wenn ξ_ν eine Wurzel von $F_0(x)$ ist, die Reihe (2a) beim Übergang vom Intervall $(\xi_{\nu-1}, \xi_\nu)$ ins nächste $(\xi_\nu, \xi_{\nu+1})$ genau einen Zeichenwechsel verliert, und daran wird nach der Überlegung des ersten Falles auch nichts geändert, wenn ξ_ν zugleich auch Wurzel eines andern Polynoms $F_\mu(x)$ sein sollte.

Hiernach geht nun beim Übergang von einem Teilintervall $(\xi_{\nu-1}, \xi_\nu)$ zum nächsten $(\xi_\nu, \xi_{\nu+1})$ immer dann ein Zeichenwechsel verloren, wenn ξ_ν eine Wurzel von $F_0(x)$ ist. Zählt man also im ersten Teilintervall (α, ξ_1) p Zeichenwechsel und im letzten (ξ_ν, β) noch q Zeichenwechsel, so sind im ganzen $p-q$ verlorengegangen; also sind unter den Zahlen ξ_ν genau $p-q$ Wurzeln von $F_0(x)$. Das besagt aber, daß $F_0(x)$ zwischen α und β genau $p-q$ verschiedene Wurzeln hat. Da nach Bedingung 4 mit $F_0(\xi)$ nie zugleich die Ableitung $F_0'(\xi)$ verschwindet, sind alle Wurzeln einfach.

Statt nun aber die Zeichenwechsel für ein ξ im Innern des Intervalles (α, ξ_1) zu zählen, kann man sie ebensogut an der Stelle α selbst zählen. Ihre Anzahl ist dann selbstverständlich dieselbe, falls keines der Polynome $F_\mu(\xi)$ an der Stelle α verschwindet (wieder nach Bd. I, Satz 127). Wenn aber etwa $F_\mu(\alpha) = 0$, so ist nach Bedingung 1 und 2: $0 < \mu < m$ und nach Bedingung 3 haben $F_{\mu-1}(\xi)$ und $F_{\mu+1}(\xi)$ für $\xi = \alpha$ entgegengesetzte Vorzeichen, welche dann auch im ganzen Intervall $\alpha < \xi < \xi_1$ beibehalten werden. Daher weisen die drei Zahlen

$$F_{\mu-1}(\xi), \quad F_\mu(\xi), \quad F_{\mu+1}(\xi)$$

im ganzen Intervall $\alpha < \xi < \xi_1$ genau einen Zeichenwechsel auf, welches Vorzeichen $F_\mu(\xi)$ auch haben mag. Ebenso erhält man aber auch für $\xi = \alpha$ genau einen Zeichenwechsel, wenn man bedenkt, daß $F_\mu(\alpha)$ verschwindet, also bei Zählung der Zeichenwechsel auszustreichen ist. So erkennt man, daß in der Tat die Anzahl der Zeichenwechsel in der Reihe (2a) im Innern des Teilintervalles (α, ξ_1) dieselbe ist wie an der Stelle α selbst. Ebenso ergibt sich auch, daß die Anzahl der Zeichenwechsel im Innern des Teilintervalles (ξ_k, β) dieselbe ist wie an der Stelle β selbst. Somit ergibt sich der

Satz 7. *Wenn die $m+1$ Polynome*

$$F_0(x), F_1(x), \ldots, F_m(x)$$

eine Sturmsche Kette für das Intervall (α, β) bilden, und wenn die Anzahl der Zeichenwechsel in den beiden Zahlenreihen

$$F_0(\alpha), F_1(\alpha), \ldots, F_m(\alpha),$$
$$F_0(\beta), F_1(\beta), \ldots, F_m(\beta)$$

p bzw. q ist, so ist stets $p \geqq q$, und das Polynom $F_0(x)$ hat zwischen α und β genau $p-q$ Wurzeln; sie sind sämtlich einfach.

II. Sei jetzt $f(x)$ ein Polynom mit reellen Koeffizienten. Wenn es in einem gewissen Intervall nur einfache Wurzeln hat, so wird es zur Bestimmung ihrer Anzahl genügen, eine Sturmsche Kette herzustellen, die mit $f(x)$ beginnt. Dazu hat Ch. Sturm das nachstehende Verfahren angegeben, bei dem es zunächst gleichgültig ist, ob nur einfache oder auch mehrfache Wurzeln vorhanden sind. Man wendet auf $f(x)$ und die Ableitung $f'(x)$ den Euklidischen Algorithmus zur Bestimmung des größten gemeinsamen Teilers an, welcher nach Bd. I, § 37 I folgendermaßen verläuft:

$$(3)\qquad \begin{cases} f(x) = f'(x)\,q_1(x) + f_3(x), \\ f'(x) = f_3(x)\,q_2(x) + f_4(x), \\ f_3(x) = f_4(x)\,q_3(x) + f_5(x), \\ \cdots\cdots\cdots\cdots \\ f_m(x) = f_{m+1}(x)\,q_m(x) + f_{m+2}(x). \end{cases}$$

Wenn nun $f(x)$ lauter einfache Wurzeln hat, so sind nach Bd. I, § 51 III $f(x)$ und $f'(x)$ relativ prim; ihr größter gemeinsamer Teiler ist also gleich 1 und das Gleichungssystem (3) läßt sich so weit fortsetzen, bis das letzte Polynom $f_{m+2}(x)$ eine von 0 verschiedene Konstante ist. Jetzt sieht man leicht, daß die Polynome

$$(4)\qquad f(x),\ f'(x),\ -f_3(x),\ -f_4(x),\ f_5(x),\ \ldots,\ \pm f_{m+2}(x),$$

wo immer abwechselnd zwei positive und zwei negative Vorzeichen kommen, eine Sturmsche Kette bilden für jedes Intervall (α, β), sofern nur $f(\alpha) \neq 0$, $f(\beta) \neq 0$ ist. Daß nämlich die ersten beiden Bedingungen für eine Sturmsche Kette erfüllt sind, ist evident, ebenso die vierte. Bezüglich der dritten Bedingung sieht man zunächst, daß, wenn zwei aufeinanderfolgende Polynome der Kette eine gemeinsame Wurzel hätten, diese dann wegen (3) zugleich eine Wurzel von allen Polynomen wäre, also auch von $f_{m+2}(x)$, während doch $f_{m+2}(x)$ eine von 0 verschiedene Konstante ist. Wenn nun nach Ersetzung von x durch eine reelle Zahl ξ einmal ein mittleres Glied der Kette (4) verschwindet, etwa $\pm f_\mu(\xi)$, so haben wegen (3) die Polynomwerte $f_{\mu-1}(\xi)$ und $f_{\mu+1}(\xi)$ gleiches Vorzeichen; die in der Kette (4) kommenden Polynomwerte

$$\pm f_{\mu-1}(\xi), \qquad \mp f_{\mu+1}(\xi)$$

also entgegengesetztes. Die dritte Bedingung ist somit ebenfalls erfüllt.

Um daher die Anzahl der reellen zwischen α und β liegenden Wurzeln von $f(x)$ zu bestimmen, hat man nach Satz 7 nur in den beiden Zahlenreihen

$$f(\alpha),\ f'(\alpha),\ -f_3(\alpha),\ -f_4(\alpha),\ \ldots,\ \pm f_{m+2}(\alpha),$$
$$f(\beta),\ f'(\beta),\ -f_3(\beta),\ -f_4(\beta),\ \ldots,\ \pm f_{m+2}(\beta)$$

die Zeichenwechsel zu zählen. Hat die erste etwa p, die zweite q Zeichenwechsel, so ist $p - q$ die gesuchte Anzahl.

Um hiernach auch die Anzahl aller reellen Wurzeln von $f(x)$ zu finden, ist nur nötig, für β eine hinreichend große positive und für α eine negative, aber absolut hinreichend große Zahl zu wählen derart, daß außerhalb des Intervalles (α, β) gewiß keine Wurzel mehr liegt. Man kommt aber noch schneller zum Ziel, wenn man bedenkt, daß die Polynomwerte

$$a_0\beta^n + a_1\beta^{n-1} + \cdots + a_n \qquad (\beta > 0),$$
$$a_0\alpha^n + a_1\alpha^{n-1} + \cdots + a_n \qquad (\alpha < 0)$$

für hinreichend große Werte von β bzw. $|\alpha|$ dasselbe Vorzeichen wie a_0

bzw. $a_0(-1)^n$ haben [1]), so daß man von einer Suche nach geeigneten Zahlen α, β ganz absehen kann.

Unter Umständen läßt sich das Verfahren abkürzen. Wenn nämlich unter den Polynomen $f_\nu(x)$ einmal eines vorkommt, dem man ansieht, daß es keine reelle Wurzel hat, wie etwa $x^2 + 1$, so muß es für alle reellen Zahlen $x = \xi$ konstantes Vorzeichen haben. Wir nehmen an, daß in dem Gleichungssystem (3) etwa das Polynom $f_{m+2}(x)$ diese Eigenschaft hat, ohne wie vorhin konstant zu sein. Alsdann braucht man den Prozeß nicht über $f_{m+2}(x)$ hinaus fortzusetzen, sondern die Polynome (4) bilden bereits wieder eine Sturmsche Kette für jedes Intervall; der Beweis ist genau der gleiche wie vorhin.

Beispiel: $f(x) = x^{2k+1} + ax + b, \quad a > 0.$

Hier hat bereits die Ableitung $f'(x) = (2k + 1)x^{2k} + a$ für alle reellen $x = \xi$ konstantes, und zwar positives Vorzeichen. Folglich bilden die beiden Polynome

$$f(x) = x^{2k+1} + ax + b, \qquad f'(x) = (2k + 1)x^{2k} + a$$

bereits eine Sturmsche Kette, und man sieht, daß $f(x)$ genau eine (und zwar einfache) reelle Wurzel hat, und zwar für $b > 0$ eine negative, für $b < 0$ eine positive.

III. Wenn $f(x)$ nicht lauter einfache Wurzeln hat, so kann man nach Bd. I, § 51 IV ein Polynom $\varphi(x)$ herstellen, welches die gleichen Wurzeln wie $f(x)$ hat, aber jede nur einfach. Auf $\varphi(x)$ läßt sich dann das soeben beschriebene Verfahren anwenden. Dabei erfordert die Herstellung von $\varphi(x)$ auch bereits die Aufstellung der Gleichungskette (3) und für $\varphi(x)$ muß man dann noch eine analoge Kette aufstellen. Letzteres läßt sich aber, wie wir zeigen wollen, vermeiden. Wir bilden zu dem Zweck die Gleichungskette (3) soweit, bis das letzte Polynom $f_{m+2}(x)$ ein Teiler von $f_{m+1}(x)$ ist, so daß beim nächsten Schritt kein Restpolynom $f_{m+3}(x)$ mehr kommt. Dann ist $f_{m+2}(x)$ von einem konstanten Faktor abgesehen der größte gemeinsame Teiler von $f(x)$ und $f'(x)$ und zugleich ein Teiler von allen $f_\nu(x)$. Wir behaupten, daß jetzt die Polynome

$$(5) \qquad \frac{f(x)}{f_{m+2}(x)}, \quad \frac{f'(x)}{f_{m+2}(x)}, \quad -\frac{f_3(x)}{f_{m+2}(x)}, \ldots, \pm\frac{f_{m+2}(x)}{f_{m+2}(x)},$$

wo wieder abwechselnd zwei positive und zwei negative Vorzeichen kommen, eine Sturmsche Kette bilden für jedes Intervall (α, β), sofern nur das erste Polynom für $x = \alpha$ und $x = \beta$ nicht verschwindet. Dabei ist das erste Polynom in (5) nach Bd. I, § 51 IV gerade das oben erwähnte Polynom, welches die

---

[1]) Das beruht einfach auf der Formel

$$a_0\xi^n + a_1\xi^{n-1} + \cdots + a_n = a_0\xi^n\left(1 + \frac{a_1}{a_0}\frac{1}{\xi} + \cdots + \frac{a_n}{a_0}\frac{1}{\xi^n}\right),$$

wo ja die Zahl in der Klammer für absolut hinreichend große Werte von ξ in beliebiger Nähe von 1 liegt, also gewiß positiv ist, während der Faktor außerhalb der Klammer für $\xi > 0$ das Vorzeichen von a_0 und für $\xi < 0$ das Vorzeichen von $a_0(-1)^n$ hat.

gleichen Wurzeln wie $f(x)$, aber jede nur einfach hat, so daß man durch Abzählen der Vorzeichenwechsel nach Satz 7 stets die Anzahl der verschiedenen Wurzeln von $f(x)$ in einem Intervall (α, β) erhält.

Daß die Polynome (5) die ersten beiden Bedingungen für eine Sturmsche Kette erfüllen, ist evident. Daß sie die dritte erfüllen, ergibt sich genau wie vorhin bei der Kette (4), wobei nur die Gleichungen (3) zuvor durch $f_{m+2}(x)$ zu dividieren sind. Etwas schwieriger ist das Erfülltsein der vierten Bedingung einzusehen. Wir setzen zu dem Zweck

$$(6) \qquad \frac{f(x)}{f_{m+2}(x)} = g(x), \qquad \frac{f'(x)}{f_{m+2}(x)} = h(x)$$

und müssen dann zeigen, daß, wenn für eine reelle Zahl ξ einmal $g(\xi) = 0$ ist, dann $g'(\xi)$ und $h(\xi)$ nicht verschwinden und gleiches Vorzeichen haben.

Da $f_{m+2}(x)$ mit dem größten gemeinsamen Teiler von $f(x)$ und $f'(x)$ äquivalent ist, sind $g(x)$ und $h(x)$ relativ prim. Wenn also einmal $g(\xi) = 0$, so ist gewiß $h(\xi) \neq 0$. Ist ξ etwa eine k-fache Wurzel von $f(x)$, also eine $(k-1)$-fache von $f_{m+2}(x)$ und eine einfache von $g(x)$, so setzen wir

$$(7) \qquad f(x) = (x-\xi)^k F(x),$$

$$(8) \qquad g(x) = (x-\xi)\, G(x),$$

wobei dann $F(\xi) \neq 0$, $G(\xi) \neq 0$ ist. Daraus folgt

$$(9) \qquad f'(x) = k(x-\xi)^{k-1} F(x) + (x-\xi)^k F'(x),$$

$$(10) \qquad g'(x) = G(x) + (x-\xi)\, G'(x)$$

und aus (6) ergibt sich weiter

$$\frac{h(x)}{g(x)} = \frac{f'(x)}{f(x)} = \frac{k}{x-\xi} + \frac{F'(x)}{F(x)}.$$

Multipliziert man diese Gleichung mit (8), so folgt schließlich

$$(11) \qquad h(x) = k\,G(x) + (x-\xi)\, G(x)\, \frac{F'(x)}{F(x)}.$$

Nach (10) ist $g'(\xi) = G(\xi)$ und nach (11) ist $h(\xi) = kG(\xi)$. Somit sind in der Tat $h(\xi)$ und $g'(\xi)$ von 0 verschieden und haben gleiches Vorzeichen; w. z. b. w.

Bei Herstellung der Sturmschen Kette (5) hat man die Unbequemlichkeit, daß man alle Polynome $f_\nu(x)$ durch $f_{m+2}(x)$ dividieren muß. Aber man kann sich das sparen und statt der Kette (5) die Kette (4) betrachten. Diese wird zwar keine Sturmsche Kette mehr sein, weil für eine mehrfache Wurzel von $f(x)$ gleichzeitig alle Polynome (4) verschwinden; man kann sie aber doch in gleicher Weise wie eine Sturmsche Kette verwenden. Denn wenn man in der richtigen Sturmschen Kette (5) für x eine reelle Zahl α einsetzt, für welche $f(\alpha)$ und also auch $f_{m+2}(\alpha)$ nicht verschwindet, so bleibt die Anzahl der Zeichenwechsel offenbar erhalten, wenn man alle Zahlen mit dem Nenner $f_{m+2}(\alpha)$ multipliziert. Für die Zählung der Zeichenwechsel kann man also statt der Kette (5) auch die bequemere Kette (4) benutzen und man gewinnt so die allgemein gültige

Regel. Wenn $f(x)$ für $x = \alpha$ und für $x = \beta$, wo $\beta > \alpha$, nicht verschwindet und wenn die Kette (4) für $x = \alpha$ bezw. $x = \beta$ genau p bezw. q Zeichenwechsel aufweist, so hat $f(x)$ zwischen α und β genau $p - q$ verschiedene Wurzeln.

Über die Vielfachheit der Wurzeln erlaubt das Verfahren keine allgemein gültige Aussage.

IV. Ein bemerkenswertes Beispiel einer Sturmschen Kette sind auch die Legendreschen Polynome. Bezeichnet man die λ-te Ableitung eines Polynoms $f(x)$ mit $D^\lambda[f(x)]$ und versteht man unter $D^0[f(x)]$ das Polynom $f(x)$ selbst, so werden die Polynome

$$(12) \qquad P_\lambda(x) = \frac{1}{2^\lambda \lambda!} D^\lambda[(x^2 - 1)^\lambda] \qquad (\lambda = 0, 1, 2, \ldots)$$

als Legendresche Polynome oder auch als Kugelfunktionen bezeichnet. Indem man auf $(x^2 - 1)^\lambda$ den binomischen Satz anwendet, kann man die λ-te Ableitung leicht bilden und erhält dann $P_\lambda(x)$ als Polynom vom Grad λ. Z. B. ist

$$(13) \qquad P_0(x) = 1, \quad P_1(x) = x, \quad P_2(x) = \tfrac{3}{2}x^2 - \tfrac{1}{2}.$$

Zwischen den Polynomen $P_\lambda(x)$ bestehen mannigfache Beziehungen, deren wichtigste wir herleiten wollen. Unter Benutzung der Formel für die höheren Ableitungen eines Produktes (Bd. I, S. 64, erster Spezialfall) findet man, wenn $\lambda \geqq 2$ ist:

$$\begin{aligned} D^\lambda[(x^2 - 1)^\lambda] &= D^\lambda[(x^2 - 1)^{\lambda-1} (x^2 - 1)] \\ &= (x^2 - 1)\, D^\lambda[(x^2 - 1)^{\lambda-1}] + 2\lambda x D^{\lambda-1}[(x^2 - 1)^{\lambda-1}] \\ &\quad + \lambda(\lambda - 1)\, D^{\lambda-2}[(x^2 - 1)^{\lambda-1}]. \end{aligned}$$

Anderseits ist nach der gleichen Formel aber auch

$$\begin{aligned} D^\lambda[(x^2 - 1)^\lambda] &= D^{\lambda-1}[\lambda(x^2 - 1)^{\lambda-1} \cdot 2x] \\ &= 2\lambda x D^{\lambda-1}[(x^2 - 1)^{\lambda-1}] + 2\lambda(\lambda - 1)\, D^{\lambda-2}[(x^2 - 1)^{\lambda-1}]. \end{aligned}$$

Wenn man nun die erste dieser Formeln mit 2 multipliziert und dann die zweite davon abzieht, ergibt sich:

$$D^\lambda[(x^2 - 1)^\lambda] = 2(x^2 - 1)\, D^\lambda[(x^2 - 1)^{\lambda-1}] + 2\lambda x D^{\lambda-1}[(x^2 - 1)^{\lambda-1}],$$

und hieraus, indem man durch $2^\lambda(\lambda - 1)!$ dividiert:

$$(14) \qquad \lambda P_\lambda(x) = (x^2 - 1)\, P'_{\lambda-1}(x) + \lambda x P_{\lambda-1}(x).$$

Diese zunächst für $\lambda \geqq 2$ hergeleitete Formel gilt aber offenbar auch noch für $\lambda = 1$, weil dann beide Seiten gleich x sind. Weiter ist für $\lambda \geqq 1$

$$\begin{aligned} D^{\lambda+1}[(x^2 - 1)^\lambda] &= D^\lambda[\lambda(x^2 - 1)^{\lambda-1} \cdot 2x] \\ &= 2\lambda x D^\lambda[(x^2 - 1)^{\lambda-1}] + 2\lambda^2 D^{\lambda-1}[(x^2 - 1)^{\lambda-1}], \end{aligned}$$

also, indem man durch $2^\lambda \lambda!$ dividiert:

$$(15) \qquad P'_\lambda(x) = x P'_{\lambda-1}(x) + \lambda P_{\lambda-1}(x).$$

Wenn man nun (15) mit $x^2 - 1$ und (14) mit x multipliziert, ergibt sich durch Subtraktion:

$$(16) \qquad (x^2 - 1)\, P'_\lambda(x) = \lambda x P_\lambda(x) - \lambda P_{\lambda-1}(x).$$

Wenn man schließlich in (14) λ durch $\lambda + 1$ ersetzt und dann Formel (16) hinzuzählt, erhält man:

$$(17) \qquad (\lambda + 1)\,P_{\lambda+1}(x) = (2\lambda + 1)\,x\,P_\lambda(x) - \lambda P_{\lambda-1}(x)\,.$$

Aus (16) und (17) ersieht man nun, daß die Polynome

$$(18) \qquad P_n(x)\,,\ P_{n-1}(x), \ldots, P_1(x)\,,\ P_0(x)$$

eine Sturmsche Kette für das Intervall $(-1, 1)$ bilden. Denn zunächst folgt aus (16) für $x = \pm 1$:

$$P_\lambda(1) = P_{\lambda-1}(1)\,, \qquad P_\lambda(-1) = -P_{\lambda-1}(-1)\,,$$

und hieraus, weil $P_0(x) = 1$ ist:

$$(19) \qquad P_\lambda(1) = 1\,, \qquad P_\lambda(-1) = (-1)^\lambda\,.$$

Die erste Bedingung für eine Sturmsche Kette ist also erfüllt, ebenso offenbar die zweite. Ferner können keine zwei aufeinanderfolgenden Polynome der Kette (18) eine gemeinsame Wurzel haben, weil sonst wegen (17) alle Polynome diese Wurzel haben müßten, also auch $P_0(x)$, während doch $P_0(x) = 1$ ist. Ebenfalls aus (17) folgt, daß, wenn $P_\lambda(x)$ für eine reelle Zahl $x = \xi$ verschwindet, dann $P_{\lambda+1}(\xi)$ und $P_{\lambda-1}(\xi)$ entgegengesetztes Vorzeichen haben, so daß auch die dritte Bedingung erfüllt ist. Endlich ergibt sich aus (16) für $\lambda = n$, daß, wenn $P_n(\xi)$ für eine Zahl ξ zwischen -1 und 1 verschwindet, dann $P_n'(\xi)$ und $P_{n-1}(\xi)$ dasselbe Vorzeichen haben; es ist also auch die vierte Bedingung erfüllt.

Um daher zu finden, wieviel Wurzeln von $P_n(x)$ zwischen -1 und $+1$ liegen, hat man nach Satz 7 nur nötig, in der Kette (18) zuerst x durch -1 und dann x durch 1 zu ersetzen. Im ersten Fall ergeben sich wegen (19) n Zeichenwechsel, im zweiten Fall gar keiner. Es gehen also n Zeichenwechsel verloren, und folglich gibt es n und zwar einfache Wurzeln. Da $P_n(x)$ vom Grad n, so sind damit alle Wurzeln erschöpft, und man erhält den

Satz 8. *Die n Wurzeln des Legendreschen Polynoms $P_n(x)$ sind sämtlich reell und einfach und liegen zwischen -1 und 1.*

Einen zweiten Beweis dieses Satzes werden wir in § 8 II kennenlernen.

§ 3. Vorzeichenregeln von Fourier-Budan und Descartes.

I. Die Frage nach der Wurzelreellität ist im vorausgehenden zwar erschöpfend beantwortet. In der Praxis ist aber die Herstellung einer Sturmschen Kette nach der Vorschrift des § 2 II meist viel zu umständlich, als daß sie wirklich in Angriff genommen werden könnte, und die Aufstellung und Untersuchung der quadratischen Formen des § 1 ist bei Gleichungen höheren Grades praktisch erst recht nicht möglich. Daher ist es von Wert, für die Wurzelreellität auch einige Kriterien zu haben, die zwar weniger erschöpfend, dafür aber leichter zu handhaben sind. Ein erstes derartiges Kriterium ist der

Satz 9. *Seien α, β zwei reelle Zahlen. und $f(x)$ ein Polynom mit reellen Koeffizienten. Wenn dann die Zahlen $f(\alpha)$ und $f(\beta)$ entgegengesetztes Vorzeichen*

haben, so liegt zwischen α und β eine ungerade Anzahl Wurzeln von $f(x)$, also mindestens eine. Wenn aber $f(\alpha)$ und $f(\beta)$ gleiches Vorzeichen haben, so liegt zwischen α und β entweder keine oder eine gerade Anzahl von Wurzeln. Hierbei ist jede Wurzel ihrer Vielfachheit entsprechend zu zählen.

Sei etwa α die kleinere der beiden Zahlen α, β. Indem wir statt $f(x)$ nötigenfalls das Polynom $-f(x)$ betrachten, dürfen wir annehmen, daß $f(\alpha) > 0$ ist. Die voneinander verschiedenen Wurzeln zwischen α und β (falls es solche gibt) seien der Größe nach geordnet:

$$\xi_1, \xi_2, \ldots, \xi_r,$$

und allgemein sei ξ_ν eine k_ν-fache Wurzel. Dann kann $f(\xi)$, wenn ξ alle Zahlen im Innern eines der Teilintervalle

$$(\alpha, \xi_1), (\xi_1, \xi_2), \ldots, (\xi_r, \beta)$$

durchläuft, sein Vorzeichen nicht ändern (nach Bd. I, Satz 127); im ersten Teilintervall ist es wegen $f(\alpha) > 0$ das positive Vorzeichen. Nun ist, weil ξ_ν eine k_ν-fache Wurzel sein soll,

$$f(\xi_\nu) = 0, \quad f'(\xi_\nu) = 0, \ldots, f^{(k_\nu-1)}(\xi_\nu) = 0, \quad f^{(k_\nu)}(\xi_\nu) \neq 0.$$

Daher ist nach dem Taylorschen Satz

$$f(\xi_\nu \pm h) = \frac{(\pm h)^{k_\nu}}{k_\nu!} f^{(k_\nu)}(\xi_\nu) + \cdots + \frac{(\pm h)^n}{n!} f^{(n)}(\xi_\nu),$$

wenn n den Grad des Polynoms $f(x)$ bezeichnet. Folglich haben für genügend kleine positive Werte von h die Zahlen

$$f(\xi_\nu - h) \text{ und } f(\xi_\nu + h)$$

gleiches oder entgegengesetztes Vorzeichen, je nachdem k_ν gerade oder ungerade ist. Das besagt, daß das Vorzeichen von $f(\xi)$ in den Teilintervallen $(\xi_{\nu-1}, \xi_\nu)$ und $(\xi_\nu, \xi_{\nu+1})$ dasselbe oder das entgegengesetzte ist, je nachdem k_ν gerade oder ungerade ist.

Nun hat $f(\xi)$ im Intervall (α, ξ_1) das Vorzeichen $+$, daher in (ξ_1, ξ_2) das Vorzeichen $(-1)^{k_1}$, in (ξ_2, ξ_3) das Vorzeichen $(-1)^{k_1+k_2}$ usw. Schließlich stellt sich im Intervall (ξ_r, β) das Vorzeichen

$$(-1)^{k_1+k_2+\cdots+k_r}$$

ein. Wenn $f(\beta) < 0$, so ist also $k_1 + k_2 + \cdots + k_r$ ungerade; wenn $f(\beta) > 0$, so ist $k_1 + k_2 + \cdots + k_r$ gerade. Damit ist Satz 9 bewiesen.

II. Sei wieder $f(x)$ ein Polynom n-ten Grades mit reellen Koeffizienten. Wir bilden die Reihe seiner aufeinanderfolgenden Ableitungen

$$(1) \qquad f(x), f'(x), \ldots, f^{(n)}(x).$$

Nun beweisen wir den folgenden nach Fourier und (mit Unrecht) Budan benannten

Satz 10. *Sei $f(x)$ ein Polynom n-ten Grades mit reellen Koeffizienten und seien α, β zwei reelle Zahlen, so daß $\alpha < \beta$ und daß $f(\alpha) \neq 0$, $f(\beta) \neq 0$ ist. Bezeichnet man dann mit p bzw. q die Anzahl der Zeichenwechsel in der Reihe (1), wenn man x durch α bzw. β ersetzt, so ist $p \geqq q$, und die Anzahl der zwischen*

α und β liegenden Wurzeln von $f(x)$ ist entweder gleich $p - q$ oder um eine gerade Zahl kleiner. Dabei ist jede Wurzel ihrer Vielfachheit entsprechend zu zählen.

Analog wie beim Beweis des Sturmschen Satzes denken wir uns die etwa vorhandenen, zwischen α und β gelegenen Wurzeln der Polynome (1) der Größe nach aufgeschrieben:

$$\xi_1, \xi_2, \ldots, \xi_k,$$

und setzen noch $\alpha = \xi_0$, $\beta = \xi_{k+1}$, so daß

$$\xi_0 < \xi_1 < \xi_2 < \cdots < \xi_k < \xi_{k+1}$$

ist. Dann hat analog wie damals die Reihe (1) für alle $x = \xi$ im Innern eines Teilintervalles $(\xi_{\nu-1}, \xi_\nu)$ dieselbe Anzahl Zeichenwechsel. Gehen wir aber von einem Teilintervall $(\xi_{\nu-1}, \xi_\nu)$ zum nächsten $(\xi_\nu, \xi_{\nu+1})$ über, so bemerken wir folgendes:

Ist ξ_ν eine Wurzel von $f(x)$, etwa eine j-fache, so ist nach dem Taylorschen Satz

$$f(\xi_\nu \pm h) = \frac{(\pm h)^j}{j!} f^{(j)}(\xi_\nu) + \cdots + \frac{(\pm h)^n}{n!} f^{(n)}(\xi_\nu),$$

$$f'(\xi_\nu \pm h) = \frac{(\pm h)^{j-1}}{(j-1)!} f^{(j)}(\xi_\nu) + \cdots + \frac{(\pm h)^{n-1}}{(n-1)!} f^{(n)}(\xi_\nu),$$

$$\cdots\cdots\cdots\cdots\cdots\cdots\cdots\cdots\cdots$$

$$f^{(j)}(\xi_\nu \pm h) = \frac{(\pm h)^0}{0!} f^{(j)}(\xi_\nu) + \cdots + \frac{(\pm h)^{n-j}}{(n-j)!} f^{(n)}(\xi_\nu).$$

Daher sind für genügend kleine positive Werte von h in dem Reihenstück

$$f(\xi_\nu - h),\quad f'(\xi_\nu - h), \ldots, f^{(j)}(\xi_\nu - h)$$

lauter Zeichenwechsel, in dem Reihenstück

$$f(\xi_\nu + h),\quad f'(\xi_\nu + h), \ldots, f^{(j)}(\xi_\nu + h)$$

dagegen lauter Zeichenfolgen. Beim Übergang von $(\xi_{\nu-1}, \xi_\nu)$ zu $(\xi_\nu, \xi_{\nu+1})$ gehen also j Zeichenwechsel verloren.

Für $x = \xi_\nu$ selbst handelt es sich um das Reihenstück

$$f(\xi_\nu) = 0, \quad f'(\xi_\nu) = 0, \ldots, \quad f^{(j-1)}(\xi_\nu) = 0, \quad f^{(j)}(\xi_\nu),$$

das auch schon keinen Zeichenwechsel enthält (bei der Zählung sind ja die Nullen einfach wegzustreichen). Die Zahl der Zeichenwechsel an der Stelle ξ_ν ist daher dieselbe wie im Intervall $(\xi_\nu, \xi_{\nu+1})$, nicht etwa wie im Intervall $(\xi_{\nu-1}, \xi_\nu)$.

Ist ξ_ν eine l-fache Wurzel von $f^{(\lambda)}(x)$, ohne Wurzel von $f^{(\lambda-1)}(x)$ zu sein, so sieht man analog, daß das Reihenstück

$$f^{(\lambda)}(\xi), \quad f^{(\lambda+1)}(\xi), \ldots, f^{(\lambda+l)}(\xi),$$

wenn ξ von $(\xi_{\nu-1}, \xi_\nu)$ zu $(\xi_\nu, \xi_{\nu+1})$ übergeht, genau l Zeichenwechsel verliert. Außerdem ist aber in diesem Fall

$$f^{(\lambda-1)}(\xi_\nu \pm h) = f^{(\lambda-1)}(\xi_\nu) + \frac{(\pm h)^{l+1}}{(l+1)!} f^{(\lambda+l)}(\xi_\nu) + \cdots,$$

$$f^{(\lambda)}(\xi_\nu \pm h) = \frac{(\pm h)^l}{l!} f^{(\lambda+l)}(\xi_\nu) + \cdots,$$

woraus man entnimmt, daß das Zahlenpaar

$$f^{(\lambda-1)}(\xi), \quad f^{(\lambda)}(\xi)$$

bei diesem Übergang keinen Zeichenwechsel verliert oder gewinnt, falls l gerade ist; dagegen einen verliert oder gewinnt, falls l ungerade ist.

Zusammenfassend gehen also in dem Reihenstück

$$f^{(\lambda-1)}(\xi), \quad f^{(\lambda)}(\xi), \ldots, f^{(\lambda+l)}(\xi)$$

beim Übergang der Zahl ξ vom Intervall $(\xi_{\nu-1}, \xi_\nu)$ ins Intervall $(\xi_\nu, \xi_{\nu+1})$, wenn l gerade ist, l Zeichenwechsel verloren; wenn aber l ungerade ist, so werden $l+1$ oder $l-1$ Zeichenwechsel verloren. Immer geht also eine gerade Anzahl verloren oder gar keiner. An der Stelle ξ_ν selbst ist, wie man wieder leicht sieht, die Zahl der Zeichenwechsel stets so groß wie im Intervall $(\xi_\nu, \xi_{\nu+1})$. Insbesondere an der Stelle α ist sie so groß wie im Intervall (α, ξ_1); an der Stelle β dagegen ist sie so groß wie im Intervall (ξ_k, β) oder um eine gerade Zahl kleiner.

Aus diesen Betrachtungen ergibt sich nun für die gesamte Reihe (1) folgendes: Beim Übergang der Zahl $x = \xi$ vom Intervall $(\xi_{\nu-1}, \xi_\nu)$ zum nächsten $(\xi_\nu, \xi_{\nu+1})$ werden, wenn ξ_ν eine j-fache Wurzel von $f(x)$ ist, entweder j Zeichenwechsel verloren oder eine gerade Anzahl mehr; das gilt auch für $j = 0$. Der Gesamtverlust beim Übergang vom ersten Intervall (α, ξ_1) zum letzten (ξ_k, β) ist demnach gleich der Anzahl aller Wurzeln von $f(x)$ zwischen α und β, jede ihrer Vielfachheit entsprechend gezählt, oder um eine gerade Anzahl größer. Zählt man aber die Zeichenwechsel statt im Intervall (α, ξ_1) an der Stelle α selbst, so ist die Zahl dieselbe. Und wenn man die Zeichenwechsel statt im Intervall (ξ_k, β) lieber an der Stelle β selbst zählt, so ist die Zahl dieselbe oder um eine gerade Zahl kleiner. Der Verlust an Zeichenwechseln beim Übergang von α zu β ist daher erst recht gleich der Zahl der Wurzeln von $f(x)$ zwischen α und β oder um eine gerade Zahl größer. Damit ist Satz 10 bewiesen.

III. Aus dem Fourier-Budanschen Satz ergibt sich leicht die folgende Vorzeichenregel von Descartes:

Satz 11. *Die Gleichung n-ten Grades mit reellen Koeffizienten*

$$a_0 x^n + a_1 x^{n-1} + \cdots + a_n = 0 \qquad (a_0 \neq 0, a_n \neq 0)$$

hat, wenn die Reihe ihrer Koeffizienten

$$a_0, a_1, a_2, \ldots, a_n$$

p Zeichenwechsel aufweist, p positive Wurzeln oder eine gerade Anzahl weniger, wobei jede Wurzel ihrer Vielfachheit entsprechend gezählt wird. Insbesondere gibt es also, wenn nur ein Zeichenwechsel vorhanden ist, genau eine, und zwar einfache positive Wurzel.

Zum Beweis bemerken wir zunächst[1]), daß ein Polynom von x mit reellen Koeffizienten, wenn x durch eine genügend große positive Zahl ersetzt

---

[1]) Vgl. die Fußnote S. 11.

wird, eine Zahl darstellt, die das gleiche Vorzeichen hat wie der Koeffizient der höchsten Potenz von x. Wenn nun

$$a_0 x^n + a_1 x^{n-1} + \cdots + a_n = f(x)$$

gesetzt wird, so ist die Zahlenreihe

$$f(0), f'(0), \ldots, f^{(n)}(0),$$

von positiven Faktoren abgesehen, gleich der Reihe

$$a_n, a_{n-1}, \ldots, a_0;$$

sie enthält also p Zeichenwechsel. Dagegen enthält die Reihe

$$f(\beta), f'(\beta), \ldots, f^{(n)}(\beta),$$

wenn β eine genügend große positive Zahl ist, gar keinen Zeichenwechsel, weil alle Zahlen das gleiche Vorzeichen wie a_0 haben. Zwischen 0 und β werden also p Zeichenwechsel verloren, folglich liegen nach Satz 10 zwischen 0 und β entweder p Wurzeln oder eine gerade Anzahl weniger; w. z. b. w.

Aus Satz 11 kann man auch ein Resultat über die Anzahl der negativen Wurzeln entnehmen. Man braucht nur $x = -x'$ zu setzen und findet dann, daß die Zahl der negativen Wurzeln gleich ist der Zahl der Zeichenwechsel in der Reihe

$$a_0, \; -a_1, \; a_2, \; -a_3, \ldots, \; (-1)^n a_n$$

oder um eine gerade Zahl kleiner.

Man sieht leicht, daß die Gesamtzahl der Zeichenwechsel in den beiden Reihen

$$\begin{array}{lllll} a_0, & a_1, & a_2, & a_3, \ldots, & a_n, \\ a_0, & -a_1, & a_2, & -a_3, \ldots, & (-1)^n a_n \end{array}$$

höchstens gleich n ist. Wenn nämlich kein a_ν verschwindet, entspricht jedem Zeichenwechsel der ersten Reihe eine Zeichenfolge der zweiten und umgekehrt; also ist die Gesamtzahl der Zeichenwechsel gleich n. Wenn für ein oder mehrere ν der Koeffizient a_ν verschwindet und die beiden Nachbarn $a_{\nu-1}$ und $a_{\nu+1}$ entgegengesetztes Vorzeichen haben, so ist die Gesamtzahl immer noch n; dagegen wird sie offenbar kleiner, wenn die Nachbarn gleiches Vorzeichen haben oder wenn zwei aufeinanderfolgende a_ν verschwinden. Durch diese Überlegungen folgt aus Satz 11 weiter der

Satz 12. *Wenn die Gleichung mit reellen Koeffizienten*

$$a_0 x^n + a_1 x^{n-1} + \cdots + a_n = 0 \qquad (a_0 \neq 0, a_n \neq 0)$$

lauter reelle Wurzeln hat, so ist die Anzahl der positiven bzw. negativen, jede ihrer Vielfachheit entsprechend gezählt, genau gleich der Zahl der Zeichenwechsel in der Reihe

$$a_0, \quad a_1, \quad a_2, \quad a_3, \ldots, \quad a_n$$

bzw. in der Reihe

$$a_0, \quad -a_1, \quad a_2, \quad -a_3, \ldots, (-1)^n a_n.$$

Wenn ein Koeffizient a_ν verschwindet, so sind die benachbarten von 0 verschieden und haben entgegengesetztes Vorzeichen.

IV. Allgemeiner gestatten die Sätze 11 bzw. 12 sogar die Anzahl der zwischen α und β gelegenen Wurzeln in analoger Weise abzuschätzen bzw. genau anzugeben. Zu dem Zweck bezeichnen wir mit $\xi_1, \ldots, \xi_n$ die Wurzeln der Gleichung $f(x) = 0$ und suchen die Transformierte mit den Wurzeln

$$(2) \qquad \eta_1 = \frac{\xi_1 - \alpha}{\beta - \xi_1}, \quad \eta_2 = \frac{\xi_2 - \alpha}{\beta - \xi_2}, \ldots, \quad \eta_n = \frac{\xi_n - \alpha}{\beta - \xi_n}.$$

Nach Bd. I, § 53 I ist das die Gleichung

$$R_x\bigl(f(x), y(\beta - x) - (x - \alpha)\bigr) = 0,$$

oder, indem man die Resultante etwa in der Sylvesterschen Determinantenform anschreibt, nach leichter Ausrechnung:

$$(3) \quad a_0(\beta y + \alpha)^n + a_1(\beta y + \alpha)^{n-1}(y + 1) + \cdots + a_n(y + 1)^n = 0.$$

Jeder Wurzel der Gleichung $f(x) = 0$, die im Intervall (α, β) bzw. außerhalb desselben liegt, entspricht nun vermöge (2) umkehrbar eindeutig eine positive bzw. negative Wurzel der Gleichung (3) von gleicher Vielfachheit. Man hat also nur nötig, die linke Seite der Gleichung (3) nach Potenzen von y zu ordnen, und kann dann die Sätze 11 und 12 auf sie anwenden.

§ 4. Die Säkulargleichung.

I. Eine häufig vorkommende Gleichung ist die folgende:

$$(1) \qquad \begin{vmatrix} a_{11} - x & a_{12} & \ldots & a_{1n} \\ a_{21} & a_{22} - x & \ldots & a_{2n} \\ \cdot & \cdot & \cdot & \cdot \\ a_{n1} & a_{n2} & \ldots & a_{nn} - x \end{vmatrix} = 0,$$

wobei die $a_{\lambda\mu}$ reelle Zahlen sind, und zwar $a_{\lambda\mu} = a_{\mu\lambda}$. Die Gleichung tritt auf bei dem Hauptachsenproblem der Flächen zweiten Grades (vgl. § 5), in der Theorie der kleinen Schwingungen und in der Theorie der säkularen Planetenstörungen; aus letzterem Grund nennt man sie die Säkulargleichung. Der wichtigste Satz über die Säkulargleichung ist der, daß sie lauter reelle Wurzeln hat. Hermite hat diesen Satz verallgemeinert, indem er von den Zahlen $a_{\lambda\mu}$ nur voraussetzt, daß sie die Koeffizienten einer Hermiteschen Form (Bd. I, § 27 IV) sind. Die $a_{\lambda\mu}$ dürfen also komplexe Zahlen sein, die aber der Bedingung genügen müssen, daß stets $a_{\lambda\mu}$ die zu $a_{\mu\lambda}$ konjugiert-komplexe Zahl ist. Man sieht leicht, daß dann die Gleichung (1) reelle Koeffizienten hat. Denn wenn man in der obigen Determinante die Zeilen zu Spalten macht, gehen die Koeffizienten in ihre konjugiert-komplexen Werte über; anderseits wird aber durch diese Operation die Determinante gar nicht geändert, so daß die Koeffizienten mit den konjugiert-komplexen übereinstimmen, also reell sind. Die angekündigte Verallgemeinerung besagt nun, daß auch die Hermitesche Gleichung lauter reelle Wurzeln hat.

Man kann diesen Satz, in welchem der über die Säkulargleichung offenbar als Spezialfall enthalten ist, beweisen, indem man eine Sturmsche Kette konstruiert, deren erstes Glied das Polynom (1) ist, während die folgenden

Glieder gewisse Hauptunterdeterminanten von (1) sind. Dabei gibt aber das Auftreten mehrfacher Wurzeln zu unliebsamen Ausnahmen Veranlassung, die eine nachträgliche ergänzende Stetigkeitsbetrachtung nötig machen. Wir ziehen deshalb einen Beweis auf anderer Grundlage vor; dabei können wir den Satz gleich noch etwas verallgemeinern.

II. Wir bezeichnen jetzt wieder, wie schon wiederholt, die zu einer Zahl a konjugiert-komplexe Zahl mit $\bar{a}$.

Satz 13. *Die Gleichung*

$$\begin{vmatrix} a_{11} - b_{11}x & a_{12} - b_{12}x \ldots a_{1n} - b_{1n}x \\ \cdot & \cdot \\ a_{n1} - b_{n1}x & a_{n2} - b_{n2}x \ldots a_{nn} - b_{nn}x \end{vmatrix} = 0$$

hat, wenn

$$\sum_{\lambda=1}^{n} \sum_{\mu=1}^{n} a_{\lambda\mu} x_\lambda x_\mu, \qquad \sum_{\lambda=1}^{n} \sum_{\mu=1}^{n} b_{\lambda\mu} x_\lambda x_\mu$$

zwei reelle quadratische Formen sind ($a_{\lambda\mu} = a_{\mu\lambda}$, $b_{\lambda\mu} = b_{\mu\lambda}$) *und wenn die zweite (positiv oder negativ) definit ist, lauter reelle Wurzeln. Dasselbe trifft zu, wenn*

$$\sum_{\lambda=1}^{n} \sum_{\mu=1}^{n} a_{\lambda\mu} x_\lambda y_\mu, \qquad \sum_{\lambda=1}^{n} \sum_{\mu=1}^{n} b_{\lambda\mu} x_\lambda y_\mu$$

zwei Hermitesche Formen sind ($a_{\lambda\mu} = \bar{a}_{\mu\lambda}$, $b_{\lambda\mu} = \bar{b}_{\mu\lambda}$) *und wenn die zweite (positiv oder negativ) definit ist.*

Die obenerwähnten speziellen Sätze über die Säkular- bzw. Hermitesche Gleichung gehen hieraus hervor für

$$b_{\lambda\mu} = \begin{cases} 1, \text{ wenn } \lambda = \mu, \\ 0, \text{ wenn } \lambda \neq \mu. \end{cases}$$

Offenbar genügt es, von Satz 13 den zweiten Teil zu beweisen, in dem ja der erste als Spezialfall enthalten ist. Dann bemerken wir zunächst, daß die fragliche Gleichung stets vom Grad n ist. Denn der Koeffizient von x^n ist

$$(-1)^n \begin{vmatrix} b_{11} \ldots b_{1n} \\ \cdot \quad \cdot \quad \cdot \quad \cdot \\ b_{n1} \ldots b_{nn} \end{vmatrix},$$

und diese Determinante ist als Determinante einer definiten quadratischen bzw. Hermiteschen Form von 0 verschieden; der Rang einer definiten Form von n Variabeln bzw. Variabelnpaaren ist ja gleich n.

Ist nun die komplexe Zahl ξ eine Wurzel unserer Gleichung, so hat das homogene lineare Gleichungssystem

$$(2) \quad (a_{1\mu} - b_{1\mu}\xi)\, x_1 + (a_{2\mu} - b_{2\mu}\xi)\, x_2 + \cdots + (a_{n\mu} - b_{n\mu}\xi)\, x_n = 0$$
$$(\mu = 1, 2, \ldots, n)$$

eine nichttriviale Lösung $x_1, \ldots, x_n$ im Körper der komplexen Zahlen; denn die Determinante des Systems verschwindet. Multipliziert man (2) mit $\bar{x}_\mu$ und summiert nach μ, so erhält man:

$$\sum_{\lambda=1}^{n} \sum_{\mu=1}^{n} (a_{\lambda\mu} - b_{\lambda\mu}\xi)\, x_\lambda \bar{x}_\mu = 0,$$

oder also:

$$(3) \qquad \xi \cdot \sum_{\lambda=1}^{n} \sum_{\mu=1}^{n} b_{\lambda\mu} x_\lambda \bar{x}_\mu = \sum_{\lambda=1}^{n} \sum_{\mu=1}^{n} a_{\lambda\mu} x_\lambda \bar{x}_\mu .$$

Hier ist nun die Summe auf der rechten Seite wegen $a_{\lambda\mu} = \bar{a}_{\mu\lambda}$ auch gleich

$$\sum_{\lambda=1}^{n} \sum_{\mu=1}^{n} \bar{a}_{\mu\lambda} x_\lambda \bar{x}_\mu = \sum_{\lambda=1}^{n} \sum_{\mu=1}^{n} \bar{a}_{\lambda\mu} x_\mu \bar{x}_\lambda ;$$

sie stimmt daher mit der dazu konjugiert-komplexen Zahl überein, ist also reell. Die Summe auf der linken Seite ist aber nicht nur reell, sondern auch von 0 verschieden, weil

$$\sum_{\lambda=1}^{n} \sum_{\mu=1}^{n} b_{\lambda\mu} x_\lambda y_\mu$$

eine definite Form ist. Dann folgt aber aus (3), indem man durch die linksstehende Summe dividiert, daß auch ξ reell ist; w. z. b. w.

§ 5. Das Hauptachsenproblem.

I. Nach Bd. I, § 27 II kann man eine quadratische Form

$$(1) \qquad \sum_{\lambda=1}^{n} \sum_{\mu=1}^{n} a_{\lambda\mu} x_\lambda x_\mu \qquad (a_{\lambda\mu} = a_{\mu\lambda})$$

auf mannigfache Art durch eine lineare Transformation

$$(2) \qquad x_\lambda = \sum_{\mu=1}^{n} \gamma_{\lambda\mu} x'_\mu \qquad (\lambda = 1, 2, \ldots, n)$$

auf die Gestalt

$$(3) \qquad \sum_{\nu=1}^{n} \varrho_\nu x'^2_\nu$$

transformieren. Eine lineare Transformation heißt **orthogonal**, wenn sie die spezielle Form

$$(4) \qquad \sum_{\nu=1}^{n} x^2_\nu$$

in die gleichgebaute Form

$$(5) \qquad \sum_{\nu=1}^{n} x'^2_\nu$$

überführt. Da dann die inverse Transformation die Form (5) wieder in (4) überführt, ist sie ebenfalls orthogonal.

Wir stellen uns jetzt die Aufgabe, die Form (1) durch eine **orthogonale** Transformation auf die Gestalt (3) zu transformieren. Diese Aufgabe heißt das „Hauptachsenproblem", weil sie sich für $n = 2$ bzw. 3 geometrisch dahin interpretieren läßt, daß die Hauptachsen einer Kurve bzw. Fläche zweiter Ordnung gesucht werden. Zunächst untersuchen wir, wann eine lineare Transformation orthogonal ist.

Satz 14. *Die Formeln* (2) *stellen dann und nur dann eine orthogonale lineare Transformation dar, wenn ihre Koeffizienten* $\gamma_{\lambda\mu}$ *die Bedingungen*

$$\text{(A)} \qquad \sum_{\lambda=1}^{n} \gamma_{\lambda\mu}\gamma_{\lambda\nu} = \begin{cases} 1 & \text{für } \mu = \nu \\ 0 & \text{für } \mu \neq \nu \end{cases}$$

erfüllen. Es ist dann von selbst auch

$$\text{(B)} \qquad \sum_{\lambda=1}^{n} \gamma_{\mu\lambda}\gamma_{\nu\lambda} = \begin{cases} 1 & \text{für } \mu = \nu \\ 0 & \text{für } \mu \neq \nu, \end{cases}$$

$$\text{(C)} \qquad \begin{vmatrix} \gamma_{11} & \gamma_{12} & \cdots & \gamma_{1n} \\ \gamma_{21} & \gamma_{22} & \cdots & \gamma_{2n} \\ \cdot & \cdot & \cdot & \cdot \\ \gamma_{n1} & \gamma_{n2} & \cdots & \gamma_{nn} \end{vmatrix} = \pm 1,$$

und die zu (2) *inverse Transformation ist*

$$x'_\nu = \sum_{\lambda=1}^{n} \gamma_{\lambda\nu} x_\lambda \qquad (\nu = 1, 2, \ldots, n).$$

Beweis. Aus (2) folgt

$$\sum_{\lambda=1}^{n} x_\lambda^2 = \sum_{\lambda=1}^{n} \Big(\sum_{\mu=1}^{n} \gamma_{\lambda\mu} x'_\mu\Big)^2 = \sum_{\lambda=1}^{n}\sum_{\mu=1}^{n}\sum_{\nu=1}^{n} \gamma_{\lambda\mu} x'_\mu \gamma_{\lambda\nu} x'_\nu$$

$$= \sum_{\mu=1}^{n}\sum_{\nu=1}^{n} \Big(\sum_{\lambda=1}^{n} \gamma_{\lambda\mu}\gamma_{\lambda\nu}\Big) x'_\mu x'_\nu .$$

Die rechte Seite reduziert sich dann und nur dann auf $\sum x_\nu'^2$, wenn die $\gamma_{\lambda\mu}$ die Bedingungen (A) erfüllen. Weiter ist dann nach dem Produktsatz für Determinanten, wenn man Spalten mit Spalten kombiniert,

$$\begin{vmatrix} \gamma_{11} & \cdots & \gamma_{1n} \\ \cdot & \cdot & \cdot \\ \gamma_{n1} & \cdots & \gamma_{nn} \end{vmatrix} \times \begin{vmatrix} \gamma_{11} & \cdots & \gamma_{1n} \\ \cdot & \cdot & \cdot \\ \gamma_{n1} & \cdots & \gamma_{nn} \end{vmatrix} = \begin{vmatrix} 1 & 0 & \ldots & 0 \\ \cdot & \cdot & \cdot & \cdot \\ 0 & 0 & \ldots & 1 \end{vmatrix} = 1 .$$

Daher hat die Determinante in Satz 14 den dort angegebenen Wert; da sie also insbesondere von 0 verschieden ist, stellen die Formeln (2) wirklich eine lineare (und zwar orthogonale) Transformation dar. Schließlich folgt aus (2) mit Rücksicht auf (A):

$$\sum_{\lambda=1}^{n} \gamma_{\lambda\nu} x_\lambda = \sum_{\lambda=1}^{n} \gamma_{\lambda\nu} \sum_{\mu=1}^{n} \gamma_{\lambda\mu} x'_\mu = \sum_{\mu=1}^{n} \Big(\sum_{\lambda=1}^{n} \gamma_{\lambda\nu}\gamma_{\lambda\mu}\Big) x'_\mu = x'_\nu .$$

Die zu (2) inverse Transformation ist also wirklich die in Satz 14 angegebene, und da sie ebenfalls orthogonal sein muß, erfüllen ihre Koeffizienten die für Orthogonalität als notwendig erkannten Bedingungen; das sind aber die Gleichungen (B).

II. Jetzt können wir das Hauptachsenproblem in Angriff nehmen. Dabei wird, wenn wir für die gesuchte orthogonale Transformation und ihre inverse die Bezeichnung von Satz 14 anwenden, verlangt, daß

$$\sum_{\lambda=1}^{n}\sum_{\mu=1}^{n} a_{\lambda\mu} x_\lambda x_\mu = \sum_{\nu=1}^{n} \varrho_\nu x_\nu'^2 = \sum_{\nu=1}^{n} \varrho_\nu \Big(\sum_{\lambda=1}^{n} \gamma_{\lambda\nu} x_\lambda\Big)^2$$

$$= \sum_{\nu=1}^{n}\sum_{\lambda=1}^{n}\sum_{\mu=1}^{n} \varrho_\nu \gamma_{\lambda\nu} x_\lambda \gamma_{\mu\nu} x_\mu = \sum_{\lambda=1}^{n}\sum_{\mu=1}^{n}\Big(\sum_{\nu=1}^{n} \varrho_\nu \gamma_{\lambda\nu}\gamma_{\mu\nu}\Big) x_\lambda x_\mu$$

ist. Das besagt soviel wie

$$a_{\lambda\mu} = \sum_{\nu=1}^{n} \varrho_\nu \gamma_{\lambda\nu}\gamma_{\mu\nu} \qquad (\lambda, \mu = 1, 2, \ldots, n). \tag{6}$$

Aus (6) folgt, wenn man mit $\gamma_{\mu\varkappa}$ multipliziert und nach μ summiert, mit Hilfe des Formelsystems (A) von Satz 14:

$$\sum_{\mu=1}^{n} a_{\lambda\mu}\gamma_{\mu\varkappa} = \varrho_\varkappa \gamma_{\lambda\varkappa} \qquad (\lambda, \varkappa = 1, 2, \ldots, n). \tag{7}$$

Umgekehrt folgt aus (7), indem man mit $\gamma_{\mu\varkappa}$ multipliziert und nach $\varkappa$ summiert, mit Hilfe des Formelsystems (B) von Satz 14 auch wieder (6), so daß die Formeln (6) und (7) gleichbedeutend sind. Unsere Aufgabe ist also darauf zurückgeführt, gewisse Größen $\varrho_\varkappa$ und $\gamma_{\mu\varkappa}$ ausfindig zu machen derart, daß die Formeln (7) bestehen und außerdem die Formeln (A) von Satz 14. Da nun wegen der letzteren Formeln die n Größen

$$\gamma_{1\varkappa}, \gamma_{2\varkappa}, \ldots, \gamma_{n\varkappa}$$

die Quadratsumme 1 haben müssen, also nicht alle verschwinden dürfen, so folgt aus (7):

$$\begin{vmatrix} a_{11}-\varrho_\varkappa & a_{12} & \ldots a_{1n} \\ a_{21} & a_{22}-\varrho_\varkappa & \ldots a_{2n} \\ \cdot & \cdot & \cdot \\ a_{n1} & a_{n2} & a_{nn}-\varrho_\varkappa \end{vmatrix} = 0. \tag{8}$$

Nun wollen wir zunächst an einem Beispiel zeigen, daß das Hauptachsenproblem durchaus nicht immer lösbar ist. Dazu betrachten wir die quadratische Form, bei der

$$a_{11} = 1, \quad a_{12} = a_{21} = i, \quad a_{22} = -1$$

ist, während alle andern $a_{\lambda\mu}$ verschwinden. Die Gleichung (8) lautet dann nach leichter Ausrechnung der Determinante einfach: $\varrho_\varkappa^n = 0$. Wenn die Transformation möglich wäre, so wären also alle Koeffizienten $\varrho_\varkappa$ der transformierten Form gleich 0, so daß wegen der Erhaltung des Ranges (Bd. I, Seite 118) auch die ursprüngliche Form lauter verschwindende Koeffizienten haben müßte, was nicht der Fall ist.

Wir wollen jetzt zeigen, daß die Transformation bei reellen quadratischen Formen stets möglich ist. Es gilt nämlich der wichtige

Satz 15. *Eine reelle quadratische Form*

$$\sum_{\lambda=1}^{n}\sum_{\mu=1}^{n} a_{\lambda\mu} x_\lambda x_\mu \qquad (a_{\lambda\mu} = a_{\mu\lambda})$$

läßt sich stets durch eine reelle orthogonale Transformation auf die Gestalt

$$\sum_{\varkappa=1}^{n} \varrho_\varkappa x_\varkappa'^2$$

transformieren. Dabei sind die n Koeffizienten $\varrho_\varkappa$ *notwendig die n Wurzeln der sogenannten „charakteristischen Gleichung":*

$$\begin{vmatrix} a_{11} - x & a_{12} & \dots a_{1n} \\ a_{21} & a_{22} - x & \dots a_{2n} \\ \cdot & \cdot & \cdot \\ a_{n1} & a_{n2} & \dots a_{nn} - x \end{vmatrix} = 0.$$

Nach § 4 sind alle Wurzeln der charakteristischen Gleichung reell. Daß dann jeder Koeffizient $\varrho_\varkappa$ der transformierten Form eine solche Wurzel sein muß, folgt aus (8). Nun sei $\varrho_\varkappa$ etwa eine k-fache Wurzel. Wir werden unten in III beweisen, daß dann die Determinante (8) den Rang $n - k$ hat[1]). Nehmen wir das einstweilen als bekannt an, so hat das Gleichungssystem (7) bei festem $\varkappa$ für die n Unbekannten

$$\gamma_{1\varkappa}, \gamma_{2\varkappa}, \dots, \gamma_{n\varkappa} \tag{9}$$

nach Bd. I, Satz 48 genau k linear unabhängige Lösungen. Daraus folgt, daß unter den Koeffizienten der transformierten Form jedenfalls nicht mehr als k gleich der Wurzel $\varrho_\varkappa$ sein können; denn die zugehörigen Systeme (9) müssen sämtlich den Gleichungen (7) genügen und wegen

$$\begin{vmatrix} \gamma_{11} \dots \gamma_{n1} \\ \dots\dots \\ \gamma_{1n} \dots \gamma_{nn} \end{vmatrix} = \pm 1 \neq 0 \tag{10}$$

linear unabhängig sein[2]). Somit ergibt sich, daß, wenn es überhaupt eine Transformation der verlangten Art gibt, die n Koeffizienten $\varrho_\varkappa$ der transformierten Form genau die n Wurzeln der charakteristischen Gleichung sein müssen.

Um nun einzusehen, daß es wirklich eine solche Transformation gibt, ist nur noch zu zeigen, daß die n^2 Größen $\gamma_{\lambda\varkappa}$ sich als reelle Zahlen so bestimmen lassen, daß die Gleichungen (7) und außerdem die Gleichungen (A) von Satz 14 erfüllt sind. Nun kann man die Lösungen der Gleichungen (7) gewiß reell wählen, weil die $a_{\lambda\mu}$ und $\varrho_\varkappa$ reell sind. Wenn nun etwa $\varrho_\varkappa \neq \varrho_\iota$, so folgt aus (7) unter Berücksichtigung von $a_{\lambda\mu} = a_{\mu\lambda}$:

$$\varrho_\varkappa \sum_{\lambda=1}^{n} \gamma_{\lambda\varkappa}\gamma_{\lambda\iota} = \sum_{\lambda=1}^{n}\sum_{\mu=1}^{n} a_{\lambda\mu}\gamma_{\mu\varkappa}\gamma_{\lambda\iota} = \sum_{\mu=1}^{n}\sum_{\lambda=1}^{n} a_{\mu\lambda}\gamma_{\lambda\iota}\gamma_{\mu\varkappa} = \varrho_\iota \sum_{\mu=1}^{n} \gamma_{\mu\iota}\gamma_{\mu\varkappa}.$$

---

[1]) Unter dem Rang einer Determinante verstehen wir natürlich den Rang der Matrix mit dem gleichen Elementenschema. Unter den m-reihigen Unterdeterminanten werden wir die m-reihigen Determinanten der betreffenden Matrix verstehen.

[2]) Wären sie linear abhängig, so müßten die aus den betreffenden k Zeilen der Determinante (10) gebildeten k-reihigen Determinanten nach Bd. I, Satz 47 sämtlich verschwinden; also würde die Determinante (10) selbst verschwinden.

Da die erste und letzte Summe in dieser Formelkette dieselben sind und $\varrho_\varkappa \neq \varrho_\iota$ ist, muß der gemeinsame Wert der genannten Summen gleich 0 sein; also ist

$$\sum_{\lambda=1}^{n} \gamma_{\lambda\varkappa} \gamma_{\lambda\iota} = 0 \qquad \text{für } \varrho_\varkappa \neq \varrho_\iota . \tag{11}$$

Ist $\varrho_\varkappa$ eine k-fache Wurzel, also bei geeigneter Numerierung etwa

$$\varrho_1 = \varrho_2 = \cdots = \varrho_k ,$$

so müssen nach (7) die Größen

$$\begin{array}{lll} \gamma_{11}, & \gamma_{21}, \ldots, & \gamma_{n1}, \\ \gamma_{12}, & \gamma_{22}, \ldots, & \gamma_{n2}, \\ \cdot & \cdot & \cdot \\ \gamma_{1k}, & \gamma_{2k}, \ldots, & \gamma_{nk} \end{array}$$

k reelle Lösungen des Gleichungssystems

$$\sum_{\mu=1}^{n} a_{\lambda\mu} \gamma_\mu = \varrho_1 \gamma_\lambda \qquad (\lambda = 1, 2, \ldots, n) \tag{12}$$

sein, und zwar, wie bemerkt, k linear unabhängige. Wir behaupten, daß man sie so wählen kann, daß

$$\sum_{\mu=1}^{n} \gamma_{\mu\varkappa} \gamma_{\mu\lambda} = \begin{cases} 1 \text{ für } \varkappa = \lambda \\ 0 \text{ für } \varkappa \neq \lambda \end{cases} \qquad \begin{pmatrix} \varkappa, \lambda = 1, 2, \ldots, k \\ \varrho_1 = \varrho_2 = \cdots = \varrho_k \end{pmatrix} \tag{13}$$

ist. In der Tat kann man die reellen Zahlen $\gamma_{11}, \gamma_{21}, \ldots, \gamma_{n1}$, da sie als nichttriviale Lösung von (12) nicht sämtlich verschwinden, durch Multiplikation mit einem reellen Proportionalitätsfaktor so wählen, daß

$$\sum_{\mu=1}^{n} \gamma_{\mu 1}^2 = 1 \quad .$$

ist. Dann sind die Gleichungen (13) für $\varkappa = 1$, $\lambda = 1$ erfüllt. Nimmt man aber an, ihre Erfüllung sei bereits für $\varkappa \leqq j$, $\lambda \leqq j$ gelungen, so kann man an Stelle der Lösung $\gamma_{\mu, j+1}$ des Systems (12) die folgende betrachten:

$$\gamma'_{\mu, j+1} = \sigma(\gamma_{\mu, j+1} - C_1 \gamma_{\mu 1} - C_2 \gamma_{\mu 2} - \cdots - C_j \gamma_{\mu j}) \qquad (\sigma \neq 0) .$$

Dann ist

$$\sum_{\mu=1}^{n} \gamma'_{\mu, j+1} \gamma_{\mu\iota} = \sigma \Big(\sum_{\mu=1}^{n} \gamma_{\mu, j+1} \gamma_{\mu\iota} - C_\iota \Big) \qquad (\iota = 1, 2, \ldots, j),$$

$$\sum_{\mu=1}^{n} \gamma'^2_{\mu, j+1} = \sigma^2 \sum_{\mu=1}^{n} (\gamma_{\mu, j+1} - C_1 \gamma_{\mu 1} - C_2 \gamma_{\mu 2} - \cdots - C_j \gamma_{\mu j})^2 .$$

Wählt man daher

$$C_\iota = \sum_{\mu=1}^{n} \gamma_{\mu, j+1} \gamma_{\mu\iota} \qquad (\iota = 1, 2, \ldots, j),$$

so erreicht man, daß

$$\sum_{\mu=1}^{n} \gamma'_{\mu, j+1} \gamma_{\mu\iota} = 0 \qquad (\iota = 1, 2, \ldots, j)$$

ist, und durch geeignete Wahl von σ erreicht man nachträglich auch, daß

$$\sum_{\mu=1}^{n} \gamma'^{2}_{\mu,j+1} = 1$$

ist. Damit sind die Gleichungen (13) auch für $\varkappa \leqq j+1$, $\lambda \leqq j+1$ und somit allgemein erfüllbar. Die Formeln (11), die Formeln (13) und die analogen für jede einfache oder beliebig vielfache Wurzel $\varrho_\varkappa$ der charakteristischen Gleichung bilden aber zusammen gerade das Formelsystem (A) von Satz 14 und besagen somit, daß die Transformation mit den Koeffizienten $\gamma_{\lambda\mu}$ wirklich orthogonal ist.

III. Wir müssen jetzt den Beweis nachbringen, daß die Determinante (8) den Rang $n-k$ hat, wenn $\varrho_\varkappa$ eine k-fache Wurzel der charakteristischen Gleichung ist. Nun kann der Rang gewiß nicht kleiner als $n-k$ sein. Denn sonst würden auch alle $(n-k)$-reihigen Unterdeterminanten[1]) verschwinden; es würden also alle $(n-k)$-reihigen Unterdeterminanten der Determinante

$$F(x) = \begin{vmatrix} a_{11}-x & \dots & a_{1n} \\ \cdot & \cdot & \cdot \\ a_{n1} & \dots & a_{nn}-x \end{vmatrix}$$

für $x = \varrho_\varkappa$ verschwinden. Dann wäre aber

$$F(\varrho_\varkappa) = 0, \quad F'(\varrho_\varkappa) = 0, \dots, F^{(k)}(\varrho_\varkappa) = 0$$

und folglich $\varrho_\varkappa$ eine mehr- als k-fache Wurzel.

Um zu zeigen, daß der Rang auch nicht größer als $n-k$ sein kann, wenden wir die Tschirnhaustransformation $y = x - \varrho_\varkappa$ an und setzen dann $a_{\lambda\lambda} - \varrho_\varkappa = a'_{\lambda\lambda}$, $a_{\lambda\mu} = a'_{\lambda\mu}$ für $\lambda \neq \mu$, so daß die Gleichung

$$G(y) = F(y+\varrho_\varkappa) = \begin{vmatrix} a'_{11}-y & a'_{12} & \dots & a'_{1n} \\ \cdot & \cdot & \cdot & \cdot \\ a'_{n1} & a'_{n2} & \dots & a'_{nn}-y \end{vmatrix} = 0$$

die k-fache Wurzel 0 hat. Setzt man

$$(14) \qquad \sum_{\nu=1}^{n} a'_{\lambda\nu} a'_{\mu\nu} = b_{\lambda\mu} \qquad (\lambda, \mu = 1, 2, \dots, n),$$

so ist nach dem Produktsatz für Determinanten (Zeilen mit Zeilen kombiniert):

$$G(y)\,G(-y) = \begin{vmatrix} b_{11}-y^2 & b_{12} & \dots & b_{1n} \\ \cdot & \cdot & \cdot & \cdot \\ b_{n1} & b_{n2} & \dots & b_{nn}-y^2 \end{vmatrix}$$

Nach Bd. I, § 53 III ist daher

$$H(z) = \begin{vmatrix} b_{11}-z & b_{12} & \dots & b_{1n} \\ \cdot & \cdot & \cdot & \cdot \\ b_{n1} & b_{n2} & \dots & b_{nn}-z \end{vmatrix} = 0$$

die durch die Tschirnhaustransformation $z = y^2$ aus $G(y) = 0$ entstehende Gleichung; sie hat also die k-fache Wurzel 0. Folglich ist

$$H(0) = 0, H'(0) = 0, \dots, H^{(k-1)}(0) = 0.$$

[1]) Vergl. die Fußnote [1]) Seite 24.

Nun ist $H^{(k-1)}(0)$, vom Vorzeichen abgesehen, gleich der Summe aller $(n-k+1)$-reihigen Hauptunterdeterminanten von

$$\begin{vmatrix} b_{11} \dots b_{1n} \\ \dots\dots \\ b_{n1} \dots b_{nn} \end{vmatrix}.$$

Daher ist, wenn zur Abkürzung $n-k+1=m$ gesetzt wird,

$$(15) \qquad \sum_{j_1<\dots<j_m} \begin{vmatrix} b_{j_1 j_1} & b_{j_1 j_2} \dots b_{j_1 j_m} \\ \dots\dots\dots \\ b_{j_m j_1} & b_{j_m j_2} \dots b_{j_m j_m} \end{vmatrix} = H^{(k-1)}(0) = 0.$$

Die hier unter dem Summenzeichen stehende Determinante ist aber wegen (14) gleich dem symbolischen Matrixprodukt

$$(16) \qquad \begin{Vmatrix} a'_{j_1 1} \dots a'_{j_1 n} \\ \dots\dots\dots \\ a'_{j_m 1} \dots a'_{j_m n} \end{Vmatrix} \times \begin{Vmatrix} a'_{j_1 1} \dots a'_{j_1 n} \\ \dots\dots\dots \\ a'_{j_m 1} \dots a'_{j_m n} \end{Vmatrix}$$

und folglich nach Bd. I, § 26 IV gleich

$$(17) \qquad \sum_{k_1<\dots<k_m} \begin{vmatrix} a'_{j_1 k_1} \dots a'_{j_1 k_m} \\ \dots\dots\dots \\ a'_{j_m k_1} \dots a'_{j_m k_m} \end{vmatrix}^2 .$$

Nach (15) ist daher

$$(18) \qquad \sum_{\substack{j_1<\dots<j_m \\ k_1<\dots<k_m}} \begin{vmatrix} a'_{j_1 k_1} \dots a'_{j_1 k_m} \\ \dots\dots\dots \\ a'_{j_m k_1} \dots a'_{j_m k_m} \end{vmatrix}^2 = 0.$$

Da aber alle $a'_{\lambda\mu}$ reell sind, muß jede Determinante für sich verschwinden, d. h. es verschwinden alle m-reihigen Unterdeterminanten der Determinante

$$(19) \qquad \begin{vmatrix} a'_{11} \dots a'_{1n} \\ \dots\dots \\ a'_{n1} \dots a'_{nn} \end{vmatrix},$$

oder, was dasselbe ist, der Determinante (8). Diese ist also höchstens vom Rang $m-1=n-k$; w. z. b. w.

IV. In analoger Weise wie Satz 15 läßt sich auch der nachstehende Satz beweisen, wobei der Querstrich wieder die konjugiert-komplexe Zahl andeutet.

Satz 16. *Eine Hermitesche Bilinearform*

$$\sum_{\lambda=1}^{n}\sum_{\mu=1}^{n} a_{\lambda\mu} x_\lambda y_\mu \qquad (a_{\lambda\mu} = \overline{a}_{\mu\lambda})$$

läßt sich auf die Gestalt

$$\sum_{\varkappa=1}^{n} \varrho_\varkappa x'_\varkappa y'_\varkappa$$

stets durch solche simultane lineare Transformationen mit konjugiert-komplexen Koeffizienten

$$\text{(T)} \qquad x_\lambda = \sum_{\mu=1}^{n} \gamma_{\lambda\mu} x'_\mu, \quad y_\lambda = \sum_{\mu=1}^{n} \bar{\gamma}_{\lambda\mu} y'_\mu \qquad (\lambda = 1, 2, \ldots, n)$$

transformieren, welche zugleich die spezielle Form

$$\sum_{\nu=1}^{n} x_\nu y_\nu$$

in die gleichgebaute Form

$$\sum_{\nu=1}^{n} x'_\nu y'_\nu$$

überführen. Dabei sind die n Koeffizienten $\varrho_\varkappa$ notwendig die n Würzeln der „charakteristischen Gleichung":

$$\begin{vmatrix} a_{11} - x & a_{12} \ldots a_{1n} \\ \cdots & \cdots \\ a_{n1} & a_{n2} \ldots a_{nn} - x \end{vmatrix} = 0 .$$

Von den Transformationen (T) wird zunächst verlangt, daß

$$\sum_{\lambda=1}^{n} x_\lambda y_\lambda = \sum_{\lambda=1}^{n}\sum_{\mu=1}^{n}\sum_{\nu=1}^{n} \gamma_{\lambda\mu} x'_\mu \bar{\gamma}_{\lambda\nu} y'_\nu = \sum_{\mu=1}^{n}\sum_{\nu=1}^{n}\Big(\sum_{\lambda=1}^{n} \gamma_{\lambda\mu}\bar{\gamma}_{\lambda\nu}\Big) x'_\mu y'_\nu = \sum_{\nu=1}^{n} x'_\nu y'_\nu$$

ist. Das gibt für die $\gamma_{\lambda\mu}$ die Bedingungen

$$\text{(A')} \qquad \sum_{\lambda=1}^{n} \gamma_{\lambda\mu}\bar{\gamma}_{\lambda\nu} = \begin{cases} 1 \text{ für } \mu = \nu \\ 0 \text{ für } \mu \neq \nu . \end{cases}$$

Aus den Formeln (T) folgt mit Hilfe von (A')

$$\text{(20)} \qquad \begin{cases} \displaystyle\sum_{\lambda=1}^{n} \bar{\gamma}_{\lambda\nu} x_\lambda = \sum_{\lambda=1}^{n} \bar{\gamma}_{\lambda\nu} \sum_{\mu=1}^{n} \gamma_{\lambda\mu} x'_\mu = \sum_{\mu=1}^{n}\Big(\sum_{\lambda=1}^{n} \bar{\gamma}_{\lambda\nu}\gamma_{\lambda\mu}\Big) x'_\mu = x'_\nu , \\ \displaystyle\sum_{\lambda=1}^{n} \gamma_{\lambda\nu} y_\lambda = \sum_{\lambda=1}^{n} \gamma_{\lambda\nu} \sum_{\mu=1}^{n} \bar{\gamma}_{\lambda\mu} y'_\mu = \sum_{\mu=1}^{n}\Big(\sum_{\lambda=1}^{n} \gamma_{\lambda\nu}\bar{\gamma}_{\lambda\mu}\Big) y'_\mu = y'_\nu , \end{cases}$$

womit die zu (T) inversen Transformationen gefunden sind. Da diese die Form $\Sigma\, x'_\nu y'_\nu$ wieder in $\Sigma\, x_\nu y_\nu$ überführen, bestehen dann auch die zu (A') analogen Gleichungen

$$\text{(B')} \qquad \sum_{\lambda=1}^{n} \bar{\gamma}_{\mu\lambda}\gamma_{\nu\lambda} = \begin{cases} 1 \text{ für } \mu = \nu \\ 0 \text{ für } \mu \neq \nu . \end{cases}$$

Aus (A') oder (B') folgt noch nach dem Produktsatz für Determinanten:

$$\text{(C')} \qquad \begin{vmatrix} \gamma_{11} \ldots \gamma_{1n} \\ \cdots\cdots \\ \gamma_{n1} \ldots \gamma_{nn} \end{vmatrix} \times \begin{vmatrix} \bar{\gamma}_{11} \ldots \bar{\gamma}_{1n} \\ \cdots\cdots \\ \bar{\gamma}_{n1} \ldots \bar{\gamma}_{nn} \end{vmatrix} = \begin{vmatrix} 1 \ldots 0 \\ \cdots \\ 0 \ldots 1 \end{vmatrix} = 1 .$$

Nun wird in Satz 16 mit Rücksicht auf (20) weiter verlangt, daß

$$\sum_{\lambda=1}^{n}\sum_{\mu=1}^{n} a_{\lambda\mu} x_\lambda y_\mu = \sum_{\nu=1}^{n} \varrho_\nu x'_\nu y'_\nu = \sum_{\nu=1}^{n} \varrho_\nu \sum_{\lambda=1}^{n}\sum_{\mu=1}^{n} \bar{\gamma}_{\lambda\nu} x_\lambda \gamma_{\mu\nu} y_\mu$$

$$= \sum_{\lambda=1}^{n}\sum_{\mu=1}^{n}\Big(\sum_{\nu=1}^{n} \varrho_\nu \bar{\gamma}_{\lambda\nu}\gamma_{\mu\nu}\Big) x_\lambda y_\mu$$

ist. Das gibt die Bedingungen

$$(21)\qquad a_{\lambda\mu} = \sum_{\nu=1}^{n} \varrho_\nu \bar{\gamma}_{\lambda\nu} \gamma_{\mu\nu} \qquad (\lambda, \mu = 1, 2, \ldots, n).$$

Aus (21) folgt mit Hilfe von (A′)

$$(22)\qquad \sum_{\mu=1}^{n} a_{\lambda\mu} \bar{\gamma}_{\mu\varkappa} = \varrho_\varkappa \bar{\gamma}_{\lambda\varkappa} \qquad (\lambda, \varkappa = 1, 2, \ldots, n)$$

und umgekehrt folgt aus (22) mit Hilfe von (B′) auch wieder (21). Unsere Aufgabe ist also darauf zurückgeführt, gewisse reelle Zahlen $\varrho_\varkappa$ und komplexe Zahlen $\gamma_{\lambda\mu}$ ausfindig zu machen, für welche die Formeln (22) und (A′), folglich auch (B′) bestehen. Aus (22) folgt, weil bei festem $\varkappa$ die n Zahlen $\gamma_{1\varkappa}, \ldots, \gamma_{n\varkappa}$ wegen (C′) nicht sämtlich verschwinden können,

$$(23)\qquad \begin{vmatrix} a_{11} - \varrho_\varkappa & \ldots & a_{1n} \\ \ldots & \ldots & \ldots \\ a_{n1} & \ldots & a_{nn} - \varrho_\varkappa \end{vmatrix} = 0.$$

Daher ist jeder Koeffizient $\varrho_\varkappa$ eine Wurzel der charakteristischen Gleichung. Nach § 4 sind alle Wurzeln reell. Ist $\varrho_\varkappa$ eine k-fache Wurzel, so werden wir unten zeigen, daß die Determinante (23) vom Rang $n - k$ ist, so daß das Gleichungssystem (22) bei festem $\varkappa$ genau k linear unabhängige Lösungen hat. Dann folgt genau wie oben in II, daß die Koeffizienten $\varrho_\varkappa$ der transformierten Form gerade die n Wurzeln der charakteristischen Gleichung sein müssen.

Nun ist noch zu zeigen, daß man die Lösungen $\bar{\gamma}_{\lambda\varkappa}$ von (22) so wählen kann, daß die Formeln (A′) gelten. Aus (22) folgt aber, weil $a_{\lambda\mu} = \bar{a}_{\mu\lambda}$ ist,

$$\varrho_\varkappa \sum_{\lambda=1}^{n} \bar{\gamma}_{\lambda\varkappa} \gamma_{\lambda\iota} = \sum_{\lambda=1}^{n} \sum_{\mu=1}^{n} a_{\lambda\mu} \bar{\gamma}_{\mu\varkappa} \gamma_{\lambda\iota} = \sum_{\mu=1}^{n} \sum_{\lambda=1}^{n} \bar{a}_{\mu\lambda} \gamma_{\lambda\iota} \bar{\gamma}_{\mu\varkappa} = \varrho_\iota \sum_{\mu=1}^{n} \gamma_{\mu\iota} \bar{\gamma}_{\mu\varkappa}$$

und folglich ist

$$(24)\qquad \sum_{\lambda=1}^{n} \bar{\gamma}_{\lambda\varkappa} \gamma_{\lambda\iota} = 0 \qquad \text{für } \varrho_\varkappa \neq \varrho_\iota.$$

Ist $\varrho_\varkappa$ eine k-fache Wurzel, also etwa

$$\varrho_1 = \varrho_2 = \ldots = \varrho_k,$$

so müssen nach (22) die Zahlen

$$\begin{matrix} \bar{\gamma}_{11}, \bar{\gamma}_{21}, \ldots, \bar{\gamma}_{n1}, \\ \ldots\ldots\ldots \\ \bar{\gamma}_{1k}, \bar{\gamma}_{2k}, \ldots, \bar{\gamma}_{nk} \end{matrix}$$

k Lösungen des Gleichungssystems

$$\sum_{\mu=1}^{n} a_{\lambda\mu} \bar{\gamma}_\mu = \varrho_1 \bar{\gamma}_\lambda \qquad (\lambda = 1, 2, \ldots, n)$$

sein, und zwar wegen (C′) k linear unabhängige. Analog wie oben in II zeigt man, daß sie sich so wählen lassen, daß

$$(25)\qquad \sum_{\mu=1}^{n}\gamma_{\mu\varkappa}\gamma_{\mu\lambda}=\begin{cases}1 & \text{für } \varkappa=\lambda\\ 0 & \text{für } \varkappa\neq\lambda\end{cases}\qquad \begin{pmatrix}\varkappa,\lambda=1,2,\ldots,k\\ \varrho_1=\varrho_2=\cdots=\varrho_k\end{pmatrix}$$

ist. Die Formeln (24) und (25) zusammen besagen aber, daß die $\gamma_{\lambda\mu}$ wirklich das Gleichungssystem (A′) erfüllen, wie es sein soll.

Nun ist noch der Beweis nachzubringen, daß die Determinante (23) den Rang $n-k$ hat, wenn $\varrho_\varkappa$ eine k-fache Wurzel der charakteristischen Gleichung ist. Wörtlich wie oben in III sieht man, daß der Rang jedenfalls nicht kleiner als $n-k$ sein kann. Auch der Beweis, daß er nicht größer ist, verläuft genau wie oben, wobei lediglich an Stelle der Formel (14) die folgende zu treten hat:

$$\sum_{\nu=1}^{n} a'_{\lambda\nu}\bar{a}'_{\mu\nu}=b_{\lambda\mu}\qquad(\lambda,\mu=1,2,\ldots,n)$$

und die Beziehung $a_{\lambda\mu}=\bar{a}_{\mu\lambda}$ zu beachten ist. Infolgedessen sind im zweiten Faktor von (16) die $a_{\lambda\mu}$ durch ihre konjugiert-komplexen Werte $\bar{a}_{\lambda\mu}$ zu ersetzen, und in (17) und (18) treten keine Determinantenquadrate auf, sondern Produkte aus zwei konjugiert-komplexen Determinanten, also die Quadrate der absoluten Beträge. Daraus folgt dann aber wieder das Verschwinden aller Determinanten, also aller m-reihigen Unterdeterminanten von (19), d. h. diesmal: von (23).

§ 6. Abschätzung der Wurzeln.

I. Die Koeffizienten des Polynoms

$$(1)\qquad f(x)=x^n+a_1x^{n-1}+\cdots+a_n$$

seien jetzt beliebige komplexe Zahlen; jedoch sollen nicht alle a_ν verschwinden. Wir betrachten daneben das Polynom

$$(2)\qquad F(x)=x^n-|a_1|x^{n-1}-\cdots-|a_n|\,.$$

Nach der Descartesschen Regel (Satz 11) hat $F(x)$ genau eine positive Wurzel. Nun beweisen wir den

Satz 17. *Der absolute Betrag einer jeden Wurzel des Polynoms $f(x)$ (vgl. (1)), wo nicht alle a_ν verschwinden, ist $\leqq\sigma$, wenn σ die positive Wurzel des Polynoms $F(x)$ (vgl. (2)) bedeutet.*

Ist nämlich ξ eine Wurzel von $f(x)$, so ist

$$\xi^n+a_1\xi^{n-1}+\cdots+a_n=0\,,$$

also nach den Rechenregeln für absolute Beträge (Bd. I, S. 21)

$$|\xi|^n-|a_1|\,|\xi|^{n-1}-\cdots-|a_n|\leqq 0;$$

das besagt aber soviel wie: $F(|\xi|)\leqq 0$. Wäre nun $|\xi|>\sigma$, so könnte gewiß nicht $F(|\xi|)=0$ sein, weil ja σ die einzige positive Wurzel von $F(x)$ ist. Es könnte aber auch nicht $F(|\xi|)<0$ sein, weil ja für ein genügend großes positives τ gewiß $F(\tau)>0$ ist, so daß zwischen $|\xi|$ und τ noch eine positive Wurzel von $F(x)$ liegen müßte. Hiernach ist in der Tat $|\xi|\leqq\sigma$.

Aus Satz 17 lassen sich einige obere Schranken für den absoluten Betrag jeder Wurzel gewinnen, die zwar weniger günstig, dafür aber bequemer anzuwenden sind. Eine erste solche Schranke liefert der

Satz 18. *Seien $\gamma_1, \gamma_2, \ldots, \gamma_{n-1}$ irgendwelche positive Zahlen. Dann ist der absolute Betrag einer jeden Wurzel der Gleichung*

$$x^n + a_1 x^{n-1} + \cdots + a_n = 0$$

stets $\leqq \tau$, wo τ die größte der n Zahlen bedeutet:

$$|a_1| + \frac{1}{\gamma_1}, \quad |a_2|\gamma_1 + \frac{1}{\gamma_2}, \ldots, \quad |a_{n-1}|\gamma_1\gamma_2\cdots\gamma_{n-2} + \frac{1}{\gamma_{n-1}},$$

$$|a_n|\gamma_1\gamma_2\cdots\gamma_{n-1}.$$

Wählt man z. B. alle $\gamma_\nu = 1$, so findet man die größte der Zahlen

$$|a_1| + 1, \quad |a_2| + 1, \ldots, |a_{n-1}| + 1, \quad |a_n|$$

als eine obere Schranke für den absoluten Betrag jeder Wurzel. Satz 18 ist selbstverständlich, wenn alle a_ν verschwinden. Im andern Fall ist aber nach Satz 17 nur nötig zu beweisen, daß $\sigma \leqq \tau$ ist. Nun ist σ die positive Wurzel von $F(x)$, also

$$\begin{aligned}\sigma^n &= |a_1|\sigma^{n-1} + |a_2|\sigma^{n-2} + \cdots + |a_{n-1}|\sigma + |a_n| \\ &\leqq \left(\tau - \frac{1}{\gamma_1}\right)\sigma^{n-1} + \left(\frac{\tau}{\gamma_1} - \frac{1}{\gamma_1\gamma_2}\right)\sigma^{n-2} + \cdots \\ &\quad + \left(\frac{\tau}{\gamma_1\gamma_2\cdots\gamma_{n-2}} - \frac{1}{\gamma_1\gamma_2\cdots\gamma_{n-1}}\right)\sigma + \frac{\tau}{\gamma_1\gamma_2\cdots\gamma_{n-1}};\end{aligned}$$

oder, indem man die negativen Terme nach links bringt:

$$\begin{aligned}&\sigma^n + \frac{\sigma^{n-1}}{\gamma_1} + \frac{\sigma^{n-2}}{\gamma_1\gamma_2} + \cdots + \frac{\sigma}{\gamma_1\gamma_2\cdots\gamma_{n-1}} \\ &\leqq \tau\left(\sigma^{n-1} + \frac{\sigma^{n-2}}{\gamma_1} + \cdots + \frac{\sigma}{\gamma_1\gamma_2\cdots\gamma_{n-2}} + \frac{1}{\gamma_1\gamma_2\cdots\gamma_{n-1}}\right).\end{aligned}$$

Links läßt sich σ ausklammern, und dann kommt in der Klammer dieselbe positive Zahl, die auch rechts in der Klammer steht. Wenn man die Ungleichung durch diese dividiert, ergibt sich: $\sigma \leqq \tau$; w. z. b. w.

Bei Anwendung von Satz 18 handelt es sich immer darum, die Zahlen γ_ν möglichst vorteilhaft zu wählen, so daß τ möglichst klein wird. Betrachten wir z. B. die Gleichung

$$x^5 + 300x^3 - 2x + 7 = 0,$$

so ist τ die größte der fünf Zahlen:

$$\frac{1}{\gamma_1}, \quad \frac{1}{\gamma_2}, \quad 300\gamma_1\gamma_2 + \frac{1}{\gamma_3}, \quad 2\gamma_1\gamma_2\gamma_3 + \frac{1}{\gamma_4}, \quad 7\gamma_1\gamma_2\gamma_3\gamma_4.$$

Wählt man etwa $\gamma_1 = \frac{1}{\sqrt{300}}$ und die andern $\gamma_\nu = 1$, so ist

$$\tau = \sqrt{300} + 1 < 19;$$

folglich ist jede Wurzel absolut kleiner als 19. Wählt man aber

$$\gamma_1 = \gamma_2 = \frac{1}{\sqrt[3]{300}}, \quad \gamma_3 = \sqrt[3]{300}, \quad \gamma_4 = 1,$$

so ist

$$\tau = \sqrt[3]{300} + \frac{1}{\sqrt[3]{300}} < 7;$$

also ist jede Wurzel sogar absolut kleiner als 7.

Eine andere derartige Schranke gibt der

Satz 19. *Ist γ irgendeine positive Zahl, so ist der absolute Betrag einer jeden Wurzel der Gleichung*

$$x^n + a_1 x^{n-1} + \cdots + a_n = 0$$

stets $\leqq \tau_1$, wo τ_1 die größte der beiden Zahlen bedeutet:

$$\frac{1}{\gamma}, \quad |a_1| + |a_2|\gamma + \cdots + |a_n|\gamma^{n-1}.$$

Wählt man z. B. $\gamma = 1$, so erhält man die größte der beiden Zahlen

$$1, \quad |a_1| + |a_2| + \cdots + |a_n|$$

als eine obere Schranke für den absoluten Betrag jeder Wurzel. Wenn alle a_ν verschwinden, ist Satz 19 trivial. Im andern Fall ist nach Satz 17 wieder nur nötig, zu beweisen, daß $\sigma \leqq \tau_1$ ist. Wäre nun $\sigma > \tau_1$, also gewiß $\sigma > \frac{1}{\gamma}$, so wäre

$$\begin{aligned}\sigma^n &= |a_1|\sigma^{n-1} + |a_2|\sigma^{n-2} + \cdots + |a_n| \\ &\leqq (|a_1| + |a_2|\gamma + \cdots + |a_n|\gamma^{n-1})\sigma^{n-1},\end{aligned}$$

und indem man durch σ^{n-1} dividiert:

$$\sigma \leqq |a_1| + |a_2|\gamma + \cdots + |a_n|\gamma^{n-1} \leqq \tau_1,$$

was der Annahme $\sigma > \tau_1$ widerspricht.

Bei Anwendung von Satz 19 kommt es wieder darauf an, die Zahl γ möglichst vorteilhaft zu wählen, so daß τ_1 möglichst klein wird. Betrachten wir z. B. wieder die Gleichung

$$x^5 + 300x^2 - 2x + 7 = 0,$$

so ist τ_1 die größte der beiden Zahlen

$$\frac{1}{\gamma}, \quad 300\gamma^2 + 2\gamma^3 + 7\gamma^4.$$

Wählt man etwa $\gamma = \frac{1}{\sqrt[3]{300}}$, so wird

$$\tau_1 = \sqrt[3]{300} + \frac{2}{300} + \frac{7}{\sqrt[3]{300^4}} < 7.$$

Jede Wurzel ist also absolut kleiner als 7, wie wir auch vorhin fanden.

II. Die bisher gefundenen Schranken für den absoluten Betrag jeder Wurzel gelten, wenn die Koeffizienten ganz beliebige komplexe Zahlen sind. Wenn aber für sie noch gewisse Beschränkungen bestehen, so kann man häufig viel günstigere Schranken ermitteln. Ein erster Satz dieser Art ist der meist nach Kakeya benannte, aber zuerst von Eneström angegebene

Satz 20. *Wenn die Koeffizienten des Polynoms*

$$P(x) = a_0 x^n + a_1 x^{n-1} + \cdots + a_n$$

positive Zahlen sind und den Ungleichungen genügen:

$$a_0 > a_1 > a_2 > \cdots > a_n > 0,$$

so ist der absolute Betrag einer jeden Wurzel kleiner als 1. Wenn dagegen

$$0 < a_0 < a_1 < \cdots < a_n,$$

so ist der absolute Betrag einer jeden Wurzel größer als 1.

Der Satz ist offenbar als Spezialfall in dem folgenden allgemeineren Satz enthalten (der übrigens auch umgekehrt aus dem Kakeyaschen leicht gewonnen werden könnte und von A. Hurwitz herrührt (Werke II, S. 627):

Satz 21. *Wenn die Koeffizienten des Polynoms*

$$P(x) = a_0 x^n + a_1 x^{n-1} + \cdots + a_n$$

positive Zahlen sind, so ist der absolute Betrag einer jeden Wurzel höchstens gleich der größten und mindestens gleich der kleinsten der n Zahlen

$$\frac{a_1}{a_0}, \; \frac{a_2}{a_1}, \; \ldots, \; \frac{a_n}{a_{n-1}}.$$

Es genügt, die erste Aussage dieses Satzes zu beweisen, da die zweite aus ihr sofort hervorgeht, wenn man x durch $\frac{1}{x}$ ersetzt. Bezeichnet man daher die größte der n Zahlen mit $\frac{1}{\gamma}$, so ist

$$\frac{1}{\gamma} \geqq \frac{a_\nu}{a_{\nu-1}} \qquad (\nu = 1, 2, \ldots, n),$$

also auch

$$(3) \qquad a_{\nu-1} - a_\nu \gamma \geqq 0 \qquad (\nu = 1, 2, \ldots, n).$$

Bildet man nun das Polynom

$$(4) \qquad \begin{cases} \dfrac{1}{a_0}\left(x - \dfrac{1}{\gamma}\right) P(x) \\ = x^{n+1} - \dfrac{a_0 - a_1\gamma}{a_0\gamma} x^n - \dfrac{a_1 - a_2\gamma}{a_0\gamma} x^{n-1} - \cdots \\ - \dfrac{a_{n-1} - a_n\gamma}{a_0\gamma} x - \dfrac{a_n}{a_0\gamma}, \end{cases}$$

so ist nach Satz 19 der absolute Betrag einer jeden Wurzel dieses Polynoms höchstens gleich der größten der beiden Zahlen

$$\frac{1}{\gamma}, \quad \left|\frac{a_0 - a_1\gamma}{a_0\gamma}\right| + \left|\frac{a_1 - a_2\gamma}{a_0\gamma}\right| \gamma + \cdots + \left|\frac{a_{n-1} - a_n\gamma}{a_0\gamma}\right| \gamma^{n-1} + \frac{a_n}{a_0\gamma}\gamma^n.$$

Hier kann man aber wegen (3) die Absolutstriche weglassen, so daß die zweite dieser Zahlen übergeht in:

$$\frac{1}{a_0\gamma}\left[(a_0 - a_1\gamma) + (a_1 - a_2\gamma)\gamma + \cdots + (a_{n-1} - a_n\gamma)\,\gamma^{n-1} + a_n\gamma^n\right] = \frac{1}{\gamma}.$$

Der absolute Betrag einer jeden Wurzel des Polynoms (4) und folglich auch des Polynoms $P(x)$ ist demnach höchstens gleich $\frac{1}{\gamma}$; w. z. b. w.

Satz 22. *Wenn die Koeffizienten des Polynoms*

$$f(x) = x^n + a_1 x^{n-1} + \cdots + a_n$$

der Ungleichung genügen:

$$|a_1| - |a_2| - |a_3| - \cdots - |a_n| > 1,$$

so hat das Polynom höchstens eine Wurzel, deren absoluter Betrag $\geqq 1$ ist, und zwar ist dieser absolute Betrag dann sogar mindestens gleich

$$|a_1| - |a_2| - |a_3| - \cdots - |a_n|.$$

Zum Beweis führen wir die Polynome

$$(5) \qquad f_0(x) = 1, \quad f_\nu(x) = x^\nu + a_1 x^{\nu-1} + \cdots + a_\nu \qquad (\nu = 1, 2, \ldots, n)$$

ein, so daß insbesondere $f_n(x)$ das gegebene Polynom $f(x)$ ist. Aus (5) folgt sofort:

$$(6) \qquad x f_{\nu-1}(x) = f_\nu(x) - a_\nu \qquad (\nu = 1, 2, \ldots, n).$$

Ist nun ξ eine Wurzel von $f(x)$ und ist $|\xi| \geqq 1$, so ist nach (6) und, weil $f_n(\xi) = f(\xi) = 0$ ist,

$$|\xi| \cdot \{|f_1(\xi)| + |f_2(\xi)| + \cdots + |f_{n-1}(\xi)|\}$$
$$= |f_2(\xi) - a_2| + |f_3(\xi) - a_3| + \cdots + |f_{n-1}(\xi) - a_{n-1}| + |a_n|$$
$$\leqq |f_2(\xi)| + |a_2| + |f_3(\xi)| + |a_3| + \cdots + |f_{n-1}(\xi)| + |a_{n-1}| + |a_n|.$$

Also, wenn die reelle nicht negative Zahl

$$|f_1(\xi)| + |f_2(\xi)| + \cdots + |f_{n-1}(\xi)|$$

mit p bezeichnet wird:

$$|\xi|\,p \leqq |a_2| + |a_3| + \cdots + |a_n| + p - |f_1(\xi)|$$
$$\leqq |a_2| + |a_3| + \cdots + |a_n| + p - |a_1| + |\xi|,$$

oder also:

$$(|\xi| - 1)\,p + |a_1| - |a_2| - |a_3| - \cdots - |a_n| \leqq |\xi|.$$

Hieraus folgt wegen $|\xi| - 1 \geqq 0$ zunächst, wie behauptet:

$$|\xi| \geqq |a_1| - |a_2| - |a_3| - \cdots - |a_n|.$$

Sodann folgt aber auch wegen der in Satz 22 gemachten Voraussetzung:

$$(|\xi| - 1)\,p + 1 < |\xi|,$$

und hieraus weiter: $p < 1$, oder also

$$|f_1(\xi)| + |f_2(\xi)| + \cdots + |f_{n-1}(\xi)| < 1.$$

Daher ist auch, wenn γ eine Zahl bedeutet, die größer als 1, aber genügend nahe bei 1 gelegen ist:

$$(7) \qquad |f_1(\xi)| + |f_2(\xi)|\gamma + \cdots + |f_{n-1}(\xi)|\gamma^{n-2} < 1.$$

Nun ergibt sich aus (6) sogleich die Identität:

$$[x^{n-1} + f_1(\xi)x^{n-2} + \cdots + f_{n-1}(\xi)][x - \xi]$$
$$= x^n + a_1 x^{n-1} + \cdots + a_n = f(x),$$

nach welcher die $n - 1$ weiteren Wurzeln des Polynoms $f(x)$ mit den Wurzeln des Polynoms

$$(8) \qquad x^{n-1} + f_1(\xi)x^{n-2} + \cdots + f_{n-1}(\xi)$$

identisch sind. Nach Satz 19 ist aber der absolute Betrag einer jeden Wurzel von (8) höchstens gleich der größten der beiden Zahlen

$$\frac{1}{\gamma}, \; |f_1(\xi)| + |f_2(\xi)|\gamma + \cdots + |f_{n-1}(\xi)|\gamma^{n-2},$$

also wegen (7), wenn man γ passend wählt, kleiner als 1.

III. Aus Satz 22 ergibt sich leicht das folgende Irreduzibilitätskriterium:

Satz 23. *Sind die Koeffizienten des Polynoms*

$$x^n + a_1 x^{n-1} + \cdots + a_n$$

ganze rationale Zahlen, und ist dabei

$$|a_1| > 1 + |a_2| + |a_3| + \cdots + |a_n|, \qquad a_n \neq 0,$$

so ist das Polynom im Körper $\mathfrak{K}(1)$ *irreduzibel.*

Zunächst hat nämlich nach Satz 22 das Polynom höchstens eine Wurzel, deren absoluter Betrag $\geqq 1$ ist. Wenn wir daher annehmen, daß das Polynom in $\mathfrak{K}(1)$ reduzibel ist und etwa zerfällt in

$$(x^m + b_1 x^{m-1} + \cdots + b_m)(x^{n-m} + c_1 x^{n-m-1} + \cdots + c_{n-m}),$$

so muß einer der Faktoren — es sei der erste — lauter Wurzeln haben, deren absolute Beträge kleiner als 1 sind. Anderseits sind nach Bd. I, Satz 76 die Koeffizienten b_μ, c_ν wieder ganze Zahlen, und da $b_m c_{n-m} = a_n \neq 0$ ist, so ist insbesondere

$$|b_m| \geqq 1.$$

Nun ist aber $\pm b_m$ das Produkt aller Wurzeln des ersten Faktors, und da die absoluten Beträge dieser Wurzeln kleiner als 1 sind, so muß auch $|b_m| < 1$ sein, was dem Obigen widerspricht. Die Annahme der Reduzibilität war also falsch.

§ 7. Die charakteristische Gleichung einer Matrix.

1. Als charakteristische Gleichung einer Matrix von n Zeilen und n Spalten

$$(1) \qquad \left\| \begin{matrix} a_{11} & a_{12} & \dots & a_{1n} \\ \cdot & \cdot & \cdot & \cdot \\ a_{n1} & a_{n2} & \dots & a_{nn} \end{matrix} \right\|$$

bezeichnet man die Gleichung

$$
(2)\qquad \begin{vmatrix} a_{11}-x & a_{12} & \dots & a_{1n} \\ a_{21} & a_{22}-x & \dots & a_{2n} \\ \dots & \dots & \dots & \dots \\ a_{n1} & a_{n2} & \dots & a_{nn}-x \end{vmatrix} = 0.
$$

Ihre Wurzeln heißen die charakteristischen Wurzeln der Matrix (1). Als Elemente $a_{\lambda\mu}$ kommen in diesem Kapitel natürlich nur Zahlen in Frage, da es sich um numerische Gleichungen handelt. Die charakteristischen Wurzeln sind ebenfalls Zahlen.

Wenn die $a_{\lambda\mu}$ reell sind und $a_{\lambda\mu} = a_{\mu\lambda}$ ist, allgemeiner wenn $a_{\lambda\mu}$ stets zu $a_{\mu\lambda}$ konjugiert-komplex ist, konnten wir in § 4 zeigen, daß die charakteristischen Wurzeln reell sind. Wir wollen jetzt auch in andern Fällen einiges über die Wurzeln aussagen, speziell Abschätzungen für ihre absoluten Beträge gewinnen.

Satz 24. *Sind $p_1, p_2, \dots, p_n$ irgendwelche positive Zahlen und bezeichnet man die größte der n Zahlen*

$$
\frac{|a_{\lambda 1}|\,p_1 + |a_{\lambda 2}|\,p_2 + \cdots + |a_{\lambda n}|\,p_n}{p_\lambda} \qquad (\lambda = 1, 2, \dots, n)
$$

mit K, so gilt für jede charakteristische Wurzel ϱ der Matrix (1) *die Ungleichung $|\varrho| \leqq K$.*

Beweis. Ist ϱ eine charakteristische Wurzel, so hat das lineare Gleichungssystem

$$
(3)\qquad \varrho x_\lambda = a_{\lambda 1} x_1 + \cdots + a_{\lambda n} x_n \qquad (\lambda = 1, 2, \dots, n)
$$

eine nichttriviale Lösung $x_1, \dots, x_n$, weil seine Determinante verschwindet. Wir setzen $x_\lambda = p_\lambda y_\lambda$ und bezeichnen die größte der Zahlen $|y_1|, \dots, |y_n|$ mit Y. Dann folgt aus (3):

$$
|\varrho| \cdot p_\lambda \cdot |y_\lambda| \leqq (|a_{\lambda 1}|\,p_1 + \cdots + |a_{\lambda n}|\,p_n)Y \qquad (\lambda = 1, 2, \dots, n).
$$

Für mindestens einen Index λ ist aber $|y_\lambda| = Y$, und für diesen Index λ ist dann

$$
|\varrho| \leqq \frac{|a_{\lambda 1}|\,p_1 + \cdots + |a_{\lambda n}|\,p_n}{p_\lambda}.
$$

Also ist nach der Definition der Zahl K erst recht $|\varrho| \leqq K$; w. z. b. w.

Bei der praktischen Anwendung von Satz 24 kommt es natürlich darauf an, die p_λ vorteilhaft zu wählen, so daß K möglichst klein ausfällt. Wenn nicht alle n Brüche, als deren größter die Zahl K definiert wurde, einander gleich sind, wird man im allgemeinen durch geeignete Variation der p_λ die Zahl K verkleinern können. Besonders vorteilhaft werden also die p_λ gewählt sein, wenn alle n Brüche einander gleich sind. Daß eine solche Wahl im allgemeinen möglich ist, wird sich im folgenden zeigen.

II. In dieser und der folgenden Nummer entwickeln wir zwei Sätze über Matrizes mit positiven Elementen. In diesen Sätzen (25 und 27) ließe sich die Voraussetzung, daß alle $a_{\lambda\mu}$ positiv sind, noch dahin einschränken, daß für einige $a_{\lambda\mu}$ auch der Wert 0 zugelassen wird. Doch würde sich der Beweis, wenn man in dieser Richtung möglichst geringe Voraussetzungen anstrebt, erheblich kniffliсher gestalten, so daß wir davon absehen wollen. Auch bei Satz 26 könnte in gleichem Umfang wie bei Satz 25 der Wert $a_{\lambda\mu} = 0$ zugelassen werden.

Satz 25. *Sind in der Matrix* (1) *alle* $a_{\lambda\mu}$ *reell und positiv, so hat die Matrix* (1) (*wenigstens*) *eine charakteristische Wurzel, die positiv ist. Bedeutet* ϱ *die größte positive Wurzel, so sind alle Minoren der Determinante*

$$\begin{vmatrix} \xi - a_{11} & -a_{12} \ldots & -a_{1n} \\ \cdots & \cdots & \cdots \\ -a_{n1} & -a_{n2} \ldots & \xi - a_{nn} \end{vmatrix}$$

für $\xi \geqq \varrho$ *positiv.*

Beweis. Für $n = 1$ ist die (einzige) charakteristische Wurzel gleich a_{11}, also positiv, während der auf die Minoren bezügliche Teil des Satzes gegenstandslos ist, weil es keine Minoren gibt. Für $n = 2$ handelt es sich um die Determinante

$$\Delta_2(\xi) = \begin{vmatrix} \xi - a_{11} & -a_{12} \\ -a_{21} & \xi - a_{22} \end{vmatrix} \quad \begin{pmatrix} a_{11} > 0, & a_{12} > 0, \\ a_{21} > 0, & a_{22} > 0 \end{pmatrix}.$$

Nun ist $\Delta_2(a_{\lambda\lambda}) = -a_{12}a_{21} < 0$; dagegen ist $\Delta_2(\xi) > 0$, wenn ξ eine hinreichend große Zahl ist. Daher gibt es nach Bd. I, Satz 127 wenigstens eine positive Wurzel und die größte positive Wurzel ϱ ist $> a_{11}$ und $> a_{22}$. Die Minoren

$$\frac{\partial \Delta_2(\xi)}{\partial(\xi - a_{11})} = \xi - a_{22}, \quad \frac{\partial \Delta_2(\xi)}{\partial(-a_{12})} = a_{21},$$

$$\frac{\partial \Delta_2(\xi)}{\partial(-a_{21})} = a_{12}, \quad \frac{\partial \Delta_2(\xi)}{\partial(\xi - a_{22})} = \xi - a_{11}$$

sind daher für $\xi \geqq \varrho$ positiv. Damit ist Satz 25 zunächst für $n = 2$ bewiesen. Allgemein beweisen wir ihn durch vollständige Induktion, indem wir annehmen, für eine n-reihige Determinante

$$(4) \qquad \Delta_n(\xi) = \begin{vmatrix} \xi - a_{11} & -a_{12} \ldots & -a_{1n} \\ \cdots & \cdots & \cdots \\ -a_{n1} & -a_{n2} \ldots & \xi - a_{nn} \end{vmatrix}$$

sei er als richtig erkannt, und dann die $(n + 1)$-reihige Determinante betrachten:

$$(5) \qquad \Delta_{n+1}(\xi) = \begin{vmatrix} \xi - a_{11} & -a_{12} & \ldots & -a_{1n} & -a_{1,n+1} \\ \cdots & \cdots & \cdots & \cdots & \cdots \\ -a_{n1} & -a_{n2} & & \xi - a_{nn} & -a_{n,n+1} \\ -a_{n+1,1} & -a_{n+1,2} & & -a_{n+1,n} & \xi - a_{n+1,n+1} \end{vmatrix}$$

Diese ist gleich

$$(\xi - a_{n+1,n+1})\Delta_n(\xi) + U,$$

wo U diejenige Determinante ist, die aus $\Delta_{n+1}(\xi)$ entsteht, wenn man das rechts unten stehende Element $\xi - a_{n+1,n+1}$ durch 0 ersetzt. Man kann daher U nach Bd. I, § 22 VI entwickeln und erhält so

$$(6)\qquad \Delta_{n+1}(\xi) = (\xi - a_{n+1,n+1})\Delta_n(\xi) - \sum_{\lambda=1}^{n}\sum_{\mu=1}^{n} A_{\lambda\mu}(\xi)\, a_{\lambda,n+1}\, a_{n+1,\mu},$$

wobei die $A_{\lambda\mu}(\xi)$ die Minoren der Determinante $\Delta_n(\xi)$ sind. Nach Annahme ist bereits die Existenz einer positiven Zahl ϱ_1 erkannt derart, daß

$$(7)\qquad \Delta_n(\varrho_1) = 0, \qquad A_{\lambda\mu}(\xi) > 0 \text{ für } \xi \geqq \varrho_1,$$

und zwar ist ϱ_1 die **größte** positive Wurzel der Gleichung $\Delta_n(x) = 0$.

Da außerdem die Zahlen

$$(8)\qquad a_{1,n+1}, a_{2,n+1}, \ldots, a_{n,n+1}$$

und die Zahlen

$$(9)\qquad a_{n+1,1}, a_{n+1,2}, \ldots, a_{n+1,n}$$

sämtlich positiv sind, so folgt aus (6) und (7):

$$\Delta_{n+1}(\varrho_1) < 0.$$

Für hinreichend große Werte von ξ ist dagegen $\Delta_{n+1}(\xi) > 0$. Nach Bd. I, Satz 127 gibt es also eine Zahl ϱ, die größer als ϱ_1 und so beschaffen ist, daß $\Delta_{n+1}(\varrho)$ verschwindet.

Wir bezeichnen jetzt mit ϱ die größte derartige Zahl. Dann ist wegen $\varrho > \varrho_1$ und nach (7) gewiß

$$(10)\qquad \Delta_n(\xi) > 0, \qquad A_{\lambda\mu}(\xi) > 0 \qquad \text{für } \xi \geqq \varrho.$$

Betrachten wir also zunächst diejenigen Minoren der Determinante $\Delta_{n+1}(\xi)$, welche zu einem Element der letzten Zeile gehören, so sind diese nach (6) gleich

$$\frac{\partial \Delta_{n+1}(\xi)}{\partial(-a_{n+1,\mu})} = \sum_{\lambda=1}^{n} A_{\lambda\mu}(\xi)\, a_{\lambda,n+1} \qquad (\mu = 1, 2, \ldots, n),$$

$$\frac{\partial \Delta_{n+1}(\xi)}{\partial(\xi - a_{n+1,n+1})} = \Delta_n(\xi),$$

also für $\xi \geqq \varrho$ positiv wegen (10) und, weil die Zahlen (8) sämtlich positiv sind.

Betrachten wir aber einen Minor von $\Delta_{n+1}(\xi)$, der zu einem Element einer andern, etwa der λ-ten Zeile gehört, so kommen wir dadurch auf den früheren Fall zurück, daß wir die λ-te Zeile unter die letzte Zeile und zugleich die λ-te Spalte hinter die letzte Spalte schieben, wobei ja $\Delta_{n+1}(\xi)$ und die Minoren (abgesehen von der Reihenfolge ihrer Indizes) unverändert bleiben. Damit ist Satz 25 bewiesen.

Satz 26. *Für jede Wurzel ϱ der Gleichung*

$$(\text{A})\qquad \begin{vmatrix} a_{11} - x & a_{12} \ldots a_{1n} \\ \cdots & \cdots \\ a_{n1} & a_{n2} \ldots a_{nn} - x \end{vmatrix} = 0$$

gilt, wenn die Zahlen $a_{\lambda\mu}$ *sämtlich von* 0 *verschieden sind, die Abschätzung* $|\varrho| \leqq \sigma$, *wo* σ *die nach Satz* 25 *existierende größte positive Wurzel der Gleichung*

$$\text{(B)} \qquad \begin{vmatrix} |a_{11}| - x & |a_{12}| \dots |a_{1n}| \\ \cdots & \cdots \\ |a_{n1}| & |a_{n2}| \dots |a_{nn}| - x \end{vmatrix} = 0$$

bedeutet.

Beweis. Die n linearen Gleichungen

$$(11) \quad \begin{cases} (\sigma - |a_{11}|)\, x_1 - |a_{12}|\, x_2 - \dots & - |a_{1n}|\, x_n = 0, \\ \cdots\cdots\cdots\cdots\cdots\cdots \\ - |a_{n1}|\, x_1 - |a_{n2}|\, x_2 - \dots + (\sigma - |a_{nn}|)\, x_n = 0 \end{cases}$$

haben eine nichttriviale Lösung, weil ihre Determinante verschwindet. Da die Minoren nach Satz 25 sämtlich positiv sind, ist der Rang gleich $n-1$, so daß es nur eine nichttriviale Lösung gibt. Nach Bd. I, Seite 106 oben wird diese Lösung durch die zu den Elementen einer (beliebigen) Zeile gehörigen Minoren angegeben; es gibt also eine aus positiven Zahlen bestehende Lösung $x_\lambda = p_\lambda$. Dann folgt aus (11):

$$\sigma = \frac{|a_{\lambda 1}|\, p_1 + \dots + |a_{\lambda n}|\, p_n}{p_\lambda} \qquad (\lambda = 1, 2, \dots, n).$$

Wählt man daher in Satz 24 für die beliebigen positiven Zahlen p_λ speziell die soeben angegebenen, so wird die dortige Zahl K gleich σ, und man erhält: $|\varrho| \leqq \sigma$; w. z. b. w.

III. Da in Satz 25 alle Minoren für $\xi = \varrho$ positiv sind, so ist insbesondere auch die Summe der $(n-1)$-reihigen Hauptunterdeterminanten positiv, also von 0 verschieden. Das ist aber, vom Vorzeichen abgesehen, die Ableitung der linken Seite der charakteristischen Gleichung, folglich ist ϱ eine einfache Wurzel. Außerdem gibt es wie beim Beweis von Satz 26 gewisse positive Zahlen p_λ, die dem Gleichungssystem genügen:

$$(12) \qquad \varrho\, p_\lambda = a_{\lambda 1} p_1 + \dots + a_{\lambda n} p_n \qquad (\lambda = 1, 2, \dots, n).$$

Wir wollen nun die von ϱ verschiedenen charakteristischen Wurzeln abschätzen; ϱ' sei eine solche. Ist $\varrho' \geqq 0$, so ist natürlich $\varrho' < \varrho$, weil ja ϱ die größte positive Wurzel ist. Wenn dagegen ϱ' nicht $\geqq 0$ ist, sondern negativ oder überhaupt nicht reell, so kann bei einer nichttrivialen Lösung des Gleichungssystems

$$(13) \qquad \varrho' x_\lambda = a_{\lambda 1} x_1 + \dots + a_{\lambda n} x_n \qquad (\lambda = 1, 2, \dots, n)$$

gewiß nicht durchweg $x_\lambda \geqq 0$ sein, weil sonst aus (13) selbst sich ϱ' als positiv ergeben würde. Hiernach folgt aus (13)

$$(14) \qquad |\varrho'| \cdot |x_\lambda| < a_{\lambda 1} |x_1| + \dots + a_{\lambda n} |x_n| \quad (\lambda = 1, 2, \dots, n)$$

(mit Ausschluß der Gleichheit). Setzt man $x_\lambda = p_\lambda y_\lambda$, wo die p_λ die aus (12) zu bestimmenden positiven Zahlen sind, und bezeichnet man die größte der Zahlen $|y_1|, \dots, |y_n|$ mit Y, so folgt aus (14)

(15) $$|\varrho'|\cdot p_\lambda\cdot|y_\lambda| < (a_{\lambda 1}p_1 + \cdots + a_{\lambda n}p_n)\,Y \quad (\lambda = 1, 2, \ldots, n).$$

Für mindestens einen Index λ ist aber $|y_\lambda| = Y$ und für diesen Index λ folgt aus (15)

$$|\varrho'| < \frac{a_{\lambda 1}p_1 + \cdots + a_{\lambda n}p_n}{p_\lambda},$$

also wegen (12): $|\varrho'| < \varrho$. Daraus fließt der vom Verfasser (Math. Annal. 64) gefundene, aber nur durch komplizierte Grenzwertbildungen bewiesene

Satz 27. *Sind alle Elemente einer Matrix positiv, so hat die charakteristische Gleichung eine einfache positive Wurzel, die größer ist als der absolute Betrag einer jeden andern Wurzel.*

Der vorstehend gegebene Beweis stammt im wesentlichen von Frobenius (Sitzungsber. der Preuß. Akad. 1908).

IV. Wenn die n^2 Elemente einer n-reihigen Matrix

(16) $$\begin{Vmatrix} a_{11} & a_{12} & \ldots & a_{1n} \\ \cdot & \cdot & \cdot & \cdot \\ a_{n1} & a_{n2} & \ldots & a_{nn} \end{Vmatrix}$$

den $\frac{n(n+1)}{2}$ Gleichungen genügen:

$$\sum_{\lambda=1}^{n} a_{\lambda\mu}a_{\lambda\nu} = \begin{cases} 1 \text{ für } \mu = \nu \\ 0 \text{ für } \mu \neq \nu, \end{cases}$$

so sind sie nach Satz 14 die Koeffizienten einer orthogonalen Transformation; die Matrix (16) heißt deshalb orthogonal. Nach Satz 14 ist dann auch

$$\sum_{\lambda=1}^{n} a_{\mu\lambda}a_{\nu\lambda} = \begin{cases} 1 \text{ für } \mu = \nu \\ 0 \text{ für } \mu \neq \nu, \end{cases}$$

so daß die zu (16) „transponierte" Matrix

(17) $$\begin{Vmatrix} a_{11} & a_{21} & \ldots & a_{n1} \\ \cdot & \cdot & \cdot & \cdot \\ a_{1n} & a_{2n} & \ldots & a_{nn} \end{Vmatrix}$$

ebenfalls orthogonal ist. Wir werden uns speziell mit reellen orthogonalen Matrizes befassen, d. h. solchen, bei denen die $a_{\lambda\mu}$ reelle Zahlen sind.

Eine Verallgemeinerung der reellen orthogonalen Matrix ist die unitäre Matrix. Darunter versteht man eine Matrix (16), deren Elemente $a_{\lambda\mu}$ komplexe Zahlen sind und den $\frac{n(n+1)}{2}$ Gleichungen genügen:

$$\sum_{\lambda=1}^{n} a_{\lambda\mu}\bar{a}_{\lambda\nu} = \begin{cases} 1 \text{ für } \mu = \nu \\ 0 \text{ für } \mu \neq \nu, \end{cases}$$

wo der Querstrich wieder die konjugiert-komplexe Zahl bezeichnet. Solche Matrizes sind bereits in § 5 IV vorgekommen; man vergleiche die dortigen Formeln (A') S. 28. Da dann, wie damals bewiesen, auch die dortigen Formeln (B') gelten, so ist die transponierte Matrix (17) ebenfalls unitär. Wenn die

Elemente einer unitären Matrix reell sind, so ist sie augenscheinlich orthogonal. Wir beweisen jetzt den

Satz 28. *Die charakteristischen Wurzeln einer unitären Matrix, also speziell auch die einer reellen orthogonalen Matrix, haben sämtlich den absoluten Betrag* 1.

Ist ϱ eine charakteristische Wurzel, so hat das Gleichungssystem

$$\varrho x_\lambda = \sum_{\mu=1}^{n} a_{\lambda\mu} x_\mu \qquad (\lambda = 1, 2, \ldots, n) \tag{18}$$

eine nichttriviale Lösung, weil die Determinante verschwindet. Indem man in (18) zu den konjugiert-komplexen Größen übergeht und den Summationsindex μ durch ν ersetzt, erhält man

$$\bar{\varrho}\bar{x}_\lambda = \sum_{\nu=1}^{n} \bar{a}_{\lambda\nu} \bar{x}_\nu \qquad (\lambda = 1, 2, \ldots, n).$$

Wenn man diese Gleichung mit der vorausgehenden multipliziert und dann nach λ summiert, ergibt sich

$$\varrho\bar{\varrho} \sum_{\lambda=1}^{n} x_\lambda \bar{x}_\lambda = \sum_{\lambda=1}^{n} \sum_{\mu=1}^{n} \sum_{\nu=1}^{n} a_{\lambda\mu} x_\mu \bar{a}_{\lambda\nu} \bar{x}_\nu = \sum_{\mu=1}^{n} \sum_{\nu=1}^{n} \Bigl(\sum_{\lambda=1}^{n} a_{\lambda\mu} \bar{a}_{\lambda\nu}\Bigr) x_\mu \bar{x}_\nu .$$

Die letzte Summe nach λ ist aber, weil die Matrix unitär ist, gleich 1 oder 0, je nachdem $\mu = \nu$ oder $\mu \neq \nu$ ist. Somit folgt schließlich

$$\varrho\bar{\varrho} \sum_{\lambda=1}^{n} x_\lambda \bar{x}_\lambda = \sum_{\nu=1}^{n} x_\nu \bar{x}_\nu . \tag{19}$$

Nun ist, weil die Lösung x_λ des Systems (18) nichttrivial ist,

$$\sum_{\lambda=1}^{n} x_\lambda \bar{x}_\lambda = \sum_{\lambda=1}^{n} | x_\lambda |^2 > 0 .$$

Man kann also die Gleichung (19) durch die auf beiden Seiten gleiche Summe dividieren und erhält so: $\varrho\bar{\varrho} = 1$, also $| \varrho |^2 = 1$ und folglich $| \varrho | = 1$; w. z. b. w.

§ 8. Beziehungen zwischen den Wurzeln eines Polynoms und gewisser zugehöriger Polynome.

I. Zwischen den Wurzeln von $f(x)$ und $f'(x)$ bestehen mannigfache Beziehungen. Die wichtigste ist in dem folgenden von Rolle herrührenden Satz enthalten:

Satz 29. *Sind α, β zwei ungleiche reelle Wurzeln eines Polynoms $f(x)$ mit reellen Koeffizienten derart, daß zwischen α und β keine weitere Wurzel von $f(x)$ liegt, so liegt zwischen α und β eine ungerade Anzahl von Wurzeln der Ableitung $f'(x)$, also mindestens eine. Dabei ist jede Wurzel von $f'(x)$ ihrer Vielfachheit entsprechend zu zählen.*

Der Satz ist als Spezialfall ($\gamma = 0$) in dem folgenden von Waring gefundenen Satz enthalten:

Satz 30. *Sind α, β zwei ungleiche reelle Wurzeln eines Polynoms $f(x)$ mit reellen Koeffizienten derart, daß zwischen α und β keine weitere Wurzel von $f(x)$ liegt, und ist γ eine reelle Zahl, so liegt zwischen α und β eine ungerade Anzahl von Wurzeln des Polynoms $f'(x) + \gamma f(x)$, also mindestens eine. Dabei ist jede Wurzel ihrer Vielfachheit entsprechend zu zählen.*

Wir beweisen gleich Satz 30. Ist etwa $\alpha < \beta$ und ist α eine k-fache, β eine l-fache Wurzel von $f(x)$, so ist

$$f(x) = (x-\alpha)^k (x-\beta)^l \varphi(x)\,, \tag{1}$$

wo $\varphi(x)$ für $\alpha \leqq x \leqq \beta$ nicht verschwindet und folglich konstantes Vorzeichen hat; wir dürfen annehmen, daß es das positive ist.

Aus (1) folgt:

$$f'(x) + \gamma f(x) = (x-\alpha)^{k-1} (x-\beta)^{l-1} F(x)\,,$$

wobei

$$F(x) = k(x-\beta)\,\varphi(x) + l(x-\alpha)\,\varphi(x) + (x-\alpha)(x-\beta)\,\varphi'(x) + \gamma(x-\alpha)(x-\beta)\,\varphi(x)\,.$$

Daher sind die zwischen α und β gelegenen Wurzeln von $f'(x) + \gamma f(x)$ identisch mit den zwischen α und β gelegenen Wurzeln von $F(x)$, und zwar auch hinsichtlich ihrer Vielfachheit. Nun hat aber $F(\alpha)$ das Vorzeichen von $\alpha - \beta$, und $F(\beta)$ hat das Vorzeichen von $\beta - \alpha$, also das entgegengesetzte. Nach Satz 9 liegt daher zwischen α und β eine ungerade Anzahl Wurzeln von $F(x)$, also auch von $f'(x) + \gamma f(x)$.

Satz 31. *Sind die Wurzeln eines Polynoms $f(x)$ alle reell, so sind die Wurzeln der Ableitungen $f'(x)$, $f''(x)$, ... ebenfalls reell. Sind die Wurzeln von $f(x)$ außerdem alle einfach, so sind die der Ableitungen ebenfalls einfach.*

Es genügt, die Reellität (und Einfachheit) der Wurzeln der ersten Ableitung $f'(x)$ zu beweisen. Dann braucht man nämlich dieses über $f(x)$ erzielte Ergebnis nur auf das Polynom $f'(x)$ anzuwenden, um die Reellität (und Einfachheit) der Wurzeln von $f''(x)$ einzusehen usw. Soweit sich aber der Satz auf die erste Ableitung bezieht, ist er enthalten in dem allgemeineren

Satz 32. *Sind die Wurzeln eines Polynoms $f(x)$ alle reell und ist γ eine reelle Zahl, so sind die Wurzeln des Polynoms $f'(x) + \gamma f(x)$ ebenfalls alle reell. Sind die Wurzeln von $f(x)$ zudem alle einfach, so sind es die von $f'(x) + \gamma f(x)$ ebenfalls.*

Ist $f(x)$ vom Grad n, und sind die Wurzeln von $f(x)$ alle reell und einfach, so seien sie der Größe nach geordnet die folgenden:

$$\xi_1, \xi_2, \ldots, \xi_n\,.$$

Dann liegt aber nach[1]) Satz 30 mindestens eine Wurzel von $f'(x) + \gamma f(x)$ zwischen ξ_1 und ξ_2, mindestens eine zwischen ξ_2 und ξ_3 usw. So gelangt man

[1]) In Satz 30 sind allerdings die Koeffizienten von $f(x)$ reell vorausgesetzt; in Satz 32 haben wir diese Voraussetzung nicht gemacht. Da aber in letzterem Satz alle Wurzeln reell sind, so sind auch ihre symmetrischen Grundfunktionen reell. Daher erhält $f(x)$ zum mindesten, wenn man durch den Koeffizienten der höchsten Potenz dividiert, lauter reelle Koeffizienten, und folglich kann man Satz 30 anwenden.

schon zu $n - 1$ verschiedenen Wurzeln von $f'(x) + \gamma f(x)$. Wenn $\gamma = 0$, so sind damit alle Wurzeln erschöpft, weil $f'(x)$ vom Grad $n - 1$ ist. Für $\gamma \neq 0$ aber fehlt noch eine Wurzel; diese ist dann reell, und da in den Intervallen (ξ_1, ξ_2), (ξ_2, ξ_3), ... stets eine ungerade Anzahl liegen muß, so fällt die fehlende Wurzel außerhalb dieser Intervalle; sie kann also insbesondere mit keiner anderen zusammenfallen, und daher sind alle Wurzeln einfach.

Hat $f(x)$ mehrfache Wurzeln, so seien

$$\xi_1, \xi_2, \ldots, \xi_m$$

der Größe nach geordnet die voneinander verschiedenen Wurzeln von $f(x)$ und sei allgemein ξ_μ eine k_μ-fache Wurzel, so daß

$$k_1 + k_2 + \ldots + k_m = n$$

ist. Dann ist ξ_μ eine genau $(k_\mu - 1)$-fache Wurzel von $f'(x)$, also auch von $f'(x) + \gamma f(x)$. Außerdem liegt aber nach Satz 30 zwischen ξ_1 und ξ_2, zwischen ξ_2 und ξ_3 usw. mindestens je eine Wurzel von $f'(x) + \gamma f(x)$. Dadurch ergeben sich schon

$$(k_1 - 1) + (k_2 - 1) + \ldots + (k_m - 1) + (m - 1)$$

reelle Wurzeln von $f'(x) + \gamma f(x)$, also $n - 1$. Falls $\gamma = 0$ ist, sind damit bereits alle erschöpft. Für $\gamma \neq 0$ aber fehlt noch eine Wurzel, die dann auch wieder reell sein muß und dabei außerhalb der Intervalle $(\xi_{\nu-1}, \xi_\nu)$ liegt.

II. Wir wollen diese Überlegungen jetzt an dem Polynom vom Grad $2n$

$$(x - \alpha)^n (x - \beta)^n \quad (\alpha < \beta)$$

noch etwas genauer durchführen. Das Polynom hat die Wurzeln α, β, jede n-fach. Daher hat die Ableitung die Wurzeln α, β je $(n - 1)$-fach und noch eine einfache Wurzel ϱ zwischen α und β. Die zweite Ableitung hat dann die Wurzeln α, β je $(n - 2)$-fach und noch zwei einfache Wurzeln zwischen α und β, nämlich eine zwischen α und ϱ und eine zwischen ϱ und β. So fortfahrend findet man für die $(n - 1)$-te Ableitung die Wurzeln α, β je einfach und noch $n - 1$ einfache Wurzeln zwischen α und β. Schließlich die n-te Ableitung hat n einfache Wurzeln zwischen α und β. Setzt man speziell $\alpha = -1$, $\beta = 1$, so ist diese n-te Ableitung, von einem Zahlenfaktor abgesehen, das Legendresche Polynom $P_n(x)$, das wir in § 2 IV definiert haben, und damit ist Satz 8 zum zweitenmal bewiesen.

III. Der folgende nach Lucas benannte Satz geht im Prinzip auf Gauß zurück (Gauß' Werke Bd. 3, S. 112; Bd. 8, S. 32; Lucas, Comptes rendus 89, 1879).

Satz 33. *Markiert man die Wurzeln eines Polynoms $f(x)$ als Punkte in der komplexen Zahlenebene und umschließt sie durch ein konvexes Polygon, so werden auch die Punkte, die den Wurzeln der Ableitungen $f'(x)$, $f''(x)$, ... entsprechen, von diesem Polygon umschlossen*[1]).

1) Bei der Formulierung dieses Satzes ist es offenbar gleichgültig, ob man das „Umschließen" so auffaßt, daß alle Punkte im Innern des Polygons liegen, oder ob auch welche auf dem Rand liegen dürfen. In der Fig. 1 ist letztere Auffassung zugrunde

Offenbar genügt es wieder, die Behauptung für die Wurzeln der ersten Ableitung $f'(x)$ zu beweisen. Ist $f(x)$ vom Grad n und sind $\xi_1, \ldots, \xi_n$ die Wurzeln von $f(x)$, so ist

$$f(x) = a_0(x - \xi_1)(x - \xi_2)\ldots(x - \xi_n),$$

also nach Bd. I, S. 65, Formel (5c):

$$\frac{f'(x)}{f(x)} = \sum_{\nu=1}^{n} \frac{1}{x - \xi_\nu}. \tag{2}$$

Ist nun η eine Wurzel von $f'(x)$, so wird η selbstverständlich von dem Polygon umschlossen, wenn η mit einem ξ_ν identisch ist. Ist aber η von allen ξ_ν verschieden, so folgt aus (2):

$$\sum_{\nu=1}^{n} \frac{1}{\eta - \xi_\nu} = 0, \tag{3}$$

und es genügt zu zeigen, daß diese Gleichung für einen Punkt η außerhalb des Polygons nicht bestehen kann. Sei also η ein Punkt außerhalb des Polygons. Dann können wir, weil dieses konvex ist, eine das Polygon

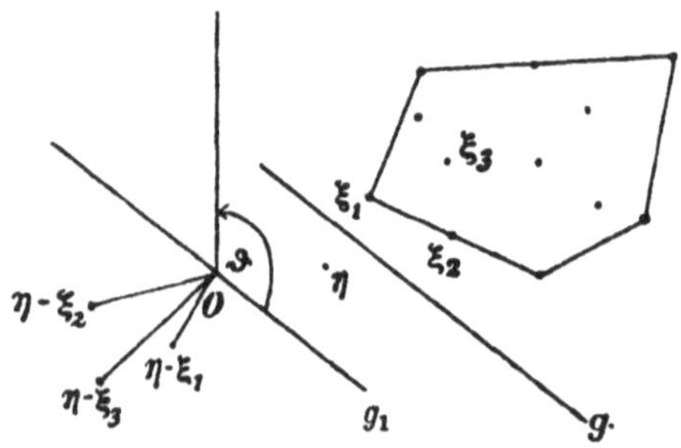

Fig. 1.

nicht treffende gerade Linie g zeichnen, welche den Punkt η vom Polygon trennt (vgl. Fig. 1). Wenn wir dann durch den Nullpunkt die Parallele g_1 zu g legen, so liegen alle Punkte $\eta - \xi_\nu$ auf derselben Seite von g_1. Ist daher ϑ der Winkel, um den man die Gerade g_1 entgegen dem Uhrzeigersinn um den Nullpunkt herumdrehen muß, um sie mit der imaginären Achse und um die Seite, auf welcher die Punkte $\eta - \xi_\nu$ liegen, mit der rechten Halbebene zur Deckung zu bringen, so liegen die Punkte

$$(\eta - \xi_\nu)(\cos\vartheta + i\sin\vartheta)$$

alle in der rechten Halbebene. Sie stellen also Zahlen mit positiven reellen Teilen dar, so daß ihre reziproken Werte

$$\frac{\cos\vartheta - i\sin\vartheta}{\eta - \xi_\nu}$$

---

gelegt. Außerdem bleibt der Satz richtig, wenn man statt des konvexen Polygons eine beliebige konvexe Figur, z. B. einen Kreis, setzt, weil diese ja das kleinste zulässige Polygon augenscheinlich einschließt.

ebenfalls lauter positive reelle Teile haben. Folglich hat auch die Summe

$$\sum_{\nu=1}^{n} \frac{\cos\vartheta - i\sin\vartheta}{\eta - \xi_\nu} = (\cos\vartheta - i\sin\vartheta) \sum_{\nu=1}^{n} \frac{1}{\eta - \xi_\nu}$$

einen positiven reellen Teil; sie verschwindet also nicht, und somit ist

$$\sum_{\nu=1}^{n} \frac{1}{\eta - \xi_\nu} \neq 0;$$

w. z. b. w.

IV. Mit Hilfe des vorigen Satzes beweisen wir jetzt den sehr merkwürdigen, 1924 von Pellet (Bull. des sciences math. 59) gefundenen

Satz 34. *Jedes Polynom der Form*

$$a_0 + a_1 x^{\lambda_1} + a_2 x^{\lambda_2} + \cdots + a_k x^{\lambda_k} \quad (wo\ 0 < \lambda_1 < \lambda_2 < \cdots < \lambda_k),$$

bei dem $a_0, a_1, \ldots, a_k$ *beliebige von* 0 *verschiedene komplexe Zahlen sind, hat mindestens eine Wurzel* ξ, *die der Ungleichung genügt:*

$$|\xi|^{\lambda_1} \leqq k \left| \frac{a_0}{a_1} \right|.$$

Das Merkwürdige an diesem Satz ist, daß die angegebene Schranke nur von k, a_0, a_1 abhängt, aber gar nicht von den anderen Koeffizienten a_ν und nicht vom Grad des Polynoms. Eine etwas ungünstigere Schranke (nur für $\lambda_1 = 1$ die gleiche) hat schon 1908 Féjér gefunden (Math. Annal. 65). Aber die Pelletsche Schranke läßt sich nun nicht mehr herabdrücken, wie das Polynom

$$a_0\left(1 + \frac{a_1}{k a_0} x^{\lambda_1}\right)^k = a_0 + a_1 x^{\lambda_1} + \frac{(k-1)a_1^2}{2k a_0} x^{2\lambda_1} + \cdots + \frac{a_1^k}{k^k a_0^{k-1}} x^{k\lambda_1}$$

beweist; bei diesem gilt ja offenbar für jede Wurzel ξ die Gleichheit

$$|\xi|^{\lambda_1} = k \left| \frac{a_0}{a_1} \right|.$$

Für $k = 1$ ist Satz 34 evident. Allgemein beweisen wir ihn durch vollständige Induktion, indem wir annehmen, für einen gewissen Wert $k = p - 1$ ($\geqq 1$) sei er bereits als richtig erkannt, und dann seine Gültigkeit auch für $k = p$ zeigen. Dabei handelt es sich also um das Polynom

$$f(x) = a_0 + a_1 x^{\lambda_1} + \cdots + a_p x^{\lambda_p}, \tag{4}$$

dessen Wurzeln wir mit $\xi_1, \xi_2, \ldots, \xi_{\lambda_p}$ bezeichnen und so numeriert denken, daß

$$|\xi_1| \leqq |\xi_\nu| \qquad (\nu = 2, 3, \ldots, \lambda_p) \tag{5}$$

ist. Da die durch a_p dividierten Koeffizienten des Polynoms die symmetrischen Grundfunktionen der Wurzeln sind, folgt aus den Newtonschen Formeln für die Potenzsummen mit negativen Exponenten (Bd. I, S. 155 Fl. (24)):

$$s_{-\nu} = 0 \quad \text{für } 0 < \nu < \lambda_1 \text{ (sofern } \lambda_1 > 1 \text{ ist)},$$

$$s_{-\lambda_1} + \lambda_1 \frac{a_1}{a_0} = 0.$$

Die letzte dieser Formeln besagt in ausführlicherer Schreibweise:

$$\sum_{\nu=1}^{\lambda_p} \frac{1}{\xi_\nu^{\lambda_1}} = -\lambda_1 \frac{a_1}{a_0}.$$

Hiernach ist gewiß

$$\sum_{\nu=1}^{\lambda_p} \frac{1}{|\xi_\nu|^{\lambda_1}} \geqq \lambda_1 \left| \frac{a_1}{a_0} \right|$$

und mit Rücksicht auf (5) erst recht

$$\lambda_p \cdot \frac{1}{|\xi_1|^{\lambda_1}} \geqq \lambda_1 \left| \frac{a_1}{a_0} \right|,$$

oder anders geschrieben:

$$|\xi_1|^{\lambda_1} \leqq \frac{\lambda_p}{\lambda_1} \left| \frac{a_0}{a_1} \right|. \tag{6}$$

Wenn nun etwa $\lambda_p \leqq p\lambda_1$ ist, so folgt aus (6) sofort

$$|\xi_1|^{\lambda_1} \leqq p \left| \frac{a_0}{a_1} \right|,$$

womit dieser Fall erledigt ist. Von jetzt an sei daher $\lambda_p > p\,\lambda_1$, also auch

$$\frac{\lambda_p}{\lambda_p - \lambda_1} < \frac{p}{p-1}. \tag{7}$$

Wir bilden das Polynom

$$F(x) = x^{\lambda_p} f\left(\frac{1}{x}\right) = a_0 x^{\lambda_p} + a_1 x^{\lambda_p - \lambda_1} + \cdots + a_{p-1} x^{\lambda_p - \lambda_{p-1}} + a_p,$$

dessen Wurzeln offenbar die Zahlen

$$\frac{1}{\xi_1}, \frac{1}{\xi_2}, \ldots, \frac{1}{\xi_{\lambda_p}} \tag{8}$$

sind. Die Ableitung von $F(x)$ ist

$$F'(x) = \lambda_p a_0 x^{\lambda_p - 1} + (\lambda_p - \lambda_1) a_1 x^{\lambda_p - \lambda_1 - 1} + \cdots + (\lambda_p - \lambda_{p-1}) a_{p-1} x^{\lambda_p - \lambda_{p-1} - 1}.$$

Die den Zahlen (8) entsprechenden Punkte der komplexen Zahlenebene werden wegen (5) von dem Kreis mit dem Nullpunkt als Mittelpunkt und mit dem Radius $\frac{1}{|\xi_1|}$ umschlossen. Nach Satz 33 und der dortigen Fußnote werden daher auch die Punkte, die den Wurzeln der Ableitung $F'(x)$ entsprechen, sämtlich von diesem Kreis umschlossen, so daß für jede Wurzel η von $F'(x)$ die Ungleichung

$$|\eta| \leqq \frac{1}{|\xi_1|} \tag{9}$$

gilt. Ist η insbesondere eine von 0 verschiedene Wurzel von $F'(x)$, so ist $\frac{1}{\eta} = \zeta$ eine Wurzel des Polynoms

$$G(x) = x^{\lambda_p - 1} F'\left(\frac{1}{x}\right) = \lambda_p a_0 + (\lambda_p - \lambda_1) a_1 x^{\lambda_1} + \cdots + (\lambda_p - \lambda_{p-1}) a_{p-1} x^{\lambda_{p-1}}$$

und umgekehrt. Für jede Wurzel ζ von $G(x)$ ist also nach (9)

$$\frac{1}{|\zeta|} = |\eta| \leqq \frac{1}{|\xi_1|}; \quad \text{also} \quad |\xi_1| \leqq |\zeta|.$$

Da aber der Satz 34 für $k = p - 1$ bereits gelten soll, können wir ihn auf das Polynom $G(x)$ anwenden und finden, daß für mindestens eine Wurzel ζ die Ungleichung gilt:

$$|\zeta|^{\lambda_1} \leqq (p-1) \left| \frac{\lambda_p a_0}{(\lambda_p - \lambda_1) a_1} \right|.$$

Wegen der vorausgehenden Ungleichung ist also auch

$$|\xi_1|^{\lambda_1} \leqq (p-1) \left| \frac{\lambda_p a_0}{(\lambda_p - \lambda_1) a_1} \right|$$

und mit Rücksicht auf (7):

$$|\xi_1|^{\lambda_1} \leqq (p-1) \frac{p}{p-1} \left| \frac{a_0}{a_1} \right| = p \left| \frac{a_0}{a_1} \right|;$$

w. z. b. w.

V. Über die Lage der Wurzeln eines Polynoms oder auch mehrerer zusammengehöriger Polynome sind in den letzten Jahren noch zahlreiche weitere Untersuchungen angestellt worden, auf deren Wiedergabe wir aus Raummangel und weil zum Teil auch wesentlich tiefer liegende funktionentheoretische Hilfsmittel gebraucht werden, verzichten müssen. Einige dieser Arbeiten mögen hier erwähnt werden:

I. Schur, Crelles Journal 144. — Pólya und I. Schur, ebenda. — Szegö, Math. Zeitschr. 13. — A. Cohn, Math. Zeitschr. 14.— Walsh, Comptes rendus du congr. des math., Straßburg 1920; Transactions of the Amer. math. soc. 24; Annals of math. (2) 26. — Fekete, Math. Zeitschr. 22.

§ 9. Numerische Auflösung von Gleichungen.

I. Im allgemeinen ist es nicht schwer, sich ein Bild davon zu machen, wo die Wurzeln eines gegebenen Polynoms mit Zahlenkoeffizienten in der komplexen Zahlenebene ungefähr liegen. Speziell über die Lage der reellen Wurzeln eines Polynoms mit reellen Koeffizienten, deren Anzahl nach § 1 oder 2 bestimmt werden kann, bekommt man mit Sicherheit Aufschluß durch folgendes Verfahren:

Zuerst bestimmt man nach Bd. I, § 51 IV ein Polynom $f(x)$, das genau die gleichen Wurzeln hat wie das gegebene, aber jede nur einfach. Sodann sucht man nach § 6 eine obere Schranke für den absoluten Betrag jeder Wurzel. Ist a die nächstgrößere ganze Zahl, so liegen alle reellen Wurzeln zwischen $-a$ und a. Nun untersucht man die Vorzeichen der Zahlenreihe

$$(1) \quad f(-a), \quad f(-a+1), \quad f(-a+2), \ldots, f(0), \quad f(1), \ldots, f(a).$$

Haben zwei aufeinanderfolgende dieser Zahlen, etwa $f(b)$ und $f(b+1)$, entgegengesetztes Vorzeichen, so liegt zwischen b und $b+1$ mindestens eine Wurzel. Ist die nach § 1 oder 2 bestimmbare Anzahl der reellen Wurzeln nicht größer als die Mindestzahl, die sich auf diese Art ergibt, so hat man schon jede zwischen Grenzen eingeschlossen, deren Differenz 1 ist. Ist die Anzahl aber größer, so schaltet man in die Reihe (1) Zwischenwerte ein, etwa:

$$f(-a),\quad f(-a+\tfrac{1}{2}),\quad f(-a+1),\ldots,f(0),\quad f(\tfrac{1}{2}),\ldots,f(a-\tfrac{1}{2}),\quad f(a),$$

und untersucht die Vorzeichen. Durch Einschaltung weiterer Zwischenwerte kommt man mit Sicherheit dazu, jede reelle Wurzel zwischen Grenzen einzuschließen, und man kann diese Grenzen auch beliebig verengern. In der Praxis, also in Spezialfällen, wird man aber stets viel rascher zu einem befriedigenden Ergebnis gelangen; das ist reine Übungssache.

Um sich auch über die komplexen Wurzeln eines beliebigen Polynoms

$$(2)\qquad f(x)=(\alpha_0+i\beta_0)\,x^n+(\alpha_1+i\beta_1)\,x^{n-1}+\cdots+(\alpha_n+i\beta_n),$$

wo die α_ν, β_ν reell sind, eine Vorstellung zu machen, setze man $x=u+iv$; dadurch geht $f(x)$ über in:

$$(3)\quad (\alpha_0+i\beta_0)(u+iv)^n+(\alpha_1+i\beta_1)(u+iv)^{n-1}+\cdots+(\alpha_n+i\beta_n) = P(u,v)+iQ(u,v),$$

wo $P(u,v), Q(u,v)$ Polynome von u, v mit reellen Koeffizienten sind. Es handelt sich dann um die reellen Lösungen des Gleichungssystems

$$(4)\qquad P(u,v)=0,\quad Q(u,v)=0.$$

Man kann ohne weiteres $\alpha_0 \neq 0, \beta_0 \neq 0$ voraussetzen und erreicht dann, daß $P(u,v), Q(u,v)$ **reguläre** Polynome n-ten Grades sind (Bd. I, S. 268). Die Resultante

$$(5)\qquad R_v(P(u,v), Q(u,v))$$

ist ein Polynom von u mit reellen Koeffizienten und bleibt, weil P und Q regulär sind, auch die richtige Resultante, wenn u nachträglich spezialisiert wird. Nach Bd. I, Satz 133 muß u eine reelle Wurzel des Polynoms (5) sein. Daß dieses nicht etwa identisch verschwindet, also nur endlich viele Wurzeln hat, sieht man so ein: Die Formel (3) ist eine Identität, gilt also auch für nicht reelle u, v, und sie bleibt richtig, wenn man darin i durch $-i$ ersetzt. Sind nun $\xi_1, \ldots, \xi_n$ die Wurzeln von $f(x)$, also die konjugiert komplexen Zahlen $\bar{\xi}_1, \ldots, \bar{\xi}_n$ die Wurzeln des Polynoms mit den konjugiert-komplexen Koeffizienten $\alpha_\nu - i\beta_\nu$, dann ist für jede (auch nicht reelle) Lösung u, v von (4) stets $u+iv$ wegen (3) gleich einem ξ_λ. Und da die Formel (3) auch richtig bleibt, wenn man i durch $-i$ ersetzt, so ist $u-iv$ gleich einem $\bar{\xi}_\mu$, also $u=\frac{1}{2}(\xi_\lambda+\bar{\xi}_\mu)$. Die Resultante (5) kann also nur verschwinden, wenn u gleich einer Zahl $\frac{1}{2}(\xi_\lambda+\bar{\xi}_\mu)$ ist, also gewiß nicht identisch.

Zu jeder reellen Wurzel u von (5), die man nach der obigen Methode beliebig approximieren kann, ergibt sich dann das zugehörige v aus (4) und ist ebenfalls beliebig approximierbar.

II. Es handelt sich nun darum, wenn man von einer Wurzel einen angenäherten Wert kennt, diesen Wert zu verbessern, um schließlich die Wurzel auf eine vorgeschriebene Anzahl von Dezimalstellen genau zu bekommen. Man kennt verschiedene solche Näherungsmethoden, deren zweckmäßige Anwendung wieder Übungssache ist.

Die bekannteste Methode ist die von Newton. Sei ξ eine Wurzel der Gleichung $f(x) = 0$, und sei α ein Näherungswert, also $|\xi - \alpha|$ ziemlich klein. Setzt man dann $\xi = \alpha + h$, so ist nach dem Taylorschen Satz

$$0 = f(\alpha + h) = f(\alpha) + h f'(\alpha) + \frac{h^2}{2!} f''(\alpha) + \cdots + \frac{h^n}{n!} f^{(n)}(\alpha),$$

wenn n den Grad von $f(x)$ bezeichnet. Daher ist

$$(6) \qquad h = - \frac{f(\alpha)}{f'(\alpha) + \frac{h}{2!} f''(\alpha) + \cdots + \frac{h^{n-1}}{n!} f^{(n)}(\alpha)}$$

Der Nenner unterscheidet sich, wenn $|h| = |\xi - \alpha|$ klein genug ist, beliebig wenig von $f'(\alpha)$. Daher wird, wenn $f'(\alpha) \neq 0$ ist, angenähert

$$h \approx - \frac{f(\alpha)}{f'(\alpha)} \quad \text{sein, also} \quad \xi = \alpha + h = \alpha - \frac{f(\alpha)}{f'(\alpha)}$$

ein verbesserter Wurzelwert. Immerhin ist dabei zu bedenken, daß das nur dann gilt, wenn $|\xi - \alpha|$ von vornherein klein genug ist; andernfalls könnte das Verfahren auch einen verschlechterten Wert liefern. Das im gegebenen Fall zu beurteilen, ist Sache der Praxis[1]). Das Verfahren kann wiederholt angewandt werden und gestattet im allgemeinen, sehr rasch die Wurzel mit beliebiger Genauigkeit zu berechnen.

Hat $f(x)$ reelle Koeffizienten, und sind ξ und α ebenfalls reell, so hat die Newtonsche Näherungsmethode eine einfache geometrische Bedeutung. Man zeichne in einem rechtwinkligen Koordinatensystem die Kurve mit der Gleichung $y = f(x)$. Ist ξ der genaue Wurzelwert, also geometrisch der Schnittpunkt der Kurve mit der Abszissenachse, und α der Näherungswert, so konstruiere man in dem Kurvenpunkt mit der Abszisse α die Tangente. Ihre Gleichung ist nach den Regeln der Differentialrechnung:

$$y - f(\alpha) = f'(\alpha) \cdot (x - \alpha).$$

Sie schneidet daher die Abszissenachse $y = 0$ im Punkt

$$x = \alpha - \frac{f(\alpha)}{f'(\alpha)}.$$

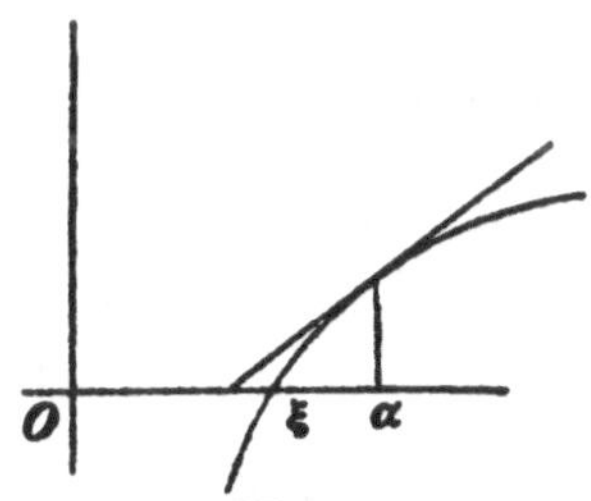

Fig. 2.

1) Natürlich kann man aus Formel (6) auch allerhand Abschätzungsformeln für den begangenen Fehler herleiten. Aber kein Praktiker wird sie anwenden. Man wird vielmehr im Reellen, wenn man z. B. Grund zu haben glaubt, daß ein Näherungswert α auf 4 Dezimalen richtig ist, zur Kontrolle die Zahlwerte $\alpha \pm 0{,}0001$ an Stelle von x in die Funktion $f(x)$ einsetzen und prüfen, ob die Funktionswerte entgegengesetztes Vorzeichen haben.

Das ist gerade der oben gefundene Näherungswert. Die Newtonsche Methode läuft also darauf hinaus, die Kurve näherungsweise durch ihre Tangente zu ersetzen (vgl. Fig. 2).

III. Die Newtonsche Methode läßt sich auch auf Systeme von k Gleichungen mit k Unbekannten ausdehnen. Für $k = 2$ gestaltet sie sich z. B. folgendermaßen: Die aufzulösenden Gleichungen seien:

$$f(x, y) = 0, \quad g(x, y) = 0.$$

Sei $x = \xi$, $y = \eta$ eine Lösung, und seien $x = \alpha$, $y = \beta$ Näherungswerte von ξ, η. Setzt man dann $\xi = \alpha + h$, $\eta = \beta + k$, so erhält man durch Entwickeln nach Potenzen von h und k:

$$0 = f(\alpha + h, \beta + k) = f(\alpha, \beta) + A_1 h + B_1 k + C_1 h^2 + \cdots,$$
$$0 = g(\alpha + h, \beta + k) = g(\alpha, \beta) + A_2 h + B_2 k + C_2 h^2 + \cdots,$$

wobei nach dem Taylorschen Satz für Polynome zweier Variabeln speziell

$$A_1 = f'_x(\alpha, \beta), \quad B_1 = f'_y(\alpha, \beta),$$
$$A_2 = g'_x(\alpha, \beta), \quad B_2 = g'_y(\alpha, \beta)$$

ist. Hieraus folgt

$$0 = f(\alpha, \beta) + (A_1 + \delta_1) h + (B_1 + \varepsilon_1) k,$$
$$0 = g(\alpha, \beta) + (A_2 + \delta_2) h + (B_2 + \varepsilon_2) k,$$

wobei die absoluten Beträge der Zahlen $\delta_1, \varepsilon_1, \delta_2, \varepsilon_2$ beliebig klein sind, wenn nur $|h|$ und $|k|$ klein genug. Näherungsweise wird daher

$$0 = f(\alpha, \beta) + A_1 h + B_1 k,$$
$$0 = g(\alpha, \beta) + A_2 h + B_2 k$$

sein, und daraus ergeben sich die verbesserten Lösungswerte

$$\xi = \alpha + h = \alpha - \frac{B_2 f(\alpha, \beta) - B_1 g(\alpha, \beta)}{A_1 B_2 - A_2 B_1},$$
$$\eta = \beta + k = \beta - \frac{A_1 g(\alpha, \beta) - A_2 f(\alpha, \beta)}{A_1 B_2 - A_2 B_1},$$

vorausgesetzt, daß der gemeinsame Nenner von 0 verschieden ist.

IV. Eine zweite Näherungsmethode ist die „Regula falsi". Sei wieder $f(x)$ das Polynom, ferner ξ eine Wurzel, und α, β zwei Näherungswerte von ξ. Dann ist nach dem Taylorschen Satz

$$f(\alpha) = f(\xi) + (\alpha - \xi)\,[f'(\xi) + \delta_1],$$
$$f(\beta) = f(\xi) + (\beta - \xi)\,[f'(\xi) + \delta_2],$$

wobei die Zahlen $|\delta_1|$, $|\delta_2|$ beliebig klein werden, wenn nur $|\alpha - \xi|$ und $|\beta - \xi|$ klein genug. Da $f(\xi) = 0$ ist, folgt hieraus näherungsweise:

$$f(\alpha) = (\alpha - \xi)\, f'(\xi),$$
$$f(\beta) = (\beta - \xi)\, f'(\xi),$$

also durch Elimination von $f'(\xi)$:

$$(\beta - \xi)\, f(\alpha) = (\alpha - \xi)\, f(\beta);$$

oder durch Auflösung nach ξ:

$$\xi = \frac{\alpha f(\beta) - \beta f(\alpha)}{f(\beta) - f(\alpha)}.$$

Das wird also der verbesserte Wurzelwert sein.

Hat $f(x)$ reelle Koeffizienten und sind ξ, α, β ebenfalls reell, so läßt sich die Methode wieder geometrisch interpretieren. Konstruiert man nämlich die Kurve mit der Gleichung $y = f(x)$ und zieht durch die beiden Kurvenpunkte mit den Abszissen α, β die Sekante, so hat diese die Gleichung

$$\frac{y - f(\alpha)}{x - \alpha} = \frac{f(\beta) - f(\alpha)}{\beta - \alpha}.$$

Ihr Schnittpunkt mit der Abszissenachse $y = 0$ hat daher die Abszisse

$$x = \frac{\alpha f(\beta) - \beta f(\alpha)}{f(\beta) - f(\alpha)}.$$

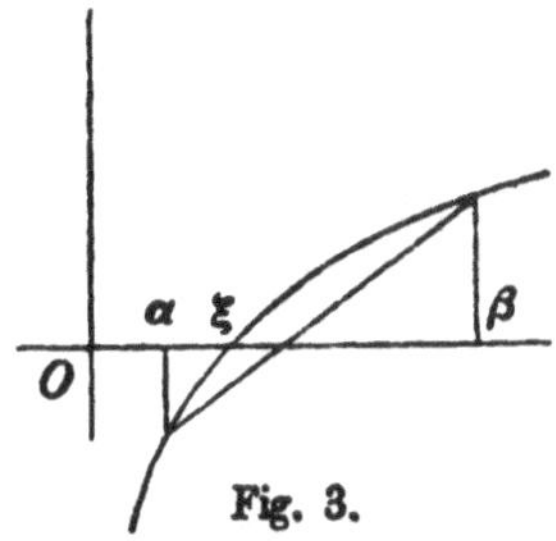

Fig. 3.

Das ist der oben gefundene Näherungswert. Die Regula falsi läuft also darauf hinaus, die Kurve näherungsweise durch die Sekante zu ersetzen (vgl. Fig. 3). Das Verfahren empfiehlt sich besonders dann, wenn $f(\alpha)$ und $f(\beta)$ entgegengesetztes Vorzeichen haben. Jedoch ist die Newtonsche Methode im allgemeinen handlicher als die Regula falsi.

§ 10. Die Näherungsmethoden von Daniel Bernoulli, Gräffe und Brodetsky-Smeal.

I. Die Bernoullische Methode, der wir uns jetzt zuwenden, hat den Vorteil, daß man nicht erst einen Näherungswert kennen muß. Sie setzt aber voraus, daß eine (ein- oder mehrfache) Wurzel vorhanden ist, deren absoluter Betrag größer ist als der absolute Betrag jeder anderen Wurzel. Sei ξ_1 diese Wurzel, sie sei k-fach. Die anderen Wurzeln seien, wenn n der Grad der Gleichung ist,

$$\xi_2, \xi_3, \ldots, \xi_{n-k+1},$$

wobei mehrfache Wurzeln ihrer Vielfachheit entsprechend auch mehrfach hingeschrieben sind. Dann ist also

$$(1) \qquad |\xi_1| > |\xi_\nu| \qquad (\nu = 2, 3, \ldots, n-k+1).$$

Aus der gegebenen Gleichung kennt man die symmetrischen Grundfunktionen der Wurzeln und kann daraus die Potenzsummen

$$(2) \qquad s_\nu = k\xi_1^\nu + \xi_2^\nu + \cdots + \xi_{n-k+1}^\nu$$

berechnen. Wegen (1) folgt aus (2):

$$\lim_{\nu\to\infty} \frac{s_\nu}{\xi_1^\nu} = k.$$

Daher ist auch

$$\lim_{\nu\to\infty} \frac{s_{\nu+1}}{\xi_1^{\nu+1}} = k\,,$$

und aus den beiden letzten Gleichungen entsteht durch Division:

$$\lim_{\nu\to\infty} \frac{s_{\nu+1}}{s_\nu} = \xi_1.$$

Daher ist die Zahl $\frac{s_{\nu+1}}{s_\nu}$ für genügend große ν ein Näherungswert der Wurzel ξ_1.

II. Man kann die Bernoullische Methode auch benutzen, um einen bereits bekannten Näherungswert einer Wurzel zu verbessern. Sei nämlich ξ eine Wurzel des Polynoms $f(x)$ vom n-ten Grad, und sei α eine Zahl, die in der komplexen Zahlenebene näher an ξ liegt als an jeder von ξ verschiedenen Wurzel. Dann hat das Polynom

$$F(x) = x^n f\left(\alpha + \frac{1}{x}\right)$$

die Wurzel $x = \frac{1}{\xi - \alpha}$, und jede andere Wurzel hat einen kleineren absoluten Betrag. Auf dieses Polynom kann man also die Bernoullische Methode anwenden und findet dann mit beliebiger Genauigkeit die Zahl $\frac{1}{\xi - \alpha}$, also auch die Wurzel ξ.

III. Wir nehmen jetzt an, alle Wurzeln $\xi_1, \xi_2, \ldots, \xi_n$ des Polynoms $f(x)$ seien voneinander verschieden, was ja nach Bd. I, § 51 IV erreicht werden kann. Wir setzen aber weiter voraus, daß auch ihre absoluten Beträge voneinander verschieden sind, so daß bei geeigneter Numerierung

$$(3)\qquad |\xi_1| > |\xi_2| > \cdots > |\xi_n|$$

ist[1]). Die Bernoullische Methode liefert dann zunächst die absolut größte Wurzel ξ_1. Alsdann bilden wir die Gleichung

$$(4)\qquad \prod_{\lambda<\mu}^{1,n} (x - \xi_\lambda \xi_\mu) = 0\,,$$

deren Wurzeln also die Produkte von je zwei Wurzeln ξ_ν sind:

$$(5)\qquad \xi_1\xi_2,\quad \xi_1\xi_3, \ldots, \xi_{n-1}\xi_n\,.$$

Ihre Koeffizienten sind symmetrische Funktionen der Wurzeln ξ_ν, können also berechnet werden. Unter den Zahlen (5) hat die erste den größten absoluten Betrag. Wenden wir also auf die neue Gleichung wieder die Bernoullische Methode an, so finden wir $\xi_1\xi_2$ und, da wir ξ_1 schon kennen, auch ξ_2.

---

[1]) Trifft diese Voraussetzung bei der Gleichung $f(x) = 0$ nicht von vornherein zu, so kann man leicht eine Zahl a ausfindig machen, so daß sie bei der Gleichung $f(x+a) = 0$ gewiß zutrifft. Dazu braucht man ja nur den Punkt a in der komplexen Zahlenebene so zu wählen, daß seine Abstände von den die einzelnen Wurzeln repräsentierenden Punkten alle ungleich sind. Das wird schon bei ganz oberflächlicher Kenntnis der ungefähren Lage der Wurzeln möglich sein.

Nunmehr bilden wir die Gleichung mit den Wurzeln

(6) $$\xi_1\xi_2\xi_3,\quad \xi_1\xi_2\xi_4, \ldots, \xi_{n-2}\xi_{n-1}\xi_n .$$

Ihre Koeffizienten sind wieder symmetrische Funktionen der Wurzeln ξ_ν, können also berechnet werden. Wenden wir auf diese neue Gleichung die Bernoullische Methode an, so finden wir $\xi_1\xi_2\xi_3$ und, da wir $\xi_1\xi_2$ schon kennen, auch ξ_3. So fortfahrend erhalten wir alle Wurzeln.

IV. Eine sehr vorteilhafte Modifikation der Bernoullischen Methode ist die von Gräffe. Aus der Gleichung (2) folgt nämlich unter der Voraussetzung (1):

$$\frac{s_\nu}{\xi_1^\nu} = k + \varepsilon_\nu ,$$

wo $|\varepsilon_\nu|$ beliebig klein, wenn nur ν groß genug ist. Hieraus ergibt sich leicht (auf die genauere Begründung, die der Analysis angehören müßte, mag hier verzichtet werden):

(7) $$\xi_1 = \lim_{\nu \to \infty} \sqrt[\nu]{s_\nu} .$$

wobei unter $\sqrt[\nu]{s_\nu}$ eine geeignet zu wählende Wurzel der Gleichung $x^\nu = s_\nu$ zu verstehen ist. Hiernach ist $\sqrt[\nu]{s_\nu}$ ein Näherungswert der Wurzel ξ_1.

Machen wir jetzt wieder die Voraussetzung (3) und bilden die Gleichung mit den Wurzeln (5), so erhalten wir durch einen ähnlichen Grenzwert die Zahl $\xi_1\xi_2$ und damit auch ξ_2. So fortfahrend ergeben sich wieder alle Wurzeln.

Damit der Näherungswert $\sqrt[\nu]{s_\nu}$ gut ist, muß ν ziemlich groß sein, und es kommt darauf an, Potenzsummen mit großem Index rasch zu berechnen. Während man aber bei der Bernoullischen Methode zwei Potenzsummen mit aufeinanderfolgenden Indizes kennen muß, genügt hier die Kenntnis *einer* Potenzsumme mit großem Index. Eine solche läßt sich — und das ist der Vorzug der Gräffeschen Methode — wesentlich rascher finden, und zwar auf folgende Weise: Man bildet zuerst nach der Methode von Bd. I, § 53 III die Gleichung mit den Wurzeln $\xi_1^2, \ldots, \xi_n^2$; diese sei

$$x^n + c_1 x^{n-1} + \cdots + c_n = 0 .$$

Dann ist $s_2 = -c_1$. Indem man von der neuen Gleichung ausgehend dieselbe Operation nochmals vornimmt, findet man die Gleichung mit den Wurzeln $\xi_1^4, \ldots, \xi_n^4$ und damit s_4. Bei nochmaliger Wiederholung findet man die Gleichung mit den Wurzeln $\xi_1^8, \ldots, \xi_n^8$ und damit s_8. Durch Fortsetzung erhält man alle s_ν, deren Index eine Potenz von 2 ist; das genügt aber für die Anwendung der Formel (7).

V. Wir behandeln jetzt ein Beispiel:

(8) $$x^3 + 4x^2 + 2x - 2 = 0 .$$

Bezeichnet man die linke Seite mit $f(x)$, so ist

$$f(-4) < 0,\quad f(-3) > 0,\quad f(-2) > 0,\quad f(-1) < 0,\quad f(0) < 0,\quad f(1) > 0.$$

Daher sind die drei Wurzeln reell, und es ist

(9) $$-4 < \xi_1 < -3, \quad -2 < \xi_2 < -1, \quad 0 < \xi_3 < 1.$$

Die Numerierung ist dabei gleich so, daß $|\xi_1| > |\xi_2| > |\xi_3|$ ist. Um aus (8) die Gleichung mit den Wurzeln $\xi_1^2, \xi_2^2, \xi_3^2$ zu bilden, muß man nach Bd. I, § 53 III in

$$(x^3 + 2x)^2 - (4x^2 - 2)^2 = 0$$

die Quadrate ausführen und dann x statt x^2 setzen; so kommt:

$$x^3 - 12x^2 + 20x - 4 = 0.$$

Um hieraus die Gleichung mit den Wurzeln $\xi_1^4, \xi_2^4, \xi_3^4$ zu bilden, muß man analog in

$$(x^3 + 20x)^2 - (12x^2 + 4)^2 = 0$$

die Quadrate ausführen und dann x statt x^2 setzen; so kommt:

$$x^3 - 104x^2 + 304x - 16 = 0.$$

Um auch noch die Gleichung mit den Wurzeln $\xi_1^8, \xi_2^8, \xi_3^8$ zu bilden, muß man in

$$(x^3 + 304x)^2 - (104x^2 + 16)^2 = 0$$

die Quadrate ausführen und dann wieder x statt x^2 setzen. So kommt schließlich:

(10) $$x^3 - 10208x^2 + 89088x - 256 = 0.$$

Daher ist $s_8 = 10208$, und da ξ_1 eine negative Zahl ist, hat man den Näherungswert

$$\xi_1 = -\sqrt[8]{10208} = -3{,}1704.$$

Dieser ist schon ziemlich genau; man kann ihn leicht mit der Newtonschen Methode verbessern oder noch einfacher, indem man das Gräffesche Verfahren einen Schritt weiter fortsetzt, und findet auf 5 Dezimalen genau:

$$\xi_1 = -3{,}17009.$$

Die Gleichung mit den Wurzeln $\xi_1 \xi_2$, $\xi_1 \xi_3$, $\xi_2 \xi_3$ ist zwar sehr leicht herzustellen; man kann aber darauf verzichten, weil man bereits aus Gleichung (10) entnimmt, daß

$$\xi_1^8 \xi_2^8 + \xi_1^8 \xi_3^8 + \xi_2^8 \xi_3^8 = 89088$$

ist. Da ξ_1 und ξ_2 negativ sind, so ist $\xi_1 \xi_2$ positiv, und man erhält den Näherungswert

$$\xi_1 \xi_2 = \sqrt[8]{89088}$$

und daher auch

$$\xi_2 = -\sqrt[8]{\frac{89088}{10208}} = -1{,}3110.$$

Mit Hilfe der Newtonschen Methode oder, indem man das Gräffesche Verfahren einen Schritt weiter fortsetzt, läßt sich dieser Wert wieder verbessern, und man findet auf 5 Dezimalen genau:

$$\xi_2 = -1{,}31111.$$

Endlich ist $\xi_3 = \frac{2}{\xi_1 \xi_2}$ oder einfacher $\xi_3 = -4 - \xi_1 - \xi_2$; so findet man, ebenfalls auf 5 Dezimalen genau:

$$\xi_3 = 0{,}48119.$$

VI. Wenn man das Vorzeichen der absolut größten Wurzel ξ_1 nicht kennt oder wenn diese bei nicht reellen Gleichungskoeffizienten überhaupt nicht reell ist, so weiß man nicht, welcher der ν möglichen Werte für $\sqrt[\nu]{s_\nu}$ in Fl. (7) zu nehmen ist. Um diesem Übelstand zu entgehen, haben Brodetsky und Smeal das Gräffesche Verfahren in folgender Weise umgestaltet (1924, Proc. Cambridge phil. soc. 22):

Man wendet auf die gegebene Gleichung $f(x) = 0$, deren Wurzeln $\xi_1, \ldots, \xi_l$ seien, zunächst die Tschirnhaustransformation $y = x + \alpha$ an, bildet also die Gleichung $f(y - \alpha) = 0$, wo α eine Variable ist. Auf diese Gleichung mit den Wurzeln

$$\eta_\lambda = \xi_\lambda + \alpha \qquad (\lambda = 1, 2, \ldots, l)$$

wendet man das Gräffesche Verfahren an und erhält so eine transformierte Gleichung mit den Wurzeln

$$\eta_\lambda^\nu = (\xi_\lambda + \alpha)^\nu \qquad (\lambda = 1, 2, \ldots, l),$$

wo ν eine Potenz von 2 ist. Ist das etwa die Gleichung

$$(11) \qquad x^l + P_{\nu 1}(\alpha)\, x^{l-1} + P_{\nu 2}(\alpha)\, x^{l-2} + \cdots + P_{\nu l}(\alpha) = 0\,,$$

wobei die $P_{\nu\lambda}(\alpha)$ offenbar Polynome von α sind, so ist insbesondere

$$P_{\nu 1}(\alpha) = -\sum_{\lambda=1}^{l} (\xi_\lambda + \alpha)^\nu = -\left[s_\nu + \binom{\nu}{1} s_{\nu-1}\alpha + \binom{\nu}{2} s_{\nu-2}\alpha^2 + \cdots + l\alpha^\nu\right].$$

Aus $P_{\nu 1}(\alpha)$ kann man also die beiden aufeinanderfolgenden Potenzsummen s_ν und $s_{\nu-1}$ ablesen (übrigens auch die mit kleinerem Index, die man aber nicht braucht); dann wird der Quotient $\frac{s_\nu}{s_{\nu-1}}$ eine Näherung für die absolut größte Wurzel sein; vgl. oben I.

Die Polynome $P_{\nu\lambda}(\alpha)$ werden rasch von hohem Grad und ihre Berechnung ist äußerst mühsam. Nun ist aber der Hauptwitz des Brodetsky-Smealschen Verfahrens gerade der, daß man diese Mühe zum allergrößten Teil sparen kann. Man braucht nämlich, um s_ν und $s_{\nu-1}$ zu erhalten, von dem Polynom $P_{\nu 1}(\alpha)$ nur das konstante Glied und den Koeffizienten von α zu kennen; die Koeffizienten der höheren Potenzen von α braucht man nicht. Ebenso wird sich der Leser leicht davon überzeugen, daß man, um auch die absolut zweitgrößte, drittgrößte usw. Wurzel zu bekommen, von den folgenden Polynomen $P_{\nu 2}(\alpha), P_{\nu 3}(\alpha), \ldots$ immer nur das konstante Glied und den Koeffizienten von α braucht. Man darf deshalb den Prozeß von Anfang an so führen, daß man alle höheren Potenzen von α stets wegläßt. Also statt der Gleichung $f(y - \alpha) = 0$ nimmt man die einfachere:

$$f(y) - \alpha f'(y) = 0.$$

Bei allen durch das weitere Verfahren geforderten Multiplikationen läßt man dann immer die höheren Potenzen von α weg. So erhält man statt der Gleichung (11) die Gleichung

$$x^l + Q_{\nu 1}(\alpha)\, x^{l-1} + Q_{\nu 2}(\alpha)\, x^{l-2} + \cdots + Q_{\nu l}(\alpha) = 0\,,$$

wobei die $Q_{\nu\lambda}(\alpha)$ lineare Polynome sind, die im konstanten Glied und im Koeffizienten von α mit $P_{\nu\lambda}(\alpha)$ übereinstimmen. Insbesondere ist also

$$Q_{\nu 1}(\alpha) = -(s_\nu + \nu s_{\nu-1}\alpha)\,,$$

woraus man die Zahlen s_ν und $s_{\nu-1}$ entnimmt, deren Quotient dann ein Näherungswert der absolut größten Wurzel ist.

Zweites Kapitel.

Gleichungen bis zum vierten Grad und reziproke Gleichungen.

§ 11. Einheitswurzeln und Radikale.

I. Während wir im vorigen Kapitel die Koeffizienten einer aufzulösenden Gleichung als Zahlen voraussetzten und die Wurzeln, die dann nach dem Fundamentalsatz der Algebra im Körper der komplexen Zahlen vorhanden sind, numerisch zu berechnen suchten, werden wir uns von jetzt an mit der sog. algebraischen Auflösung und den algebraischen Eigenschaften der Wurzeln beschäftigen. Dabei legen wir irgendeinen Körper $\mathfrak{k}$ zugrunde, dem die Koeffizienten der Gleichung angehören sollen. Den Körper $\mathfrak{k}$ darf sich der Leser ganz konkret als durch einen Konstruktionsprozeß gewonnen denken, wie er in Bd. I, § 49 I beschrieben wurde. Er kann aber, statt an diesen hinreichend allgemeinen, aber immer noch speziellen Körper zu denken, als Körper $\mathfrak{k}$ ebensogut den abstrakten Körper nehmen, der lediglich durch die allgemeine Körperdefinition und die Zusatzforderung, daß die Körperelemente 0 und 1 die wirklichen Zahlen 0 und 1 sind, bedingt ist (vgl. Bd. I, S. 4 und 7, sowie Vorwort). Die Wurzeln der Gleichung sind dann, wenn nicht im Körper $\mathfrak{k}$, so doch in einem geeigneten Erweiterungskörper $\mathfrak{k}_1$ vorhanden, und ihre algebraischen Eigenschaften sind nach Bd. I, § 51 I, II ganz unabhängig von der Konstruktion dieses Körpers $\mathfrak{k}_1$.

Auf die numerischen Werte der Wurzeln dagegen werden wir nur ganz gelegentlich noch eingehen, um interessante Zusammenhänge mit Analysis und Geometrie aufzudecken oder um unsere algebraischen Ergebnisse für numerische Rechnungen auszunutzen. Vom rein algebraischen Standpunkt haben diese Einschaltungen natürlich nur geringe Bedeutung, und den Weitergang der Entwicklung werden wir von ihnen unabhängig gestalten.

II. Die n Wurzeln der Gleichung

$$x^n - 1 = 0 \qquad (n \geqq 2) \tag{1}$$

heißen die n-ten Einheitswurzeln; wir bezeichnen sie hier mit

$$\varepsilon_{1n}, \varepsilon_{2n}, \ldots, \varepsilon_{nn}. \tag{2}$$

Unter ihnen kommt jedenfalls die Zahl 1 vor; bei geradem n ist auch die Zahl -1 dabei, bei ungeradem n aber nicht; denn es ist ja

$$1^n - 1 = 1 - 1 = 0\,,$$
$$(-1)^n - 1 = \begin{cases} \;\;\,1 - 1 = 0\,, & \text{wenn } n \text{ gerade} \\ -1 - 1 \neq 0\,, & \text{wenn } n \text{ ungerade.} \end{cases}$$

Für $n = 2$ sind damit bereits alle Einheitswurzeln gefunden; es sind die Zahlen 1 und -1. Die von ± 1 verschiedenen n-ten Einheitswurzeln gehören aber nicht dem Körper $\mathfrak{R}(1)$ an, da ja die Gleichung (1) nach Satz 1 in $\mathfrak{R}(1)$ höchstens die Wurzeln ± 1 haben kann.

Da die Koeffizienten der Gleichung (1) Zahlen sind, können die n-ten Einheitswurzeln dem Körper der komplexen Zahlen entnommen werden; es sind dann die n Zahlen

$$\cos\frac{2\nu\pi}{n} + i\sin\frac{2\nu\pi}{n} \qquad (\nu = 0, 1, \ldots, n-1). \tag{3}$$

Denn diese sind voneinander verschieden, und auf Grund der Moivreschen Formel

$$(\cos\varphi + i\sin\varphi)^n = \cos n\varphi + i\sin n\varphi\,,$$

die man leicht durch Schluß von n auf $n+1$ beweist, ist

$$\left(\cos\frac{2\nu\pi}{n} + i\sin\frac{2\nu\pi}{n}\right)^n = \cos 2\nu\pi + i\sin 2\nu\pi = 1\,.$$

Markiert man in der komplexen Zahlenebene die den Zahlen (3) entsprechenden Punkte, so sind es die n Ecken eines regulären n-Ecks, dessen Mittelpunkt der Nullpunkt ist und dessen eine Ecke im Punkt 1 liegt. Die Lösung der Gleichung (1) läuft daher geometrisch auf die Konstruktion eines regulären n-Ecks hinaus oder, was dasselbe ist, auf die Aufgabe, den Kreisumfang in n gleiche Teile zu teilen. Aus diesem Grunde nennt man die Gleichung (1) auch „Kreisteilungsgleichung".

Aus der Darstellung (3) für die n-ten Einheitswurzeln kann man verschiedene Beziehungen entnehmen, die zwischen ihnen bestehen, z. B. daß sie sämtlich Potenzen von einer von ihnen sind. Diese Beziehungen gelten dann wegen des Isomorphismus (Bd. I, § 51 I, II) auch, wenn wir die n-ten Einheitswurzeln einem anderen Erweiterungskörper von $\mathfrak{R}(1)$ entnehmen. Wir werden sie deshalb auch unabhängig von der Darstellung (3) beweisen, sobald wir die Kreisteilungsgleichungen ausführlicher behandeln (§ 38 ff.). Für die nächsten Zwecke genügen uns die folgenden einfachen Tatsachen:

1. Die n n-ten Einheitswurzeln sind alle voneinander verschieden.

2. Das Produkt von (zwei oder mehr) n-ten Einheitswurzeln ist wieder eine n-te Einheitswurzel.

3. Der Quotient von zwei n-ten Einheitswurzeln ist wieder eine n-te Einheitswurzel.

4. Jede Potenz einer n-ten Einheitswurzel mit positivem oder negativem ganzzahligen Exponenten ist wieder eine n-te Einheitswurzel.

Zum Beweis der ersten Tatsache brauchen wir nur zu bemerken, daß das Polynom $x^n - 1$ mit seiner Ableitung nx^{n-1} offenbar keine Wurzel gemein hat, da letztere nur die Wurzel 0 besitzt. Sind weiter etwa ε_1, ε_2, ε_3 n-te Einheitswurzeln, so ist

$$(\varepsilon_1\varepsilon_2\varepsilon_3)^n = \varepsilon_1^n\varepsilon_2^n\varepsilon_3^n = 1 \cdot 1 \cdot 1 = 1\,,$$

$$\left(\frac{\varepsilon_1}{\varepsilon_2}\right)^n = \frac{\varepsilon_1^n}{\varepsilon_2^n} = \frac{1}{1} = 1\,,$$

$$(\varepsilon_1^{\pm\lambda})^n = \varepsilon_1^{\pm n\lambda} = (\varepsilon_1^n)^{\pm\lambda} = 1^{\pm\lambda} = 1\,,$$

womit auch die drei andern Tatsachen bewiesen sind.

III. Die Gleichung

$$x^n - a = 0 \qquad (n \geqq 2), \tag{4}$$

wo a irgendeine Größe eines Körpers $\mathfrak{k}$ ist, hat n Wurzeln. Eine von ihnen wollen wir durch das Symbol

$$\sqrt[n]{a} \tag{5}$$

bezeichnen; welche, ist ganz gleichgültig, so daß z. B. unter $\sqrt[n]{1}$ jede n-te Einheitswurzel verstanden werden kann. Nur müssen wir im Lauf einer Rechnung an der einmal getroffenen Wahl natürlich festhalten, so daß das an sich n-deutige Symbol doch dauernd dieselbe Wurzel bezeichnet[1]). Ein solches Symbol heißt Radikal, genauer: n-tes Radikal oder n-te Wurzel; n heißt der Exponent des Radikals (Wurzelexponent). Ein Radikal mit dem Exponenten 2, 3 wird auch Quadratwurzel, Kubikwurzel genannt. Statt $\sqrt[2]{a}$ schreibt man meist nur $\sqrt{a}$.

Speziell für $a = 0$ sind die n Wurzeln der Gleichung (4) alle gleich 0 und folglich ist

$$\sqrt[n]{0} = 0\,. \tag{6}$$

Für $a \neq 0$ aber sind die Wurzeln von (4) alle von 0 und voneinander verschieden, und zwar sind es offenbar die n Größen

$$\varepsilon_{1n}\sqrt[n]{a},\quad \varepsilon_{2n}\sqrt[n]{a}, \ldots, \varepsilon_{nn}\sqrt[n]{a}\,, \tag{7}$$

wo die $\varepsilon_{\nu n}$ die n-ten Einheitswurzeln bedeuten.

Ist insbesondere a eine von 0 verschiedene komplexe Zahl $\alpha + i\alpha'$, wo α, α' reelle Zahlen sind, so können wir wie in Bd. I, § 6 setzen:

$$\alpha = \varrho\cos\varphi,\quad \alpha' = \varrho\sin\varphi\,,$$

---

[1]) Bedeutet a speziell eine positive Zahl, so hat die Gleichung (4) nach der Descartesschen Zeichenregel (Satz 11) eine und nur eine positive Wurzel. Nur diese pflegt man in der Analysis durch $\sqrt[n]{a}$ zu bezeichnen, und wir haben auch gelegentlich schon das Wurzelzeichen in diesem analytischen Sinn gebraucht. Doch wollen wir, davon abweichend, von jetzt an auch für positive a an der Formulierung des Textes festhalten, sofern nicht für besondere Zwecke vorübergehend einmal etwas anderes festgesetzt wird.

wo ϱ eine positive Zahl und φ ein gewisser Winkel ist. Dann ist

$$a = \varrho(\cos\varphi + i\sin\varphi),$$

und wir können auch die Größe $\sqrt[n]{a}$ im Körper der komplexen Zahlen wählen. Einer der n möglichen Werte ist dabei die Zahl

$$\sqrt[n]{\varrho}\left(\cos\frac{\varphi}{n} + i\sin\frac{\varphi}{n}\right), \tag{8}$$

wo unter $\sqrt[n]{\varrho}$ die analytische, d. h. positive n-te Wurzel zu verstehen ist. Denn in der Tat ist nach der Moivreschen Formel

$$\left[\sqrt[n]{\varrho}\left(\cos\frac{\varphi}{n} + i\sin\frac{\varphi}{n}\right)\right]^n = \varrho(\cos\varphi + i\sin\varphi) = a.$$

Die n verschiedenen möglichen Bedeutungen für das Zeichen $\sqrt[n]{a}$ ergeben sich aus der Zahl (8) durch Multiplikation mit den n-ten Einheitswurzeln. Es sind also die n Zahlen

$$\begin{cases} \sqrt[n]{\varrho}\left(\cos\frac{\varphi}{n} + i\sin\frac{\varphi}{n}\right)\cdot\left(\cos\frac{2\nu\pi}{n} + i\sin\frac{2\nu\pi}{n}\right) \\ \qquad = \sqrt[n]{\varrho}\left(\cos\frac{\varphi + 2\nu\pi}{n} + i\sin\frac{\varphi + 2\nu\pi}{n}\right) \quad (\nu = 0, 1, \ldots, n-1). \end{cases} \tag{9}$$

IV. Für das Rechnen mit Radikalen gelten einige einfache Gesetze. Zunächst folgt aus der Definition eines Radikals:

$$(\sqrt[n]{a})^n = a. \tag{10}$$

Daher ist weiter

$$(\sqrt[n]{a}\sqrt[n]{b})^n = (\sqrt[n]{a})^n(\sqrt[n]{b})^n = ab,$$

und folglich ist das Produkt $\sqrt[n]{a}\sqrt[n]{b}$ eine Wurzel der Gleichung

$$x^n - ab = 0.$$

Wenn daher das Symbol $\sqrt[n]{ab}$ vorher noch nicht in der Rechnung vorgekommen ist, dürfen wir es durch die Formel

$$\sqrt[n]{ab} = \sqrt[n]{a}\sqrt[n]{b} \tag{11}$$

einführen. Andernfalls können wir nur behaupten:

$$\sqrt[n]{ab} = \varepsilon\sqrt[n]{a}\sqrt[n]{b} \quad \text{(wo } \varepsilon \text{ eine } n\text{-te Einheitswurzel)}. \tag{11a}$$

Analog ergibt sich, daß

$$\sqrt[n]{\frac{1}{a}} = \frac{1}{\sqrt[n]{a}}, \tag{12}$$

(13) $$\sqrt[n]{\frac{b}{a}} = \frac{\sqrt[n]{b}}{\sqrt[n]{a}}$$

gesetzt werden darf, falls die Radikale der linken Seite vorher noch nicht in der Rechnung vorgekommen sind, während andernfalls nur behauptet werden kann:

(12a) $$\sqrt[n]{\frac{1}{a}} = \frac{\varepsilon}{\sqrt[n]{a}} \quad \text{(wo } \varepsilon \text{ eine } n\text{-te Einheitswurzel)},$$

(13a) $$\sqrt[n]{\frac{b}{a}} = \varepsilon\frac{\sqrt[n]{b}}{\sqrt[n]{a}} \quad \text{(wo } \varepsilon \text{ eine } n\text{-te Einheitswurzel)}.$$

Durch wiederholte Anwendung der Formel (11a) ergibt sich, da das Produkt von n-ten Einheitswurzeln wieder eine n-te Einheitswurzel ist:

(14) $$\sqrt[n]{a^\nu} = \varepsilon\left(\sqrt[n]{a}\right)^\nu \quad \text{(wo } \varepsilon \text{ eine } n\text{-te Einheitswurzel)}, \quad (\nu = 2, 3, 4, \ldots).$$

Speziell für $\nu = n$ folgt hieraus mit Rücksicht auf (10):

(15) $$\sqrt[n]{a^n} = \varepsilon a \quad \text{(wo } \varepsilon \text{ eine } n\text{-te Einheitswurzel)}.$$

Die Formeln (11a), (13a) können benutzt werden, um unter Umständen ein Radikal teilweise zu „radizieren". Ist nämlich $a = c^n$, so folgt aus (11a) und (13a) zunächst:

$$\sqrt[n]{c^n b} = \varepsilon \sqrt[n]{c^n}\sqrt[n]{b}, \quad \sqrt[n]{\frac{b}{c^n}} = \varepsilon\frac{\sqrt[n]{b}}{\sqrt[n]{c^n}};$$

daher mit Benutzung von (15) und mit Rücksicht darauf, daß Produkt und Quotient von n-ten Einheitswurzeln wieder n-te Einheitswurzeln sind:

(16) $$\sqrt[n]{c^n b} = \varepsilon c\sqrt[n]{b} \quad \text{(wo } \varepsilon \text{ eine } n\text{-te Einheitswurzel)},$$

(17) $$\sqrt[n]{\frac{b}{c^n}} = \frac{\varepsilon}{c}\sqrt[n]{b} \quad \text{(wo } \varepsilon \text{ eine } n\text{-te Einheitswurzel)}.$$

Nun sei n ein Produkt: $n = kl$. Dann ist offenbar

$$\left[\left(\sqrt[n]{a}\right)^k\right]^l = \left(\sqrt[n]{a}\right)^{kl} = \left(\sqrt[n]{a}\right)^n = a\,.$$

Das besagt, daß die Größe $\left(\sqrt[n]{a}\right)^k$ eine Wurzel der Gleichung $x^l - a = 0$ ist, und folglich können wir, wenn das Radikal $\sqrt[l]{a}$ vorher noch nicht in der Rechnung vorgekommen ist, setzen:

$$(\sqrt[n]{a})^k = \sqrt[l]{a}\,.$$

Daher ist nun $\sqrt[n]{a}$ eine Wurzel der Gleichung $x^k - \sqrt[l]{a} = 0$, und folglich können wir setzen:

$$\text{(18)} \qquad \sqrt[n]{a} = \sqrt[k]{\sqrt[l]{a}} \qquad (n = kl),$$

falls das k-te Radikal nicht inzwischen schon in der Rechnung vorgekommen ist. Ist aber das l-te oder k-te Radikal (oder beide) schon vorgekommen, so werden wir allgemein nur behaupten können:

$$\text{(18a)} \qquad \sqrt[n]{a} = \varepsilon_k \sqrt[k]{\varepsilon_l \sqrt[l]{a}} \qquad (n = kl),$$

wo ε_k eine k-te, ε_l eine l-te Einheitswurzel ist.

Das läßt sich sofort auf mehr als zwei Faktoren übertragen. Ist etwa $n = klm$, so ist

$$([(\sqrt[n]{a})^k]^l)^m = (\sqrt[n]{a})^n = a\,,$$

woraus sukzessive folgt:

$$[(\sqrt[n]{a})^k]^l = \sqrt[m]{a}, \quad (\sqrt[n]{a})^k = \sqrt[l]{\sqrt[m]{a}}\,,$$

und schließlich:

$$\text{(19)} \qquad \sqrt[n]{a} = \sqrt[k]{\sqrt[l]{\sqrt[m]{a}}} \qquad (n = klm),$$

sofern die rechtsstehenden Radikale vorher noch nicht in der Rechnung vorgekommen sind. Andernfalls läßt sich nur behaupten

$$\text{(19a)} \qquad \sqrt[n]{a} = \varepsilon_k \sqrt[k]{\varepsilon_l \sqrt[l]{\varepsilon_m \sqrt[m]{a}}} \qquad (n = klm),$$

wo ε_k eine k-te, ε_l eine l-te, ε_m eine m-te Einheitswurzel ist. Zerlegt man n in Primfaktoren, so erkennt man im Anschluß an (19), daß sich jedes Radikal auf solche Radikale zurückführen läßt, deren Exponenten Primzahlen sind.

V. Ist a eine Variable, so hat die Gleichung $x^2 - a = 0$ im Körper $\mathfrak{K}(a)$ keine Wurzel (vgl. Bd. I, S. 232 oben). Wenn wir aber das Radikal $\sqrt{a}$ adjungieren, also den Körper $\mathfrak{K}(a, \sqrt{a})$, der offenbar mit dem Körper $\mathfrak{K}(\sqrt{a})$ identisch ist, zugrunde legen, so ist in diesem neuen Körper eine Wurzel der Gleichung vorhanden; denn $\sqrt{a}$ selbst ist ja eine. Wir sehen also, daß man unter Umständen durch Adjunktion eines Radikals eine Gleichung lösen kann, die sich vorher nicht hat lösen lassen; oder mit anderen Worten, daß man die Wurzel einer Gleichung durch ein Radikal darstellen kann. Allgemeiner läßt sich die Gleichung $x^n - a = 0$ durch Adjunktion des Radikals $\sqrt[n]{a}$ lösen. Die Gleichung

$$(x^3 - a)^2 - b = 0$$

hat offenbar die Wurzel

$$\sqrt[3]{a + \sqrt{b}};$$

sie läßt sich also wieder durch Radikale lösen, und zwar ist diesmal erforderlich, daß nacheinander zwei Radikale adjungiert werden, zuerst das Radikal $\beta = \sqrt{b}$ und dann noch das Radikal

$$\sqrt[3]{a + \beta}.$$

In ähnlicher Weise können wir hoffen, daß vielleicht auch andere Gleichungen sich durch Radikale lösen lassen, d. h. dadurch, daß dem ursprünglich zugrundegelegten Körper ein Radikal oder auch nacheinander mehrere Radikale adjungiert werden.

Man hat sich früher darüber nicht den Kopf zerbrochen, ob jede Gleichung durch Radikale lösbar ist; man hat das für mehr oder weniger selbstverständlich gehalten und sich nur die Aufgabe gestellt, die Lösung, d. h. die Darstellung der Wurzeln durch Radikale, wirklich zu finden. Aber damit hat man die Leistungsfähigkeit der Radikale weit überschätzt, und eigentlich ist auch gar nicht einzusehen, warum gerade ihnen eine so überragende Kraft zukommen sollte. Ebensogut könnte man für die Wurzeln irgendeiner andern Gleichung, z. B. der Gleichung

$$x^n - x - a = 0,$$

ein Symbol einführen, etwa $\overset{n}{\overline{|a|}}$, und dann von diesen Symbolen das Heil erwarten. Da haben nun freilich die Radikale den Vorzug, daß für sie sehr einfache Gesetze gelten, die wir ja oben in III und IV aufgestellt haben. Diese zum Rechnen bequemen Gesetze machen die Radikale wertvoll, aber für ihre Tragweite beweisen sie nichts. Tatsächlich reicht die Kraft der Radikale, wenn die Koeffizienten der aufzulösenden Gleichung nicht spezialisiert sind, nur bis zum vierten Grad. Daß sie wirklich so weit reicht, werden schon die nächsten drei Paragraphen lehren; daß sie nicht darüber hinausreicht, wird sich aber erst in Kap. IV ergeben.

§ 12. Die Gleichungen zweiten und dritten Grades.

I. Die allgemeine Gleichung zweiten Grades (quadratische Gleichung) hat die Form

$$x^2 + a_1 x + a_2 = 0. \tag{1}$$

Die Lösung durch ein Radikal gelingt leicht durch „quadratische Ergänzung". Gibt man nämlich der Gleichung die Gestalt

$$x^2 + a_1 x + \tfrac{1}{4} a_1^2 = \tfrac{1}{4}(a_1^2 - 4a_2),$$

so ist die linke Seite das Quadrat von $x + \frac{1}{2}a_1$, und daher ist

$$x + \tfrac{1}{2}a_1 = \varepsilon\sqrt{\tfrac{1}{4}(a_1^2 - 4a_2)},$$

wo ε eine beliebige zweite Einheitswurzel sein darf, also $\varepsilon = \pm 1$. Das Radikal kann man teilweise radizieren, wodurch man erhält:

$$x + \tfrac{1}{2}a_1 = \pm\tfrac{1}{2}\sqrt{a_1^2 - 4a_2},$$

oder indem man das Glied $\frac{1}{2}a_1$ nach rechts bringt:

$$x = \frac{-a_1 \pm \sqrt{a_1^2 - 4a_2}}{2}. \tag{2}$$

Entsprechend dem doppelten Vorzeichen sind damit die beiden Wurzeln der quadratischen Gleichung gefunden. Oder vielmehr, es ist zunächst gezeigt, daß die Wurzeln von (1) notwendig die Form (2) haben müssen. Daß aber die beiden durch (2) dargestellten Größen auch wirklich Wurzeln von (1) sind, erkennt man, wenn man die ganze Formelkette rückwärts durchläuft, was augenscheinlich möglich ist.

Nimmt man die quadratische Gleichung in der allgemeineren Form

$$a_0x^2 + a_1x + a_2 = 0 \qquad (a_0 \neq 0) \tag{3}$$

an, so kann man sie durch a_0 dividieren und auf die so entstehende Gleichung die Auflösungsformel (2) anwenden. Dann ergibt sich nach leichter Rechnung:

$$x = \frac{-a_1 \pm \sqrt{a_1^2 - 4a_0a_2}}{2a_0}. \tag{4}$$

Ist speziell $a_1^2 - 4a_0a_2 = 0$, so sind die Wurzeln einander gleich, und in der Tat ist ja auch $a_1^2 - 4a_0a_2$ die Diskriminante der quadratischen Gleichung (3).

Man kann die Lösung der Gleichung (1) noch auf einem zweiten Weg finden, der auch für Gleichungen höheren Grades einen Fingerzeig gibt. Bezeichnet man die beiden Wurzeln von (1) mit ξ_1, ξ_2, so können die symmetrischen Funktionen von ξ_1, ξ_2 berechnet werden; denn die symmetrischen Grundfunktionen sind ja a_1, a_2, also bekannt. Insbesondere ist

$$\xi_1 + \xi_2 = -a_1. \tag{5}$$

Wenn es nun gelingt, auch ein unsymmetrisches Polynom ersten Grades zu berechnen, so können daraus ξ_1, ξ_2 selbst gefunden werden. Ein solches leicht berechenbares unsymmetrisches Polynom ist $\xi_1 - \xi_2$; sein Quadrat ist nämlich symmetrisch:

$$(\xi_1 - \xi_2)^2 = (\xi_1 + \xi_2)^2 - 4\xi_1\xi_2 = a_1^2 - 4a_2.$$

Hieraus folgt dann

$$\xi_1 - \xi_2 = \sqrt{a_1^2 - 4a_2}, \tag{6}$$

wo wir im Gegensatz zu Formel (2) nicht das doppelte Vorzeichen vorgesetzt haben, weil bei Änderung des Vorzeichens lediglich die beiden Wurzeln ξ_1 und ξ_2 ihre Rollen tauschen. Aus den Gleichungen (5) und (6) erhält man durch Addition und Subtraktion:

$$(7)\qquad \xi_1 = \frac{-a_1 + \sqrt{a_1^2 - 4a_2}}{2}, \quad \xi_2 = \frac{-a_1 - \sqrt{a_1^2 - 4a_2}}{2},$$

was mit der Lösung (2) übereinstimmt.

II. Als Anwendung wollen wir die dritten Einheitswurzeln berechnen. Das Polynom $x^3 - 1$ läßt sich zerlegen in:

$$x^3 - 1 = (x - 1)(x^2 + x + 1).$$

Die von 1 verschiedenen dritten Einheitswurzeln sind daher die Wurzeln der quadratischen Gleichung

$$x^2 + x + 1 = 0,$$

also, wenn man sie mit ε_1, ε_2 bezeichnet, bei Benutzung der Auflösungsformel (7) die Größen:

$$(8)\qquad \varepsilon_1 = \frac{-1 + \sqrt{-3}}{2}, \quad \varepsilon_2 = \frac{-1 - \sqrt{-3}}{2}.$$

Man bemerkt leicht, daß die Formeln gelten:

$$(8\text{a})\qquad \varepsilon_1^2 = \varepsilon_2, \quad \varepsilon_2^2 = \varepsilon_1.$$

III. Wir wenden uns jetzt zur Gleichung dritten Grades (kubische Gleichung):

$$(9)\qquad x^3 + a_1x^2 + a_2x + a_3 = 0.$$

Machen wir die Tschirnhaustransformation

$$(10)\qquad x + \tfrac{1}{3}a_1 = y,$$

so geht sie über in die Gleichung für die neue Unbekannte y:

$$(11)\qquad y^3 + py + q = 0,$$

wobei die Abkürzungen eingeführt sind:

$$(12)\qquad a_2 - \tfrac{1}{3}a_1^2 = p, \quad a_3 - \tfrac{1}{3}a_1a_2 + \tfrac{2}{27}a_1^3 = q.$$

Die Lösung von (11) ergibt sich am schnellsten durch den folgenden Kunstgriff von Hudde (1657). Man setzt

$$(13)\qquad y = u + v,$$

wodurch (11) übergeht in:

$$(14)\qquad u^3 + v^3 + (3uv + p)(u + v) + q = 0.$$

Der Ausdruck (13) wird daher gewiß eine Lösung von (11) sein, wenn man u und v so bestimmt, daß

$$(15)\qquad u^3 + v^3 = -q,$$

$$(16)\qquad 3uv = -p$$

ist. Aus (15) und (16) folgt aber:

$$(u^3 - v^3)^2 = (u^3 + v^3)^2 - 4u^3v^3 = q^2 + \tfrac{4}{27}p^3,$$

also:

$$(17)\qquad u^3 - v^3 = \sqrt{q^2 + \frac{4}{27}p^3} = 2\sqrt{\left(\frac{q}{2}\right)^2 + \left(\frac{p}{3}\right)^3}.$$

Aus (15) und (17) folgt dann:

$$(18)\qquad u^3 = -\frac{q}{2} + \sqrt{\left(\frac{q}{2}\right)^2 + \left(\frac{p}{3}\right)^3}, \quad v^3 = -\frac{q}{2} - \sqrt{\left(\frac{q}{2}\right)^2 + \left(\frac{p}{3}\right)^3}.$$

Nimmt man die Quadratwurzel mit dem entgegengesetzten Vorzeichen, so tauschen nur u und v ihre Rollen, was bei dem Ansatz (13) keinen Unterschied macht. Aus (18) ergibt sich schließlich

$$(19)\qquad u = \sqrt[3]{-\frac{q}{2} + \sqrt{\left(\frac{q}{2}\right)^2 + \left(\frac{p}{3}\right)^3}}, \quad v = \sqrt[3]{-\frac{q}{2} - \sqrt{\left(\frac{q}{2}\right)^2 + \left(\frac{p}{3}\right)^3}}.$$

Aus (15) und (16) folgt also (19). Daß aber auch das Umgekehrte gilt, daß also die Größen (19) wirklich Lösungen des Gleichungssystems (15), (16) sind, ist damit nicht gesagt. Man sieht nun aber sofort, daß die Größen (19) die Gleichung (15) wirklich erfüllen. Dagegen wird die Gleichung (16) nur erfüllt, wenn man, nachdem die eine Kubikwurzel in (19) unter den drei Möglichkeiten willkürlich ausgewählt ist, die andere so auswählt, daß das Produkt der beiden, für welches sich zunächst der dreideutige Ausdruck

$$\sqrt[3]{-\left(\frac{p}{3}\right)^3} = \sqrt[3]{\left(-\frac{p}{3}\right)^3}$$

ergibt, gleich $-\frac{p}{3}$ ist, also:

$$(20)\qquad \sqrt[3]{-\frac{q}{2} + \sqrt{\left(\frac{q}{2}\right)^2 + \left(\frac{p}{3}\right)^3}} \cdot \sqrt[3]{-\frac{q}{2} - \sqrt{\left(\frac{q}{2}\right)^2 + \left(\frac{p}{3}\right)^3}} = -\frac{p}{3}.$$

Nach (13) ist dann

$$(21)\qquad y = \sqrt[3]{-\frac{q}{2} + \sqrt{\left(\frac{q}{2}\right)^2 + \left(\frac{p}{3}\right)^3}} + \sqrt[3]{-\frac{q}{2} - \sqrt{\left(\frac{q}{2}\right)^2 + \left(\frac{p}{3}\right)^3}}$$

eine Lösung von (11); man nennt (21) die Cardanische Formel, weil Cardano sie zuerst veröffentlicht hat (1545)[1]). Gefunden war aber diese

[1]) Hieronymi Cardani artis magnae sive de regulis algebraicis liber unus. Papiae 1545. Die Lösung der kubischen und noch mehr der biquadratischen Gleichung zu einer Zeit, als es noch keine Formelsprache gab und als Melanchthon die Studenten mit der Versicherung ins Kolleg lockte, daß auch die Division mit etwas Fleiß wohl begriffen werden könne, ist eine erstaunliche Leistung. Cardano beweist seine Formel an Hand geometrischer Figuren, wobei er die verschiedenen Vorzeichenmöglichkeiten von p und q noch getrennt behandeln muß. Seine erste Formulierung bezieht sich auf den Fall $p > 0$, $q < 0$; sie findet sich in Kap. 11, das die Überschrift „de cubo et rebus aequalibus numero" trägt, und lautet: „Deducito tertiam partem numeri rerum ad cubum, cui addes quadratum dimidii numeri aequationis, et totius accipe radicem, scilicet quadratam, quam seminabis, unique dimidium numeri quod iam in se duxeras, adjicies, ab altera dimidium idem minues, habebisque Binomium cum sua Apotome, inde detracta radice cubica Apotomae ex radice cubica sui Binomii, residuum quod ex hoc relinquitur, est rei aestimatio."

Lösung schon 1515 durch Scipione del Ferro und 1535 nochmals durch Tartaglia. Indem man der einen Kubikwurzel in (21) ihre drei möglichen Werte beilegt und die andere gemäß (20) bestimmt, erhält man drei Lösungen von (11), und zwar, wenn ε eine von 1 verschiedene dritte Einheitswurzel, nach (8a) also ε^2 die andere ist, die drei folgenden:

$$(22)\quad \begin{cases} \eta_1 = \sqrt[3]{-\frac{q}{2}+\sqrt{\left(\frac{q}{2}\right)^2+\left(\frac{p}{3}\right)^3}} + \sqrt[3]{-\frac{q}{2}-\sqrt{\left(\frac{q}{2}\right)^2+\left(\frac{p}{3}\right)^3}}, \\ \eta_2 = \varepsilon\sqrt[3]{-\frac{q}{2}+\sqrt{\left(\frac{q}{2}\right)^2+\left(\frac{p}{3}\right)^3}} + \varepsilon^2\sqrt[3]{-\frac{q}{2}-\sqrt{\left(\frac{q}{2}\right)^2+\left(\frac{p}{3}\right)^3}}, \\ \eta_3 = \varepsilon^2\sqrt[3]{-\frac{q}{2}+\sqrt{\left(\frac{q}{2}\right)^2+\left(\frac{p}{3}\right)^3}} + \varepsilon\sqrt[3]{-\frac{q}{2}-\sqrt{\left(\frac{q}{2}\right)^2+\left(\frac{p}{3}\right)^3}}, \end{cases}$$

wobei das Produkt der beiden Kubikwurzeln an die Bedingung (20) gebunden ist.

Nach dem Bewiesenen sind die Größen (22) jedenfalls Lösungen von (11). Daß es keine anderen Lösungen gibt, folgt daraus nicht; die drei Größen (22) könnten ja alle oder teilweise einander gleich sein, ohne daß die kubische Gleichung eine Wurzel von entsprechender Vielfachheit hätte. Nun ist aber, wenn wir die Zeichen u, v jetzt als Abkürzungen für die beiden Kubikwurzeln nehmen,

$$\eta_1 = u + v, \qquad \eta_2 = \varepsilon u + \varepsilon^2 v, \qquad \eta_3 = \varepsilon^2 u + \varepsilon v,$$

woraus sich durch leichte Rechnung ergibt (weil $\varepsilon^2 + \varepsilon + 1 = 0$, $\varepsilon^3 = 1$ ist):

$$\eta_1 + \eta_2 + \eta_3 = 0,$$
$$\eta_1\eta_2 + \eta_1\eta_3 + \eta_2\eta_3 = -3uv = p,$$
$$\eta_1\eta_2\eta_3 = u^3 + v^3 = -q.$$

Daher ist identisch

$$y^3 + py + q = (y - \eta_1)(y - \eta_2)(y - \eta_3),$$

und das besagt, daß η_1, η_2, η_3 die drei Wurzeln des linksstehenden Polynoms von y, also der Gleichung (11) sind. Die drei Wurzeln der Gleichung (9) sind dann nach (10) die folgenden:

$$(23)\quad \xi_1 = -\tfrac{1}{3}a_1 + \eta_1, \qquad \xi_2 = -\tfrac{1}{3}a_1 + \eta_2, \qquad \xi_3 = -\tfrac{1}{3}a_1 + \eta_3.$$

Die Größe unter der Quadratwurzel in (22) hat eine interessante Bedeutung; es ist nämlich

$$\begin{aligned}\left(\frac{q}{2}\right)^2 + \left(\frac{p}{3}\right)^3 &= (\tfrac{1}{2}a_3 - \tfrac{1}{6}a_1a_2 + \tfrac{1}{27}a_1^3)^2 + (\tfrac{1}{3}a_2 - \tfrac{1}{9}a_1^2)^3 \\ &= \tfrac{1}{4}a_3^2 - \tfrac{1}{6}a_1a_2a_3 - \tfrac{1}{108}a_1^2a_2^2 + \tfrac{1}{27}a_1^3a_3 + \tfrac{1}{27}a_2^3 \\ &= -\tfrac{1}{108}D,\end{aligned}$$

wo D die Diskriminante der Gleichung (9) ist (vgl. Bd. I, S. 213, Formel (7)). Die drei Wurzeln von (9) lassen sich also auch in der Gestalt schreiben:

$$(24)\quad \begin{cases} \xi_1 = -\frac{1}{3}a_1 + \sqrt[3]{-\frac{1}{2}a_3 + \frac{1}{6}a_1a_2 - \frac{1}{27}a_1^3 + \frac{1}{18}\sqrt{-3D}} \\ \qquad + \sqrt[3]{-\frac{1}{2}a_3 + \frac{1}{6}a_1a_2 - \frac{1}{27}a_1^3 - \frac{1}{18}\sqrt{-3D}}, \\ \xi_2 = -\frac{1}{3}a_1 + \varepsilon\sqrt[3]{-\frac{1}{2}a_3 + \frac{1}{6}a_1a_2 - \frac{1}{27}a_1^3 + \frac{1}{18}\sqrt{-3D}} \\ \qquad + \varepsilon^2\sqrt[3]{-\frac{1}{2}a_3 + \frac{1}{6}a_1a_2 - \frac{1}{27}a_1^3 - \frac{1}{18}\sqrt{-3D}}, \\ \xi_3 = -\frac{1}{3}a_1 + \varepsilon^2\sqrt[3]{-\frac{1}{2}a_3 + \frac{1}{6}a_1a_2 - \frac{1}{27}a_1^3 + \frac{1}{18}\sqrt{-3D}} \\ \qquad + \varepsilon\sqrt[3]{-\frac{1}{2}a_3 + \frac{1}{6}a_1a_2 - \frac{1}{27}a_1^3 - \frac{1}{18}\sqrt{-3D}}, \end{cases}$$

wobei das Produkt der beiden Kubikwurzeln nach (20) und (12) gleich

$$(25)\qquad \tfrac{1}{9}a_1^2 - \tfrac{1}{3}a_2$$

sein muß. Die vollständige Lösung der kubischen Gleichung erfordert hiernach die Adjunktion der dritten Einheitswurzeln oder, was auf dasselbe hinausläuft, die Adjunktion des Radikals $\sqrt{-3}$, sodann die Adjunktion der Quadratwurzel $\sqrt{-3D}$ oder, was nach Adjunktion von $\sqrt{-3}$ auf dasselbe hinausläuft, die Adjunktion von $\sqrt{D}$ und schließlich noch die Adjunktion einer Kubikwurzel; die zweite Kubikwurzel ist dadurch schon mitadjungiert. Natürlich kann es in speziellen Fällen vorkommen, daß die zu adjungierenden Radikale zum Teil oder lle schon dem ursprünglich zugrunde gelegten Körper angehören, also gar nicht erst adjungiert werden müssen.

IV. Der Kunstgriff von Hudde führt zwar am schnellsten zum Ziel; er erscheint aber doch recht unmotiviert. Planvoller ist der Weg, den Lagrange eingeschlagen hat (Réflexions sur la résolution algébrique des équations, Abhandlungen der Berliner Akademie 1770 = Werke, Bd. 3). Dieser geht von der Bemerkung aus, daß der Ausdruck

$$\xi_1 + \varepsilon\xi_2 + \varepsilon^2\xi_3,$$

wo ε wieder eine von 1 verschiedene dritte Einheitswurzel bedeutet, sich nur mit ε^2 und ε multipliziert, wenn man die ξ_1, ξ_2, ξ_3 zyklisch vertauscht. Die dritte Potenz bleibt also unverändert; sie ist schon beinahe eine symmetrische Funktion der Wurzeln, so daß man sie vielleicht berechnen kann. Diese dritte Potenz ist in der Tat gleich

$$(\xi_1 + \varepsilon\xi_2 + \varepsilon^2\xi_3)^3 = \xi_1^3 + \xi_2^3 + \xi_3^3 + 3\varepsilon(\xi_1^2\xi_2 + \xi_2^2\xi_3 + \xi_3^2\xi_1) \\ + 3\varepsilon^2(\xi_1^2\xi_3 + \xi_2^2\xi_1 + \xi_3^2\xi_2) + 6\xi_1\xi_2\xi_3,$$

oder indem man rechts für ε und ε^2 die Ausdrücke (vgl. (8) und (8a))

$$\varepsilon = \frac{-1+\sqrt{-3}}{2}, \quad \varepsilon^2 = \frac{-1-\sqrt{-3}}{2}$$

einsetzt:

$$(\xi_1 + \varepsilon\xi_2 + \varepsilon^2\xi_3)^3 = \xi_1^3 + \xi_2^3 + \xi_3^3$$
$$- \tfrac{3}{2}(\xi_1^2\xi_2 + \xi_2^2\xi_3 + \xi_3^2\xi_1 + \xi_1^2\xi_3 + \xi_2^2\xi_1 + \xi_3^2\xi_2) + 6\xi_1\xi_2\xi_3$$
$$+ \tfrac{3}{2}\sqrt{-3}\,(\xi_1^2\xi_2 + \xi_2^2\xi_3 + \xi_3^2\xi_1 - \xi_1^2\xi_3 - \xi_2^2\xi_1 - \xi_3^2\xi_2).$$

Nun ist aber $\xi_1\xi_2\xi_3 = -a_3$ und nach Bd. I, § 32, Formel (8)

$$\xi_1^3 + \xi_2^3 + \xi_3^3 = s_3 = -a_1^3 + 3a_1a_2 - 3a_3;$$

außerdem ist

$$\xi_1^2\xi_2 + \xi_2^2\xi_3 + \xi_3^2\xi_1 + \xi_1^2\xi_3 + \xi_2^2\xi_1 + \xi_3^2\xi_2$$
$$= (\xi_1 + \xi_2 + \xi_3)(\xi_1\xi_2 + \xi_1\xi_3 + \xi_2\xi_3) - 3\xi_1\xi_2\xi_3 = -a_1a_2 + 3a_3,$$
$$\xi_1^2\xi_2 + \xi_2^2\xi_3 + \xi_3^2\xi_1 - \xi_1^2\xi_3 - \xi_2^2\xi_1 - \xi_3^2\xi_2 = (\xi_1 - \xi_2)(\xi_1 - \xi_3)(\xi_2 - \xi_3) = \sqrt{D},$$

und zwar die letzte Gleichheit nach Bd. I, § 52 III. Wenn man das alles einsetzt, ergibt sich [1]):

$$(\xi_1 + \varepsilon\xi_2 + \varepsilon^2\xi_3)^3 = -a_1^3 + \tfrac{9}{2}a_1a_2 - \tfrac{27}{2}a_3 - \tfrac{3}{2}\sqrt{-3D}$$
$$= 27\left(-\tfrac{1}{2}a_3 + \tfrac{1}{6}a_1a_2 - \tfrac{1}{27}a_1^3 - \tfrac{1}{18}\sqrt{-3D}\right)$$

und analog

$$(\xi_1 + \varepsilon^2\xi_2 + \varepsilon\xi_3)^3 = 27\left(-\tfrac{1}{2}a_3 + \tfrac{1}{6}a_1a_2 - \tfrac{1}{27}a_1^3 + \tfrac{1}{18}\sqrt{-3D}\right).$$

Hieraus folgt:

$$(26)\qquad \begin{cases} \xi_1 + \varepsilon\xi_2 + \varepsilon^2\xi_3 = 3\sqrt[3]{-\tfrac{1}{2}a_3 + \tfrac{1}{6}a_1a_2 - \tfrac{1}{27}a_1^3 - \tfrac{1}{18}\sqrt{-3D}}, \\ \xi_1 + \varepsilon^2\xi_2 + \varepsilon\xi_3 = 3\sqrt[3]{-\tfrac{1}{2}a_3 + \tfrac{1}{6}a_1a_2 - \tfrac{1}{27}a_1^3 + \tfrac{1}{18}\sqrt{-3D}}. \end{cases}$$

Da nun weiter

$$(\xi_1 + \varepsilon\xi_2 + \varepsilon^2\xi_3)(\xi_1 + \varepsilon^2\xi_2 + \varepsilon\xi_3) = \xi_1^2 + \xi_2^2 + \xi_3^2 - (\xi_1\xi_2 + \xi_1\xi_3 + \xi_2\xi_3)$$
$$= (\xi_1 + \xi_2 + \xi_3)^2 - 3(\xi_1\xi_2 + \xi_1\xi_3 + \xi_2\xi_3) = a_1^2 - 3a_2,$$

so müssen die Kubikwurzeln in (26) wieder so verstanden werden, daß ihr Produkt gleich der Größe (25) ist. Berücksichtigt man noch die Gleichung

$$(27)\qquad \xi_1 + \xi_2 + \xi_3 = -a_1,$$

so findet man durch Auflösung der drei linearen Gleichungen (26), (27) wieder genau die Ausdrücke (24).

§ 13. Trigonometrische Auflösung der kubischen Gleichung.

I. Die Cardanische Formel liefert die Lösung der kubischen Gleichung meistens in sehr ungeschickter Form. So hat die Gleichung

$$y^3 + 3y - 4 = 0$$

die Wurzel 1, die Cardanische Formel aber liefert:

$$y = \sqrt[3]{2 + \sqrt{5}} + \sqrt[3]{2 - \sqrt{5}}.$$

[1]) Die Quadratwurzel in der folgenden Formel ist doppeldeutig. Man könnte ihr ebensogut das Pluszeichen statt des Minuszeichens vorsetzen. Wir haben das Minuszeichen gewählt, damit die Form der sich ergebenden Lösung genau mit der früheren übereinstimmt.

Die Gleichung

$$y^3 - 2y + 1 = 0.$$

hat ebenfalls die Wurzel 1, die Cardanische Formel aber liefert:

$$y = \sqrt[3]{-\frac{1}{2} + \sqrt{\frac{-5}{108}}} + \sqrt[3]{-\frac{1}{2} - \sqrt{\frac{-5}{108}}}$$

$$= \frac{1}{6}\left(\sqrt[3]{12(-9 + \sqrt{-15})} + \sqrt[3]{12(-9 - \sqrt{-15})}\right).$$

Nun ist allerdings

$$\sqrt[3]{2 \pm \sqrt{5}} = \frac{1 \pm \sqrt{5}}{2}, \qquad \sqrt[3]{12(-9 \pm \sqrt{-15})} = 3 \pm \sqrt{-15},$$

wie man durch Erheben in die dritte Potenz leicht nachrechnet, und damit kommt in beiden Fällen : $y = 1$, wie es sein soll. Aber ein derartiges Verhalten wird man den dritten Wurzeln nicht leicht ansehen. Deshalb ist es gut, daß man die rationalen Wurzeln einer Gleichung mit rationalen Koeffizienten immer nach Satz 1 finden kann, also die Cardanische Formel dafür gar nicht braucht.

Aber die Cardanische Formel ist auch sonst zur numerischen Rechnung nicht bequem. Gleichwohl läßt sie sich dafür nutzbar machen, was jetzt geschehen soll. Zu diesem Zweck wollen wir im gegenwärtigen Paragraphen das Zeichen $\sqrt[n]{a}$, wo a eine positive Zahl ist, im analytischen Sinn verstehen, d. h. ebenfalls als positive Zahl. Die kubische Gleichung legen wir wieder in der Form

$$y^3 + py + q = 0 \tag{1}$$

zugrunde, wo p, q jetzt reelle Zahlen sein sollen. Die Diskriminante ist

$$D = -4p^3 - 27q^2. \tag{2}$$

II. Wenn $D > 0$, was nur für $p < 0$ möglich ist, müssen nach Satz 6 alle Wurzeln reell sein. Die Cardanische Formel liefert sie aber nicht in reeller Form, weil die Zahl unter der Quadratwurzel negativ ist. Daher hat man diesen Fall als Casus irreducibilis bezeichnet; über die Berechtigung dazu vgl. man § 41 IV. Zur Erzielung einer reellen Form setzen wir

$$-\frac{q}{2} = \varrho\cos\varphi, \qquad \sqrt{-\left(\frac{q}{2}\right)^2 - \left(\frac{p}{3}\right)^3} = \sqrt{\frac{D}{108}} = \varrho\sin\varphi. \tag{3}$$

Dabei ist ϱ eine positive Zahl, nämlich

$$\varrho = \sqrt{-\left(\frac{p}{3}\right)^3} = \sqrt{\left(\frac{-p}{3}\right)^3}, \tag{4}$$

wobei zu beachten ist, daß ja $p < 0$ ist. Der Winkel φ ergibt sich aus den trigonometrischen Tafeln mit Hilfe der Formel

$$\cos\varphi = -\frac{q}{2\varrho}; \tag{5}$$

er liegt, da sein Sinus nach (3) positiv ist, im ersten oder zweiten Quadranten. je nachdem $q < 0$ oder $q > 0$ ist (der Fall $q = 0$ hat kein Interesse).

Die Cardanische Formel liefert dann:

$$y = \sqrt[3]{\varrho(\cos\varphi + i\sin\varphi)} + \sqrt[3]{\varrho(\cos\varphi - i\sin\varphi)}\,,$$

wo das Produkt der beiden Kubikwurzeln gleich $-\frac{p}{3}$ sein muß. Nach S. 60 ist aber

$$\begin{aligned}\sqrt[3]{\varrho(\cos\varphi + i\sin\varphi)} &= \sqrt[3]{\varrho}\left(\cos\frac{\varphi + 2\nu\pi}{3} + i\sin\frac{\varphi + 2\nu\pi}{3}\right)\\ &= \sqrt{\frac{-p}{3}}\left(\cos\frac{\varphi + 2\nu\pi}{3} + i\sin\frac{\varphi + 2\nu\pi}{3}\right)\end{aligned}$$

für $\nu = 0, 1, 2$. Entsprechend ist auch

$$\sqrt[3]{\varrho(\cos\varphi - i\sin\varphi)} = \sqrt{\frac{-p}{3}}\left(\cos\frac{\varphi + 2\nu\pi}{3} - i\sin\frac{\varphi + 2\nu\pi}{3}\right)$$

und zwar gehören in beiden Formeln gleiche Werte von ν zusammen, weil das Produkt der Kubikwurzeln gleich $-\frac{p}{3}$ sein muß. Durch Addition beider Formeln erhält man die drei Wurzeln der kubischen Gleichung in der zur numerischen Rechnung bequemen Gestalt:

$$(6)\qquad \left\{\begin{aligned}\eta_1 &= 2\sqrt{\frac{-p}{3}}\cos\frac{\varphi}{3}\,,\\ \eta_2 &= 2\sqrt{\frac{-p}{3}}\cos\frac{\varphi + 2\pi}{3}\,,\\ \eta_3 &= 2\sqrt{\frac{-p}{3}}\cos\frac{\varphi + 4\pi}{3}\,.\end{aligned}\right.$$

Die gleichen Formeln gelten auch noch für $D = 0$. Wenn dann $q < 0$, so wird $\varphi = 0$ und $\eta_2 = \eta_3$; wenn aber $q > 0$, wird $\varphi = \pi$ und $\eta_1 = \eta_3$.

III. Wir wenden uns jetzt zum Fall $D < 0$. Dann ist nach Satz 6 eine reelle und ein Paar konjugiert-komplexer Wurzeln vorhanden. Die Cardanische Formel liefert die Wurzeln auch in dieser Form und kann zur numerischen Rechnung benutzt werden. Etwas bequemer ist es aber auch hier, trigonometrische Funktionen zu Hilfe zu nehmen. Wir unterscheiden die beiden Fälle $p < 0$ und $p > 0$ (der Fall $p = 0$ ist trivial).

Erster Fall: $p < 0$.

Wir setzen wieder

$$(7)\qquad \sqrt{\left(\frac{-p}{3}\right)^3} = \varrho\,.$$

Wegen $D < 0$ ist dann $\varrho^2 < \frac{1}{4}q^2$, so daß wir durch die Formel

$$(8) \qquad \frac{2\varrho}{-q} = \sin\varphi$$

einen Winkel φ bestimmen können, der im ersten oder dritten Quadranten liegt, je nachdem $q < 0$ oder $q > 0$ ist. Dann ist $\operatorname{cotg}\varphi$ positiv, und zwar

$$\operatorname{cotg}\varphi = \sqrt{\frac{1}{\sin^2\varphi} - 1} = \frac{1}{\varrho}\sqrt{\left(\frac{q}{2}\right)^2 + \left(\frac{p}{3}\right)^3}.$$

Daher ist

$$-\frac{q}{2} + \sqrt{\left(\frac{q}{2}\right)^2 + \left(\frac{p}{3}\right)^3} = \varrho\left(\frac{1}{\sin\varphi} + \operatorname{cotg}\varphi\right) = \varrho\operatorname{cotg}\frac{\varphi}{2},$$

$$-\frac{q}{2} - \sqrt{\left(\frac{q}{2}\right)^2 + \left(\frac{p}{3}\right)^3} = \varrho\left(\frac{1}{\sin\varphi} - \operatorname{cotg}\varphi\right) = \varrho\operatorname{tg}\frac{\varphi}{2}.$$

Bestimmt man jetzt mit Hilfe der trigonometrischen Tafeln einen Winkel ω derart, daß

$$(9) \qquad \operatorname{tg}^3\omega = \operatorname{tg}\frac{\varphi}{2},$$

wo ω im gleichen Quadranten liegen soll wie $\frac{\varphi}{2}$, so ist

$$\sqrt[3]{-\frac{q}{2} + \sqrt{\left(\frac{q}{2}\right)^2 + \left(\frac{p}{3}\right)^3}} = \sqrt[3]{\varrho}\operatorname{cotg}\omega = \sqrt{\frac{-p}{3}}\operatorname{cotg}\omega,$$

$$\sqrt[3]{-\frac{q}{2} - \sqrt{\left(\frac{q}{2}\right)^2 + \left(\frac{p}{3}\right)^3}} = \sqrt[3]{\varrho}\operatorname{tg}\omega = \sqrt{\frac{-p}{3}}\operatorname{tg}\omega,$$

da ja das Produkt der beiden Kubikwurzeln gleich $-\frac{p}{3}$ sein muß. Die drei Wurzeln der kubischen Gleichung sind daher nach Formel (22) des vorigen Paragraphen:

$$\eta_1 = \sqrt{\frac{-p}{3}}(\operatorname{cotg}\omega + \operatorname{tg}\omega),$$

$$\eta_2 = \sqrt{\frac{-p}{3}}(\varepsilon\operatorname{cotg}\omega + \varepsilon^2\operatorname{tg}\omega),$$

$$\eta_3 = \sqrt{\frac{-p}{3}}(\varepsilon^2\operatorname{cotg}\omega + \varepsilon\operatorname{tg}\omega);$$

oder nach leichter Umformung, da $\varepsilon = \frac{-1+\sqrt{-3}}{2}$, $\varepsilon^2 = \frac{-1-\sqrt{-3}}{2}$ ist,

$$(10) \qquad \begin{cases} \eta_1 = \sqrt{\frac{-p}{3}}\,\frac{2}{\sin 2\omega}, \\ \eta_2 = \sqrt{\frac{-p}{3}}\left(-\frac{1}{\sin 2\omega} + \sqrt{-3}\operatorname{cotg}2\omega\right), \\ \eta_3 = \sqrt{\frac{-p}{3}}\left(-\frac{1}{\sin 2\omega} - \sqrt{-3}\operatorname{cotg}2\omega\right). \end{cases}$$

Zweiter Fall: $p > 0$.

Diesmal setzen wir

$$\sqrt{\left(\frac{p}{3}\right)^3} = \varrho, \quad \frac{-q}{2\varrho} = \operatorname{cotg} \varphi, \tag{11}$$

wo wir φ im ersten oder zweiten Quadranten wählen, je nachdem $q < 0$ oder $q > 0$ ist (der Fall $q = 0$ hat kein Interesse). Dann ist $\sin\varphi$ positiv, und zwar

$$\sin \varphi = \frac{1}{\sqrt{\operatorname{cotg}^2 \varphi + 1}} = \frac{\varrho}{\sqrt{\left(\frac{q}{2}\right)^2 + \left(\frac{p}{3}\right)^3}}.$$

Daher ist

$$-\frac{q}{2} + \sqrt{\left(\frac{q}{2}\right)^2 + \left(\frac{p}{3}\right)^3} = \varrho\left(\operatorname{cotg}\varphi + \frac{1}{\sin\varphi}\right) = \varrho \operatorname{cotg}\frac{\varphi}{2},$$

$$-\frac{q}{2} - \sqrt{\left(\frac{q}{2}\right)^2 + \left(\frac{p}{3}\right)^3} = \varrho\left(\operatorname{cotg}\varphi - \frac{1}{\sin\varphi}\right) = -\varrho \operatorname{tg}\frac{\varphi}{2}.$$

Führt man jetzt durch die Formel

$$\operatorname{tg}^3 \omega = \operatorname{tg} \frac{\varphi}{2} \tag{12}$$

einen Winkel ω ein, der ebenso wie $\frac{\varphi}{2}$ im ersten Quadranten liegt, so ist

$$\sqrt[3]{-\frac{q}{2} + \sqrt{\left(\frac{q}{2}\right)^2 + \left(\frac{p}{3}\right)^3}} = \sqrt[3]{\varrho} \operatorname{cotg}\omega = \sqrt{\frac{p}{3}} \operatorname{cotg}\omega,$$

$$\sqrt[3]{-\frac{q}{2} - \sqrt{\left(\frac{q}{2}\right)^2 + \left(\frac{p}{3}\right)^3}} = -\sqrt[3]{\varrho} \operatorname{tg}\omega = -\sqrt{\frac{p}{3}} \operatorname{tg}\omega,$$

da ja das Produkt der beiden Kubikwurzeln wieder gleich $-\frac{p}{3}$ sein muß.

Hiernach sind die drei Wurzeln der kubischen Gleichung nach Formel (22) des vorigen Paragraphen:

$$\eta_1 = \sqrt{\frac{p}{3}} (\operatorname{cotg}\omega - \operatorname{tg}\omega),$$

$$\eta_2 = \sqrt{\frac{p}{3}} (\varepsilon \operatorname{cotg}\omega - \varepsilon^2 \operatorname{tg}\omega),$$

$$\eta_3 = \sqrt{\frac{p}{3}} (\varepsilon^2 \operatorname{cotg}\omega - \varepsilon \operatorname{tg}\omega),$$

oder nach leichter Umformung:

$$\left\{\begin{aligned} \eta_1 &= 2\sqrt{\frac{p}{3}} \operatorname{cotg} 2\omega, \\ \eta_2 &= \sqrt{\frac{p}{3}}\left(-\operatorname{cotg} 2\omega + \frac{\sqrt{-3}}{\sin 2\omega}\right), \\ \eta_3 &= \sqrt{\frac{p}{3}}\left(-\operatorname{cotg} 2\omega - \frac{\sqrt{-3}}{\sin 2\omega}\right). \end{aligned}\right. \tag{13}$$

§ 14. Die Gleichung vierten Grades.

I. Für die allgemeine Gleichung vierten Grades (biquadratische Gleichung)

$$x^4 + a_1x^3 + a_2x^2 + a_3x + a_4 = 0 \tag{1}$$

hat Cardanos Schüler Ferrari als erster eine Lösung durch Radikale gefunden, die von Cardano gleichzeitig mit der Lösung der kubischen Gleichung veröffentlicht worden ist.

Durch die Tschirnhaustransformation

$$x + \tfrac{1}{4}a_1 = y \tag{2}$$

geht Gleichung (1) über in

$$y^4 + py^2 + qy + r = 0, \tag{3}$$

wobei

$$\begin{cases} p = a_2 - \frac{3}{8}a_1^2, \\ q = a_3 - \frac{1}{2}a_1a_2 + \frac{1}{8}a_1^3, \\ r = a_4 - \frac{1}{4}a_1a_3 + \frac{1}{16}a_1^2a_2 - \frac{3}{256}a_1^4. \end{cases} \tag{4}$$

Die Gleichung (3) ist von Euler durch den Ansatz $y = u + v + w$ gelöst worden, der dem Kunstgriff von Hudde entspricht. Noch schneller aber kommt man zum Ziel, wenn man gleich für alle vier Wurzeln den Ansatz macht:

$$\begin{cases} \eta_1 = u + v + w, \\ \eta_2 = u - v - w, \\ \eta_3 = -u + v - w, \\ \eta_4 = -u - v + w. \end{cases} \tag{5}$$

(stets zwei Minuszeichen, so daß die Summe der Wurzeln gleich 0 ist!)

Dann sind die u, v, w so zu bestimmen, daß das Polynom von y

$$(y - \eta_1)(y - \eta_2)(y - \eta_3)(y - \eta_4)$$

mit der linken Seite von (3) identisch wird. Nun ist

$$\begin{aligned}(y - \eta_1)(y - \eta_2) &= (y - u)^2 - (v + w)^2 \\ &= y^2 + u^2 - v^2 - w^2 - (2uy + 2vw), \\ (y - \eta_3)(y - \eta_4) &= (y + u)^2 - (v - w)^2 \\ &= y^2 + u^2 - v^2 - w^2 + (2uy + 2vw).\end{aligned}$$

Daher schließlich

$$\begin{aligned}&(y - \eta_1)(y - \eta_2)(y - \eta_3)(y - \eta_4) \\ &= (y^2 + u^2 - v^2 - w^2)^2 - (2uy + 2vw)^2 \\ &= y^4 - 2(u^2 + v^2 + w^2)y^2 - 8uvwy + (u^2 + v^2 + w^2)^2 \\ &\quad - 4(u^2v^2 + u^2w^2 + v^2w^2).\end{aligned}$$

Der Vergleich mit (3) ergibt:

$$\begin{aligned}p &= -2(u^2 + v^2 + w^2), \\ q &= -8uvw, \\ r &= (u^2 + v^2 + w^2)^2 - 4(u^2v^2 + u^2w^2 + v^2w^2),\end{aligned}$$

oder was dasselbe ist:

$$(6)\qquad \begin{cases} u^2+v^2+w^2=-\frac{1}{2}p\,, \\ u^2v^2+u^2w^2+v^2w^2=\frac{1}{16}p^2-\frac{1}{4}r\,, \\ uvw=-\frac{1}{8}q\,. \end{cases}$$

Die Ausdrücke (5) werden also dann und nur dann die vier Wurzeln der Gleichung (3) darstellen, wenn die u, v, w den Gleichungen (6) genügen. Aus der letzten der Gleichungen (6) folgt aber noch

$$(7)\qquad u^2v^2w^2=\frac{1}{64}q^2\,,$$

und diese Gleichung besagt im Verein mit den ersten beiden Gleichungen (6), daß u^2, v^2, w^2 die drei Wurzeln der kubischen Gleichung

$$(8)\qquad U^3+\frac{1}{2}pU^2+\left(\frac{1}{16}p^2-\frac{1}{4}r\right)U-\frac{1}{64}q^2=0$$

sind. Man nennt daher die Gleichung (8) eine **kubische Resolvente** von (3) oder auch von (1). Sind U_1, U_2, U_3 die Wurzeln von (8), so können wir demnach setzen

$$u=\sqrt{U_1}\,,\qquad v=\sqrt{U_2}\,,\qquad w=\sqrt{U_3}\,,$$

wo aber die Doppeldeutigkeit der Quadratwurzeln wegen der letzten Gleichung (6) durch die Bedingung

$$(9)\qquad \sqrt{U_1}\sqrt{U_2}\sqrt{U_3}=-\frac{1}{8}q$$

einzuschränken ist. Die vier Wurzeln der Gleichung (3) sind dann nach (5)

$$(10)\qquad \begin{cases} \eta_1=\sqrt{U_1}+\sqrt{U_2}+\sqrt{U_3}\,, \\ \eta_2=\sqrt{U_1}-\sqrt{U_2}-\sqrt{U_3}\,, \\ \eta_3=-\sqrt{U_1}+\sqrt{U_2}-\sqrt{U_3}\,, \\ \eta_4=-\sqrt{U_1}-\sqrt{U_2}+\sqrt{U_3}\,. \end{cases}$$

Zur vollständigen Lösung der biquadratischen Gleichung ist also erforderlich die vollständige Lösung einer kubischen Resolvente und danach noch die Adjunktion von zwei Quadratwurzeln. Die dritte Quadratwurzel ist dann wegen (9) von selbst mitadjungiert. Natürlich wird man in speziellen Fällen auch mit weniger Adjunktionen auskommen.

Wenn man in (10) die Quadratwurzeln zum Teil mit anderem Vorzeichen nimmt, jedoch so, daß Gleichung (9) erhalten bleibt, so vertauschen sich lediglich die η_ν untereinander.

II. Planvoller, wenn auch in der Durchführung weniger einfach, ist wieder die Methode von **Lagrange** (a. a. O.). Die vier Wurzeln der Gleichung (1) seien ξ_1, ξ_2, ξ_3, ξ_4. Lagrange sucht nun ein Polynom der Wurzeln, das zwar nicht symmetrisch ist, aber doch bei allen Permutationen in weniger als 4 Polynome übergeht. Ein solches Polynom ist z. B. $\xi_1\xi_2+\xi_3\xi_4$. Dieses geht, wenn die Wurzeln irgendwie vertauscht werden, immer nur in die drei Polynome

$$(11)\qquad \begin{cases} \tau_1 = \xi_1\xi_2 + \xi_3\xi_4\,, \\ \tau_2 = \xi_1\xi_3 + \xi_2\xi_4\,, \\ \tau_3 = \xi_1\xi_4 + \xi_2\xi_3 \end{cases}$$

über. Daher werden die symmetrischen Funktionen von τ_1, τ_2, τ_3 auch symmetrische Funktionen von $\xi_1, \xi_2, \xi_3, \xi_4$ sein. In der Tat findet man mit der Bezeichnung von Bd. I, § 33:

$$\tau_1 + \tau_2 + \tau_3 = \xi_1\xi_2 + \xi_3\xi_4 + \xi_1\xi_3 + \xi_2\xi_4 + \xi_1\xi_4 + \xi_2\xi_3 = s_{11} = a_2,$$

$$\tau_1\tau_2 + \tau_1\tau_3 + \tau_2\tau_3 = \xi_1^2\xi_2\xi_3 + \cdots = s_{211} = a_1a_3 - 4a_4\,,$$

$$\begin{aligned} \tau_1\tau_2\tau_3 &= \xi_1\xi_2\xi_3\xi_4\,(\xi_1^2 + \xi_2^2 + \xi_3^2 + \xi_4^2) + (\xi_1^2\xi_2^2\xi_3^2 + \xi_1^2\xi_2^2\xi_4^2 + \xi_1^2\xi_3^2\xi_4^2 + \xi_2^2\xi_3^2\xi_4^2) \\ &= a_4\,s_2 + s_{222} = a_4(a_1^2 - 2a_2) + (a_3^2 - 2a_2a_4) \\ &= a_1^2a_4 - 4a_2a_4 + a_3^2\,. \end{aligned}$$

Infolgedessen sind τ_1, τ_2, τ_3 die Wurzeln der Gleichung

$$(12)\qquad t^3 - a_2t^2 + (a_1a_3 - 4a_4)\,t - (a_1^2a_4 - 4a_2a_4 + a_3^2) = 0\,,$$

welche wieder eine kubische Resolvente ist.

Nachdem τ_1, τ_2, τ_3 als Wurzeln von (12) bestimmt sind, erhält man $\xi_1, \xi_2, \xi_3, \xi_4$ auf folgende Art. Setzt man

$$(13)\qquad \xi_1\xi_2 = \sigma_1, \quad \xi_3\xi_4 = \sigma_2\,,$$

so ist wegen der ersten Gleichung (11) und wegen $\xi_1\xi_2\xi_3\xi_4 = a_4$:

$$\begin{aligned} \sigma_1 + \sigma_2 &= \tau_1\,, \\ \sigma_1\sigma_2 &= a_4\,. \end{aligned}$$

Daher sind σ_1, σ_2 die Wurzeln der quadratischen Gleichung

$$\sigma^2 - \tau_1\sigma + a_4 = 0\,,$$

und man erhält:

$$(14)\qquad \xi_1\xi_2 = \sigma_1 = \frac{\tau_1 + \sqrt{\tau_1^2 - 4a_4}}{2}\,, \qquad \xi_3\xi_4 = \sigma_2 = \frac{\tau_1 - \sqrt{\tau_1^2 - 4a_4}}{2}$$

Analog ergibt sich aus der zweiten und dritten Gleichung (11)

$$(15)\qquad \xi_1\xi_3 = \frac{\tau_2 + \sqrt{\tau_2^2 - 4a_4}}{2}\,, \qquad \xi_2\xi_4 = \frac{\tau_2 - \sqrt{\tau_2^2 - 4a_4}}{2}\,,$$

$$(16)\qquad \xi_1\xi_4 = \frac{\tau_3 + \sqrt{\tau_3^2 - 4a_4}}{2}\,, \qquad \xi_2\xi_3 = \frac{\tau_3 - \sqrt{\tau_3^2 - 4a_4}}{2}\,.$$

Aber auch hier ist die Mehrdeutigkeit der Quadratwurzeln durch eine Bedingung eingeschränkt; denn es ist

$$\begin{aligned} \sqrt{\tau_1^2 - 4a_4}\cdot\sqrt{\tau_2^2 - 4a_4}\cdot\sqrt{\tau_3^2 - 4a_4} &= (\xi_1\xi_2 - \xi_3\xi_4)\,(\xi_1\xi_3 - \xi_2\xi_4)\,(\xi_1\xi_4 - \xi_2\xi_3) \\ &= \xi_1\xi_2\xi_3\xi_4\,(\xi_1^2 + \xi_2^2 + \xi_3^2 + \xi_4^2) - (\xi_1^2\xi_2^2\xi_3^2 + \xi_1^2\xi_2^2\xi_4^2 + \xi_1^2\xi_3^2\xi_4^2 + \xi_2^2\xi_3^2\xi_4^2) \\ &= a_4(a_1^2 - 2a_2) - (a_3^2 - 2a_2a_4) = a_1^2a_4 - a_3^2\,. \end{aligned}$$

Wenn man die Vorzeichen der Quadratwurzeln so ändert, daß diese Bedingung erfüllt bleibt, so bedeutet das lediglich eine Permutation der ξ_ν.

Nunmehr lassen sich die Wurzeln ξ_ν ohne weitere Adjunktion gewinnen, so daß also auch diesmal nach der Lösung der kubischen Resolvente nur noch zwei Quadratwurzeln zu adjungieren sind. Es ist nämlich

$$\begin{aligned} -a_3\xi_1 &= (\xi_1\xi_2\xi_3 + \xi_1\xi_2\xi_4 + \xi_1\xi_3\xi_4 + \xi_2\xi_3\xi_4)\,\xi_1 \\ &= (\xi_1\xi_2)\,(\xi_1\xi_3) + (\xi_1\xi_2)\,(\xi_1\xi_4) + (\xi_1\xi_3)\,(\xi_1\xi_4) + a_4\,, \end{aligned}$$

und hier ist rechts bereits alles bekannt. Somit gewinnt man ξ_1 und entsprechend auch die andern ξ_ν, vorausgesetzt, daß $a_3 \neq 0$ ist.

Wenn aber $a_3 = 0$, so dürfen wir $a_4 \neq 0$ annehmen, weil sonst die Gleichung (1) die Doppelwurzel 0 hat und nach deren Beseitigung nur eine quadratische Gleichung zu lösen ist. Für $a_4 \neq 0$ sind aber alle Wurzeln von 0 verschieden; daher können sie als Nenner auftreten, und es ist

$$-a_1\xi_1 = (\xi_1 + \xi_2 + \xi_3 + \xi_4)\,\xi_1 = \frac{(\xi_1\xi_2)\,(\xi_1\xi_3)}{\xi_2\xi_3} + \xi_1\xi_2 + \xi_1\xi_3 + \xi_1\xi_4\,.$$

Hier ist aber rechts alles bekannt, daher gewinnt man ξ_1 und entsprechend die andern ξ_ν, vorausgesetzt, daß $a_1 \neq 0$ ist.

Wenn aber zugleich $a_3 = 0$, $a_1 = 0$, so reduziert sich die biquadratische Gleichung auf

$$x^4 + a_2x^2 + a_4 = 0\,,$$

und da das eine quadratische Gleichung für die Unbekannte x^2 ist, kann ihre vollständige Lösung direkt hingeschrieben werden; sie erfordert lediglich Adjunktion von drei Quadratwurzeln.

III. Auch das ebenfalls von Lagrange angegebene Polynom der Wurzeln

$$(\xi_1 + \xi_2 - \xi_3 - \xi_4)^2$$

geht bei allen Permutationen nur in drei verschiedene Polynome über, nämlich in:

$$(17)\qquad \begin{cases} v_1 = (\xi_1 + \xi_2 - \xi_3 - \xi_4)^2\,, \\ v_2 = (\xi_1 - \xi_2 + \xi_3 - \xi_4)^2\,, \\ v_3 = (\xi_1 - \xi_2 - \xi_3 + \xi_4)^2\,. \end{cases}$$

Die symmetrischen Grundfunktionen von v_1, v_2, v_3 sind etwas umständlicher zu berechnen. Zunächst ist

$$(18)\qquad v_1 + v_2 + v_3 = 3s_2 - 2s_{11} = 3a_1^2 - 8a_2\,.$$

Für $v_1v_2 + v_1v_3 + v_2v_3$ darf man nach Bd. I, Satz 69 den Ansatz machen:

$$Ca_1^4 + C'a_1^2a_2 + C''a_1a_3 + C'''a_2^2 + C''''a_4\,,$$

wo sich die $C^{(\lambda)}$ am einfachsten ergeben, wenn man für die ξ_ν Spezialgrößen wählt und einsetzt:

Die Wahl $\xi_1 = 1, \xi_2 = \xi_3 = \xi_4 = 0$ liefert: $3 = C$,
„ „ $\xi_1 = 1, \xi_2 = -1, \xi_3 = \xi_4 = 0$ „ $16 = C'''$,
„ „ $\xi_1 = 1, \xi_2 = 1, \xi_3 = \xi_4 = 0$ „ $0 = 16C + 4C' + C'''$,
also $C' = -16$,
„ „ $\xi_1 = \xi_2 = 2, \xi_3 = -1, \xi_4 = 0$ „ $51 = 81C - 12C''$,
also $C'' = 16$,
„ „ $\xi_1 = \xi_2 = 1, \xi_3 = \xi_4 = -1$ „ $0 = 4C''' + C''''$,
also $C'''' = -64$.

Somit ist

$$(19)\qquad v_1 v_2 + v_1 v_3 + v_2 v_3 = 3a_1^4 - 16a_1^2 a_2 + 16a_1 a_3 + 16a_2^2 - 64a_4 .$$

Endlich bemerkt man, daß

$$(20)\quad \sqrt{v_1}\sqrt{v_2}\sqrt{v_3} = (\xi_1 + \xi_2 - \xi_3 - \xi_4)(\xi_1 - \xi_2 + \xi_3 - \xi_4)(\xi_1 - \xi_2 - \xi_3 + \xi_4)$$

bereits ein symmetrisches Polynom von $\xi_1, \xi_2, \xi_3, \xi_4$ ist, für das man den Ansatz zu machen hat:

$$Ca_1^3 + C'a_1 a_2 + C''a_3 .$$

Die erste, dritte, vierte der obigen Wahlen liefern dann der Reihe nach:

$$1 = -C, \quad 0 = -8C - 2C', \quad -5 = -27C + 4C'',$$

also $C = -1$, $C' = 4$, $C'' = -8$. Somit ist

$$(21)\qquad \sqrt{v_1}\sqrt{v_2}\sqrt{v_3} = -a_1^3 + 4a_1 a_2 - 8a_3 .$$

Die kubische Resolvente mit den Wurzeln v_1, v_2, v_3 ist hiernach:

$$(22)\quad \begin{aligned} &v^3 - (3a_1^2 - 8a_2)v^2 + (3a_1^4 - 16a_1^2 a_2 + 16a_1 a_3 + 16a_2^2 - 64a_4)v \\ &\quad - (a_1^3 - 4a_1 a_2 + 8a_3)^2 = 0 . \end{aligned}$$

Hat man sie gelöst, so ist

$$\begin{aligned} \xi_1 + \xi_2 + \xi_3 + \xi_4 &= -a_1, \\ \xi_1 + \xi_2 - \xi_3 - \xi_4 &= \sqrt{v_1}, \\ \xi_1 - \xi_2 + \xi_3 - \xi_4 &= \sqrt{v_2}, \\ \xi_1 - \xi_2 - \xi_3 + \xi_4 &= \sqrt{v_3}, \end{aligned}$$

und hieraus folgt:

$$(23)\qquad \begin{cases} \xi_1 = \frac{1}{4}(-a_1 + \sqrt{v_1} + \sqrt{v_2} + \sqrt{v_3}), \\ \xi_2 = \frac{1}{4}(-a_1 + \sqrt{v_1} - \sqrt{v_2} - \sqrt{v_3}), \\ \xi_3 = \frac{1}{4}(-a_1 - \sqrt{v_1} + \sqrt{v_2} - \sqrt{v_3}), \\ \xi_4 = \frac{1}{4}(-a_1 - \sqrt{v_1} - \sqrt{v_2} + \sqrt{v_3}), \end{cases}$$

wobei die Mehrdeutigkeit der Quadratwurzeln an die Bedingung (21) geknüpft ist. Nach Lösung der kubischen Resolvente ist also wieder die Adjunktion von zwei Quadratwurzeln erforderlich.

IV. Man sieht leicht, daß die Lösung (23) wieder auf die in I gegebene hinausläuft; mit der dortigen Bezeichnung ist nämlich

$$\sqrt{v_1} = \xi_1 + \xi_2 - \xi_3 - \xi_4 = \eta_1 + \eta_2 - \eta_3 - \eta_4 = 4\sqrt{U_1},$$

und ebenso ist

$$\sqrt{v_2} = 4\sqrt{U_2}, \quad \sqrt{v_3} = 4\sqrt{U_3}.$$

In der Tat geht auch die Resolvente (22) durch die Transformation $v = 16U$ über in (8).

Aber auch mit der Resolvente (12) hängt die Resolvente (22) in einfacher Weise zusammen. Es ist nämlich

$$(\xi_1 + \xi_2 - \xi_3 - \xi_4)^2 - 4(\xi_1\xi_2 + \xi_3\xi_4) = s_2 - 2a_2 = a_1^2 - 4a_2.$$

Daher ist

$$(24) \qquad 4\tau_1 = v_1 - a_1^2 + 4a_2,$$

und ebenso

$$(25) \qquad \begin{cases} 4\tau_2 = v_2 - a_1^2 + 4a_2, \\ 4\tau_3 = v_3 - a_1^2 + 4a_2. \end{cases}$$

In der Tat überzeugt man sich auch leicht, daß die Resolvente (12) durch die Tschirnhaustransformation

$$4t = v - a_1^2 + 4a_2$$

übergeht in (22).

In II waren nach Lösung der kubischen Resolvente die Quadratwurzeln $\sqrt{\tau_\nu^2 - 4a_4}$ zu adjungieren, in III waren es die Quadratwurzeln $\sqrt{v_\nu}$. Daher muß auch zwischen diesen ein Zusammenhang bestehen. In der Tat ist identisch

$$(\xi_1 + \xi_2 - \xi_3 - \xi_4)(\xi_1\xi_2 - \xi_3\xi_4)$$
$$= -2(\xi_1\xi_2\xi_3 + \xi_1\xi_2\xi_4 + \xi_1\xi_3\xi_4 + \xi_2\xi_3\xi_4) + (\xi_1 + \xi_2 + \xi_3 + \xi_4)(\xi_1\xi_2 + \xi_3\xi_4),$$

oder also

$$\sqrt{v_1} \cdot \sqrt{\tau_1^2 - 4a_4} = 2a_3 - a_1\tau_1;$$

ebenso ist allgemein

$$(26) \qquad \sqrt{v_\nu} \cdot \sqrt{\tau_\nu^2 - 4a_4} = 2a_3 - a_1\tau_\nu \qquad (\nu = 1, 2, 3).$$

Man bestätigt das auch, indem man quadriert und dann v_ν mit Hilfe von (24), (25) durch τ_ν ausdrückt. So entsteht gerade die Gleichung (12) für $t = \tau_\nu$, also eine richtige Beziehung.

Schließlich bemerken wir auch noch den engen Zusammenhang zwischen der Diskriminante der biquadratischen Gleichung und der Diskriminante der verschiedenen kubischen Resolventen. Sei D die Diskriminante der biquadratischen Gleichung, also nach Bd. I, § 52 III

$$(27) \qquad D = [(\xi_1 - \xi_2)(\xi_1 - \xi_3)(\xi_1 - \xi_4)(\xi_2 - \xi_3)(\xi_2 - \xi_4)(\xi_3 - \xi_4)]^2.$$

Nun sieht man leicht, daß

$$v_1 - v_2 = 4(\xi_1 - \xi_4)(\xi_2 - \xi_3),$$
$$v_1 - v_3 = 4(\xi_1 - \xi_3)(\xi_2 - \xi_4),$$
$$v_2 - v_3 = 4(\xi_1 - \xi_2)(\xi_3 - \xi_4)$$

ist. Die Diskriminante von (22) ist also

$$(28) \qquad [(v_1 - v_2)(v_1 - v_3)(v_2 - v_3)]^2 = 4^6 D.$$

Wegen (24), (25) ist dann die Diskriminante von (12) gleich

(29) $$[(\tau_1 - \tau_2)(\tau_1 - \tau_3)(\tau_2 - \tau_3)]^2 = \frac{1}{4^6}[(v_1 - v_2)(v_1 - v_3)(v_2 - v_3)]^2 = D.$$

V. Auf die Resolvente (12) führt auch die Methode von Ferrari. Allerdings setzt Ferrari $a_1 = 0$ voraus, denkt sich also die Gleichung zunächst auf die Form (3) gebracht. Doch ist das, wie Lagrange bemerkt hat, nicht nötig.

Wir schreiben die Gleichung (1) in der Gestalt

$$(x^2 + \tfrac{1}{2}a_1 x)^2 = (\tfrac{1}{4}a_1^2 - a_2)x^2 - a_3 x - a_4.$$

Wenn wir beiderseits die Größe

$$t(x^2 + \tfrac{1}{2}a_1 x) + \tfrac{1}{4}t^2$$

addieren, wo t willkürlich ist, erhalten wir:

(30) $$(x^2 + \tfrac{1}{2}a_1 x + \tfrac{1}{2}t)^2 = (t + \tfrac{1}{4}a_1^2 - a_2)x^2 + (\tfrac{1}{2}a_1 t - a_3)x + \tfrac{1}{4}t^2 - a_4.$$

Nun suchen wir die Größe t so zu bestimmen, daß rechts das Quadrat eines linearen Polynoms von x steht. Die notwendige und hinreichende Bedingung dafür ist:

$$(\tfrac{1}{2}a_1 t - a_3)^2 - 4(t + \tfrac{1}{4}a_1^2 - a_2)(\tfrac{1}{4}t^2 - a_4) = 0,$$

was nach Ausrechnung gerade die Gleichung (12) ergibt. Haben also wieder τ_1 und v_1 die frühere Bedeutung, so ist die rechte Seite von (30) für $t = \tau_1$ gleich

$$\tfrac{1}{4}\left(\sqrt{4\tau_1 + a_1^2 - 4a_2}\,x - \sqrt{\tau_1^2 - 4a_4}\right)^2 = \tfrac{1}{4}\left(\sqrt{v_1}\,x - \sqrt{\tau_1^2 - 4a_4}\right)^2,$$

wo die Doppeldeutigkeit der Quadratwurzeln wieder durch die Gleichung (26) eingeschränkt ist, so daß ihre Einführung nur die Adjunktion einer Quadratwurzel bedeutet. Die biquadratische Gleichung geht dadurch über in:

$$(x^2 + \tfrac{1}{2}a_1 x + \tfrac{1}{2}\tau_1)^2 - \tfrac{1}{4}\left(\sqrt{v_1}\,x - \sqrt{\tau_1^2 - 4a_4}\right)^2 = 0,$$

oder durch Faktorenzerlegung:

(31) $$\left(x^2 + \frac{a_1 - \sqrt{v_1}}{2}x + \frac{\tau_1 + \sqrt{\tau_1^2 - 4a_4}}{2}\right) \times \left(x^2 + \frac{a_1 + \sqrt{v_1}}{2}x + \frac{\tau_1 - \sqrt{\tau_1^2 - 4a_4}}{2}\right) = 0.$$

Damit ist die Gleichung auf zwei quadratische zurückgeführt, deren vollständige Lösung noch zwei Quadratwurzeln erfordert. Diesmal liegt also ein gewisser Unterschied gegenüber den früheren Methoden vor. Wir haben nämlich von der kubischen Resolvente nur eine Wurzel adjungiert, dafür aber nachträglich im ganzen noch drei Quadratwurzeln. Übrigens hätte man bei der Lagrangeschen Methode in II durch eine geringe Modifikation am Schluß das gleiche erreichen können, und in Wahrheit hat Lagrange seine Methode in dieser modifizierten Form dargestellt[1]). Dadurch

[1]) Der Unterschied verschwindet, wenn man bedenkt, daß nach Adjunktion einer Wurzel einer kubischen Gleichung die beiden andern noch die Wurzeln einer quadratischen Gleichung sind, also durch weitere Adjunktion einer Quadratwurzel gewonnen werden.

wird aber nun die Frage nahegelegt, ob man nicht überhaupt mit weniger Adjunktionen auskommen kann, etwa indem man nur eine Wurzel der kubischen Resolvente und dann nur noch zwei Quadratwurzeln adjungiert. Wie sich in Kap. IV ergeben wird, ist diese Frage, falls die Koeffizienten nicht spezialisiert sind, zu verneinen.

VI. Es wird auffallen, daß wir bei all den verschiedenen Methoden im wesentlichen immer die gleichen kubischen Resolventen bekommen haben. Aber das kommt nur daher, weil das eben die einfachsten Resolventen sind. Man könnte noch beliebig viele Auflösungsmethoden angeben, die auf andere Resolventen führen. Denn jede Tschirnhaustransformierte einer kubischen Resolvente leistet dieselben Dienste. Wir bemerkten ja auch schon, daß die verschiedenen Resolventen, die wir fanden, selbst durch Tschirnhaustransformation auseinander hervorgehen.

§ 15. Zwei Gleichungen zweiten Grades mit zwei Unbekannten.

I. Wir schicken einige häufig vorkommende Spezialfälle voraus, die besonders einfach sind.

Erster Spezialfall:

$$ax^2 + 2bxy + cy^2 + 2d_1x + 2e_1y + f_1 = 0, \tag{1a}$$

$$kax^2 + 2kbxy + kcy^2 + 2d_2x + 2e_2y + f_2 = 0. \tag{1b}$$

Multipliziert man die erste Gleichung mit k und subtrahiert sie dann von der zweiten, so erhält man:

$$2(d_2 - kd_1)x + 2(e_2 - ke_1)y + (f_2 - kf_1) = 0, \tag{1c}$$

und das System (1a), (1b) ist gleichbedeutend mit dem System (1a), (1c). Wenn in (1c) die beiden ersten Koeffizienten verschwinden, so gibt es, falls der dritte nicht verschwindet, überhaupt keine Lösung; falls der dritte auch verschwindet, ist die Gleichung (1b) eine Folge von (1a), also überflüssig. Daher bleibt eine Unbekannte ganz willkürlich, und die andere ergibt sich dann aus einer Gleichung höchstens zweiten Grades.

Wenn dagegen die ersten zwei Koeffizienten in (1c) nicht beide verschwinden, so kann man mittels (1c) die eine Unbekannte als Polynom höchstens ersten Grades der andern darstellen und in (1a) einsetzen, worauf nur noch eine Gleichung höchstens zweiten Grades mit einer Unbekannten zu lösen ist.

Zweiter Spezialfall:

$$\begin{cases} a_1x^2 + b_1y^2 + c_1 = 0, \\ a_2x^2 + b_2y^2 + c_2 = 0. \end{cases} \tag{2}$$

Das sind zwei lineare Gleichungen für die Unbekannten x^2, y^2. Sind sie gelöst, so findet man x, y durch Adjunktion je einer Quadratwurzel.

Dritter Spezialfall:

$$\begin{cases} a_1x^2 + 2b_1xy + c_1 = 0, \\ a_2x^2 + 2b_2xy + c_2 = 0. \end{cases} \tag{3}$$

Das sind zwei lineare Gleichungen für die Unbekannten x^2, xy. Sind sie gelöst, so findet man x durch Adjunktion einer Quadratwurzel und dann y ohne weitere Adjunktion.

Vierter Spezialfall:

$$(4) \qquad \begin{cases} ax^2 + by^2 + c = 0, \\ \qquad xy + d = 0. \end{cases}$$

Für $b = 0$ liegt der dritte Spezialfall vor; ebenso für $a = 0$, falls man x und y ihre Rollen tauschen läßt. Wir wollen daher voraussetzen, daß a und b von 0 verschieden sind. Wenn wir die erste Gleichung noch durch a dividieren, erreichen wir, daß sogar $a = 1$ ist. Wird alsdann die zweite Gleichung mit $\pm 2\sqrt{b}$ multipliziert und zur ersten addiert, so ergibt sich:

$$(4') \qquad \begin{cases} (x + \sqrt{b}\,y)^2 + c + 2d\sqrt{b} = 0, \\ (x - \sqrt{b}\,y)^2 + c - 2d\sqrt{b} = 0. \end{cases}$$

Umgekehrt geht aus dem System (4') wegen $b \neq 0$ durch Addition und Subtraktion auch wieder das System (4) hervor, so daß beide Systeme gleichbedeutend sind. Aus (4') folgt:

$$x + \sqrt{b}\,y = \sqrt{-c - 2d\sqrt{b}},$$
$$x - \sqrt{b}\,y = \sqrt{-c + 2d\sqrt{b}}.$$

Damit ist das System auf ein lineares zurückgeführt, das sich ohne weitere Adjunktion lösen läßt. Im ganzen sind also drei Quadratwurzeln zu adjungieren.

II. Dem allgemeinen Fall schicken wir eine kurze Bemerkung über quadratische Formen von drei Variabeln voraus; dabei werden die Begriffe von Bd. I, § 27 II gebraucht. Das Produkt

$$(\alpha_1 x_1 + \alpha_2 x_2 + \alpha_3 x_3)(\beta_1 x_1 + \beta_2 x_2 + \beta_3 x_3)$$

erweist sich nach Ausmultiplizieren als eine quadratische Form von x_1, x_2, x_3. Sie hat, wenn die beiden Linearfaktoren sich nur um einen konstanten Faktor unterscheiden, die Gestalt $bx_1'^2$, ist also vom Rang 1. Andernfalls hat sie die Gestalt

$$x_1' x_2' = \tfrac{1}{4}(x_1' + x_2')^2 - \tfrac{1}{4}(x_1' - x_2')^2 = \tfrac{1}{4}x_1''^2 - \tfrac{1}{4}x_2''^2,$$

sie ist also vom Rang 2. Wenn daher eine quadratische Form

$$(5) \qquad a_{11}x_1^2 + 2a_{12}x_1x_2 + a_{22}x_2^2 + 2a_{13}x_1x_3 + 2a_{23}x_2x_3 + a_{33}x_3^2$$

in ein Produkt von zwei Linearfaktoren zerfällt, hat sie den Rang 1 oder 2; also muß ihre Determinante verschwinden:

$$\begin{vmatrix} a_{11} & a_{12} & a_{13} \\ a_{21} & a_{22} & a_{23} \\ a_{31} & a_{32} & a_{33} \end{vmatrix} = 0 \qquad (a_{\lambda\mu} = a_{\mu\lambda}).$$

Umgekehrt, wenn die Determinante verschwindet, ist die quadratische Form (falls sie nicht identisch verschwindet) vom Rang 1 oder 2; sie läßt sich also transformieren in:

$$b_1 x_1'^2 \quad \text{oder} \quad b_1 x_1'^2 + b_2 x_2'^2,$$

und zwar nach Bd I, Satz 52 ohne Adjunktion. Im ersten Fall ist das bereits eine Zerlegung in Linearfaktoren; im zweiten Fall läßt sie sich zerlegen in:

$$(b_1 x_1' + \sqrt{-b_1 b_2}\, x_2') \left(x_1' - \frac{\sqrt{-b_1 b_2}}{b_1} x_2'\right),$$

wozu die Adjunktion einer Quadratwurzel erforderlich ist. Wir halten dieses Ergebnis fest in dem

Satz 35. *Die nicht identisch verschwindende quadratische Form*

$$a_{11}x_1^2 + 2a_{12}x_1x_2 + a_{22}x_2^2 + 2a_{13}x_1x_3 + 2a_{23}x_2x_3 + a_{33}x_3^2$$

zerfällt dann und nur dann in ein Produkt von zwei Linearfaktoren, wenn ihre Determinante

$$\begin{vmatrix} a_{11} & a_{12} & a_{13} \\ a_{21} & a_{22} & a_{23} \\ a_{31} & a_{32} & a_{33} \end{vmatrix} \qquad (a_{\lambda\mu} = a_{\mu\lambda})$$

verschwindet[1]). *Zur wirklichen Zerfällung muß dann dem Körper*

$$\mathfrak{k} = \mathfrak{K}(a_{11}, a_{12}, \ldots, a_{33})$$

eine Quadratwurzel adjungiert werden[2]).

Um die Zerfällung wirklich durchzuführen, bemerken wir, daß bei verschwindender Determinante das Gleichungssystem

$$\begin{aligned} a_{11}y_1 + a_{12}y_2 + a_{13}y_3 &= 0, \\ a_{21}y_1 + a_{22}y_2 + a_{23}y_3 &= 0, \\ a_{31}y_1 + a_{32}y_2 + a_{33}y_3 &= 0 \end{aligned}$$

eine nichttriviale Lösung im Körper $\mathfrak{k}$ hat. Indem wir nötigenfalls die Variabeln x_ν und in gleicher Weise auch die y_ν umnumerieren, können wir annehmen, daß eine Lösung mit $y_3 \neq 0$, also auch mit $y_3 = 1$ existiert. Diese sei

$$y_1 = \alpha, y_2 = \beta, y_3 = 1.$$

Dann ist zunächst

$$\begin{aligned} a_{11}\alpha + a_{12}\beta &= -a_{13}, \\ a_{21}\alpha + a_{22}\beta &= -a_{23}, \end{aligned}$$

und außerdem

$$\begin{aligned} &a_{11}\alpha^2 + 2a_{12}\alpha\beta + a_{22}\beta^2 \\ &= (a_{11}\alpha + a_{12}\beta)\alpha + (a_{21}\alpha + a_{22}\beta)\beta \\ &= -a_{13}\alpha - a_{23}\beta = a_{33}. \end{aligned}$$

Daraus ergibt sich sogleich, daß die quadratische Form identisch ist mit der Form

[1]) Bei nichtverschwindender Determinante ist die Form daher absolut irreduzibel (Bd. I, § 56 I).

[2]) Natürlich kann es in speziellen Fällen sein, daß die erforderliche Quadratwurzel bereits dem Körper $\mathfrak{k}$ angehört, also nicht erst adjungiert werden muß. Insbesondere, wenn die quadratische Form den Rang 1 hat, ist, wie wir sahen, keine Adjunktion erforderlich.

$$a_{11}(x_1 - \alpha x_3)^2 + 2a_{12}(x_1 - \alpha x_3)(x_2 - \beta x_3) + a_{22}(x_2 - \beta x_3)^2,$$

und diese letztere kann ohne weiteres zerfällt werden, wobei die Quadratwurzel $\sqrt{a_{12}^2 - a_{11}a_{22}}$ zu adjungieren ist.

III. Nunmehr wenden wir uns zu dem allgemeinen Gleichungssystem

$$(6)\qquad \begin{cases} a_{11}x^2 + 2a_{12}xy + a_{22}y^2 + 2a_{13}x + 2a_{23}y + a_{33} = 0\,, \\ b_{11}x^2 + 2b_{12}xy + b_{22}y^2 + 2b_{13}x + 2b_{23}y + b_{33} = 0\,. \end{cases}$$

Wenn man hier y eliminiert, indem man die Resultante der beiden Polynome in bezug auf y bildet und gleich 0 setzt, erhält man eine biquadratische Gleichung für x. Setzt man eine ihrer Wurzeln in (6) ein, so haben die entstehenden Gleichungen mindestens eine gemeinsame Wurzel y.

Dieses Lösungsverfahren ist unsymmetrisch und läßt weder die Anzahl der Lösungen noch die erforderlichen Adjunktionen leicht erkennen, weil der Ausnahmsfall, daß die Gleichungen, nachdem für x eine Wurzel der biquadratischen Gleichung eingesetzt ist, zwei gemeinsame Wurzeln haben, in dieser Hinsicht leicht zu Irrtümern verleitet. Wir schlagen daher einen anderen Weg ein. Zunächst machen wir die Gleichungen homogen, indem wir

$$x = \frac{x_1}{x_3}, \qquad y = \frac{x_2}{x_3}$$

setzen. Sie gehen dadurch über in:

$$(7)\qquad \begin{cases} a_{11}x_1^2 + 2a_{12}x_1x_2 + a_{22}x_2^2 + 2a_{13}x_1x_3 + 2a_{23}x_2x_3 + a_{33}x_3^2 = 0, \\ b_{11}x_1^2 + 2b_{12}x_1x_2 + b_{22}x_2^2 + 2b_{13}x_1x_3 + 2b_{23}x_2x_3 + b_{33}x_3^2 = 0. \end{cases}$$

Wenn nun etwa

$$(8)\qquad \begin{vmatrix} a_{11} & a_{12} & a_{13} \\ a_{21} & a_{22} & a_{23} \\ a_{31} & a_{32} & a_{33} \end{vmatrix} = 0 \qquad (a_{\lambda\mu} = a_{\mu\lambda})$$

ist, so zerfällt nach Adjunktion einer Quadratwurzel die linke Seite der ersten Gleichung (7) nach Satz 35 in Linearfaktoren:

$$(\alpha_1x_1 + \alpha_2x_2 + \alpha_3x_3)(\beta_1x_1 + \beta_2x_2 + \beta_3x_3).$$

Die Lösungen des Systems (7) sind daher jetzt identisch mit den Lösungen der folgenden beiden Systeme:

$$(9)\qquad \begin{cases} \alpha_1x_1 + \alpha_2x_2 + \alpha_3x_3 = 0, \\ b_{11}x_1^2 + 2b_{12}x_1x_2 + b_{22}x_2^2 + 2b_{13}x_1x_3 + 2b_{23}x_2x_3 + b_{33}x_3^2 = 0, \end{cases}$$

$$(10)\qquad \begin{cases} \beta_1x_1 + \beta_2x_2 + \beta_3x_3 = 0, \\ b_{11}x_1^2 + 2b_{12}x_1x_2 + b_{22}x_2^2 + 2b_{13}x_1x_3 + 2b_{23}x_2x_3 + b_{33}x_3^2 = 0. \end{cases}$$

In beiden Systemen ist aber die erste Gleichung linear. Man kann also die eine Unbekannte als lineares homogenes Polynom der beiden andern darstellen, und dadurch geht die zweite Gleichung in eine quadratische Gleichung für das Verhältnis dieser beiden andern Unbekannten über[1]). Zur Lösung von (9)

[1]) Diese quadratische Gleichung kann in Spezialfällen auch lauter verschwindende Koeffizienten haben, nämlich dann, wenn in (9) bezw. (10) die linke Seite der zweiten Gleichung als Polynom der Variabeln x_1, x_2, x_3 durch die linke Seite der

und (10) ist daher noch je eine Quadratwurzel zu adjungieren. Im ganzen sind also unter der Voraussetzung (8) zur vollständigen Lösung von (7) drei Quadratwurzeln erforderlich.

Um jetzt auch den Fall

$$(11)\qquad \begin{vmatrix} a_{11} & a_{12} & a_{13} \\ a_{21} & a_{22} & a_{23} \\ a_{31} & a_{32} & a_{33} \end{vmatrix} \neq 0 \qquad (a_{\lambda\mu} = a_{\mu\lambda})$$

zu behandeln, bemerken wir, daß das Gleichungssystem (7) offenbar gleichbedeutend ist mit dem folgenden System, wo t eine willkürliche Größe sein darf:

$$(12)\quad \begin{cases} (a_{11}t + b_{11})x_1^2 + 2(a_{12}t + b_{12})x_1x_2 + (a_{22}t + b_{22})x_2^2 \\ \qquad + 2(a_{13}t + b_{13})x_1x_3 + 2(a_{23}t + b_{23})x_2x_3 + (a_{33}t + b_{33})x_3^2 = 0, \\ a_{11}x_1^2 + 2\,a_{12}\,x_1\,x_2 + a_{22}\,x_2^2 + 2\,a_{13}\,x_1\,x_3 + 2\,a_{23}\,x_2\,x_3 + a_{33}\,x_3^2 = 0. \end{cases}$$

Wählen wir nun t so, daß

$$(13)\qquad \begin{vmatrix} a_{11}t + b_{11} & a_{12}t + b_{12} & a_{13}t + b_{13} \\ a_{21}t + b_{21} & a_{22}t + b_{22} & a_{23}t + b_{23} \\ a_{31}t + b_{31} & a_{32}t + b_{32} & a_{33}t + b_{33} \end{vmatrix} = 0 \qquad \begin{pmatrix} a_{\lambda\mu} = a_{\mu\lambda} \\ b_{\lambda\mu} = b_{\mu\lambda} \end{pmatrix}$$

ist, so liegt bei dem System (12) der vorige Fall vor; es sind also noch drei Quadratwurzeln zu adjungieren (der in der letzten Fußnote erwähnte Ausnahmsfall kann nicht eintreten, weil das zweite Polynom in (12) wegen der Voraussetzung (11) nicht zerfällt). Nun ist (13) eine kubische Gleichung für t; sie ist wirklich kubisch, weil der Koeffizient von t^3 gleich der Determinante (11), also von 0 verschieden ist. S o m i t i s t z u r v o l l s t ä n d i g e n L ö s u n g v o n (7) a l l g e m e i n e r f o r d e r l i c h d i e A d j u n k t i o n e i n e r W u r z e l e i n e r k u b i s c h e n G l e i c h u n g u n d d a n n n o c h d i e A d j u n k t i o n v o n d r e i Q u a d r a t w u r z e l n. Man könnte es, falls nicht alle Wurzeln der kubischen Gleichung einander gleich sind, auch so einrichten, daß man z w e i und damit a l l e Wurzeln der kubischen Gleichung adjungiert und dann nur noch z w e i Quadratwurzeln; doch wollen wir davon absehen.

IV. Die allgemeine biquadratische Gleichung

$$(14)\qquad x^4 + a_1x^3 + a_2x^2 + a_3x + a_4 = 0$$

kann man sich in mannigfacher Weise aus zwei Gleichungen zweiten Grades durch Elimination der einen Unbekannten entstanden denken. Dadurch ergeben sich weitere Auflösungsmethoden für die biquadratische Gleichung, von denen wir die einfachste noch angeben wollen. Wird

$$(15)\qquad x^2 + \tfrac{1}{2}a_1x = y$$

gesetzt, so folgt aus (14):

$$(16)\qquad y^2 = (\tfrac{1}{4}a_1^2 - a_2)\,x^2 - a_3x - a_4.$$

---

ersten Gleichung teilbar ist. Das besagt dann, daß die zweite Gleichung (9) bzw (10) eine Folge der ersten, also überflüssig ist. Dann bleiben zwei der drei Unbekannten x_1, x_2, x_3 ganz willkürlich.

Die Gleichung (14) ist daher gleichbedeutend mit dem System der beiden Gleichungen

$$(17)\qquad \begin{cases} x^2 + \frac{1}{2}a_1 x - y = 0, \\ (\frac{1}{4}a_1^2 - a_2)x^2 - y^2 - a_3 x - a_4 = 0. \end{cases}$$

Wendet man auf dieses die obige Methode an, so ist zunächst die kubische Gleichung zu bilden:

$$\begin{vmatrix} t + \frac{1}{4}a_1^2 - a_2 & 0 & \frac{1}{2}a_1 t - \frac{1}{2}a_3 \\ 0 & -1 & -\frac{1}{2}t \\ \frac{1}{2}a_1 t - \frac{1}{2}a_3 & -\frac{1}{2}t & -a_4 \end{vmatrix} = 0,$$

oder ausgerechnet und mit -4 multipliziert:

$$(18)\qquad t^3 - a_2 t^2 + (a_1 a_3 - 4a_4)t - (a_1^2 a_4 - 4a_2 a_4 + a_3^2) = 0.$$

Das ist aber gerade wieder die Resolvente (12) des vorigen Paragraphen. Ist daher τ_1 wieder eine ihrer Wurzeln, so muß die linke Seite der Gleichung

$$(\tau_1 + \frac{1}{4}a_1^2 - a_2)x^2 - y^2 + (\frac{1}{2}a_1\tau_1 - a_3)x - \tau_1 y - a_4 = 0$$

in Linearfaktoren zerfallen. In der Tat sieht man leicht, daß sie gleich

$$\frac{1}{4}\left(\sqrt{v_1}\,x - \sqrt{\tau_1^2 - 4a_4}\right)^2 - (y + \frac{1}{2}\tau_1)^2$$

ist, wo auch v_1 wieder die gleiche Bedeutung wie in § 14 hat (vgl. dort Formel (24), (26)). Sie zerfällt also in

$$-\left(y + \frac{1}{2}\tau_1 - \frac{1}{2}\sqrt{v_1}\,x + \frac{1}{2}\sqrt{\tau_1^2 - 4a_4}\right)\left(y + \frac{1}{2}\tau_1 + \frac{1}{2}\sqrt{v_1}\,x - \frac{1}{2}\sqrt{\tau_1^2 - 4a_4}\right),$$

und das System (17) ist daher gleichbedeutend mit dem folgenden:

$$(19)\qquad \begin{cases} \left(y + \frac{1}{2}\tau_1 - \frac{1}{2}\sqrt{v_1}\,x + \frac{1}{2}\sqrt{\tau_1^2 - 4a_4}\right) \\ \times\left(y + \frac{1}{2}\tau_1 + \frac{1}{2}\sqrt{v_1}\,x - \frac{1}{2}\sqrt{\tau_1^2 - 4a_4}\right) = 0, \\ x^2 + \frac{1}{2}a_1 x - y = 0. \end{cases}$$

Dieses löst man aber am schnellsten, indem man y aus der zweiten Gleichung entnimmt und in die erste einsetzt. So ergibt sich:

$$\begin{aligned} &\left(x^2 + \frac{a_1 - \sqrt{v_1}}{2}x + \frac{\tau_1 + \sqrt{\tau_1^2 - 4a_4}}{2}\right) \\ \times &\left(x^2 + \frac{a_1 + \sqrt{v_1}}{2}x + \frac{\tau_1 - \sqrt{\tau_1^2 - 4a_4}}{2}\right) = 0. \end{aligned}$$

Das ist aber genau die Gleichung (31) des vorigen Paragraphen, so daß die jetzige Methode auf die von Ferrari-Lagrange hinausläuft.

§ 16. Tschirnhaustransformation.

I. Sind $\xi_1, \xi_2, \ldots, \xi_n$ die Wurzeln der Gleichung

$$(1)\qquad x^n + a_1 x^{n-1} + \cdots + a_n = 0,$$

und setzt man

$$(2)\qquad \eta_\nu = b_0 + b_1\xi_\nu + \cdots + b_{n-1}\xi_\nu^{n-1} \qquad (\nu = 1, 2, \ldots, n),$$

so sind $\eta_1, \eta_2, \ldots, \eta_n$ die Wurzeln einer Gleichung

(3) $$y^n + A_1 y^{n-1} + \cdots + A_n = 0,$$

die wir als Tschirnhaustransformierte von (1) bezeichnet haben (Bd. I, § 53 II). Wenn wir nun eine Wurzel η_ν der Gleichung (3) kennen, so sieht es nach Gleichung (2) zunächst so aus, als ob wir zur Bestimmung der zugehörigen Wurzel ξ_ν noch eine Gleichung vom Grad $n-1$ zu lösen hätten. Dann wäre eine Tschirnhaustransformation von geringem Wert. Ihre Bedeutung liegt aber gerade darin, daß man mit η_ν im allgemeinen auch schon ξ_ν kennt, ohne noch eine Gleichung höheren Grades lösen zu müssen. Es gilt nämlich der

Satz 36. *Ist η_ν eine einfache Wurzel der Tschirnhaustransformierten* (3), *so ist die vermöge* (2) *ihr zugeordnete Wurzel ξ_ν der ursprünglichen Gleichung* (1) *eindeutig bestimmt, und zwar ist sie eine Größe des Körpers*

$$\mathfrak{K}(a_1, \ldots, a_n, \; b_0, \ldots, b_{n-1}, \eta_\nu).$$

In der Tat ist ja ξ_ν eine gemeinsame Wurzel der beiden Polynome

(4) $$\begin{cases} x^n + a_1 x^{n-1} + \cdots + a_n, \\ b_{n-1} x^{n-1} + b_{n-2} x^{n-2} + \cdots + b_0 - \eta_\nu. \end{cases}$$

Diese haben aber nur die Wurzel ξ_ν gemein. Denn für eine Wurzel ξ_μ des ersten Polynoms, wo $\mu \neq \nu$, ist ja, weil η_ν eine einfache Wurzel von (3) sein soll,

$$b_{n-1}\xi_\mu^{n-1} + b_{n-2}\xi_\mu^{n-2} + \cdots + b_0 - \eta_\nu = \eta_\mu - \eta_\nu \neq 0,$$

so daß ξ_μ keine Wurzel des zweiten Polynoms (4) sein kann. Hiernach ist $x - \xi_\nu$ der größte gemeinsame Teiler der beiden Polynome (4), und daraus ergibt sich in der Tat ξ_ν als eine Größe des angegebenen Körpers.

II. Nach Satz 36 können, wenn die Wurzeln einer Tschirnhaustransformierten bekannt sind, im allgemeinen auch die Wurzeln der ursprünglichen Gleichung angegeben werden. Daher liegt es nahe, die Lösung einer Gleichung dadurch zu versuchen, daß man eine Tschirnhaustransformierte bildet, die gegenüber der ursprünglichen Gleichung eine gewisse Vereinfachung aufweist, so daß sie sich vielleicht leichter lösen läßt. Die nächstliegende Vereinfachung, die man erstreben kann, ist die, daß einige Koeffizienten A_λ verschwinden. Wir wollen daher sehen, ob sich das durch geeignete Wahl der b_μ in (2) erreichen läßt.

Zu dem Zweck bezeichnen wir mit s_λ die Potenzsummen der ξ_ν und mit S_λ die Potenzsummen der η_ν. Nach den Newtonschen Formeln (Bd. I, § 32 I) ist dann

(5) $$\left\{\begin{array}{l|l} s_1 + a_1 = 0, & S_1 + A_1 = 0, \\ s_2 + a_1 s_1 + 2a_2 = 0, & S_2 + A_1 S_1 + 2A_2 = 0, \\ s_3 + a_1 s_2 + a_2 s_1 + 3a_3 = 0, & S_3 + A_1 S_2 + A_2 S_1 + 3A_3 = 0, \\ \cdots\cdots\cdots & \cdots\cdots\cdots \end{array}\right.$$

Soll nun etwa A_1 verschwinden, so besagt das nach (5) soviel wie: $S_1 = 0$. Das kann bereits mit der Transformation

(6) $$\eta_\nu = b_0 + \xi_\nu$$

erreicht werden. Hieraus folgt nämlich durch Summation nach ν:

$$S_1 = nb_0 + s_1.$$

Daher wird $S_1 = 0$ sein, wenn $b_0 = -\frac{s_1}{n}$, oder also $b_0 = \frac{a_1}{n}$ ist. So gelangen wir zu der Transformation

$$(7) \qquad \eta_\nu = \xi_\nu + \frac{a_1}{n} \quad \text{oder also} \quad \xi_\nu = \eta_\nu - \frac{a_1}{n}.$$

In der Tat sieht man auch leicht, daß, wenn man in (1)

$$x = y - \frac{a_1}{n}$$

setzt, dann der Koeffizient von y^{n-1} verschwindet. Diese Transformation haben wir für $n = 3$ und 4 bereits in § 12 III und § 14 I zur Vereinfachung der Gleichungen dritten und vierten Grades angewandt.

III. Sollen A_1 und A_2 verschwinden, so besagt das nach (5) soviel wie: $S_1 = 0$, $S_2 = 0$. Das kann bereits mit der Transformation

$$(8) \qquad \eta_\nu = b_0 + b_1\xi_\nu + b_2\xi_\nu^2$$

erreicht werden. Dann ist nämlich

$$(9) \quad \eta_\nu^2 = b_0^2 + 2b_0b_1\xi_\nu + b_1^2\xi_\nu^2 + 2b_0b_2\xi_\nu^2 + 2b_1b_2\xi_\nu^3 + b_2^2\xi_\nu^4.$$

Aus (8) und (9) folgt durch Summation nach ν:

$$S_1 = nb_0 + s_1b_1 + s_2b_2,$$
$$S_2 = nb_0^2 + 2s_1b_0b_1 + s_2b_1^2 + 2s_2b_0b_2 + 2s_3b_1b_2 + s_4b_2^2.$$

Also wird $S_1 = 0$, $S_2 = 0$ sein, wenn wir b_0, b_1, b_2 aus den beiden Gleichungen

$$(10) \quad \begin{cases} nb_0 + s_1b_1 + s_2b_2 = 0, \\ nb_0^2 + 2s_1b_0b_1 + s_2b_1^2 + 2s_2b_0b_2 + 2s_3b_1b_2 + s_4b_2^2 = 0 \end{cases}$$

bestimmen (natürlich so, daß nicht alle b_ν verschwinden). Setzt man hier b_0 aus der ersten Gleichung in die zweite ein, so entsteht eine quadratische Gleichung für das Verhältnis $b_1 : b_2$, die also durch Adjunktion einer Quadratwurzel gelöst werden kann [1]). **Die gewünschte Tschirnhaustransformation ist also möglich und erfordert nur die Adjunktion einer Quadratwurzel.**

Hierauf beruht eine neue Lösungsart für die kubische Gleichung

$$x^3 + a_1x^2 + a_2x + a_3 = 0.$$

Durch die Transformation (8) entsteht nämlich nach Adjunktion einer Quadratwurzel eine Tschirnhaustransformierte der Gestalt

$$y^3 + A_3 = 0,$$

und diese hat die Lösungen

$$\eta_1 = \sqrt[3]{-A_3}, \qquad \eta_2 = \varepsilon\sqrt[3]{-A_3}, \qquad \eta_3 = \varepsilon^2\sqrt[3]{-A_3},$$

[1]) In Spezialfällen geht es natürlich auch ohne Adjunktion, und es kann sogar vorkommen, daß alle Koeffizienten der quadratischen Gleichung verschwinden, so daß sie identisch erfüllt ist. Dann ist natürlich erst recht keine Quadratwurzel mehr nötig. Vielmehr bleiben b_1 und b_2 ganz willkürlich, worauf sich b_0 aus der ersten Gleichung (10) bestimmt. Analoges gilt auch in den späteren Fällen, ohne daß wir es immer erwähnen.

wo ε eine von 1 verschiedene dritte Einheitswurzel ist. Man muß also wie in § 12 zuerst eine Quadratwurzel adjungieren (eine genauere Analyse würde zeigen, daß es wieder $\sqrt{-3D}$ ist) und dann noch eine Kubikwurzel nebst den dritten Einheitswurzeln.

IV. Sollen A_1 und A_3 verschwinden, so besagt das nach (5) soviel wie: $S_1 = 0$, $S_3 = 0$. Das kann ebenfalls mit der Transformation (8) erreicht werden, und zwar gelingt es durch Adjunktion einer Wurzel einer kubischen Gleichung, also durch Radikale.

In der Tat besagt die Gleichung $S_1 = 0$ wieder wie vorhin:

$$nb_0 + s_1 b_1 + s_2 b_2 = 0. \tag{11}$$

Die Gleichung $S_3 = 0$ ist dagegen eine homogene Bedingungsgleichung dritten Grades, nämlich

$$\sum_{\lambda=0}^{2} \sum_{\mu=0}^{2} \sum_{\nu=0}^{2} s_{\lambda+\mu+\nu}\, b_\lambda b_\mu b_\nu = 0. \tag{12}$$

Setzt man nun b_0 aus (11) in (12) ein, so entsteht eine kubische Gleichung für das Verhältnis $b_1 : b_2$.

Hierauf beruht eine neue Lösungsart für die biquadratische Gleichung

$$x^4 + a_1 x^3 + a_2 x^2 + a_3 x + a_4 = 0\,.$$

Nach dem Bewiesenen entsteht nämlich durch die Transformation (8), wenn man eine Wurzel der erwähnten kubischen Gleichung adjungiert, eine Tschirnhaustransformierte der Gestalt

$$y^4 + A_2 y^2 + A_4 = 0.$$

Das ist eine quadratische Gleichung für y^2; sie hat für y die Lösungen

$$\left.\begin{matrix}\eta_1\\ \eta_2\end{matrix}\right\} = \pm\sqrt{\frac{-A_2 + \sqrt{A_2^2 - 4A_4}}{2}}, \quad \left.\begin{matrix}\eta_3\\ \eta_4\end{matrix}\right\} = \pm\sqrt{\frac{-A_2 - \sqrt{A_2^2 - 4A_4}}{2}},$$

so daß also noch drei Quadratwurzeln zu adjungieren sind, genau wie in § 14 V.

V. Sollen A_1, A_2, A_3 alle drei verschwinden, so besagt das nach (5) soviel wie:

$$S_1 = 0, \quad S_2 = 0, \quad S_3 = 0.$$

Das kann mit der Transformation

$$\eta_\nu = b_0 + b_1 \xi_\nu + b_2 \xi_\nu^2 + b_3 \xi_\nu^3 + b_4 \xi_\nu^4 \tag{13}$$

erreicht werden, und zwar, indem man zuerst zwei Quadratwurzeln und dann eine Wurzel einer kubischen Gleichung adjungiert, also wieder durch Radikale.

Zunächst liefert nämlich die Gleichung $S_1 = 0$ die Bedingung:

$$nb_0 + s_1 b_1 + s_2 b_2 + s_3 b_3 + s_4 b_4 = 0, \tag{14}$$

während die Gleichungen $S_2 = 0$, $S_3 = 0$ zwei homogene Bedingungsgleichungen von den Graden 2 und 3 liefern, nämlich:

$$(15)\qquad \sum_{\lambda=0}^{4}\sum_{\mu=0}^{4} s_{\lambda+\mu}\, b_\lambda b_\mu = 0\,,$$

$$(16)\qquad \sum_{\lambda=0}^{4}\sum_{\mu=0}^{4}\sum_{\nu=0}^{4} s_{\lambda+\mu+\nu}\, b_\lambda b_\mu b_\nu = 0\,.$$

Setzt man nun b_0 aus (14) in (15) und (16) ein, so gehen diese Gleichungen über in:

$$(17)\qquad \sum_{\lambda=1}^{4}\sum_{\mu=1}^{4} B_{\lambda\mu}\, b_\lambda b_\mu = 0\,,$$

$$(18)\qquad \sum_{\lambda=1}^{4}\sum_{\mu=1}^{4}\sum_{\nu=1}^{4} C_{\lambda\mu\nu}\, b_\lambda b_\mu b_\nu = 0\,,$$

wo die $B_{\lambda\mu}$, $C_{\lambda\mu\nu}$ leicht angebbare Größen des Körpers $\mathfrak{K}(a_1, \ldots, a_n)$ sind.

Nach Bd. I, Satz 52 kann man der Gleichung (17) die Gestalt geben:

$$(17\,\text{a})\qquad \sum_{\varrho=1}^{4} B_\varrho\,(\gamma'_{\varrho 1} b_1 + \gamma'_{\varrho 2} b_2 + \gamma'_{\varrho 3} b_3 + \gamma'_{\varrho 4} b_4)^2 = 0\,,$$

wo die Größen B_ϱ und $\gamma'_{\varrho\sigma}$ ebenfalls dem Körper $\mathfrak{K}(a_1, \ldots, a_n)$ angehören. Dabei dürfen und wollen wir die vier Größen B_ϱ von 0 verschieden annehmen. Wenn nämlich ein B_ϱ verschwindet, so können wir statt dessen auch

$$B_\varrho = 1\,,\quad \gamma'_{\varrho 1} = 0\,,\quad \gamma'_{\varrho 2} = 0\,,\quad \gamma'_{\varrho 3} = 0\,,\ \gamma'_{\varrho 4} = 0$$

setzen, wodurch (17 a) ungeändert bleibt.

Die Gleichung (17 a) und folglich auch (17) ist nun sicher erfüllt, wenn man

$$(19)\qquad \begin{cases} \gamma'_{21} b_1 + \gamma'_{22} b_2 + \gamma'_{23} b_3 + \gamma'_{24} b_4 \\ \quad = \sqrt{-\dfrac{B_1}{B_2}}\,(\gamma'_{11} b_1 + \gamma'_{12} b_2 + \gamma'_{13} b_3 + \gamma'_{14} b_4)\,, \\ \gamma'_{41} b_1 + \gamma'_{42} b_2 + \gamma'_{43} b_3 + \gamma'_{44} b_4 \\ \quad = \sqrt{-\dfrac{B_3}{B_4}}\,(\gamma'_{31} b_1 + \gamma'_{32} b_2 + \gamma'_{33} b_3 + \gamma'_{34} b_4) \end{cases}$$

setzt, wobei also zwei Quadratwurzeln adjungiert worden sind. Das ist aber ein System von zwei linearen homogenen Bedingungsgleichungen für die Unbekannten b_1, b_2, b_3, b_4. Sein Rang r kann 0 oder 1 oder 2 sein, und es bleiben dann $4-r$, also mindestens zwei, Unbekannte noch willkürlich, während die r andern sich durch diese linear ausdrücken. Dadurch geht die Gleichung (18), welche jetzt allein noch zu erfüllen ist, über in eine homogene Gleichung dritten Grades für die $4-r$ bisher willkürlich gebliebenen b_ν. Von diesen können daher noch $2-r$ (also im allgemeinen gar keine) gleich 0 gewählt werden, und das Verhältnis der beiden andern bestimmt sich durch eine kubische Gleichung.

VI. Sollen A_1, A_2, A_4 verschwinden, so besagt das nach (5) soviel wie:

$$S_1 = 0\,,\quad S_2 = 0\,,\quad S_4 = 0\,.$$

Das kann ebenfalls mit der Transformation (13) erreicht werden, und zwar durch genau denselben Prozeß. Der ganze Unterschied ist nur der, daß an Stelle der kubischen eine biquadratische Gleichung tritt. Die Lösung der Aufgabe gelingt also diesmal, indem zuerst zwei Quadratwurzeln adjungiert werden und dann noch eine Wurzel einer biquadratischen Gleichung, also jedenfalls wieder durch Radikale.

§ 17. Reziproke Gleichungen.

I. Die Gleichung n-ten Grades

$$f(x) = 0 \tag{1}$$

nennt man eine reziproke Gleichung, wenn das Polynom $f(x)$ der Bedingung genügt:

$$x^n f\left(\frac{1}{x}\right) = \alpha f(x)\,, \tag{2}$$

wo α eine Konstante. Aus (2) folgt, indem man $\frac{1}{x}$ an Stelle von x setzt und dann mit x^n multipliziert:

$$f(x) = \alpha x^n f\left(\frac{1}{x}\right).$$

Der Vergleich mit (2) lehrt, daß $\alpha^2 = 1$, also $\alpha = \pm 1$ sein muß. Wir sagen, die reziproke Gleichung ist von erster oder zweiter Art, je nachdem $\alpha = 1$ oder -1 ist.

Setzen wir

$$f(x) = a_0 x^n + a_1 x^{n-1} + \cdots + a_n, \tag{3}$$

wo natürlich $a_0 \neq 0$, weil n der Grad sein soll, so ist

$$x^n f\left(\frac{1}{x}\right) = a_n x^n + a_{n-1} x^{n-1} + \cdots + a_0\,.$$

Eine reziproke Gleichung erster Art ist hiernach charakterisiert durch die Beziehungen

$$a_\nu = a_{n-\nu} \qquad (\nu = 0, 1, \ldots, n),$$

und eine reziproke Gleichung zweiter Art ist charakterisiert durch die Beziehungen

$$a_\nu = -a_{n-\nu} \qquad (\nu = 0, 1, \ldots, n).$$

Ist eine reziproke Gleichung zweiter Art von geradem Grad $n = 2k$, so ist hiernach insbesondere $a_k = -a_k$, also $a_k = 0$. Außerdem ist bei jeder reziproken Gleichung $a_n = \pm a_0$, also von 0 verschieden; daher sind auch alle Wurzeln von 0 verschieden.

Sind $\xi_1, \xi_2, \ldots, \xi_n$ die Wurzeln der reziproken Gleichung (1), so ist

$$f(x) = a_0(x - \xi_1) \cdots (x - \xi_n).$$

Daher wegen (2) auch

$$\begin{aligned}\alpha f(x) = x^n f\left(\frac{1}{x}\right) &= a_0 x^n \left(\frac{1}{x} - \xi_1\right) \cdots \left(\frac{1}{x} - \xi_n\right) \\ &= a_0(1 - \xi_1 x) \cdots (1 - \xi_n x) \\ &= (-1)^n a_0 \xi_1 \cdots \xi_n \left(x - \frac{1}{\xi_1}\right) \cdots \left(x - \frac{1}{\xi_n}\right).\end{aligned}$$

Folglich sind die Größen $\frac{1}{\xi_1}, \frac{1}{\xi_2}, \ldots, \frac{1}{\xi_n}$ ebenfalls die Wurzeln von $f(x)$, und wir gewinnen den

Satz 37. *Sind $\xi_1, \xi_2, \ldots, \xi_n$ die Wurzeln einer reziproken Gleichung n-ten Grades, so sind $\frac{1}{\xi_1}, \frac{1}{\xi_2}, \ldots, \frac{1}{\xi_n}$ ebenfalls diese Wurzeln. Daher ist die zu einer Wurzel reziproke Größe wieder eine Wurzel, und zwar von gleicher Vielfachheit.*

II. Wir untersuchen jetzt die reziproken Gleichungen erster Art etwas genauer. Zuerst sei der Grad n gerade. Setzen wir demgemäß $n = 2k$, so ist

$$(4) \qquad f(x) = a_0 x^{2k} + a_1 x^{2k-1} + \cdots + a_k x^k + \cdots + a_1 x + a_0,$$

also

$$(5) \qquad \begin{cases} \frac{1}{x^k} f(x) = a_0\left(x^k + \frac{1}{x^k}\right) \\ \qquad + a_1\left(x^{k-1} + \frac{1}{x^{k-1}}\right) + \cdots + a_{k-1}\left(x + \frac{1}{x}\right) + a_k. \end{cases}$$

Nun setzen wir

$$(6) \qquad x + \frac{1}{x} = y.$$

Dann ist nach der Waringschen Formel (20) Bd. I, S. 154, wenn man dort $x_1 = x$, $x_2 = \frac{1}{x}$ setzt:

$$\begin{aligned} x^m + \frac{1}{x^m} &= \sum_\lambda (-1)^\lambda \frac{m}{m-\lambda} \binom{m-\lambda}{\lambda} \left(x + \frac{1}{x}\right)^{m-2\lambda} \\ &= \sum_\lambda (-1)^\lambda \frac{m}{m-\lambda} \binom{m-\lambda}{\lambda} y^{m-2\lambda}, \end{aligned}$$

wo λ die ganzen nicht negativen Zahlen durchläuft, die $\leqq \frac{m}{2}$ sind. Hiernach läßt sich die rechte Seite von (5) als Polynom k-ten Grades von y schreiben:

$$(7) \qquad a_0 y^k + b_1 y^{k-1} + \cdots + b_k = \varphi(y).$$

Es ist also

$$(8) \qquad \frac{1}{x^k} f(x) = \varphi(y) = \varphi\left(x + \frac{1}{x}\right).$$

Sind $\eta_1, \eta_2, \ldots, \eta_k$ die Wurzeln von $\varphi(y)$, so ist

$$\varphi(y) = a_0(y - \eta_1) \cdots (y - \eta_k),$$

also nach (8)

$$\frac{1}{x^k} f(x) = a_0 \left(x + \frac{1}{x} - \eta_1\right) \cdots \left(x + \frac{1}{x} - \eta_k\right),$$

oder nach Multiplikation mit x^k:

$$f(x) = a_0(x^2 - \eta_1 x + 1) \cdots (x^2 - \eta_k x + 1). \tag{9}$$

Die Auflösung der reziproken Gleichung erster Art $f(x) = 0$ vom Grad $2k$ ist damit zurückgeführt auf die Auflösung der Gleichung $\varphi(y) = 0$ vom Grad k. Denn sind deren Wurzeln $\eta_1, \ldots, \eta_k$ bekannt, so hat man nach der Identität (9) lediglich noch die k quadratischen Gleichungen

$$x^2 - \eta_\varkappa x + 1 = 0 \qquad (\varkappa = 1, 2, \ldots, k)$$

aufzulösen.

Nunmehr sei der Grad n **ungerade**: $n = 2k + 1$. Dann folgt aus (2) für $x = -1$:

$$-f(-1) = f(-1), \qquad \text{also} \qquad f(-1) = 0.$$

Daher ist -1 eine Wurzel von $f(x)$, also ist $f(x)$ teilbar durch $x + 1$. Setzen wir demgemäß

$$\frac{f(x)}{x+1} = F(x),$$

so handelt es sich noch um die Gleichung $F(x) = 0$, die von geradem Grad $2k$ ist. Nun ist aber

$$x^{2k} F\left(\frac{1}{x}\right) = x^{2k} \frac{f\left(\frac{1}{x}\right)}{\frac{1}{x} + 1} = \frac{x^{2k+1} f\left(\frac{1}{x}\right)}{1 + x} = \frac{f(x)}{x+1} = F(x).$$

Daher ist die Gleichung $F(x) = 0$ eine reziproke erster Art, und ihre Auflösung kann also zurückgeführt werden auf die Auflösung einer Gleichung vom Grad k.

Da die Gleichungen bis zum vierten Grad durch Adjunktion von Quadrat- und Kubikwurzeln lösbar sind, so folgt hieraus, **daß die reziproken Gleichungen erster Art bis zum neunten Grad durch Radikale gelöst werden können, und zwar durch Quadrat- und Kubikwurzeln.**

III. Nunmehr wenden wir uns den reziproken Gleichungen zweiter Art zu. Bei diesen ist

$$x^n f\left(\frac{1}{x}\right) = -f(x),$$

woraus für $x = 1$ folgt:

$$f(1) = -f(1), \quad \text{also} \quad f(1) = 0.$$

Daher ist 1 eine Wurzel von $f(x)$, also ist $f(x)$ teilbar durch $x - 1$. Setzen wir demgemäß

$$\frac{f(x)}{x-1} = G(x),$$

so handelt es sich noch um die Gleichung

$$G(x) = 0,$$

die vom Grad $n - 1$ ist. Nun ist

$$x^{n-1} G\left(\frac{1}{x}\right) = x^{n-1} \frac{f\left(\frac{1}{x}\right)}{\frac{1}{x} - 1} = \frac{x^n f\left(\frac{1}{x}\right)}{1 - x} = \frac{f(x)}{x - 1} = G(x).$$

Daher ist die Gleichung $G(x) = 0$ eine reziproke erster Art. Aus dem, was wir für die reziproken Gleichungen erster Art bewiesen haben, folgt dann sofort, daß die reziproken Gleichungen zweiter Art bis zum zehnten Grad durch Radikale lösbar sind, und zwar durch Quadrat- und Kubikwurzeln; ferner, daß die reziproken Gleichungen zweiter Art von geradem Grad außer der Wurzel 1 stets auch die Wurzel -1 haben.

IV. Zu den reziproken Gleichungen zweiter Art gehört z. B. die Kreisteilungsgleichung

$$x^n - 1 = 0.$$

Hier ist natürlich die Wurzel 1 vorhanden, und nach dem Bewiesenen muß die Gleichung $\frac{x^n - 1}{x - 1} = 0$ eine reziproke erster Art sein. In der Tat ist ja auch

$$\frac{x^n - 1}{x - 1} = x^{n-1} + x^{n-2} + \cdots + x + 1.$$

Demnach sind z. B. die von 1 verschiedenen fünften Einheitswurzeln die Wurzeln der Gleichung

$$x^4 + x^3 + x^2 + x + 1 = 0,$$

die nach Division durch x^2 übergeht in:

$$\left(x + \frac{1}{x}\right)^2 + \left(x + \frac{1}{x}\right) - 1 = 0.$$

Aus dieser quadratischen Gleichung für die Größe $x + \frac{1}{x}$ folgt:

$$x + \frac{1}{x} = \frac{-1 \pm \sqrt{5}}{2},$$

oder also:

$$x^2 - \frac{-1 \pm \sqrt{5}}{2} x + 1 = 0.$$

Durch Auflösung dieser quadratischen Gleichung ergeben sich die vier gesuchten fünften Einheitswurzeln:

$$\frac{-1 + \sqrt{5} + \sqrt{-10 - 2\sqrt{5}}}{4}, \qquad \frac{-1 + \sqrt{5} - \sqrt{-10 - 2\sqrt{5}}}{4},$$

$$\frac{-1 - \sqrt{5} + \sqrt{-10 + 2\sqrt{5}}}{4}, \qquad \frac{-1 - \sqrt{5} - \sqrt{-10 + 2\sqrt{5}}}{4}.$$

Die in einer Zeile stehenden sind zueinander reziprok.

Bemerkung. Die spätere Theorie der Kreisteilungsgleichungen wird lehren, daß speziell zur Gewinnung der fünften Einheitswurzeln die Adjunktion von nur zwei Quadratwurzeln zum Körper $\mathfrak{K}(1)$ nötig ist, während die obigen Auflösungsformeln deren drei enthalten. Das ist aber nur scheinbar. Denn man sieht leicht, daß nach Adjunktion von $\sqrt{5}$ und $\sqrt{-10 - 2\sqrt{5}}$ die dritte Quadratwurzel bereits dem gewonnenen Körper angehört; es ist nämlich

$$\sqrt{-10 + 2\sqrt{5}} \cdot \sqrt{-10 - 2\sqrt{5}} = 4\sqrt{5}.$$

Drittes Kapitel.

Substitutionen und Gruppen.

§ 18. Substitutionen.

I. Bei den Gleichungen vom zweiten bis vierten Grad haben die meisten Auflösungsmethoden darauf beruht, daß wir gewisse Polynome der Wurzeln angeben konnten, die, ohne symmetrisch zu sein, sich doch berechnen ließen. Aus einem solchen Polynom entstanden nämlich, wenn die Wurzeln auf alle möglichen Arten permutiert wurden, nur wenige voneinander verschiedene Polynome, und diese waren die Wurzeln einer leicht auflösbaren Hilfsgleichung (Resolvente). So scheint die Hoffnung nicht unbegründet, daß auch den Gleichungen höheren Grades in ähnlicher Weise beizukommen ist. Aber Lagrange, der bei den Gleichungen bis zum vierten Grad das Wesen der Sache erkannt hat, ist nicht ans Ziel gelangt. Den richtigen Weg fand erst 1831 der neunzehnjährige Evariste Galois, einer der genialsten Mathematiker aller Zeiten, dessen Gruppen- und Gleichungstheorie zum Schönsten und Tiefsten gehört, was jemals Menschengeist ersonnen hat [1]). Dieser Galoisschen Theorie wollen wir uns jetzt zuwenden, und zwar werden wir uns in diesem Kapitel mit den Permutationen beschäftigen und mit dem Einfluß, den sie auf Polynome ausüben können; das nächste Kapitel soll dann die Nutzanwendung auf die Gleichungen höheren Grades bringen.

Wie in Bd. I, § 11 denken wir uns n Dinge, die wir zu ihrer Unterscheidung mit den Nummern $1, 2, \ldots, n$ versehen. Die n Dinge nennen wir Ziffern und bezeichnen sie der Kürze halber einfach durch ihre Nummern. Wenn man

---

[1]) Galois hat noch vor Vollendung des 21. Jahres bei einem Zweikampf sein Leben verloren. Seine epochemachenden Arbeiten sind anfangs nicht gewürdigt worden, und man hat das später damit entschuldigt, daß sie unklar geschrieben seien. In Wahrheit sind sie aber wunderbar klar; man war nur damals zu sehr an die analytische und geometrische und zu wenig an die algebraische Denkweise gewöhnt. — Galois' Werke sind erst 1846 in Bd. 11 von Liouvilles Journal veröffentlicht worden, nachdem vorher nur einzelne Teile seiner Gleichungstheorie im Druck erschienen waren. Die Werke sind auch in deutscher Übersetzung von Maser herausgegeben, Berlin 1889. Die Lektüre des in den Werken abgedruckten Briefes, den Galois am Vorabend seines Todes als eine Art wissenschaftliches Testament an seinen Freund Chevalier schrieb, sollte sich kein Mathematiker entgehen lassen. — Als Vorläufer von Galois ist Paolo Ruffini anzusprechen.

jede Ziffer wieder durch eine der n Ziffern ersetzt derart, daß zwei verschiedene Ziffern auch stets durch zwei verschiedene Ziffern ersetzt werden, so nennt man diese Operation eine Substitution. Die Zahl n heißt der Grad der Substitution. Haben wir etwa vier Ziffern 1, 2, 3, 4, und ersetzen wir

die Ziffer 1 durch die Ziffer 3,
„ „ 2 „ „ „ 2,
„ „ 3 „ „ „ 4,
„ „ 4 „ „ „ 1,

so liegt eine Substitution vierten Grades vor, die wir durch das Symbol

$$\begin{pmatrix} 1, & 2, & 3, & 4 \\ 3, & 2, & 4, & 1 \end{pmatrix}$$

bezeichnen. Dabei ist unter jede Ziffer einfach diejenige geschrieben, durch welche sie ersetzt werden soll. In welcher Reihenfolge die Ziffern in der ersten Zeile aufgeschrieben werden, ist gleichgültig. Z. B. bezeichnen die Symbole

$$\begin{pmatrix} 2, & 4, & 1, & 3 \\ 2, & 1, & 3, & 4 \end{pmatrix}, \quad \begin{pmatrix} 3, & 1, & 4, & 2 \\ 4, & 3, & 1, & 2 \end{pmatrix}, \quad \begin{pmatrix} 4, & 1, & 3, & 2 \\ 1, & 3, & 4, & 2 \end{pmatrix}$$

ebenfalls die obige Substitution; denn in jedem Symbol steht unter der Ziffer 1 die Ziffer 3, unter der Ziffer 2 die Ziffer 2 usw.

Wir werden immer nur Substitutionen eines festgegebenen Grades gleichzeitig betrachten. Ist n der Grad, so kann jede Substitution auf eine und nur eine Art in der Form geschrieben werden:

$$\begin{pmatrix} 1, & 2, & 3, & \ldots, & n \\ a_1, & a_2, & a_3, & \ldots, & a_n \end{pmatrix},$$

wobei in der zweiten Zeile irgendeine Permutation der Ziffern $1, 2, \ldots, n$ steht. Da es $n!$ solche Permutationen gibt, gibt es also auch $n!$ Substitutionen n-ten Grades.

Wir werden Substitutionen (eines fest gegebenen Grades n) auch kurz durch große lateinische Buchstaben bezeichnen, hauptsächlich S, T, U. Die Substitution, welche jede Ziffer durch sich selbst ersetzt, bezeichnen wir durch E:

(1) $$E = \begin{pmatrix} 1, & 2, & 3, & \ldots, & n \\ 1, & 2, & 3, & \ldots, & n \end{pmatrix}.$$

II. Seien S, T zwei Substitutionen n-ten Grades, etwa

$$S = \begin{pmatrix} 1, & 2, & \ldots, & n \\ a_1, & a_2, & \ldots, & a_n \end{pmatrix}, \quad T = \begin{pmatrix} 1, & 2, & \ldots, & n \\ b_1, & b_2, & \ldots, & b_n \end{pmatrix}.$$

Vermöge S wird die Ziffer ν ersetzt durch a_ν, vermöge T wird a_ν ersetzt durch b_{a_ν}. Die Substitution, welche direkt ν durch b_{a_ν} ersetzt und die natürlich wieder vom Grad n ist, wird als Produkt ST bezeichnet:

$$ST = \begin{pmatrix} 1, & 2, & \ldots, & n \\ b_{a_1}, & b_{a_2}, & \ldots, & b_{a_n} \end{pmatrix}.$$

S und T heißen die Faktoren; die Herstellung eines Produktes heißt Multiplikation. Beispielsweise ist für $n = 4$

$$\begin{pmatrix}1, & 2, & 3, & 4\\3, & 2, & 4, & 1\end{pmatrix}\begin{pmatrix}1, & 2, & 3, & 4\\2, & 4, & 3, & 1\end{pmatrix}=\begin{pmatrix}1, & 2, & 3, & 4\\3, & 2, & 4, & 1\end{pmatrix}\begin{pmatrix}3, & 2, & 4, & 1\\3, & 4, & 1, & 2\end{pmatrix}=\begin{pmatrix}1, & 2, & 3, & 4\\3, & 4, & 1, & 2\end{pmatrix}.$$

Die Multiplikation ist im allgemeinen nicht kommutativ. Denn wenn man in dem obigen Beispiel die Faktoren vertauscht, erhält man:

$$\begin{pmatrix}1, & 2, & 3, & 4\\2, & 4, & 3, & 1\end{pmatrix}\begin{pmatrix}1, & 2, & 3, & 4\\3, & 2, & 4, & 1\end{pmatrix}=\begin{pmatrix}1, & 2, & 3, & 4\\2, & 4, & 3, & 1\end{pmatrix}\begin{pmatrix}2, & 4, & 3, & 1\\2, & 1, & 4, & 3\end{pmatrix}=\begin{pmatrix}1, & 2, & 3, & 4\\2, & 1, & 4, & 3\end{pmatrix},$$

also etwas anderes als vorhin. Wenn zufällig einmal $ST = TS$ ist, so heißt S mit T vertauschbar. Speziell die Substitution E ist mit jeder Substitution vertauschbar, und zwar ist, wie man unmittelbar sieht,

$$ES = SE = S. \tag{2}$$

Bei der Multiplikation von Substitutionen spielt also die Substitution E eine analoge Rolle wie die Zahl 1 bei der gewöhnlichen Multiplikation; E kann als Faktor weggelassen werden.

Während die Multiplikation im allgemeinen nicht kommutativ ist, sieht man leicht, daß dagegen das assoziative Gesetz gilt:

$$S(TU) = (ST)\,U. \tag{3}$$

Denn es möge etwa

vermöge S die Ziffer λ ersetzt werden durch μ,
" T " " μ " " " ν,
" U " " ν " " " ϱ.

Dann kann man schreiben:

$$S=\begin{pmatrix}\lambda, & \ldots\\\mu, & \ldots\end{pmatrix},\quad T=\begin{pmatrix}\mu, & \ldots\\\nu, & \ldots\end{pmatrix},\quad U=\begin{pmatrix}\nu, & \ldots\\\varrho, & \ldots\end{pmatrix}.$$

Es ist also

$$TU=\begin{pmatrix}\mu, & \ldots\\\nu, & \ldots\end{pmatrix}\begin{pmatrix}\nu, & \ldots\\\varrho, & \ldots\end{pmatrix}=\begin{pmatrix}\mu, & \ldots\\\varrho, & \ldots\end{pmatrix},$$

$$ST=\begin{pmatrix}\lambda, & \ldots\\\mu, & \ldots\end{pmatrix}\begin{pmatrix}\mu, & \ldots\\\nu, & \ldots\end{pmatrix}=\begin{pmatrix}\lambda, & \ldots\\\nu, & \ldots\end{pmatrix},$$

und folglich

$$S(TU)=\begin{pmatrix}\lambda, & \ldots\\\mu, & \ldots\end{pmatrix}\begin{pmatrix}\mu, & \ldots\\\varrho, & \ldots\end{pmatrix}=\begin{pmatrix}\lambda, & \ldots\\\varrho, & \ldots\end{pmatrix},$$

$$(ST)\,U=\begin{pmatrix}\lambda, & \ldots\\\nu, & \ldots\end{pmatrix}\begin{pmatrix}\nu, & \ldots\\\varrho, & \ldots\end{pmatrix}=\begin{pmatrix}\lambda, & \ldots\\\varrho, & \ldots\end{pmatrix}.$$

Vermöge $(ST)\,U$ wird also jede Ziffer λ durch dieselbe Ziffer ersetzt wie vermöge $S(TU)$. Die beiden Produkte $(ST)\,U$ und $S(TU)$ bezeichnen daher in der Tat dieselbe Substitution.

Aus dem assoziativen Gesetz folgt sofort, daß auch ein Produkt von beliebig vielen Faktoren unabhängig ist von der Art, wie die Faktoren durch Ordnungsklammern zusammengefaßt werden; man läßt daher die Ordnungsklammern meistens weg. Dagegen darf natürlich keine Faktorenumstellung stattfinden.

III. Zu jeder Substitution

$$S = \begin{pmatrix} 1, & 2, & \ldots, & n \\ a_1, & a_2, & \ldots, & a_n \end{pmatrix}$$

gibt es eine und nur eine Substitution T derart, daß $S\,T = E$ ist. Das ist nämlich augenscheinlich die Substitution

$$T = \begin{pmatrix} a_1, & a_2, & \ldots, & a_n \\ 1, & 2, & \ldots, & n \end{pmatrix};$$

man nennt sie die zu S reziproke oder inverse Substitution und bezeichnet sie durch S^{-1}. Offenbar ist das zugleich auch die einzige Substitution, für welche $TS = E$ ist; es ist also

$$(4) \qquad S\,S^{-1} = S^{-1}S = E.$$

Die reziproke der reziproken Substitution ist offenbar wieder die ursprüngliche. Die reziproke Substitution eines Produktes ergibt sich aus der Formel

$$(5) \qquad (S\,T)^{-1} = T^{-1}S^{-1}$$

und allgemeiner ist

$$(6) \qquad (S_1S_2\cdots S_{l-1}S_l)^{-1} = S_l^{-1}S_{l-1}^{-1}\cdots S_2^{-1}S_1^{-1}.$$

Zum Beweis von (5) setzen wir $(S\,T)^{-1} = U$; dann ist U die einzige Substitution, für die

$$(S\,T)\,U = E$$

ist. Anderseits ist aber

$$(S\,T)\,(T^{-1}S^{-1}) = S(T\,T^{-1})\,S^{-1} = S\,E\,S^{-1} = S\,S^{-1} = E,$$

so daß auch $T^{-1}S^{-1} = U$ sein muß, womit (5) bewiesen ist. Die Formel (6) ergibt sich ganz analog oder auch durch Schluß von l auf $l + 1$.

Die k-te Potenz einer Substitution wird entsprechend wie bei Zahlen definiert, und zwar für positive Exponenten durch die Rekursionsformel

$$(7) \qquad \begin{cases} S^1 = S, \\ S^k = S^{k-1}S \qquad (k = 2, 3, 4, \ldots), \end{cases}$$

und für nicht positive Exponenten, nachdem speziell S^{-1} schon oben als die zu S reziproke Substitution definiert ist, durch die weiteren Formeln

$$(8) \qquad S^0 = E,$$

$$(9) \qquad S^{-k} = (S^{-1})^k \qquad (k = 2, 3, 4, \ldots).$$

Dann gelten augenscheinlich für beliebige Exponenten die Formeln:

$$(10) \qquad S^kS^l = S^{k+l},$$

$$(11) \qquad (S^k)^l = S^{kl}.$$

IV. Ist S eine Substitution, so können die Potenzen

$$S, S^2, S^3, \ldots$$

nicht alle voneinander verschieden sein, weil es ja nur endlich viele Substitutionen gibt (nämlich $n!$ bei n Ziffern). Sei etwa $S^l = S^m$, wo $l > m$. Indem man diese Gleichung mit S^{-m} multipliziert, erhält man:

$$S^{l-m} = S^0 = E.$$

Von jeder Substitution ist also eine gewisse Potenz mit positivem Exponenten gleich E. Ist k der kleinste positive Exponent, für den $S^k = E$ ist, so heißt k die Ordnung von S. Dann sind die k Substitutionen

$$(12) \qquad E, S, S^2, \ldots, S^{k-1}$$

alle voneinander verschieden. Denn wäre etwa $S^l = S^m$, wo

$$0 \leqq m < l \leqq k - 1,$$

so wäre auch $S^{l-m} = S^0 = E$, während doch k der kleinste positive Exponent sein sollte, für den $S^k = E$ ist.

Offenbar ist E die einzige Substitution von der Ordnung 1. Weiter erkennt man, daß bei einer Substitution S von der Ordnung k jede Potenz S^ν einer der k Substitutionen (12) gleich ist. Denn wenn ν bei Division durch k den Rest r läßt, so ist $\nu = qk + r$, und r ist eine der Zahlen $0, 1, \ldots, k-1$. Alsdann ist aber

$$S^\nu = S^{qk+r} = (S^k)^q S^r = E^q S^r = E S^r = S^r.$$

Insbesondere erkennt man hieraus, daß dann und nur dann $S^\nu = E$ sein wird, wenn $r = 0$, d. h. wenn ν durch die Ordnung k teilbar ist.

§ 19. Zyklen und Transpositionen.

I. Für die Substitutionen ist noch eine zweite Schreibweise in Gebrauch, die wir zunächst an folgendem Beispiel erläutern wollen, wo der Grad gleich 9 ist:

$$(1) \qquad S = \begin{pmatrix} 1, & 2, & 3, & 4, & 5, & 6, & 7, & 8, & 9 \\ 3, & 5, & 9, & 4, & 7, & 1, & 2, & 8, & 6 \end{pmatrix}.$$

Hier wird 1 ersetzt durch 3, 3 durch 9, 9 durch 6, 6 durch 1, so daß die Elemente 1, 3, 9, 6 zyklisch vertauscht werden. Ebenso werden die Elemente 2, 5, 7 zyklisch vertauscht. Schließlich werden 4 und 8 durch sich selbst ersetzt. Wir schreiben deshalb S in der Form

$$(2) \qquad S = (1, 3, 9, 6)\ (2, 5, 7)\ (4)\ (8).$$

Man sieht leicht, daß jede Substitution sich in dieser Weise durch Zyklen darstellen läßt. Denn man beginne mit irgendeiner Ziffer a_1, diese wird ersetzt durch eine Ziffer a_2, diese wieder durch a_3 usw. Schließlich muß man zu einer Ziffer a_ν kommen, die schon vorher da war. Dann kann aber nur $a_\nu = a_1$ sein; denn wenn etwa $a_\nu = a_k$ mit $k > 1$ wäre, so müßte bereits $a_{\nu-1}$ schon früher dagewesen sein, nämlich $a_{\nu-1} = a_{k-1}$, weil ja $a_{\nu-1}$ und a_{k-1} beide durch dieselbe Ziffer $a_\nu = a_k$ ersetzt werden. Somit schließt sich mit $a_\nu = a_1$ ein Zyklus. Sind noch nicht alle Ziffern verbraucht, so beginne man mit einer neuen und verfahre ebenso. Unter Umständen tritt bloß ein Zyklus auf, z. B. ist

$$\begin{pmatrix} 1, & 2, & 3, & 4, & 5, & 6, & 7, & 8, & 9 \\ 5, & 6, & 7, & 8, & 9, & 1, & 2, & 3, & 4 \end{pmatrix} = (1, 5, 9, 4, 8, 3, 7, 2, 6).$$

Dabei kann man die Ziffern in einem Zyklus selbst noch zyklisch vertauschen und die Zyklen in beliebiger Reihenfolge hinschreiben. Die Substitution (2) läßt sich also z. B. auch in den folgenden Formen schreiben:

$$(3)\qquad \begin{cases} S = (5,\ 7,\ 2)\ (8)\ (6,\ 1,\ 3,\ 9)\ (4) \\ = (4)\ (8)\ (3,\ 9,\ 6,\ 1)\ (2,\ 5,\ 7) \\ = \cdot\ \cdot\ \cdot\ \cdot\ \cdot\ \cdot\ \cdot\ \cdot\ \cdot\ \cdot\ \cdot\ \cdot\ \cdot\ . \end{cases}$$

Bei dieser Schreibweise läßt man eingliedrige Zyklen, hier (4) und (8), meistens weg, schreibt also z. B. statt Formel (3) auch

$$(4)\qquad \begin{cases} S = (5,\ 7,\ 2)\ (6,\ 1,\ 3,\ 9) \\ = (3,\ 9,\ 6,\ 1)\ (2,\ 5,\ 7) \\ = \cdot\ \cdot\ \cdot\ \cdot\ \cdot\ \cdot\ \cdot\ \cdot\ \cdot\ , \end{cases}$$

wobei natürlich die Ziffern, die durch sich selbst ersetzt werden, hier 4 und 8, da sie in der Schreibweise (4) nicht vorkommen, anderweitig bekannt sein müssen. Alsdann stellt aber jeder einzelne Zyklus für sich bereits eine Substitution dar; es ist z. B. (beim Grad $n = 9$)

$$(1,\ 3,\ 9,\ 6) = (1,\ 3,\ 9,\ 6)\ (2)\ (4)\ (5)\ (7)\ (8) = \begin{pmatrix} 1, & 2, & 3, & 4, & 5, & 6, & 7, & 8, & 9 \\ 3, & 2, & 9, & 4, & 5, & 1, & 7, & 8, & 6 \end{pmatrix},$$

$$(2,\ 5,\ 7) = (2,\ 5,\ 7)\ (1)\ (3)\ (4)\ (6)\ (8)\ (9) = \begin{pmatrix} 1, & 2, & 3, & 4, & 5, & 6, & 7, & 8, & 9 \\ 1, & 5, & 3, & 4, & 7, & 6, & 2, & 8, & 9 \end{pmatrix},$$

während eingliedrige Zyklen Symbole für die Substitution E sind.

Das Nebeneinanderstellen der Zyklen in den Formeln (2), (3), (4) bedeutet nun offenbar wirkliche Multiplikation der betreffenden Substitutionen in dem in § 18 definierten Sinn, und zwar sind hier die Faktoren ausnahmsweise vertauschbar, was daher kommt, daß zwei Zyklen keine gemeinsamen Ziffern haben. Das Weglassen eines eingliedrigen Zyklus bedeutet bei dieser Auffassung nur das Weglassen eines Faktors E.

Die Darstellung einer Substitution in einer der Formen (2), (3), (4) heißt ihre „Darstellung durch (ziffernfremde) Zyklen"; sie ist eindeutig, wenn man die verschiedenen in den Formeln (3), (4) gedachten Gestalten als gleichbedeutend ansieht.

II. Aus der Darstellung durch Zyklen kann man leicht die Ordnung einer Substitution ablesen. Ist nämlich zunächst

$$S = (1, 2, 3, \ldots, k)$$

ein einziger k-gliedriger Zyklus, so wird vermöge der Substitution S^l, wenn $l < k$ ist, die Ziffer 1 ersetzt durch $l + 1$; die Substitutionen

$$S, S^2, \ldots, S^{k-1}$$

sind also von E verschieden; dagegen ist offenbar $S^k = E$. Ein k-gliedriger Zyklus ist also von der Ordnung k.

Hat man nun von einer Substitution S ihre Darstellung durch Zyklen:

$$S = (a_1, a_2, \ldots, a_k)\ (b_1, b_2, \ldots, b_l) \cdots (g_1, g_2, \ldots, g_p)\,,$$

so ist[1])

$$S^\nu = (a_1, a_2, \ldots, a_k)^\nu (b_1, b_2, \ldots, b_l)^\nu \cdots (g_1, g_2, \ldots, g_p)^\nu,$$

und folglich ist dann und nur dann $S^\nu = E$, wenn gleichzeitig

$$(a_1, a_2, \ldots, a_k)^\nu = E,$$
$$(b_1, b_2, \ldots, b_l)^\nu = E,$$
$$\cdots\cdots\cdots$$
$$(g_1, g_2, \ldots, g_p)^\nu = E$$

ist. Das tritt aber gleichzeitig dann und nur dann ein, wenn ν ein Vielfaches von $k, l, \ldots, p$ ist. Die Ordnung von S ist hiernach das kleinste gemeinsame Vielfache der Zahlen $k, l, \ldots, p$.

III. Die einfachsten Substitutionen nächst E sind die zweigliedrigen Zyklen (a, b); man nennt sie Transpositionen.

Satz 38. *Jede Substitution ist selbst eine Transposition oder wenigstens als Produkt von Transpositionen darstellbar.*

Beweis. Offenbar ist

$$E = (1, 2)\,(1, 2),$$

also ein Produkt von Transpositionen. Jede von E verschiedene Substitution ist aber ein Zyklus oder ein Produkt von Zyklen, und folglich wird der Satz bewiesen sein, wenn wir zeigen können, daß jeder mehr- als zweigliedrige Zyklus ein Produkt von Transpositionen ist (ein zweigliedriger Zyklus ist ja selbst eine Transposition). Nun erkennt man aber sofort die Richtigkeit der Formel

$$(1, 2)\,(1, 3) \cdots (1, k) = (1, 2, \ldots, k),$$

und damit ist alles bewiesen.

Die Darstellung als Produkt von Transpositionen ist im Gegensatz zur Darstellung durch Zyklen keineswegs eindeutig. Beispielsweise ist

$$(1, 2)\,(1, 3)\,(1, 2)\,(1, 3) = (1, 3)\,(1, 2),$$

nämlich gleich $(1, 3, 2)$. Es gilt aber der wichtige

Satz 39. *Wenn eine Substitution auf mehrere Arten als Produkt von Transpositionen dargestellt ist, so ist die Anzahl der Transpositionen entweder jedesmal gerade oder jedesmal ungerade.*

Zum Beweis denken wir die Substitution zuerst irgendwie als Produkt von Transpositionen

$$S = (a_1, b_1)\,(a_2, b_2) \cdots (a_m, b_m)$$

und dann auch in der Form

$$S = \begin{pmatrix} 1, & 2, & \ldots, & n \\ c_1, & c_2, & \ldots, & c_n \end{pmatrix}$$

dargestellt. Dabei ist nun

[1]) Dabei ist natürlich wieder wesentlich, daß die Zyklen ziffernfremd und folglich miteinander vertauschbar sind.

$$c_1, c_2, \ldots, c_n$$

eine Permutation, die aus der ursprünglichen Anordnung $1, 2, \ldots, n$ dadurch hervorgeht, daß man zuerst die Ziffern a_1, b_1 vertauscht, alsdann die Ziffern a_2, b_2 vertauscht usw. und schließlich auch die Ziffern a_m, b_m vertauscht. Die Permutation gehört daher zur geraden oder ungeraden Klasse, je nachdem m gerade oder ungerade ist (Bd. I, Satz 13). Wenn also die Permutation zur geraden (ungeraden) Klasse gehört, so läßt sich die Substitution S stets nur als Produkt einer geraden (ungeraden) Anzahl von Transpositionen darstellen.

IV. Seien S, U zwei Substitutionen. Durch U wird jede Ziffer a wieder durch eine Ziffer a' ersetzt, die wir vorübergehend als die zu a zugeordnete bezeichnen wollen. Wenn wir nun in irgendeiner Darstellung der Substitution S jede Ziffer durch ihre zugeordnete ersetzen, so entsteht eine neue Substitution S_1, die offenbar ganz unabhängig davon ist, ob wir S in der Art des § 18 oder durch Zyklen oder auch sonstwie als Produkt von andern Substitutionen dargestellt haben. Wir sagen, S_1 entsteht aus S durch Transformation mittels U oder auch durch Umnumerierung mittels U, weil wir ja in S die einzelnen Ziffern (Nummern) durch andere ersetzt, also umnumeriert haben.

Ist etwa

$$S = \begin{pmatrix} a_1, & a_2, & \ldots, & a_n \\ b_1, & b_2, & \ldots, & b_n \end{pmatrix},$$

so können wir U durch ein ebensolches Zeichen darstellen, wobei in der ersten Zeile die Ziffern in beliebiger Reihenfolge stehen dürfen. Speziell können wir also U in den beiden folgenden Gestalten schreiben:

$$U = \begin{pmatrix} a_1, & a_2, & \ldots, & a_n \\ a_1', & a_2', & \ldots, & a_n' \end{pmatrix} = \begin{pmatrix} b_1, & b_2, & \ldots, & b_n \\ b_1', & b_2', & \ldots, & b_n' \end{pmatrix}.$$

Die umnumerierte Substitution S_1 ist alsdann

$$S_1 = \begin{pmatrix} a_1', & a_2', & \ldots, & a_n' \\ b_1', & b_2', & \ldots, & b_n' \end{pmatrix}.$$

Hieraus erkennt man: Die aus S durch Transformation mittels U entstehende Substitution S_1 ist die Substitution $U^{-1}SU$. In der Tat ist ja

$$U^{-1}SU = \begin{pmatrix} a_1', & \ldots, & a_n' \\ a_1, & \ldots, & a_n \end{pmatrix}\begin{pmatrix} a_1, & \ldots, & a_n \\ b_1, & \ldots, & b_n \end{pmatrix}\begin{pmatrix} b_1, & \ldots, & b_n \\ b_1', & \ldots, & b_n' \end{pmatrix} = \begin{pmatrix} a_1', & \ldots, & a_n' \\ b_1', & \ldots, & b_n' \end{pmatrix} = S_1.$$

Liegt von S die Darstellung durch Zyklen vor, so erhält man für S_1 die Darstellung durch Zyklen einfach durch Umnumerieren, wodurch die Anzahl der Zyklen und die Gliederzahl in jedem Zyklus natürlich nicht geändert wird. Somit gewinnen wir den

Satz 40. *Sind S, U zwei beliebige Substitutionen, so besteht die Darstellung durch Zyklen bei der Substitution $U^{-1}SU$ aus ebensoviel und ebensovielgliedrigen Zyklen wie bei der Substitution S.*

§ 20. Gruppen.

I. Der Gruppenbegriff, dem wir uns jetzt zuwenden, ist nicht nur für die Algebra, sondern für die gesamte Mathematik von fundamentaler Bedeutung.

Allgemeine Gruppendefinition. Eine Gruppe ist eine Menge von Elementen (mindestens eines), für welche eine Verknüpfungsoperation, die wir einfach durch Nebeneinanderstellen der verknüpften Elemente bezeichnen, derart definiert ist, daß die folgenden vier Postulate erfüllt sind:

I. Sind S, T zwei (gleiche oder verschiedene) Elemente der Menge, so ist auch ST ein (durch S und T eindeutig bestimmtes) Element der Menge.

II. $$S(TU) = (ST)\,U \qquad \text{(Assoziativgesetz).}$$

III. Unter den Elementen der Menge gibt es ein spezielles — wir bezeichnen es mit E —, für welches stets $SE = ES = S$ ist.

IV. Zu jedem Element S gibt es ein Element U, das der Gleichung $SU = E$ genügt, wo E das in III erwähnte spezielle Element ist.

Das Element ST wollen wir als Produkt von S und T (in dieser Reihenfolge) bezeichnen; wir sagen, es entsteht aus S durch hintere Multiplikation mit T und aus T durch vordere Multiplikation mit S.

Wenn für je zwei Gruppenelemente stets auch das Kommutativgesetz $ST = TS$ erfüllt ist, so heißt die Gruppe kommutativ oder auch aus einem im nächsten Kapitel ersichtlich werdenden Grund eine Abelsche Gruppe.

Beispiele von Gruppen:

1. Jeder Körper ist nach Weglassen des 0-Elementes eine kommutative Gruppe, wenn wir als Verknüpfungsoperation die im Körper gültige Multiplikation nehmen. Das Gruppenelement E ist das 1-Element des Körpers.

2. Jeder Ring ist eine kommutative Gruppe, wenn wir als Verknüpfungsoperation die im Ring gültige Addition nehmen. Das Gruppenelement E ist das 0-Element des Ringes.

3. Die $n!$ Substitutionen n-ten Grades bilden eine (für $n > 2$ nicht kommutative) Gruppe, wenn wir als Verknüpfungsoperation die für Substitutionen definierte Multiplikation nehmen. Das Gruppenelement E ist die Substitution, die wir schon in § 18 mit E bezeichnet haben.

4. Ist S eine Substitution k-ter Ordnung, so bilden die k Substitutionen
$$E, S, S^2, \ldots, S^{k-1}$$
eine kommutative Gruppe.

5. Ein Element E bildet für sich allein schon eine Gruppe, wenn die Multiplikation durch die Formel $EE = E$ definiert wird (Einheitsgruppe).

Wir werden uns späterhin hauptsächlich mit Gruppen befassen, deren Elemente Substitutionen eines festen Grades n sind und deren Verknüpfungsoperation die für Substitutionen definierte Multiplikation ist, wie das beim dritten und vierten Beispiel der Fall war; sie heißen Substitutionsgruppen oder auch Permutationsgruppen, und n heißt ihr Grad. Daher wollen wir die Gruppenelemente auch im allgemeinen wie Substitutionen mit großen lateinischen Buchstaben, und zwar abgesehen von dem speziellen Element E hauptsächlich mit S, T, U bezeichnen.

II. Wir ziehen jetzt aus der allgemeinen Gruppendefinition noch einige Folgerungen. Aus dem Postulat II folgt sofort, daß auch ein Produkt von beliebig vielen Faktoren unabhängig ist von der Art, wie die Faktoren durch Ordnungsklammern zusammengefaßt werden; man läßt daher die Klammern meistens weg.

Das Postulat III läßt zunächst die Möglichkeit offen, daß außer dem Element E noch ein anderes Element E' existiert, für welches ebenfalls $SE' = E'S = S$ ist. Aber dann wäre für $S = E$ insbesondere $EE' = E$ und nach III für $S = E'$ auch $EE' = E'$, also $E' = E$. Es gibt daher immer nur ein Element E, das die Forderung III erfüllt; wir nennen es das Einheitselement der Gruppe.

Auch das Postulat IV läßt zunächst die Möglichkeit offen, daß es zu einem Element S unter Umständen mehrere Elemente, etwa U_1, U_2, gibt, für die

$$SU_1 = E, SU_2 = E$$

ist. In Wahrheit kann das aber nicht sein. Denn wenn etwa V ein nach IV existierendes Element bedeutet, für welches $U_1V = E$ ist, so ist

$$SU_1V = \begin{cases} S(U_1V) = SE = S \\ (SU_1)V = EV = V; \end{cases}$$

also ist zunächst $S = V$, und somit

$$U_1S = U_1V = E.$$

Dann ist aber weiter

$$U_1 = U_1E = U_1(SU_2) = (U_1S)\,U_2 = EU_2 = U_2,$$

also $U_1 = U_2$. Somit gibt es zu jedem S doch nur ein Element U, das der Gleichung $SU = E$ genügt, und dieses genügt von selbst auch der weiteren Gleichung $US = E$ (vgl. die vorletzte Formelkette). Wir nennen es das zu S reziproke Element und bezeichnen es mit S^{-1}, so daß also

$$SS^{-1} = S^{-1}S = E$$

ist. Speziell bei einer Substitutionsgruppe ist das zur Substitution S reziproke Element die schon auf Seite 99 eingeführte reziproke Substitution S^{-1}. Genau wie dort gelten auch bei beliebigen Gruppen die Formeln

$$(ST)^{-1} = T^{-1}S^{-1},$$
$$(S_1S_2 \cdots S_{l-1}S_l)^{-1} = S_l^{-1}S_{l-1}^{-1} \cdots S_2^{-1}S_1^{-1};$$

denn es ist z. B. $(ST)(T^{-1}S^{-1}) = S(TT^{-1})\,S^{-1} = SES^{-1} = SS^{-1} = E$.

Weiterhin ist wichtig, daß es zu zwei (gleichen oder verschiedenen) Elementen S, T stets genau ein Element X und ein Element Y gibt derart, daß

$$SX = T, \quad YS = T$$

ist. In der Tat, wenn $SX = T$ sein soll, so folgt durch vordere Multiplikation mit S^{-1}, daß $X = S^{-1}T$ sein muß, und dieses Element erfüllt die Gleichung offenbar auch wirklich. Ebenso sieht man, daß die Gleichung $YS = T$ durch das Element $Y = TS^{-1}$ und nur durch dieses erfüllt wird.

Man kann das Vorstehende auch so ausdrücken: Wenn S ein bestimmtes Element der Gruppe ist und wenn X alle Elemente durchläuft, so durchläuft das Produkt SX ebenfalls alle Elemente. Denn zu jedem Element X gehört ja ein bestimmtes SX, und zu jedem $SX = T$ gehört auch umgekehrt ein bestimmtes X. Ebenso durchläuft gleichzeitig mit Y auch YS alle Elemente der Gruppe.

Die Potenzen eines Gruppenelementes S werden wörtlich wie bei Substitutionen definiert und es gelten die geläufigen Gesetze; vgl. den letzten Absatz von § 18 III.

III. Sei $\mathfrak{G}$ eine Gruppe und $\mathfrak{G}'$ eine Menge, für deren Elemente ebenfalls eine Verknüpfungsoperation definiert ist, deren Resultat wir Produkt nennen. Wenn dann den Elementen von $\mathfrak{G}$ sich umkehrbar eindeutig die Elemente von $\mathfrak{G}'$ so zuordnen lassen, daß dem Produkt von zwei Elementen aus $\mathfrak{G}$ stets das Produkt der zwei zugeordneten Elemente aus $\mathfrak{G}'$ zugeordnet ist, so ist $\mathfrak{G}'$ offenbar auch eine Gruppe. Denn da die Elemente von $\mathfrak{G}$ die Gruppenpostulate erfüllen, so tun die Elemente von $\mathfrak{G}'$ auf Grund der Zuordnung dasselbe. Die beiden Gruppen heißen durch die Zuordnung isomorph aufeinander bezogen. Zwei Gruppen heißen miteinander isomorph, wenn sie sich durch passende Zuordnung ihrer Elemente isomorph aufeinander beziehen lassen; unter Umständen ist das sogar auf mehrere Arten möglich. Die Zuordnung selbst heißt ein Isomorphismus. Aus dieser Definition folgt ohne weiteres, daß der Isomorphismusbegriff reflexiv, symmetrisch (daher das Wort „miteinander") und transitiv ist.

Bei isomorpher Beziehung zweier Gruppen sind die Einheitselemente stets einander zugeordnet. Denn ist S ein Element der einen Gruppe und E das Einheitselement dieser Gruppe, so ist $SE = S$; die zu S und E zugeordneten Elemente S', E' der andern Gruppe genügen dann der Gleichung $S'E' = S'$, woraus folgt, daß $E' = S'^{-1}S'$, also das Einheitselement der andern Gruppe ist.

Alle Beziehungen, die zwischen den Elementen einer Gruppe bestehen, müssen zwischen den zugeordneten Elementen einer isomorphen Gruppe ebenfalls bestehen; man sagt daher, die Gruppen sind „von gleicher Struktur". Überall, wo es nicht auf die besondere Art der Gruppenelemente ankommt, ob sie etwa Zahlen oder Substitutionen oder sonst etwas sind, sondern nur auf die vermöge der Verknüpfungsoperation bestehenden Beziehungen zwischen den Elementen, können isomorphe Gruppen sich gegenseitig vertreten, und man kann sie in diesem Sinne als einander gleich ansehen; die für den Gleichheitsbegriff erforderlichen Eigenschaften der Reflexivität, Symmetrie und Transitivität sind, wie schon oben festgestellt, vorhanden. Von diesem Standpunkt aus erscheinen dann zwei konkret gegebene Gruppen, die miteinander isomorph sind, nur als zwei verschiedene Realisierungen oder, wie man auch sagt, **Darstellungen** von ein und derselben abstrakten Gruppe.

Beispiel: Ist S die Substitution 5-ten Grades $S = (1, 2)(3, 4, 5)$, so bilden die Potenzen

(1) $$S^1,\ S^2,\ S^3,\ S^4,\ S^5,\ S^6$$

eine Gruppe von 6 Elementen; speziell S^6 ist das Einheitselement. Ist ferner T die Substitution 6-ten Grades $T = (1, 2, 3, 4, 5, 6)$, so bilden die Potenzen

(2) $$T^1,\ T^2,\ T^3,\ T^4,\ T^5,\ T^6$$

ebenfalls eine Gruppe von 6 Elementen; T^6 ist das Einheitselement. Endlich bilden, wenn ε die sechste Einheitswurzel $\varepsilon = \cos\frac{2\pi}{6} + i\sin\frac{2\pi}{6}$ bedeutet, die Potenzen

(3) $$\varepsilon^1,\ \varepsilon^2,\ \varepsilon^3,\ \varepsilon^4,\ \varepsilon^5,\ \varepsilon^6$$

wieder eine Gruppe von 6 Elementen, wenn als Verknüpfungsoperation die gewöhnliche Multiplikation genommen wird; die Zahl $\varepsilon^6 = 1$ ist das Einheitselement. Alle drei Gruppen sind miteinander isomorph, und zwar sind sie in der angeschriebenen Reihenfolge ihrer Elemente isomorph aufeinander bezogen. Die Gruppe (1) ist aber auch in der Reihenfolge

(1a) $$S^5,\ S^4,\ S^3,\ S^2,\ S^1,\ S^6$$

oder, was dasselbe ist,

(1b) $$S^{-1},\ S^{-2},\ S^{-3},\ S^{-4},\ S^{-5},\ S^{-6}$$

isomorph auf sich selbst und die beiden anderen (in der angeschriebenen Reihenfolge) bezogen; ebenso könnte man bei den anderen die Reihenfolge entsprechend ändern. Dagegen ist die Gruppe aller Substitutionen dritten Grades

(4) $$E,\ (1, 2),\ (1, 3),\ (2, 3),\ (1, 2, 3),\ (1, 3, 2),$$

obwohl sie ebenfalls 6 Elemente enthält, nicht mit der Gruppe (1) isomorph. In der Tat hat jedes Element der Gruppe (4) die Eigenschaft, daß seine zweite oder dritte Potenz gleich dem Einheitselement ist; dagegen hat in der Gruppe (1) das Element S diese Eigenschaft nicht, so daß es bei dem Versuch einer isomorphen Zuordnung keinem Element von (4) zugeordnet werden könnte.

§ 21. Gruppen endlicher Ordnung und Komplexe.

I. Von jetzt an beschränken wir uns ausschließlich auf Gruppen **endlicher Ordnung**, d. h. solche, die nur endlich viele Elemente haben. Alle Gruppen werden also, ohne daß wir das jedesmal dazusagen, als von endlicher Ordnung vorausgesetzt. Die Anzahl der Elemente heißt die **Ordnung** der Gruppe; isomorphe Gruppen haben selbstverständlich gleiche Ordnung. Jede Substitutionsgruppe ist von endlicher Ordnung, da es ja nur endlich viele Substitutionen eines festen Grades gibt. Die besondere Bedeutung der Substitutionsgruppen, mit denen wir uns vornehmlich befassen werden, erhellt zunächst aus dem

Satz 41. *Jede Gruppe endlicher Ordnung ist mit einer Substitutionsgruppe isomorph, und zwar insbesondere auch mit einer solchen, deren Grad gleich der Ordnung ist. — Anders ausgedrückt: Jede abstrakte Gruppe endlicher Ordnung läßt eine Darstellung als Substitutionsgruppe (insbesondere auch von dem angegebenen Grad) zu.*

Beweis: Sind

$$S_1, S_2, \ldots, S_m \tag{1}$$

die Elemente einer Gruppe m-ter Ordnung, so ist jedes Produkt $S_\lambda S_\mu$ wieder ein S_ϱ. Zu jedem Indexpaar λ, μ ist hiernach ein bestimmter Index ϱ zugeordnet, den wir durch das Symbol $\varrho = \lambda \mid \mu$ bezeichnen wollen, so daß

$$S_\lambda S_\mu = S_{\lambda\mid\mu} \tag{2}$$

ist. Nun stellen, wenn μ irgendeinen der Indizes $1, 2, \ldots, m$ bedeutet, die m Produkte

$$S_1 S_\mu,\ S_2 S_\mu, \ldots, S_m S_\mu \tag{3}$$

nach dem vorletzten Absatz von § 20 II wieder die sämtlichen Gruppenelemente dar. Da diese Produkte nach (2) gleich

$$S_{1\mid\mu},\ S_{2\mid\mu}, \ldots, S_{m\mid\mu}$$

sind, so sind die Indizes $1\mid\mu, 2\mid\mu, \ldots, m\mid\mu$ eine Permutation von $1, 2, \ldots, m$. Man kann daher dem Gruppenelement S_μ die Substitution m-ten Grades

$$S'_\mu = \begin{pmatrix} 1, & 2, & 3, & \ldots, & m \\ 1\mid\mu, & 2\mid\mu, & 3\mid\mu, & \ldots, & m\mid\mu \end{pmatrix} \tag{4}$$

zuordnen. Dadurch ist jedem Gruppenelement eine gewisse Substitution m-ten Grades zugeordnet, und zwar umkehrbar eindeutig, weil ja die Substitution S'_μ vermöge der Formel (2) das Element S_μ, dem sie zugeordnet ist, eindeutig bestimmt.

Wenn wir nun zeigen können, daß dem Produkt $S_\mu S_\nu$ allemal das Produkt $S'_\mu S'_\nu$ zugeordnet ist, so besagt das, daß die S'_μ eine mit der gegebenen isomorphe Gruppe bilden, womit Satz 41 bewiesen sein wird. Nun ist aber

$$S_\lambda(S_\mu S_\nu) = (S_\lambda S_\mu) S_\nu = S_{\lambda\mid\mu} S_\nu = S_{(\lambda\mid\mu)\mid\nu},$$

so daß die dem Produkt $S_\mu S_\nu$ zugeordnete Substitution die folgende ist:

$$\begin{pmatrix} 1, & 2, & \ldots, & m \\ (1\mid\mu)\mid\nu, & (2\mid\mu)\mid\nu, & \ldots, & (m\mid\mu)\mid\nu \end{pmatrix}.$$

Das ist aber wirklich die Produktsubstitution $S'_\mu S'_\nu$, da ja

$$S'_\mu S'_\nu = \begin{pmatrix} 1, & \ldots, & m \\ 1\mid\mu, & \ldots, & m\mid\mu \end{pmatrix}\begin{pmatrix} 1, & \ldots, & m \\ 1\mid\nu, & \ldots, & m\mid\nu \end{pmatrix}$$

$$= \begin{pmatrix} 1, & \ldots, & m \\ 1\mid\mu, & \ldots, & m\mid\mu \end{pmatrix}\begin{pmatrix} 1\mid\mu, & \ldots, & m\mid\mu \\ (1\mid\mu)\mid\nu, & \ldots, & (m\mid\mu)\mid\nu \end{pmatrix} = \begin{pmatrix} 1, & \ldots, & m \\ (1\mid\mu)\mid\nu, & \ldots, & (m\mid\mu)\mid\nu \end{pmatrix}$$

ist [1]). Satz 41 ist also bewiesen. Natürlich wird nicht behauptet, daß die gefundene Substitutionsgruppe etwa die einzige sei, die mit der gegebenen Gruppe isomorph ist. Das trifft keineswegs zu; z. B. ist ja eine mit der Substitutionsgruppe (2) auf Seite 107 isomorphe Gruppe auch mit der von (2) verschiedenen Substitutionsgruppe (1) Seite 107 isomorph.

II. **Definition.** Jedes System von Elementen (mindestens eines) einer gegebenen Gruppe endlicher Ordnung heißt ein Komplex.

Insbesondere ist die gegebene Gruppe selbst ein Komplex. Wir bezeichnen Komplexe mit großen deutschen Buchstaben, namentlich $\mathfrak{G}$, $\mathfrak{H}$, $\mathfrak{M}$, $\mathfrak{U}$. Speziell den nur aus dem Einheitselement E bestehenden Komplex, den Einheitskomplex, bezeichnen wir mit $\mathfrak{E}$. Jede Menge von Substitutionen n-ten Grades ist in der Gruppe aller $n!$ Substitutionen n-ten Grades enthalten, und bildet insofern einen Komplex.

Um anzudeuten, daß der Komplex $\mathfrak{M}$ aus den k Elementen $S_1, S_2, \ldots, S_k$ besteht, schreiben wir

(5) $$\mathfrak{M} = S_1 + S_2 + \cdots + S_k$$

oder gelegentlich auch zur Abkürzung

(5a) $$\mathfrak{M} = \sum_{\nu=1}^{k} S_\nu,$$

was dann im Fall $k = 1$ soviel bedeutet wie S_1. Offenbar ist in (5) die Reihenfolge der S_ν beliebig.

Sind $\mathfrak{M}_1, \mathfrak{M}_2, \ldots, \mathfrak{M}_m$ Komplexe, so bezeichnen wir das System der ihnen gemeinsamen Elemente [2]), falls es solche gibt, mit

$$(\mathfrak{M}_1, \mathfrak{M}_2, \ldots, \mathfrak{M}_m),$$

wobei die Reihenfolge wieder gleichgültig ist. Dieses System ist natürlich selbst ein Komplex.

Daß der Komplex $\mathfrak{M}_1$ nur Elemente aus $\mathfrak{M}_2$ enthält, kann hiernach ausgedrückt werden durch die Formel

(6) $$(\mathfrak{M}_1, \mathfrak{M}_2) = \mathfrak{M}_1.$$

Das System derjenigen Elemente, die in mindestens einem der Komplexe $\mathfrak{M}_1, \mathfrak{M}_2, \ldots, \mathfrak{M}_k$ enthalten sind, ist ebenfalls ein Komplex [3]) und wird mit

---

[1]) Übrigens ist die durch das Zeichen $|$ ausgedrückte Operation assoziativ, so daß man statt $(\lambda|\mu)|\nu$ einfacher $\lambda|\mu|\nu$ ohne Ordnungsklammer schreiben könnte. In der Tat ist

$$S_\lambda S_\mu S_\nu = \begin{cases} S_\lambda (S_\mu S_\nu) = S_\lambda S_{\mu|\nu} = S_{\lambda|(\mu|\nu)} \\ (S_\lambda S_\mu) S_\nu = S_{\lambda|\mu} S_\nu = S_{(\lambda|\mu)|\nu}, \end{cases}$$

also $\lambda|(\mu|\nu) = (\lambda|\mu)|\nu$, wie behauptet.

[2]) Den „Durchschnitt" in der Sprache der Mengenlehre.

[3]) Die „Vereinigungsmenge" in der Sprache der Mengenlehre.

$$(7)\qquad \mathfrak{M}_1 + \mathfrak{M}_2 + \cdots + \mathfrak{M}_k$$

bezeichnet, wofür wir zur Abkürzung auch schreiben:

$$(7\text{a})\qquad \sum_{\nu=1}^{k} \mathfrak{M}_\nu;$$

für $k = 1$ bedeutet das natürlich soviel wie $\mathfrak{M}_1$. Offenbar ist die Reihenfolge in (7) wieder gleichgültig. Ebenso ist klar, daß der Komplex (7) derselbe bleibt, wenn die Glieder durch beliebige Ordnungsklammern zusammengefaßt werden.

Daß der Komplex $\mathfrak{M}_1$ nur Elemente aus $\mathfrak{M}_2$ enthält, kann hiernach auch ausgedrückt werden durch die Formel

$$(8)\qquad \mathfrak{M}_1 + \mathfrak{M}_2 = \mathfrak{M}_2.$$

Die Formeln (6) und (8) besagen also dasselbe. Da jeder Komplex $\mathfrak{M}$ nur Elemente aus sich selbst enthält, ist nach (6) und (8) insbesondere

$$(9)\qquad (\mathfrak{M}, \mathfrak{M}) = \mathfrak{M}, \qquad \mathfrak{M} + \mathfrak{M} = \mathfrak{M}.$$

Da auch ein einzelnes Element unter den Begriff des Komplexes fällt (als System mit nur einem Element), behält der Ausdruck (7) auch einen Sinn, wenn die deutschen Buchstaben alle oder zum Teil durch lateinische ersetzt werden, d. h. wenn einzelne Elemente an Stelle der Komplexe treten. Werden in (7) alle Buchstaben durch lateinische ersetzt und bedeuten diese dann lauter verschiedene Elemente, so läuft auch das Zeichen (7) auf das bereits in (5) definierte Zeichen hinaus.

Unter dem Produkt $\mathfrak{M}_1\mathfrak{M}_2$ zweier Komplexe verstehen wir den Komplex aller Elemente der Form $S_1 S_2$, wo S_1 dem Komplex $\mathfrak{M}_1$, S_2 dem Komplex $\mathfrak{M}_2$ angehört. Die Produkte $\mathfrak{M}_1\mathfrak{M}_2$ und $\mathfrak{M}_2\mathfrak{M}_1$ sind im allgemeinen voneinander verschieden; die Produktbildung oder Multiplikation von Komplexen ist also nicht kommutativ. Wenn ausnahmsweise einmal $\mathfrak{M}_1\mathfrak{M}_2 = \mathfrak{M}_2\mathfrak{M}_1$ ist, so heißt $\mathfrak{M}_1$ mit $\mathfrak{M}_2$ vertauschbar. Speziell der Einheitskomplex ist mit jedem Komplex vertauschbar, und zwar ist offenbar

$$(10)\qquad \mathfrak{M}\mathfrak{E} = \mathfrak{E}\mathfrak{M} = \mathfrak{M}.$$

Dagegen gilt für die Multiplikation von Komplexen wieder das assoziative Gesetz, weil ja die Multiplikation von Gruppenelementen assoziativ ist; es ist also

$$(11)\qquad \mathfrak{M}_1(\mathfrak{M}_2\mathfrak{M}_3) = (\mathfrak{M}_1\mathfrak{M}_2)\mathfrak{M}_3.$$

Hiernach ist klar, was unter dem Produkt von m Komplexen (Faktoren)

$$(12)\qquad \mathfrak{M}_1\mathfrak{M}_2 \cdots \mathfrak{M}_m$$

zu verstehen ist; dabei dürfen die Faktoren nicht umgestellt, wohl aber durch beliebige Ordnungsklammern zusammengefaßt werden. Der Faktor $\mathfrak{E}$ kann nach (10) stets unterdrückt werden.

In dem Produkt (12) können die Komplexe $\mathfrak{M}_\mu$ auch alle oder zum Teil solche sein, die nur ein Element enthalten; dann können die betreffenden deutschen Buchstaben durch lateinische ersetzt werden. Enthalten insbesondere alle Komplexe in (12) nur je ein Element und ersetzt man demgemäß alle deutschen Buchstaben durch lateinische, so läuft das entstehende Produkt auf das wirkliche Produkt der betreffenden Gruppenelemente hinaus.

Auf Grund der vorstehenden Definitionen erkennt man ohne weiteres, daß auch die distributiven Gesetze gelten:

$$(\mathfrak{M}_1 + \mathfrak{M}_2)\mathfrak{N} = \mathfrak{M}_1\mathfrak{N} + \mathfrak{M}_2\mathfrak{N}, \tag{13}$$

$$\mathfrak{N}(\mathfrak{M}_1 + \mathfrak{M}_2) = \mathfrak{N}\mathfrak{M}_1 + \mathfrak{N}\mathfrak{M}_2, \tag{14}$$

die sich sogleich auf Faktoren mit beliebig vielen Termen übertragen:

$$\left(\sum_{\lambda=1}^{l}\mathfrak{M}_\lambda\right)\left(\sum_{\mu=1}^{m}\mathfrak{N}_\mu\right) = \sum_{\lambda=1}^{l}\sum_{\mu=1}^{m}\mathfrak{M}_\lambda\mathfrak{N}_\mu. \tag{15}$$

III. Nunmehr untersuchen wir die Frage, wann ein Komplex von Gruppenelementen selbst eine Gruppe ist; wir leiten dafür zwei Kriterien her.

Satz 42. *Ein Komplex ist dann und nur dann eine Gruppe, wenn das Produkt von zwei beliebigen (gleichen oder verschiedenen) Elementen des Komplexes stets wieder dem Komplex angehört.*

Satz 43. *Ein Komplex $\mathfrak{G}$ ist dann und nur dann eine Gruppe, wenn $\mathfrak{G}\mathfrak{G} = \mathfrak{G}$ ist.*

Die in Satz 42 angegebene Bedingung ist wegen des Gruppenpostulates I jedenfalls notwendig. Ist sie aber erfüllt, so befriedigt der Komplex von selbst auch das Postulat II, weil er ja definitionsgemäß aus Elementen einer vorher gegebenen Gruppe besteht. Ist sodann S ein beliebiges Element des Komplexes, so enthält er auch die Potenzen $S^2, S^3, S^4, \ldots$, und diese können, da er nur aus endlich vielen Elementen besteht, nicht alle voneinander verschieden sein. Ist etwa $S^\lambda = S^\mu$, wo $\lambda > \mu$, so ist aber $S^{\lambda-\mu} = E$ und $S^{\lambda-\mu-1} = S^{-1}$. Der Komplex enthält also auch das Einheitselement E und zu jedem Element S das reziproke S^{-1}; damit sind auch die Gruppenpostulate III und IV erfüllt, und Satz 42 ist bewiesen.

Der Satz 42 läßt sich auch so aussprechen, daß der Komplex $\mathfrak{G}$ dann und nur dann eine Gruppe ist, wenn das Produkt $\mathfrak{G}\mathfrak{G}$ nur Elemente von $\mathfrak{G}$ enthält, wenn also

$$\mathfrak{G}\mathfrak{G} + \mathfrak{G} = \mathfrak{G} \tag{16}$$

ist. Wenn nun $\mathfrak{G}$ eine Gruppe ist, wenn also (16) gilt, so enthält $\mathfrak{G}$ als Gruppe auch das Element E; daher enthält $\mathfrak{G}\mathfrak{G}$ alle Elemente von $\mathfrak{G}E = \mathfrak{G}$, also $\mathfrak{G}$ nur Elemente von $\mathfrak{G}\mathfrak{G}$, so daß $\mathfrak{G} + \mathfrak{G}\mathfrak{G} = \mathfrak{G}\mathfrak{G}$ ist. Der Vergleich mit (16) liefert:

$$\mathfrak{G}\mathfrak{G} = \mathfrak{G}. \tag{17}$$

Wenn umgekehrt diese Relation besteht, so ist

$$\mathfrak{G}\mathfrak{G} + \mathfrak{G} = \mathfrak{G} + \mathfrak{G} = \mathfrak{G}.$$

Es besteht also auch die Relation (16), so daß $\mathfrak{G}$ eine Gruppe ist. Damit ist Satz 43 bewiesen.

Speziell der Einheitskomplex $\mathfrak{E}$ ist eine Gruppe, wie auch ohne die Sätze 42, 43 klar ist. Wir nennen $\mathfrak{E}$ die Einheitsgruppe.

IV. Aus Satz 42 ergibt sich leicht

Satz 44. *Wenn die Komplexe $\mathfrak{G}_1, \mathfrak{G}_2, \ldots, \mathfrak{G}_m$ Gruppen sind, so ist der Komplex $(\mathfrak{G}_1, \mathfrak{G}_2, \ldots, \mathfrak{G}_m)$ ebenfalls eine Gruppe.*

Zunächst haben nämlich die m Komplexe $\mathfrak{G}_\mu$, da sie Gruppen sind, mindestens das Element E gemein, so daß der Komplex

$$(\mathfrak{G}_1, \mathfrak{G}_2, \ldots, \mathfrak{G}_m) = \mathfrak{M}$$

sicher existiert. Sind nun S, T Elemente von $\mathfrak{M}$, so sind sie auch Elemente von jeder Gruppe $\mathfrak{G}_\mu$. Daher ist das Produkt ST ebenfalls in $\mathfrak{G}_\mu$ und folglich in $\mathfrak{M}$ enthalten. Der Komplex $\mathfrak{M}$ ist also nach Satz 42 eine Gruppe.

Wenn die Komplexe $\mathfrak{G}$ und $\mathfrak{H}$ Gruppen sind, so ist der Komplex $\mathfrak{G}\mathfrak{H}$ im allgemeinen keine Gruppe [1]). Über diesen Komplex beweisen wir jetzt den

Satz 45. *Sind die Komplexe $\mathfrak{G}$ bzw. $\mathfrak{H}$ Gruppen g-ter bzw. h-ter Ordnung, ist ferner die Gruppe $(\mathfrak{G}, \mathfrak{H})$ von der Ordnung k, so enthält der Komplex $\mathfrak{G}\mathfrak{H}$ genau $\frac{gh}{k}$ verschiedene Elemente.*

Zum Beweis sei

$$\mathfrak{G} = \sum_{\varkappa=1}^{g} G_\varkappa, \quad \mathfrak{H} = \sum_{\lambda=1}^{h} H_\lambda.$$

Der Komplex $\mathfrak{G}\mathfrak{H}$ besteht dann aus den gh Elementen

$$G_\varkappa H_\lambda \quad (\varkappa = 1, 2, \ldots, g;\ \lambda = 1, 2, \ldots, h).$$

Wenn wir zeigen können, daß stets je k von diesen einander gleich sind, wird der Satz bewiesen sein. Es ist also zu zeigen, daß jedes Produkt $G_\varkappa H_\lambda$ auf genau k Arten in der Form $G_\mu H_\nu$ dargestellt werden kann. Wenn nun

$$G_\varkappa H_\lambda = G_\mu H_\nu$$

sein soll, so folgt hieraus, indem man vorne mit G_μ^{-1} und dann hinten mit H_λ^{-1} multipliziert:

$$G_\mu^{-1} G_\varkappa = H_\nu H_\lambda^{-1}.$$

Hier steht aber links ein Element von $\mathfrak{G}$, rechts eines von $\mathfrak{H}$, also ist das eines der k Elemente von $(\mathfrak{G}, \mathfrak{H})$. Bezeichnen wir es mit S, so ist also

$$G_\mu^{-1} G_\varkappa = S, \quad H_\nu H_\lambda^{-1} = S,$$

woraus folgt:

$$G_\mu = G_\varkappa S^{-1}, \quad H_\nu = S H_\lambda.$$

Umgekehrt gehören, wenn S ein beliebiges der k Elemente von $(\mathfrak{G}, \mathfrak{H})$ ist, die Elemente

---

[1]) Beispiel:

$$\mathfrak{G} = E + (1, 2), \quad \mathfrak{H} = E + (1, 3),$$
$$\mathfrak{G}\mathfrak{H} = E + (1, 2) + (1, 3) + (1, 2, 3).$$

Hier ist der Komplex $\mathfrak{G}\mathfrak{H}$ keine Gruppe, weil das Produkt

$$(1, 2, 3)\ (1, 2) = (2, 3)$$

ihm nicht angehört.

$$G_\varkappa S^{-1}, \quad S H_\lambda$$

wirklich den Gruppen $\mathfrak{G}$ bzw. $\mathfrak{H}$ an, und ihr Produkt ist gleich $G_\varkappa H_\lambda$. Es ergeben sich also, den k Elementen von $(\mathfrak{G}, \mathfrak{H})$ entsprechend, genau k solche Darstellungen; w. z. b. w.

§ 22. Die zu einer Substitutionsgruppe gehörenden Polynome.

I. Wenn man in einem Polynom $f(x_1, \ldots, x_n)$ mit Koeffizienten aus einem Körper $\mathfrak{k}$ die n Variabeln irgendwie permutiert, indem man etwa x_1 durch x_λ ersetzt, x_2 durch $x_\mu, \ldots$, schließlich x_n durch x_ϱ, so sagt man, daß auf das Polynom die Substitution

$$S = \begin{pmatrix} 1, 2, \ldots, n \\ \lambda, \mu, \ldots, \varrho \end{pmatrix}$$

ausgeübt wird. Dadurch entsteht natürlich wieder ein Polynom derselben n Variabeln:

$$\varphi(x_1, x_2, \ldots, x_n) = f(x_\lambda, x_\mu, \ldots, x_\varrho).$$

Man sagt dann: f geht durch die Substitution S über in φ. Das Polynom $\varphi(x_1, \ldots, x_n)$ wird im allgemeinen von $f(x_1, \ldots, x_n)$ verschieden sein. Gelegentlich kann aber auch $\varphi = f$ sein, so daß also f durch die Substitution S in sich selbst übergeht. In diesem Falle sagt man auch: Die Substitution S läßt das Polynom ungeändert, oder: Das Polynom bleibt bei der Substitution S ungeändert. Es gilt der

Satz 46. *Die Substitutionen, welche ein Polynom von n unabhängigen Variabeln ungeändert lassen, bilden eine Gruppe.*

In der Tat, wenn das Polynom durch die Substitutionen S und T in sich selbst übergeht, so geht es auch in sich über, wenn man zuerst die Substitution S und dann noch die Substitution T ausübt; dadurch ist aber im ganzen die Produktsubstitution ST ausgeübt worden. Mit S und T gehört also stets auch das Produkt ST der fraglichen Menge von Substitutionen an, so daß diese nach Satz 42 eine Gruppe ist.

Als Beispiel betrachten wir im Fall $n = 4$ das Polynom

$$x_1 x_3 + x_2 x_4;$$

es wird ungeändert gelassen von den Substitutionen der folgenden Gruppe der Ordnung 8:

$$E + (1, 3) + (2, 4) + (1, 3)\,(2, 4) + (1, 2)\,(3, 4) + (1, 4)\,(2, 3) \\ + (1, 2, 3, 4) + (1, 4, 3, 2).$$

Die symmetrischen Polynome sind auf Grund ihrer Definition (Bd. I, § 30) als diejenigen Polynome charakterisiert, die von allen $n!$ Substitutionen ungeändert gelassen werden. Die Gruppe aller $n!$ Substitutionen n-ten Grades wird deshalb als die symmetrische Gruppe n-ten Grades bezeichnet. Das Differenzenprodukt

$$f(x_1, \ldots, x_n) = \prod_{\lambda > \mu}^{1,n} (x_\lambda - x_\mu) = \begin{vmatrix} 1 & x_1 & x_1^2 & \ldots & x_1^{n-1} \\ \cdot & \cdot & \cdot & \cdot & \cdot \\ 1 & x_n & x_n^2 & \ldots & x_n^{n-1} \end{vmatrix}$$

geht durch Vertauschung von zwei Variabeln, also durch jede Transposition, in $-f$ über; wenn man nacheinander beliebig viele solche Vertauschungen ausführt, kommt also abwechselnd f und $-f$ zum Vorschein. Deshalb heißt das Differenzenprodukt alternierend. In sich selbst geht es offenbar durch diejenigen Substitutionen über, die sich als Produkt einer geraden Anzahl von Transpositionen darstellen lassen [1]). Auf Grund von Satz 46 müssen diese Substitutionen eine Gruppe bilden, wie man aber leicht auch direkt einsieht; sie heißt die alternierende Gruppe n-ten Grades. Ihre Ordnung ist, wie sich unmittelbar aus dem Beweis von Satz 39 ergibt, gleich der Anzahl der geraden Permutationen, also $\frac{1}{2}n!$.

II. Nunmehr ersetzen wir in dem Polynom $f(x_1, \ldots, x_n)$ die n Variabeln $x_1, \ldots, x_n$ durch n spezielle Größen $\xi_1, \ldots, \xi_n$ des ursprünglichen Körpers $\mathfrak{k}$ oder auch eines Erweiterungskörpers $\mathfrak{k}_1$. Das dadurch entstehende Polynom dieser speziellen Größen $f(\xi_1, \ldots, \xi_n)$ ist selbst eine Größe aus $\mathfrak{k}$ bzw. $\mathfrak{k}_1$; wir wollen sie den „Effektivwert des Polynoms $f(\xi_1, \ldots, \xi_n)$“ nennen, während wir jetzt mit dem Wort „Polynom $f(\xi_1, \ldots, \xi_n)$“ lediglich den formal hingeschriebenen Ausdruck bezeichnen wollen, der aus $f(x_1, \ldots, x_n)$ entsteht, wenn die Variabeln $x_1, \ldots, x_n$ durch die Zeichen $\xi_1, \ldots, \xi_n$ ersetzt werden. Zwei solche Polynome $f(\xi_1, \ldots, \xi_n)$ und $\varphi(\xi_1, \ldots, \xi_n)$ erklären wir demgemäß dann und nur dann als gleich, wenn $f(x_1, \ldots, x_n)$ und $\varphi(x_1, \ldots, x_n)$ dieselben Polynome sind. Wenn das nicht der Fall ist, so können trotzdem die Effektivwerte von $f(\xi_1, \ldots, \xi_n)$ und $\varphi(\xi_1, \ldots, \xi_n)$ einander gleich sein; wir sagen dann, daß die Polynome $f(\xi_1, \ldots, \xi_n)$ und $\varphi(\xi_1, \ldots, \xi_n)$ zwar formal verschieden, aber effektiv gleich sind. Einige Beispiele sollen das klar machen.

1. Beispiel: Sind $\xi_1, \ldots, \xi_n$ selbst unabhängige Variable in bezug auf den Körper $\mathfrak{k}$, so unterscheidet sich das Polynom $f(\xi_1, \ldots, \xi_n)$ nicht von seinem Effektivwert.

2. Beispiel: Sind im Fall $n = 3$ etwa ξ_1, ξ_2 unabhängige Variable in bezug auf $\mathfrak{k}$, und ist $\xi_3 = \frac{1}{2}(\xi_1 + \xi_2)$, so ist unter dem Polynom $\xi_1 - \xi_3$ nur der formale Ausdruck $\xi_1 - \xi_3$ zu verstehen, den man nach Bedarf auch in $-\xi_3 + \xi_1$, aber nicht etwa in $\xi_3 - \xi_2$ umformen kann, weil ja $x_1 - x_3$ und $-x_3 + x_1$ als Polynome der unabhängigen Variabeln x_1, x_2, x_3 einander gleich sind, während $x_3 - x_2$ ein anderes Polynom ist. Unter dem Effektivwert von $\xi_1 - \xi_3$ aber ist eine Größe des Körpers $\mathfrak{K}(\mathfrak{k}, \xi_1, \xi_2, \xi_3)$ zu verstehen, die man in mancherlei Gestalt, z. B.

$$\xi_1 - \xi_3, \quad \xi_3 - \xi_2, \quad 2\xi_1 + \xi_2 - 3\xi_3, \quad \tfrac{1}{2}(\xi_1 - \xi_2)$$

[1]) Daraus folgt sofort, daß diese Substitutionen sich nicht zugleich als Produkt einer ungeraden Anzahl von Transpositionen darstellen lassen, womit Satz 39 zum zweiten Mal bewiesen ist.

schreiben kann, da diese Polynome zwar nicht formal, aber wegen der Relation $\xi_3 = \frac{1}{2}(\xi_1 + \xi_2)$ alle effektiv einander gleich sind.

3. Beispiel: Wenn $f(x_1, x_2, x_3) = x_1^2 + 3x_2^2 - x_3^2$ ist, so ist unter dem Polynom $f(1, 4, 3)$ keine Zahl, sondern nur der formale Ausdruck

$$1^2 + 3 \cdot 4^2 - 3^2$$

ohne weitere Ausrechnung zu verstehen. Der Effektivwert aber ist eine Zahl aus $\mathfrak{K}(1)$, die man am einfachsten als „40“ schreibt.

Wenn das Polynom $f(x_1, \ldots, x_n)$ durch die Substitution S übergeht in $\varphi(x_1, \ldots, x_n)$, so sagen wir auch, daß das Polynom $f(\xi_1, \ldots, \xi_n)$ durch S in das Polynom $\varphi(\xi_1, \ldots, \xi_n)$ übergeht. Man kann auch, da das Polynom $f(\xi_1, \ldots, \xi_n)$ lediglich ein formaler Ausdruck ist, die Substitution direkt auf diesen Ausdruck ausüben, ohne erst die Variabeln $x_1, \ldots, x_n$ zu Hilfe zu nehmen. Dagegen hat es keinen Sinn, von einer Substitution zu sagen, daß sie auf den Effektivwert eines Polynoms ausgeübt wird.

Übt man auf das Polynom $f(\xi_1, \ldots, \xi_n)$ eine Substitution S aus, so entsteht ein Polynom $\varphi(\xi_1, \ldots, \xi_n)$. Wenn dann die Polynome $f(\xi_1, \ldots, \xi_n)$ und $\varphi(\xi_1, \ldots, \xi_n)$, d. h. also die formalen Ausdrücke, einander gleich sind, so sind eo ipso auch ihre Effektivwerte einander gleich; wir sagen dann, daß die Substitution das Polynom $f(\xi_1, \ldots, \xi_n)$ formal und folglich auch effektiv ungeändert läßt. Wenn dagegen die Polynome $f(\xi_1, \ldots, \xi_n)$ und $\varphi(\xi_1, \ldots, \xi_n)$ voneinander verschieden sind, so können trotzdem ihre Effektivwerte einander gleich sein; wir sagen dann, daß die Substitution das Polynom $f(\xi_1, \ldots, \xi_n)$ zwar formal ändert, aber effektiv ungeändert läßt.

Im Gegensatz zu Satz 46 brauchen die Substitutionen, welche ein Polynom von n speziellen Größen effektiv ungeändert lassen, keine Gruppe zu bilden. So wird in dem zweiten der obigen Beispiele das Polynom $\xi_1 - \xi_3$ durch die Substitutionen

$$E, \quad (1, 3, 2)$$

und nur durch diese effektiv ungeändert gelassen; ebenso verhält es sich, wenn etwa noch spezieller $\xi_1 = 2$, $\xi_2 = 4$, $\xi_3 = 3$ ist. Aber die beiden Substitutionen bilden keine Gruppe.

III. Der Satz 46 legt die Frage nahe, ob zu jeder Gruppe ein Polynom gefunden werden kann, welches gerade durch die Substitutionen dieser Gruppe ungeändert bleibt. Diese Frage ist zu bejahen, und zwar, was nach dem obigen überraschen muß, auch dann, wenn es sich um Polynome von speziellen Größen handelt, sofern nur diese Größen voneinander verschieden sind. Es gilt nämlich der

Satz 47. *Ist $\mathfrak{G}$ eine Substitutionsgruppe n-ten Grades, und sind $\xi_1, \ldots, \xi_n$ irgend n voneinander verschiedene Größen (unabhängige Variable oder auch spezielle Größen), so gibt es Polynome $f(\xi_1, \ldots, \xi_n)$ mit ganzzahligen Koeffizienten, welche zur Gruppe $\mathfrak{G}$ gehören, d. h. welche durch die Substitutionen von $\mathfrak{G}$ und nur durch diese effektiv ungeändert gelassen werden.*

Zum Beweis betrachten wir das Polynom von n Variabeln $y_1, \ldots, y_n$:

$$\xi_1 y_1 + \xi_2 y_2 + \cdots + \xi_n y_n.$$

Wenn hier die $\xi_1, \ldots, \xi_n$ auf alle $n!$ Arten permutiert werden, so entstehen, weil die ξ_ν alle voneinander verschieden sind, $n!$ verschiedene Polynome von $y_1, \ldots, y_n$. Die Differenz von je zweien dieser Polynome ist also nie identisch gleich 0, und folglich kann man nach Bd. I, Satz 29 die $y_1, \ldots, y_n$ durch solche ganze Zahlen ersetzen, daß diese Differenzen von 0 verschieden bleiben. Mit anderen Worten, man kann n ganze Zahlen $g_1, \ldots, g_n$ so bestimmen, daß die $n!$ Polynome von $\xi_1, \ldots, \xi_n$, in die das Polynom

$$g_1\xi_1 + g_2\xi_2 + \cdots + g_n\xi_n \tag{1}$$

durch die $n!$ Substitutionen übergeht, lauter verschiedene Effektivwerte haben. Alsdann ist (1) ein zur Einheitsgruppe $\mathfrak{E}$ gehörendes Polynom, und der Satz 47 ist damit für die Gruppe $\mathfrak{E}$ bereits bewiesen. Um ihn für eine beliebige Gruppe $\mathfrak{G}$ zu beweisen, sei $\varphi(\xi_1, \ldots, \xi_n)$ irgendein Polynom mit ganzzahligen Koeffizienten, das durch die $n!$ Substitutionen in $n!$ Polynome mit lauter verschiedenen Effektivwerten übergeht, z. B. das Polynom (1).

Durch die Substitutionen von $\mathfrak{G}$ möge nun das Polynom φ übergehen in

$$\varphi, \varphi_1, \ldots, \varphi_{k-1}, \tag{2}$$

wenn k die Ordnung von $\mathfrak{G}$ ist. Übt man auf die Polynome (2) irgendeine Substitution von $\mathfrak{G}$ aus, so kommen, weil $\mathfrak{G}$ eine Gruppe ist, wieder die k Polynome (2), allenfalls in andrer Reihenfolge, zum Vorschein. Dagegen entstehen durch eine nicht in $\mathfrak{G}$ enthaltene Substitution lauter andere Polynome, die auch andere Effektivwerte haben. Daher wird, wenn t eine Variable bedeutet, das Polynom von t und $\xi_1, \ldots, \xi_n$

$$F(t) = F(t;\, \xi_1, \ldots, \xi_n) = (t - \varphi)\,(t - \varphi_1) \cdots (t - \varphi_{k-1})$$

durch jede Substitution von $\mathfrak{G}$ in sich selbst, durch jede nicht in $\mathfrak{G}$ enthaltene Substitution aber in ein effektiv anderes übergehen[1]). Diese anderen Polynome seien etwa

$$F_1(t), F_2(t), \ldots, F_m(t).$$

Dann sind die Polynome von t

$$F(t) - F_1(t),\quad F(t) - F_2(t), \ldots,\quad F(t) - F_m(t)$$

nicht identisch gleich 0, und nach Bd. I, Satz 29 kann man für die Variable t eine ganze Zahl t_0 setzen, so daß auch die Größen

$$F(t_0) - F_1(t_0),\quad F(t_0) - F_2(t_0), \ldots,\quad F(t_0) - F_m(t_0)$$

von 0 verschieden sind. Dann wird aber das Polynom von $\xi_1, \ldots, \xi_n$

$$F(t_0) = F(t_0;\, \xi_1, \ldots, \xi_n)$$

durch die Substitutionen von $\mathfrak{G}$ und nur durch diese effektiv ungeändert gelassen. Da es außerdem ganzzahlige Koeffizienten hat, ist damit Satz 47 bewiesen.

---

[1]) Ein Polynom mit anderen Linearfaktoren muß ja nach Bd. I, Satz 84 ein anderes Polynom sein, also eines, bei dem mindestens ein Koeffizient ein effektiv anderer ist.

IV. Eine Substitutionsgruppe n-ten Grades heißt **transitiv**, wenn sie, unter λ, μ irgend zwei der n Ziffern verstanden, (mindestens) eine Substitution enthält, welche λ durch μ ersetzt. Andernfalls heißt sie **intransitiv**.

Die symmetrische Gruppe ist z. B. transitiv; die Einheitsgruppe ist intransitiv.

Da in der Definition der Transitivität für λ und μ je n Ziffern zulässig sind, scheint es zur Feststellung der Transitivität zunächst nötig, n^2 Prüfungen vorzunehmen. Doch läßt sich diese Zahl auf n herabdrücken; es gilt nämlich der

Satz 48. *Eine Substitutionsgruppe n-ten Grades ist dann und nur dann transitiv, wenn sie, unter v jede beliebige der n Ziffern verstanden, (mindestens) eine Substitution enthält, welche die Ziffer* 1 *durch v ersetzt.*

Sind dann nämlich λ, μ irgend zwei Ziffern, so enthält die Gruppe eine Substitution S_λ, welche 1 durch λ ersetzt, und eine Substitution S_μ, welche 1 durch μ ersetzt. Dann gehört aber auch die Substitution S_λ^{-1} und folglich auch die Substitution $S_\lambda^{-1} S_\mu$ der Gruppe an; letztere ersetzt aber offenbar λ durch μ.

Wegen Satz 48 muß die Ordnung einer transitiven Substitutionsgruppe n-ten Grades mindestens gleich n sein; eine Gruppe von kleinerer Ordnung ist also gewiß intransitiv. Anderseits gibt es aber transitive Gruppen, deren Ordnung wirklich nicht größer als ihr Grad ist. Setzt man nämlich

$$(1, 2, 3, \ldots, n) = S,$$

so ist S eine Substitution n-ter Ordnung, und der Komplex

$$E + S + S^2 + \cdots + S^{n-1}$$

ist eine Substitutionsgruppe n-ter Ordnung und n-ten Grades. Nach Satz 48 ist sie transitiv; denn sie enthält für jedes ν eine Substitution, welche die Ziffer 1 durch ν ersetzt, nämlich die Substitution $S^{\nu-1}$.

§ 23. Untergruppen und Nebengruppen.

I. Ist $\mathfrak{G}$ eine Gruppe (endlicher Ordnung) und $\mathfrak{U}$ ein in $\mathfrak{G}$ enthaltener Komplex, der ebenfalls eine Gruppe ist, was nach Satz 43 durch die Formel $\mathfrak{U}\mathfrak{U} = \mathfrak{U}$ ausgedrückt werden kann, so heißt $\mathfrak{U}$ eine **Untergruppe** von $\mathfrak{G}$.

Hiernach ist insbesondere $\mathfrak{G}$ selbst eine Untergruppe von $\mathfrak{G}$. Diese wird als **unechte**, alle anderen Untergruppen werden als **echte** Untergruppen von $\mathfrak{G}$ bezeichnet.

Ist $\mathfrak{U}$ eine Untergruppe von $\mathfrak{G}$ und ist S ein beliebiges Element von $\mathfrak{G}$, so heißt der Komplex $\mathfrak{U}S$ eine **rechtsseitige Nebengruppe** von $\mathfrak{U}$. Ferner heißt, wenn auch T ein Element von $\mathfrak{G}$ ist, der Komplex $T\mathfrak{U}$ eine **linksseitige Nebengruppe** von $\mathfrak{U}$, und schließlich heißt der Komplex $T\mathfrak{U}S$ eine **doppelseitige Nebengruppe** von $\mathfrak{U}$. Jede Untergruppe $\mathfrak{U}$ von $\mathfrak{G}$ ist zugleich rechts-, links- und doppelseitige Nebengruppe von sich selbst; denn es ist ja, wenn U, V irgend welche Elemente von $\mathfrak{U}$ sind,

$$\mathfrak{U} = \mathfrak{U}U = V\mathfrak{U} = V\mathfrak{U}U.$$

Im allgemeinen ist aber eine Nebengruppe keine Gruppe. Es gelten die folgenden Sätze:

Satz 49. *Ist die Untergruppe $\mathfrak{U}$ von der Ordnung k, so enthält auch jede ihrer Nebengruppen k verschiedene Elemente.*

Satz 50. *Zwei rechtsseitige Nebengruppen einer Untergruppe $\mathfrak{U}$ sind entweder miteinander identisch oder sie haben gar kein gemeinsames Element; ebenso zwei linksseitige Nebengruppen* [1]).

Den Beweis für Satz 49 führen wir für rechtsseitige Nebengruppen; für links- und doppelseitige verläuft er ganz entsprechend. Ist etwa

$$\mathfrak{U} = U_1 + U_2 + \cdots + U_k,$$

so ist auch

$$\mathfrak{U}S = U_1S + U_2S + \cdots + U_kS,$$

und es muß nur gezeigt werden, daß die hier auftretenden Produkte alle voneinander verschieden sind. Wäre aber $U_\lambda S = U_\mu S$, so würde daraus durch hintere Multiplikation mit S^{-1} folgen: $U_\lambda = U_\mu$, was nicht der Fall ist.

Den Beweis von Satz 50 erbringen wir ebenfalls nur für rechtsseitige Nebengruppen; für linksseitige ist er entsprechend. Wenn nun die beiden Nebengruppen

$$(1) \qquad \mathfrak{U}S = U_1S + U_2S + \cdots + U_kS,$$

$$(2) \qquad \mathfrak{U}T = U_1T + U_2T + \cdots + U_kT$$

ein Element gemein haben, etwa $U_\lambda S = U_\mu T$, so ist für $\varkappa = 1, 2, \ldots, k$

$$U_\varkappa S = U_\varkappa U_\lambda^{-1} U_\lambda S = U_\varkappa U_\lambda^{-1} U_\mu T.$$

Da aber $\mathfrak{U}$ eine Gruppe, so ist $U_\varkappa U_\lambda^{-1} U_\mu$ gleich einem U_ν, und man erhält:

$$U_\varkappa S = U_\nu T.$$

Demnach ist jedes Element der Nebengruppe (1) auch in (2) enthalten; ebenso beweist man aber auch das Umgekehrte, und folglich sind die beiden Nebengruppen (1) und (2) miteinander identisch.

II. Mit Hilfe der Sätze 49 und 50 beweisen wir jetzt den fundamentalen

Satz 51. *Die Ordnung einer Untergruppe ist ein Teiler von der Ordnung der Gruppe.*

Sei $\mathfrak{G}$ die Gruppe und g ihre Ordnung; ferner sei $\mathfrak{U}$ die Untergruppe und k ihre Ordnung. Wenn mit den Elementen von $\mathfrak{U}$ schon die ganze Gruppe $\mathfrak{G}$ erschöpft ist, so ist $\mathfrak{G} = \mathfrak{U}$, also $g = k$. Andernfalls sei S_1 ein Element von $\mathfrak{G}$, das nicht in $\mathfrak{U}$ enthalten ist. Dann gehören auch alle Elemente der Nebengruppe $\mathfrak{U}S_1$ zu $\mathfrak{G}$. Wenn nun mit den Elementen von $\mathfrak{U} + \mathfrak{U}S_1$ die Gruppe $\mathfrak{G}$ erschöpft ist, so ist $\mathfrak{G} = \mathfrak{U} + \mathfrak{U}S_1$, also $g = 2k$ (nach Satz 49 und 50). Andernfalls sei S_2 ein Element von $\mathfrak{G}$, das nicht in $\mathfrak{U} + \mathfrak{U}S_1$ enthalten ist. Dann gehören auch alle Elemente der Nebengruppe $\mathfrak{U}S_2$ zu $\mathfrak{G}$. Wenn

---

[1]) Für doppelseitige Nebengruppen trifft dagegen der entsprechende Satz nicht zu.

nun mit den Elementen von $\mathfrak{U} + \mathfrak{U}S_1 + \mathfrak{U}S_2$ die Gruppe $\mathfrak{G}$ erschöpft ist, so ist $g = 3k$. Durch Fortsetzung dieses Verfahrens muß man zu einer Zahl j kommen, derart, daß

$$\mathfrak{G} = \mathfrak{U} + \mathfrak{U}S_1 + \mathfrak{U}S_2 + \cdots + \mathfrak{U}S_{j-1} \tag{3}$$

ist. Dann aber ist $g = jk$ (wieder nach Satz 49 und 50), und damit ist der Satz 51 bewiesen.

Die Formel (3) nennen wir eine Zerlegung der Gruppe $\mathfrak{G}$ in rechtsseitige Nebengruppen der Untergruppe $\mathfrak{U}$. Ebenso kann man $\mathfrak{G}$ auch in linksseitige Nebengruppen von $\mathfrak{U}$ zerlegen:

$$\mathfrak{G} = \mathfrak{U} + T_1\mathfrak{U} + T_2\mathfrak{U} + \cdots + T_{j-1}\mathfrak{U}. \tag{4}$$

Die Zahl j heißt der Index von $\mathfrak{U}$ in bezug auf $\mathfrak{G}$.

Die Elemente S_λ und T_μ in (3) und (4) sind keineswegs eindeutig bestimmt, wohl aber sind die Nebengruppen, von der Reihenfolge abgesehen, in (3) und ebenso die in (4) völlig eindeutig bestimmt.

Ist nämlich etwa

$$\mathfrak{G} = \mathfrak{U} + \mathfrak{U}S'_1 + \cdots + \mathfrak{U}S'_{j-1} \tag{3'}$$

eine zweite Zerlegung in rechtsseitige Nebengruppen, so muß ein Element der Nebengruppe $\mathfrak{U}S'_\nu$ auch in einer Nebengruppe $\mathfrak{U}S_\lambda$ vorkommen, und nach Satz 50 ist dann $\mathfrak{U}S'_\nu = \mathfrak{U}S_\lambda$, so daß die Nebengruppen in (3′) mit denen in (3), von der Reihenfolge abgesehen, übereinstimmen.

Ist die Zerlegung in rechtsseitige Nebengruppen bekannt, so kann man leicht auch die in linksseitige angeben und umgekehrt. Aus der Zerlegung (3) bzw. (4) in rechts- bzw. linksseitige Nebengruppen ergeben sich nämlich die folgenden Zerlegungen in links- bzw. rechtsseitige Nebengruppen:

$$\mathfrak{G} = \mathfrak{U} + S_1^{-1}\mathfrak{U} + S_2^{-1}\mathfrak{U} + \cdots + S_{j-1}^{-1}\mathfrak{U}, \tag{5}$$

$$\mathfrak{G} = \mathfrak{U} + \mathfrak{U}T_1^{-1} + \mathfrak{U}T_2^{-1} + \cdots + \mathfrak{U}T_{j-1}^{-1}. \tag{6}$$

Denn offenbar enthalten ja die Komplexe auf der rechten Seite von (5) bzw. (6) nur Elemente aus $\mathfrak{G}$, und unsere Behauptung wird daher bewiesen sein, wenn wir zeigen können, daß alle in (5) bzw. (6) auftretenden links- bzw. rechtsseitigen Nebengruppen voneinander verschieden sind. Wäre nun aber etwa

$$S_\lambda^{-1}\mathfrak{U} = S_\mu^{-1}\mathfrak{U} \quad \text{bzw.} \quad \mathfrak{U}T_\lambda^{-1} = \mathfrak{U}T_\mu^{-1},$$

so würde daraus folgen, indem man vorne mit S_λ bzw. hinten mit T_λ multipliziert:

$$\mathfrak{U} = S_\lambda S_\mu^{-1}\mathfrak{U} \quad \text{bzw.} \quad \mathfrak{U} = \mathfrak{U}T_\mu^{-1}T_\lambda.$$

Daher wäre $S_\lambda S_\mu^{-1}$ bzw. $T_\mu^{-1}T_\lambda$ ein Element von $\mathfrak{U}$, woraus auch folgen würde:

$$\mathfrak{U} = \mathfrak{U}S_\lambda S_\mu^{-1} \quad \text{bzw.} \quad \mathfrak{U} = T_\mu^{-1}T_\lambda\mathfrak{U}$$

oder, indem man hinten mit S_μ bzw. vorne mit T_μ multipliziert,

$$\mathfrak{U}S_\mu = \mathfrak{U}S_\lambda \quad \text{bzw.} \quad T_\mu\mathfrak{U} = T_\lambda\mathfrak{U}.$$

Das widerspricht aber der Tatsache, daß die in (3) bzw. (4) auftretenden Nebengruppen voneinander verschieden sind.

III. Ist S ein Element der Gruppe $\mathfrak{G}$, so können (weil wir uns auf Gruppen endlicher Ordnung beschränken), die Potenzen $S^1, S^2, S^3, \ldots$ nicht alle voneinander verschieden sein. Ist etwa $S^\lambda = S^\mu$ und $\lambda > \mu$, so ist $S^{\lambda-\mu} = E$. Daher gibt es auch einen kleinsten positiven Exponenten k derart, daß $S^k = E$ ist; k heißt die Ordnung des Elementes S, was speziell bei Substitutionsgruppen auf die schon Seite 100 definierte Ordnung einer Substitution hinausläuft. Alsdann ist jede Potenz S^l gleich einer der k Potenzen

$$S^0(=E), S, S^2, \ldots, S^{k-1},$$

und sie ist insbesondere dann und nur dann gleich E, wenn der Exponent l durch k teilbar ist. Ferner sind die vorstehenden k Potenzen voneinander verschieden und bilden eine Gruppe, und zwar eine Untergruppe k-ter Ordnung von $\mathfrak{G}$, Aus Satz 51 ergibt sich daher als Spezialfall der

Satz 52. *Die Ordnung eines Gruppenelementes ist stets ein Teiler von der Ordnung der Gruppe.*

§ 24. Konjugierte und ausgezeichnete Untergruppen. — Faktorgruppen.

I. Ist $\mathfrak{G}$ eine Gruppe, $\mathfrak{U}$ eine Untergruppe von $\mathfrak{G}$ und S ein Element von $\mathfrak{G}$, so sieht man leicht, daß der Komplex $S^{-1}\mathfrak{U}S$ wieder eine Gruppe ist, und zwar eine mit $\mathfrak{U}$ isomorphe. Denn zunächst folgt aus Satz 49, daß der Komplex als doppelseitige Nebengruppe von $\mathfrak{U}$ ebensoviel Elemente wie $\mathfrak{U}$ selbst enthält. Ist $\mathfrak{U}$ von der Ordnung k und setzt man demgemäß

$$\mathfrak{U} = U_1 + U_2 + \cdots + U_k,$$

so ist

$$S^{-1}\mathfrak{U}S = S^{-1}U_1S + S^{-1}U_2S + \cdots + S^{-1}U_kS.$$

Ordnet man nun dem Element U_λ der Gruppe $\mathfrak{U}$ das Element

$$S^{-1}U_\lambda S = V_\lambda$$

des Komplexes $S^{-1}\mathfrak{U}S$ zu, so hat man eine umkehrbar eindeutige Zuordnung, wobei dem Produkt $U_\lambda U_\mu$ das Element

$$S^{-1}(U_\lambda U_\mu)S = S^{-1}U_\lambda(SS^{-1})U_\mu S = (S^{-1}U_\lambda S)(S^{-1}U_\mu S),$$

also das Produkt $V_\lambda V_\mu$ zugeordnet ist. Daher ist in der Tat nach dem ersten Absatz des § 20 III der Komplex $S^{-1}\mathfrak{U}S$ eine mit $\mathfrak{U}$ isomorphe Gruppe. Man nennt $S^{-1}\mathfrak{U}S$ eine zu $\mathfrak{U}$ konjugierte Untergruppe von $\mathfrak{G}$.

Der Begriff des Konjugiertseins ist reflexiv, symmetrisch und transitiv. In der Tat ist erstens

$$\mathfrak{U} = E^{-1}\mathfrak{U}E,$$

also jede Untergruppe zu sich selbst konjugiert. Zweitens folgt, wenn $\mathfrak{V}$ konjugiert zu $\mathfrak{U}$, also $\mathfrak{V} = S^{-1}\mathfrak{U}S$ ist und wenn $S^{-1} = T$ gesetzt wird:

$$\mathfrak{U} = S\mathfrak{V}S^{-1} = T^{-1}\mathfrak{V}T;$$

also ist auch $\mathfrak{U}$ konjugiert zu $\mathfrak{V}$. Wenn drittens $\mathfrak{V}$ konjugiert zu $\mathfrak{U}$ und wenn $\mathfrak{W}$ konjugiert zu $\mathfrak{V}$ ist, wenn also

$$\mathfrak{V} = S^{-1}\mathfrak{U}S, \quad \mathfrak{W} = T^{-1}\mathfrak{V}T$$

ist, so ist auch

$$\mathfrak{W} = T^{-1}(S^{-1}\mathfrak{U}S)T = (T^{-1}S^{-1})\mathfrak{U}(S\,T) = (S\,T)^{-1}\mathfrak{U}(S\,T);$$

d. h. $\mathfrak{W}$ ist konjugiert zu $\mathfrak{U}$.

Nach dem Bewiesenen sind alle zu $\mathfrak{U}$ konjugierten Untergruppen $S^{-1}\mathfrak{U}S$ auch zueinander konjugiert. Um sie alle zu erhalten, ist es aber nicht nötig, für S alle Elemente von $\mathfrak{G}$ zu setzen. Vielmehr gilt der

Satz 53. *Hat die Gruppe $\mathfrak{G}$ eine Untergruppe $\mathfrak{U}$ vom Index j, und zerlegt man $\mathfrak{G}$ in rechtsseitige Nebengruppen von $\mathfrak{U}$:*

$$\mathfrak{G} = \sum_{\lambda=1}^{j} \mathfrak{U}S_\lambda,$$

wo etwa $S_1 = E$ ist, so sind mit den j Gruppen

$$S_\lambda^{-1}\mathfrak{U}S_\lambda \qquad (\lambda = 1, 2, \ldots, j)$$

bereits alle zu $\mathfrak{U}$ konjugierten Untergruppen von $\mathfrak{G}$ erschöpft, so daß es deren höchstens j verschiedene gibt.

In der Tat, ist G irgendein Element von $\mathfrak{G}$, so ist es in einer der j Nebengruppen, etwa in $\mathfrak{U}S_\lambda$ enthalten; es ist also $G = U\,S_\lambda$, wo U ein Element von $\mathfrak{U}$. Daher ist

$$G^{-1}\mathfrak{U}G = (S_\lambda^{-1}U^{-1})\,\mathfrak{U}(U\,S_\lambda) = S_\lambda^{-1}(U^{-1}\mathfrak{U}\,U)\,S_\lambda = S_\lambda^{-1}\mathfrak{U}S_\lambda.$$

II. Besonders wichtig ist der Fall, daß eine echte Untergruppe mit allen konjugierten identisch ist; sie heißt dann eine ausgezeichnete Untergruppe[1]), was wir stets durch a. Ug. abkürzen (Mehrzahl: a. Ugn.). Eine echte Untergruppe $\mathfrak{U}$ von $\mathfrak{G}$ ist also eine a. Ug. von $\mathfrak{G}$, wenn für jedes Element G von $\mathfrak{G}$ die Formel gilt:

$$G^{-1}\mathfrak{U}G = \mathfrak{U},$$

oder was dasselbe ist: $\mathfrak{U}G = G\mathfrak{U}$. Damit haben wir den

Satz 54. *Eine echte Untergruppe $\mathfrak{U}$ von $\mathfrak{G}$ ist dann und nur dann eine a. Ug. von $\mathfrak{G}$, wenn sie mit jedem Element von $\mathfrak{G}$ vertauschbar ist.*

Beispielsweise ist die Einheitsgruppe $\mathfrak{E}$ eine a. Ug. von jeder Gruppe, deren Ordnung größer als 1 ist. Eine Gruppe, die außer $\mathfrak{E}$ keine a. Ug. besitzt, heißt einfach. Eine mit einer einfachen Gruppe $\mathfrak{G}$ isomorphe Gruppe ist selbstverständlich wieder einfach; denn hätte sie eine von der Einheitsgruppe verschiedene a. Ug., so müßten ja die zu den Elementen der a. Ug. durch den Isomorphismus zugeordneten Elemente von $\mathfrak{G}$ auch eine a. Ug. von $\mathfrak{G}$ bilden. Einfach ist z. B. jede Gruppe, deren Ordnung eine Primzahl ist, weil sie wegen Satz 51 überhaupt keine echte Untergruppe außer $\mathfrak{E}$ haben kann.

Als Beispiel einer nicht einfachen Gruppe betrachten wir die Substitutionsgruppe vierter Ordnung

$$(1) \qquad E + (1, 2) + (3, 4) + (1, 2)\,(3, 4).$$

[1]) In der Literatur finden sich auch die Benennungen „invariante Untergruppe“ und „Normalteiler“.

Sie hat die Untergruppe

$$E + (1, 2),$$

die eine a. Ug. ist. Dagegen ist die Gruppe (1), als Untergruppe $\mathfrak{U}$ der symmetrischen Gruppe vierten Grades betrachtet, keine a. Ug.; denn die dazu konjugierte Untergruppe

$$(1, 3)^{-1}\mathfrak{U}(1, 3) = (1, 3)\,\mathfrak{U}(1, 3)$$

ist die Gruppe

$$E + (2, 3) + (1, 4) + (2, 3)\,(1, 4),$$

und diese ist von (1) verschieden.

Nunmehr beweisen wir den

Satz 55. *Sind $\mathfrak{U}$, $\mathfrak{V}$ Untergruppen von $\mathfrak{G}$ und ist wenigstens eine davon eine a. Ug., so ist $\mathfrak{U}\mathfrak{V} = \mathfrak{V}\mathfrak{U}$, und zwar ist dieser Komplex eine Gruppe (natürlich eine Untergruppe von $\mathfrak{G}$). — Ist sowohl $\mathfrak{U}$ als $\mathfrak{V}$ eine a. Ug., so ist zudem $\mathfrak{U}\mathfrak{V}$ entweder $\mathfrak{G}$ selbst oder eine a. Ug. von $\mathfrak{G}$.*

Ist etwa $\mathfrak{U}$ eine a. Ug. und V ein Element von $\mathfrak{V}$, also auch von $\mathfrak{G}$, so ist nach Satz 54 $\mathfrak{U}V = V\mathfrak{U}$. Da V hier jedes Element von $\mathfrak{V}$ sein darf, so besagt das soviel wie: $\mathfrak{U}\mathfrak{V} = \mathfrak{V}\mathfrak{U}$.

Um nun zu zeigen, daß $\mathfrak{U}\mathfrak{V}$ eine Gruppe ist, setzen wir $\mathfrak{U}\mathfrak{V} = \mathfrak{W}$. Da $\mathfrak{U}$, $\mathfrak{V}$ Gruppen sind, ist nach Satz 43 $\mathfrak{U}\mathfrak{U} = \mathfrak{U}$, $\mathfrak{V}\mathfrak{V} = \mathfrak{V}$, und folglich

$$\mathfrak{W}\mathfrak{W} = (\mathfrak{U}\mathfrak{V})\,(\mathfrak{U}\mathfrak{V}) = \mathfrak{U}\,(\mathfrak{V}\mathfrak{U})\,\mathfrak{V} = \mathfrak{U}\,(\mathfrak{U}\mathfrak{V})\,\mathfrak{V} = (\mathfrak{U}\mathfrak{U})\,(\mathfrak{V}\mathfrak{V}) = \mathfrak{U}\mathfrak{V} = \mathfrak{W}.$$

Daher ist $\mathfrak{W}\mathfrak{W} = \mathfrak{W}$, also $\mathfrak{W}$ nach Satz 43 eine Gruppe.

Damit ist zunächst der erste Teil von Satz 55 bewiesen. Ist nun sowohl $\mathfrak{U}$ als $\mathfrak{V}$ eine a. Ug. von $\mathfrak{G}$, so ist für jedes Element G von $\mathfrak{G}$

$$G^{-1}\mathfrak{U}G = \mathfrak{U}, \quad G^{-1}\mathfrak{V}G = \mathfrak{V},$$

woraus folgt:

$$G^{-1}(\mathfrak{U}\mathfrak{V})G = (G^{-1}\mathfrak{U}G)\,(G^{-1}\mathfrak{V}G) = \mathfrak{U}\mathfrak{V}.$$

Damit ist aber auch der zweite Teil bereits bewiesen.

III. Sei $\mathfrak{G}$ eine Gruppe und $\mathfrak{U}$ eine a. Ug. vom Index j, so daß wir $\mathfrak{G}$ in j rechtsseitige Nebengruppen zerlegen können:

$$\mathfrak{G} = \sum_{\lambda=1}^{j} \mathfrak{U}S_\lambda,$$

wo etwa $S_1 = E$ ist. Da $\mathfrak{U}$ eine a. Ug. von $\mathfrak{G}$, so ist $\mathfrak{U}S_\lambda = S_\lambda\mathfrak{U}$, so daß wir die Nebengruppen ebenso gut als linksseitige schreiben könnten. Nun beweisen wir den

Satz 56. *Zerlegt man eine Gruppe $\mathfrak{G}$ in rechts- und dann von selbst auch linksseitige Nebengruppen einer a. Ug. $\mathfrak{U}$ vom Index j:*

$$\mathfrak{G} = \sum_{\lambda=1}^{j} \mathfrak{U}S_\lambda = \sum_{\lambda=1}^{j} S_\lambda\mathfrak{U} \qquad (S_1 = E),$$

so sind die j Nebengruppen $\mathfrak{U}S_\lambda = S_\lambda\mathfrak{U}$ selbst Elemente einer Gruppe j-ter Ordnung mit $\mathfrak{U} = \mathfrak{U}E = E\mathfrak{U}$ als Einheitselement, wenn man als Verknüpfungs-

operation die für beliebige in $\mathfrak{G}$ enthaltene Komplexe, also auch für Nebengruppen definierte Multiplikation nimmt.

Es ist nur zu zeigen, daß die Nebengruppen die vier Gruppenpostulate erfüllen. Nun ist

$$(\mathfrak{U}S_\lambda)(\mathfrak{U}S_\mu) = \mathfrak{U}(S_\lambda\mathfrak{U})S_\mu = \mathfrak{U}(\mathfrak{U}S_\lambda)S_\mu = (\mathfrak{U}\mathfrak{U})(S_\lambda S_\mu) = \mathfrak{U}(S_\lambda S_\mu).$$

Da aber $S_\lambda S_\mu$ einer gewissen Nebengruppe, etwa der Nebengruppe $\mathfrak{U}S_\varrho$ angehören muß, ist nach Satz 50

$$\mathfrak{U}(S_\lambda S_\mu) = \mathfrak{U}S_\varrho$$

und folglich durch Vergleich mit der vorigen Formel:

$$(2) \qquad (\mathfrak{U}S_\lambda)(\mathfrak{U}S_\mu) = \mathfrak{U}S_\varrho.$$

Das erste Gruppenpostulat ist also erfüllt; ebenso auch gleich das zweite, weil ja für die Multiplikation von Komplexen das Assoziativgesetz gilt. Weiter hat man

$$(\mathfrak{U}S_\lambda)\,\mathfrak{U} = \mathfrak{U}(S_\lambda\mathfrak{U}) = \mathfrak{U}(\mathfrak{U}S_\lambda) = (\mathfrak{U}\mathfrak{U})\,S_\lambda = \mathfrak{U}S_\lambda;$$

also ist auch das dritte Postulat erfüllt, und zwar mit $\mathfrak{U}$ als Einheitselement. Endlich ist das Element S_λ^{-1} in einer Nebengruppe $\mathfrak{U}S_\nu$ enthalten, so daß nach Satz 50 auch $\mathfrak{U}S_\nu = \mathfrak{U}S_\lambda^{-1}$ ist, und folglich

$$(\mathfrak{U}S_\lambda)(\mathfrak{U}S_\nu) = (\mathfrak{U}S_\lambda)(\mathfrak{U}S_\lambda^{-1}) = (\mathfrak{U}S_\lambda)(S_\lambda^{-1}\mathfrak{U}) = \mathfrak{U}(S_\lambda\, S_\lambda^{-1})\mathfrak{U} = \mathfrak{U}\mathfrak{U} = \mathfrak{U}.$$

Somit ist auch das vierte Postulat erfüllt und Satz 56 ist bewiesen.

Definition. Die in Satz 56 erklärte Gruppe der Nebengruppen einer a. Ug. $\mathfrak{U}$ von $\mathfrak{G}$ heißt die Faktorgruppe $\mathfrak{G}/\mathfrak{U}$.

Nach Satz 41 muß sich die Faktorgruppe $\mathfrak{G}/\mathfrak{U}$ auch als Substitutionsgruppe j-ten Grades darstellen lassen, und zwar erhält man nach dem dort gegebenen Beweis eine solche Substitutionsgruppe auf folgende Weise:

Die Nebengruppen von $\mathfrak{U}$, also die Elemente der Faktorgruppe sind durch die Produktformel (2) verknüpft. Diese ordnet jedem Indexpaar λ, μ einen bestimmten Index ϱ zu, den wir durch $\varrho = \lambda|\mu$ bezeichnen wollen. Dann sind für jeden der Werte $\mu = 1, 2, \ldots, j$ die Indizes $1|\mu, 2|\mu, \ldots, j|\mu$ eine Permutation von $1, 2, \ldots, j$ und die j Substitutionen j-ten Grades

$$T_\mu = \begin{pmatrix} 1, & 2, & \ldots, & j \\ 1|\mu, & 2|\mu, & \ldots, & j|\mu \end{pmatrix} \qquad (\mu = 1, 2, \ldots, j)$$

sind voneinander verschieden und bilden eine Gruppe der verlangten Art. Wir wollen diese Substitutionsgruppe die Hauptdarstellung der Faktorgruppe nennen.

§ 25. Kompositionsreihen. — Metazyklische Gruppen.

I. Eine a. Ug. $\mathfrak{U}$ von $\mathfrak{G}$ heißt maximal, wenn es keine Zwischengruppe $\mathfrak{Z}$ zwischen $\mathfrak{U}$ und $\mathfrak{G}$ gibt, d. h. keine Gruppe $\mathfrak{Z}$ derart, daß

$\mathfrak{U}$ eine a. Ug. von $\mathfrak{Z}$,

$\mathfrak{Z}$,, ,, ,, ,, $\mathfrak{G}$

ist. Wir werden abkürzen: m. a. Ug. = maximale ausgezeichnete Untergruppe

(Mehrzahl: m. a. Ugn.). Daß es m. a. Ugn. gibt, ist klar, da z. B. eine a. Ug. von höchster Ordnung augenscheinlich maximal ist.

Eine a. Ug. $\mathfrak{U}$ von $\mathfrak{G}$ ist z. B. sicher maximal, wenn ihr Index eine Primzahl ist. Denn wäre sie nicht maximal, so gäbe es eine Zwischengruppe $\mathfrak{Z}$; wenn dann u, z, g die Ordnungen von $\mathfrak{U}, \mathfrak{Z}, \mathfrak{G}$ bedeuten, so wäre

$$\begin{array}{llll} \mathfrak{U} & \text{in bezug auf } \mathfrak{Z} & \text{vom Index} & \frac{z}{u}, \\ \mathfrak{Z} & ,, \quad ,, \quad ,, \quad \mathfrak{G} & ,, \quad ,, & \frac{g}{z}, \\ \mathfrak{U} & ,, \quad ,, \quad ,, \quad \mathfrak{G} & ,, \quad ,, & \frac{g}{u} = \frac{g}{z} \cdot \frac{z}{u}, \end{array}$$

so daß der letzte Index keine Primzahl sein könnte. Weiter bemerken wir, daß eine Untergruppe vom Index 2 immer eine m. a. Ug. ist. Ist nämlich $\mathfrak{G}$ die Gruppe und $\mathfrak{U}$ die Untergruppe vom Index 2, ist ferner S ein nicht in $\mathfrak{U}$ enthaltenes Element von $\mathfrak{G}$, so hat man die beiden Zerlegungen in rechts- und linksseitige Nebengruppen:

$$\mathfrak{G} = \mathfrak{U} + \mathfrak{U}S,$$
$$\mathfrak{G} = \mathfrak{U} + S\mathfrak{U}.$$

Daher ist $\mathfrak{U}S = S\mathfrak{U}$, oder also $S^{-1}\mathfrak{U}S = \mathfrak{U}$. Andere zu $\mathfrak{U}$ konjugierte Nebengruppen gibt es nach Satz 53 nicht, so daß $\mathfrak{U}$ eine a. Ug. ist; und zwar eine m. a. Ug., weil der Index 2 eine Primzahl.

II. Über m. a. Ugn. müssen wir einige wichtige Sätze beweisen.

Satz 57. *Sind* $\mathfrak{U}, \mathfrak{V}$ *zwei verschiedene m. a. Ugn. von* $\mathfrak{G}$, *so ist* $\mathfrak{U}\mathfrak{V} = \mathfrak{G}$.

Beweis. Da $\mathfrak{V}$ von $\mathfrak{U}$ verschieden und eine maximale a. Ug. von $\mathfrak{G}$ ist, so gibt es in $\mathfrak{V}$ ein Element V, das nicht in $\mathfrak{U}$ enthalten ist. Wohl aber ist V natürlich in $\mathfrak{U}\mathfrak{V}$ enthalten, und folglich ist die Gruppe $\mathfrak{U}$ nicht etwa mit $\mathfrak{U}\mathfrak{V}$ identisch, sondern eine echte Untergruppe von $\mathfrak{U}\mathfrak{V}$, und zwar eine a. Ug., weil sie ja sogar in bezug auf $\mathfrak{G}$ eine a. Ug. ist[1]). Wäre nun, entgegen der Behauptung von Satz 57, $\mathfrak{U}\mathfrak{V}$ nicht mit $\mathfrak{G}$ identisch, so wäre $\mathfrak{U}$ eine a. Ug. von $\mathfrak{U}\mathfrak{V}$ und nach Satz 55 auch $\mathfrak{U}\mathfrak{V}$ eine a. Ug. von $\mathfrak{G}$. Das widerspricht aber der Voraussetzung, daß $\mathfrak{U}$ eine maximale a. Ug. von $\mathfrak{G}$ ist.

Satz 58. *Eine a. Ug.* $\mathfrak{U}$ *von* $\mathfrak{G}$ *ist dann und nur dann maximal, wenn die Faktorgruppe* $\mathfrak{G}/\mathfrak{U}$ *einfach ist.*

Zum Beweis sei $\mathfrak{G}$ wie in Satz 56 in Nebengruppen zerlegt:

$$\mathfrak{G} = \sum_{\lambda=1}^{j} \mathfrak{U}S_\lambda = \sum_{\lambda=1}^{j} S_\lambda\mathfrak{U}.$$

Nun wollen wir die Nebengruppen $\mathfrak{U}S_\lambda = S_\lambda\mathfrak{U}$, insofern sie selbst Elemente der Faktorgruppe sind, auch mit großen lateinischen Buchstaben bezeichnen,

---

[1]) Da $\mathfrak{U}$ eine a. Ug. von $\mathfrak{G}$, so ist $\mathfrak{U}$ nach Satz 54 mit jedem Element von $\mathfrak{G}$ vertauschbar; daher ist $\mathfrak{U}$ insbesondere mit jedem Element von $\mathfrak{U}\mathfrak{V}$ vertauschbar, also als Untergruppe von $\mathfrak{U}\mathfrak{V}$ nach Satz 54 eine ausgezeichnete.

die wir aber zur Unterscheidung von den Elementen der Gruppe $\mathfrak{G}$ überstreichen. Sei also

$$\mathfrak{U}S_\lambda = S_\lambda\mathfrak{U} = \overline{S}_\lambda \qquad (\lambda = 1, 2, \ldots, j),$$

so daß die Faktorgruppe die folgende ist:

$$\mathfrak{G}/\mathfrak{U} = \overline{S}_1 + \overline{S}_2 + \cdots + \overline{S}_j.$$

Dann zieht nach der Definition der Faktorgruppe jede der beiden Gleichungen

$$(1) \qquad (\mathfrak{U}S_\lambda)(\mathfrak{U}S_\mu) = \mathfrak{U}S_\varrho, \quad \overline{S}_\lambda\overline{S}_\mu = \overline{S}_\varrho$$

die andere nach sich. Nun ist für $j = 2$ Satz 58 evident; für $j > 2$ betrachten wir irgendeinen der Faktorgruppe entnommenen Komplex von r Elementen

$$(2) \qquad \overline{S}_{\lambda_1} + \overline{S}_{\lambda_2} + \cdots + \overline{S}_{\lambda_r} \qquad (1 < r < j)$$

und daneben den aus $\mathfrak{G}$ entnommenen Komplex mit denselben Indizes

$$(3) \qquad \mathfrak{U}S_{\lambda_1} + \mathfrak{U}S_{\lambda_2} + \cdots + \mathfrak{U}S_{\lambda_r}.$$

Nun zeigen wir: wenn der Komplex (2) eine a. Ug von $\mathfrak{G}/\mathfrak{U}$, so ist der Komplex (3) eine Zwischengruppe zwischen $\mathfrak{U}$ und $\mathfrak{G}$, und umgekehrt; damit wird dann der Satz 58 bewiesen sein.

Die Aussage, daß der Komplex (2) eine a. Ug. von $\mathfrak{G}/\mathfrak{U}$ ist, ist gleichbedeutend mit den folgenden beiden:

A_1. Jedes Produkt $\overline{S}_{\lambda_\alpha}\overline{S}_{\lambda_\beta}$ ist wieder ein $\overline{S}_{\lambda_\gamma}$.

B_1. Für $\mu = 1, 2, \ldots, j$ ist $(\overline{S}_{\lambda_1} + \cdots + \overline{S}_{\lambda_r})\,\overline{S}_\mu = \overline{S}_\mu(\overline{S}_{\lambda_1} + \cdots + \overline{S}_{\lambda_r})$.

Denn A_1 bedeutet nach Satz 42, daß der Komplex (2) überhaupt eine Gruppe ist, und B_1 bedeutet dann nach Satz 54, daß er eine a. Ug. von $\mathfrak{G}/\mathfrak{U}$ ist. Analog ist die Aussage, daß der Komplex (3) eine Zwischengruppe zwischen $\mathfrak{U}$ und $\mathfrak{G}$ ist, gleichbedeutend mit den folgenden beiden:

A_2. Jedes Produkt $(U_1S_{\lambda_\alpha})(U_2S_{\lambda_\beta})$, wo U_1, U_2 Elemente aus $\mathfrak{U}$ sind, ist wieder ein $U_3S_{\lambda_\gamma}$, wo auch U_3 ein Element aus $\mathfrak{U}$.

B_2. Für jedes Element G aus $\mathfrak{G}$ ist

$$(\mathfrak{U}S_{\lambda_1} + \cdots + \mathfrak{U}S_{\lambda_r})\,G = G(\mathfrak{U}S_{\lambda_1} + \cdots + \mathfrak{U}S_{\lambda_r}).$$

Denn A_2 besagt, daß der Komplex (3) überhaupt eine Gruppe ist, und B_2 besagt dann, daß er eine a. Ug. von $\mathfrak{G}$ ist. Daß anderseits auch $\mathfrak{U}$ eine a. Ug. von (3) ist, ist selbstverständlich, weil ja $\mathfrak{U}$ sogar eine a. Ug. von $\mathfrak{G}$ ist.

Nun ist zunächst klar, daß A_1 stets A_2 mit denselben Indizes α, β, γ nach sich zieht und umgekehrt, weil ja die beiden Formeln (1) sich gegenseitig bedingen. Somit ist nur noch zu zeigen, daß aus B_1 auch stets B_2 folgt und umgekehrt. Da aber jedes G die Form US_μ hat, wo U ein Element aus $\mathfrak{U}$, so ist B_2 gleichbedeutend mit

$$(\mathfrak{U}S_{\lambda_1} + \cdots + \mathfrak{U}S_{\lambda_r})\,US_\mu = US_\mu(\mathfrak{U}S_{\lambda_1} + \cdots + \mathfrak{U}S_{\lambda_r})$$

oder, indem man links beachtet, daß

$$\mathfrak{U}S_\lambda U = \mathfrak{U}\mathfrak{U}S_\lambda U = \mathfrak{U}S_\lambda\mathfrak{U}U = \mathfrak{U}S_\lambda\mathfrak{U}$$

und rechts beachtet, daß

$$US_\mu\mathfrak{U} = US_\mu\mathfrak{U}\mathfrak{U} = U\mathfrak{U}S_\mu\mathfrak{U} = \mathfrak{U}S_\mu\mathfrak{U}$$

ist, auch mit

B$_2'$. $(\mathfrak{U}S_{\lambda_1} + \cdots + \mathfrak{U}S_{\lambda_r})\mathfrak{U}S_\mu = \mathfrak{U}S_\mu(\mathfrak{U}S_{\lambda_1} + \cdots + \mathfrak{U}S_{\lambda_r})$.

Daß nun aus B$_1$ stets B$_2'$ folgt und umgekehrt, ist wieder eine unmittelbare Folge davon, daß die beiden Formeln (1) sich gegenseitig bedingen. Damit ist aber alles bewiesen.

Satz 59. *Sind* $\mathfrak{U}$, $\mathfrak{V}$ *zwei voneinander verschiedene m. a. Ugn. von* $\mathfrak{G}$, *und setzt man* $(\mathfrak{U}, \mathfrak{V}) = \mathfrak{W}$, *so ist* $\mathfrak{W}$ *eine a. Ug. von* $\mathfrak{G}$, *also erst recht von* $\mathfrak{U}$ *und von* $\mathfrak{V}$. *Ferner sind die Faktorgruppen* $\mathfrak{G}/\mathfrak{U}$ *und* $\mathfrak{V}/\mathfrak{W}$ *miteinander isomorph; ebenso die Faktorgruppen* $\mathfrak{G}/\mathfrak{V}$ *und* $\mathfrak{U}/\mathfrak{W}$.

Beweis. Nach Satz 44 ist $\mathfrak{W}$ eine Gruppe, und zwar, weil $\mathfrak{U}$ und $\mathfrak{V}$ verschieden sind, eine echte Untergruppe von $\mathfrak{U}$ und von $\mathfrak{V}$, also erst recht von $\mathfrak{G}$. Ist nun G ein Element von $\mathfrak{G}$ und W ein Element von $\mathfrak{W}$, so ist W ein Element von $\mathfrak{U}$ und von $\mathfrak{V}$, also ist

$$G^{-1}WG,$$

weil $\mathfrak{U}$ und $\mathfrak{V}$ a. Ugn. von $\mathfrak{G}$ sind, ebenfalls ein Element von $\mathfrak{U}$ und von $\mathfrak{V}$, also auch von $\mathfrak{W}$. Somit enthält die zu $\mathfrak{W}$ konjugierte Untergruppe $G^{-1}\mathfrak{W}G$ nur Elemente aus $\mathfrak{W}$, ist also mit $\mathfrak{W}$ identisch. Da G jedes Element aus $\mathfrak{G}$ sein kann, besagt das, daß $\mathfrak{W}$ eine a. Ug. von $\mathfrak{G}$ ist.

Nun zerlegen wir $\mathfrak{V}$ in Nebengruppen von $\mathfrak{W}$:

(4) $$\mathfrak{V} = \mathfrak{W}S_1 + \mathfrak{W}S_2 + \cdots + \mathfrak{W}S_j,$$

wo etwa $S_1 = E$ ist. Daraus folgt dann, da nach Satz 57 $\mathfrak{U}\mathfrak{V} = \mathfrak{G}$ ist:

$$\mathfrak{G} = \mathfrak{U}\mathfrak{V} = \mathfrak{U}(\mathfrak{W}S_1 + \mathfrak{W}S_2 + \cdots + \mathfrak{W}S_j),$$

oder, da $\mathfrak{W}$ eine Untergruppe von $\mathfrak{U}$, also $\mathfrak{U}\mathfrak{W} = \mathfrak{U}$ ist:

(5) $$\mathfrak{G} = \mathfrak{U}S_1 + \mathfrak{U}S_2 + \cdots + \mathfrak{U}S_j.$$

Das ist nun wirklich eine Zerlegung von $\mathfrak{G}$ in lauter verschiedene Nebengruppen von $\mathfrak{U}$. Denn wenn zwei dieser Nebengruppen identisch wären, etwa $\mathfrak{U}S_\lambda = \mathfrak{U}S_\mu$, so wäre $S_\lambda S_\mu^{-1}$ ein Element von $\mathfrak{U}$, aber wegen (4) auch von $\mathfrak{V}$, also auch von $\mathfrak{W}$; dann wären aber die Nebengruppen $\mathfrak{W}S_\lambda$ und $\mathfrak{W}S_\mu$ ebenfalls identisch, was dem Sinn der Zerlegung (4) widerspricht.

Wenn wir jetzt auf Grund der Zerlegung (4) gemäß Satz 56 setzen:

(6) $$(\mathfrak{W}S_\lambda)(\mathfrak{W}S_\mu) = \mathfrak{W}S_\varrho,$$

so ergibt sich:

(7) $$\mathfrak{W}S_\varrho = \mathfrak{W}(S_\lambda\mathfrak{W})S_\mu = \mathfrak{W}(\mathfrak{W}S_\lambda)S_\mu = (\mathfrak{W}\mathfrak{W})(S_\lambda S_\mu) = \mathfrak{W}S_\lambda S_\mu,$$

und durch eine analoge Rechnung und mit Benutzung von (7):

$$(\mathfrak{U}S_\lambda)(\mathfrak{U}S_\mu) = \mathfrak{U}S_\lambda S_\mu = (\mathfrak{U}\mathfrak{W})(S_\lambda S_\mu) = \mathfrak{U}(\mathfrak{W}S_\lambda S_\mu) = \mathfrak{U}\mathfrak{W}S_\varrho = \mathfrak{U}S_\varrho.$$

Aus (6) folgt also:

(8) $$(\mathfrak{U}S_\lambda)(\mathfrak{U}S_\mu) = \mathfrak{U}S_\varrho,$$

und nach der Definition der Faktorgruppe besagt das, daß die Faktorgruppe $\mathfrak{G}/\mathfrak{U}$ isomorph ist mit $\mathfrak{V}/\mathfrak{W}$.

Indem man $\mathfrak{U}$ und $\mathfrak{B}$ ihre Rollen tauschen läßt, ergibt sich ebenso, daß $\mathfrak{G}/\mathfrak{B}$ mit $\mathfrak{U}/\mathfrak{W}$ isomorph ist.

III. Sei jetzt $\mathfrak{G}_0$ eine Gruppe. Wir wählen von ihr eine m. a. Ug. $\mathfrak{G}_1$, von dieser wieder eine m. a. Ug. $\mathfrak{G}_2$ usw., bis wir zur Einheitsgruppe $\mathfrak{E}$ kommen. So erhalten wir die Reihe von Gruppen

$$(9) \qquad \mathfrak{G}_0, \mathfrak{G}_1, \mathfrak{G}_2, \ldots, \mathfrak{G}_p,$$

deren jede eine m. a. Ug. der vorausgehenden ist und deren letzte $\mathfrak{G}_p = \mathfrak{E}$ ist. Die Gruppen (9) heißen eine Kompositionsreihe von $\mathfrak{G}_0$. Zu ihr gehören die Faktorgruppen

$$(10) \qquad \mathfrak{G}_0/\mathfrak{G}_1, \mathfrak{G}_1/\mathfrak{G}_2, \ldots, \mathfrak{G}_{p-1}/\mathfrak{G}_p,$$

die nach Satz 58 sämtlich einfach sind und deren Ordnungen der Reihe nach die folgenden seien:

$$(11) \qquad j_1, j_2, \ldots, j_p.$$

Da dann j_ν der Index von $\mathfrak{G}_\nu$ in bezug auf $\mathfrak{G}_{\nu-1}$ ist, so nennen wir die Zahlen (11) die zur Kompositionsreihe (9) gehörige Indexreihe.

Man kann nun unter Umständen auf mehrere Arten Kompositionsreihen bilden. Sei etwa

$$(12) \qquad \mathfrak{G}_0, \mathfrak{H}_1, \mathfrak{H}_2, \ldots, \mathfrak{H}_q$$

eine zweite Kompositionsreihe von $\mathfrak{G}_0$; seien ferner

$$(13) \qquad \mathfrak{G}_0/\mathfrak{H}_1, \mathfrak{H}_1/\mathfrak{H}_2, \ldots, \mathfrak{H}_{q-1}/\mathfrak{H}_q$$

die zugehörigen Faktorgruppen und sei

$$(14) \qquad k_1, k_2, \ldots, k_q$$

die zugehörige Indexreihe. Nun beweisen wir den ganz fundamentalen

Satz 60. *Zwei beliebige Kompositionsreihen einer Gruppe enthalten gleichviel Glieder, und es sind die Faktorgruppen der einen Reihe mit den Faktorgruppen der andern Reihe in ihrer Gesamtheit isomorph, doch im allgemeinen in andrer Reihenfolge. Insbesondere sind also die zugehörigen Indexreihen, von der Reihenfolge abgesehen, dieselben.*

Der zweite Teil dieses Satzes, der eine unmittelbare Folge des ersten ist und weniger sagt, stammt von Camille Jordan (1870), der erste Teil wurde erst später von Hölder bewiesen (1889). Den Beweis des Satzes erbringen wir durch vollständige Induktion. Der Satz ist nämlich trivial für jede Gruppe $\mathfrak{G}_0$, deren Ordnung eine Primzahl ist, weil es dann überhaupt nur eine echte Untergruppe gibt, nämlich $\mathfrak{E}$, und also auch nur die eine Kompositionsreihe: $\mathfrak{G}_0, \mathfrak{E}$.

Wir nehmen jetzt an, der Satz sei bereits bewiesen für alle Gruppen, deren Ordnung höchstens $l-1$ (nicht notwendig verschiedene) Primfaktoren enthält, und es sei $\mathfrak{G}_0$ eine Gruppe, deren Ordnung genau l Primfaktoren enthält. Sind dann

$$(15) \qquad \begin{cases} \mathfrak{G}_0, \mathfrak{G}_1, \mathfrak{G}_2, \ldots, \mathfrak{G}_p, \\ \mathfrak{G}_0, \mathfrak{H}_1, \mathfrak{H}_2, \ldots, \mathfrak{H}_q \end{cases}$$

zwei Kompositionsreihen, und ist dabei $\mathfrak{G}_1 = \mathfrak{H}_1$, so sind

$$(16) \qquad \begin{cases} \mathfrak{G}_1, \mathfrak{G}_2, \ldots, \mathfrak{G}_p, \\ \mathfrak{G}_1, \mathfrak{H}_2, \ldots, \mathfrak{H}_q \end{cases}$$

zwei Kompositionsreihen von $\mathfrak{G}_1$, für die nach Annahme der Satz schon gilt, weil ja die Ordnung von $\mathfrak{G}_1$ ein echter Teiler der Ordnung von $\mathfrak{G}_0$ ist, also höchstens $l - 1$ Primfaktoren enthält. In diesem Fall gilt dann der Satz sogleich auch für die Kompositionsreihen (15).

Somit ist nur noch der Fall zu betrachten, daß $\mathfrak{G}_1$ und $\mathfrak{H}_1$ verschieden sind. Setzen wir dann $(\mathfrak{G}_1, \mathfrak{H}_1) = \mathfrak{M}$, so ist $\mathfrak{M}$ nach Satz 59 eine a. Ug. von $\mathfrak{G}_1$ und von $\mathfrak{H}_1$, und außerdem ist nach Satz 59

$$(17) \qquad \begin{cases} \mathfrak{G}_0/\mathfrak{G}_1 \text{ isomorph mit } \mathfrak{H}_1/\mathfrak{M}, \\ \mathfrak{G}_0/\mathfrak{H}_1 \quad \text{,,} \qquad \text{,,} \quad \mathfrak{G}_1/\mathfrak{M}. \end{cases}$$

Da $\mathfrak{G}_1$ eine maximale a. Ug. von $\mathfrak{G}_0$ ist, so ist $\mathfrak{G}_0/\mathfrak{G}_1$ nach Satz 58 einfach; wegen (17) ist also auch $\mathfrak{H}_1/\mathfrak{M}$ einfach und folglich ist $\mathfrak{M}$ eine maximale a. Ug. von $\mathfrak{H}_1$ und ebenso auch von $\mathfrak{G}_1$.

Nun betrachten wir eine Kompositionsreihe von $\mathfrak{M}$:

$$\mathfrak{M}, \mathfrak{M}_1, \ldots, \mathfrak{M}_r.$$

Dann haben wir für $\mathfrak{G}_1$ die beiden Kompositionsreihen

$$(18) \qquad \begin{cases} \mathfrak{G}_1, \mathfrak{G}_2, \mathfrak{G}_3, \ldots, \mathfrak{G}_p, \\ \mathfrak{G}_1, \mathfrak{M}, \mathfrak{M}_1, \ldots, \mathfrak{M}_r, \end{cases}$$

und da die Ordnung von $\mathfrak{G}_1$ höchstens $l - 1$ Primfaktoren enthält, so sind die zu der ersten Reihe (18) gehörigen Faktorgruppen isomorph mit den zur zweiten Reihe (18) gehörigen Faktorgruppen. Daher sind auch die zu den beiden Kompositionsreihen

$$(19) \qquad \begin{cases} \mathfrak{G}_0, \mathfrak{G}_1, \mathfrak{G}_2, \mathfrak{G}_3, \ldots, \mathfrak{G}_p, \\ \mathfrak{G}_0. \mathfrak{G}_1, \mathfrak{M}, \mathfrak{M}_1, \ldots, \mathfrak{M}_r \end{cases}$$

gehörigen Faktorgruppen entsprechend isomorph, so daß die zur ersten Kompositionsreihe

$$(20) \qquad \mathfrak{G}_0, \mathfrak{G}_1, \mathfrak{G}_2, \ldots, \mathfrak{G}_p$$

gehörigen Faktorgruppen, von der Reihenfolge abgesehen, isomorph mit den folgenden sind:

$$(21) \qquad \mathfrak{G}_0/\mathfrak{G}_1, \mathfrak{G}_1/\mathfrak{M}, \mathfrak{M}/\mathfrak{M}_1, \ldots, \mathfrak{M}_{r-1}/\mathfrak{M}_r.$$

Ebenso erkennt man, daß die zu der Kompositionsreihe

$$(22) \qquad \mathfrak{G}_0, \mathfrak{H}_1, \mathfrak{H}_2, \ldots, \mathfrak{H}_q$$

gehörigen Faktorgruppen, von der Reihenfolge abgesehen, isomorph mit den folgenden sind:

$$(23) \qquad \mathfrak{G}_0/\mathfrak{H}_1, \mathfrak{H}_1/\mathfrak{M}, \mathfrak{M}/\mathfrak{M}_1, \ldots, \mathfrak{M}_{r-1}/\mathfrak{M}_r.$$

Nun sind aber die Gruppen der Reihe (21) wirklich mit den Gruppen der Reihe (23) isomorph; denn einerseits enthalten ja beide Reihen vom dritten Glied an genau dieselben Gruppen, anderseits sind nach (17) die ersten beiden Gruppen von (21) mit den ersten beiden von (23) in vertauschter Reihenfolge isomorph.

IV. **Definition.** Eine Gruppe heißt **metazyklisch**[1]), wenn für eine (und folglich nach Satz 60 für jede) Kompositionsreihe die zugehörige Indexreihe aus lauter Primzahlen besteht.

Die metazyklischen Gruppen sind für die Theorie der Gleichungen besonders wichtig. Es gilt der

Satz 61. *Jede (von $\mathfrak{E}$ verschiedene) Untergruppe einer metazyklischen Gruppe ist ebenfalls metazyklisch.*

Der Beweis wird leicht gelingen, wenn wir den folgenden Satz vorausschicken:

Satz 62. *Seien $\mathfrak{G}_0$, $\mathfrak{G}_1$, $\mathfrak{B}$ Komplexe und zwar Gruppen, so daß nach Satz 44 die Komplexe*

$$(\mathfrak{G}_0, \mathfrak{B}) = \mathfrak{H}_0, \quad (\mathfrak{G}_1, \mathfrak{B}) = \mathfrak{H}_1$$

ebenfalls Gruppen sind. Wenn nun $\mathfrak{G}_1$ eine a. Ug. von $\mathfrak{G}_0$ und zwar vom Index j ist, so ist $\mathfrak{H}_1$ entweder mit $\mathfrak{H}_0$ identisch oder eine a. Ug. von $\mathfrak{H}_0$, deren Index j' ein Teiler von j ist.

Wir beweisen zunächst Satz 62. Daß $\mathfrak{H}_1$ eine (vielleicht unechte) Untergruppe von $\mathfrak{H}_0$ ist, ist klar. Wenn nun H_0 ein Element von $\mathfrak{H}_0$, so ist H_0 auch ein Element von $\mathfrak{G}_0$, und folglich ist, weil $\mathfrak{G}_1$ eine a. Ug. von $\mathfrak{G}_0$ ist:

$$H_0^{-1}\mathfrak{G}_1 H_0 = \mathfrak{G}_1. \tag{24}$$

Aber H_0 ist auch ein Element von $\mathfrak{B}$, und folglich ist

$$H_0^{-1}\mathfrak{B} H_0 = \mathfrak{B}. \tag{25}$$

Ist H_1 ein Element von $\mathfrak{H}_1$, also zugleich von $\mathfrak{G}_1$ und von $\mathfrak{B}$, so gehört das Element

$$H_0^{-1}H_1 H_0$$

gleichzeitig den Gruppen $H_0^{-1}\mathfrak{G}_1 H_0$ und $H_0^{-1}\mathfrak{B} H_0$, also nach (24), (25) den Gruppen $\mathfrak{G}_1$ und $\mathfrak{B}$ und somit der Gruppe $\mathfrak{H}_1$ an. Sonach ist

$$H_0^{-1}\mathfrak{H}_1 H_0 = \mathfrak{H}_1,$$

und folglich ist die Gruppe $\mathfrak{H}_1$ entweder mit $\mathfrak{H}_0$ identisch oder, falls sie eine echte Untergruppe von $\mathfrak{H}_0$ ist, jedenfalls eine a. Ug. von $\mathfrak{H}_0$. In letzterem Falle müssen wir noch zeigen, daß ihr Index j' ein Teiler von j ist.

Zu dem Zweck zerlegen wir $\mathfrak{H}_0$ in Nebengruppen von $\mathfrak{H}_1$:

$$\mathfrak{H}_0 = \sum_{\lambda=1}^{j'} \mathfrak{H}_1 S_\lambda, \tag{26}$$

wobei die S_λ gewisse Elemente von $\mathfrak{H}_0$, also erst recht von $\mathfrak{G}_0$ sind. Dann sind aber auch die j' Nebengruppen

$$\mathfrak{G}_1 S_\lambda \qquad (\lambda = 1, 2, \ldots, j')$$

alle voneinander verschieden. Denn wäre etwa $\mathfrak{G}_1 S_\lambda = \mathfrak{G}_1 S_\mu$, so wäre

[1]) Aus einem in Kap. IV ersichtlich werdenden Grund sagt man auch „auflösbar“.

$S_\lambda S_\mu^{-1}$ ein Element von $\mathfrak{G}_1$, aber nicht von $\mathfrak{H}_1$, wegen $(\mathfrak{G}_1, \mathfrak{B}) = \mathfrak{H}_1$ also nicht von $\mathfrak{B}$ und folglich wegen $(\mathfrak{G}_0, \mathfrak{B}) = \mathfrak{H}_0$ auch nicht von $\mathfrak{H}_0$, was aber der Gleichung (26) widerspricht. Nun zeigen wir, daß der Komplex

$$(27) \qquad \mathfrak{M} = \sum_{\lambda=1}^{j'} \mathfrak{G}_1 S_\lambda$$

eine Gruppe ist. In der Tat muß zunächst jedes Produkt $S_\lambda S_\mu$ wegen (26) einer Nebengruppe $\mathfrak{H}_1 S_\varkappa$, also erst recht der Nebengruppe $\mathfrak{G}_1 S_\varkappa$ angehören, so daß $\mathfrak{G}_1 S_\lambda S_\mu = \mathfrak{G}_1 S_\varkappa$ ist. Dann ist aber, weil $\mathfrak{G}_1$ nach Voraussetzung eine a. Ug. von $\mathfrak{G}_0$ ist,

$$(\mathfrak{G}_1 S_\lambda)(\mathfrak{G}_1 S_\mu) = \mathfrak{G}_1(S_\lambda \mathfrak{G}_1) S_\mu = \mathfrak{G}_1(\mathfrak{G}_1 S_\lambda) S_\mu = (\mathfrak{G}_1 \mathfrak{G}_1)(S_\lambda S_\mu)$$
$$= \mathfrak{G}_1 S_\lambda S_\mu = \mathfrak{G}_1 S_\varkappa,$$

woraus die Gruppeneigenschaft von $\mathfrak{M}$ erhellt (nach Satz 42 oder 43).

Somit ist $\mathfrak{M}$ eine echte oder unechte Untergruppe von $\mathfrak{G}_0$. Ist $\mathfrak{M} = \mathfrak{G}_0$, so folgt aus (27), weil die dortigen Nebengruppen voneinander verschieden sind, daß $\mathfrak{G}_1$ in bezug auf $\mathfrak{G}_0$ vom Index j' ist; also ist $j = j'$. Ist aber $\mathfrak{M}$ eine echte Untergruppe von $\mathfrak{G}_0$, etwa vom Index j'', so folgt aus (27), daß $\mathfrak{G}_1$ in bezug auf $\mathfrak{G}_0$ vom Index $j'j''$ ist; also ist $j = j'j''$. Damit ist Satz 62 bewiesen.

Um nun auch Satz 61 zu beweisen, sei $\mathfrak{G}_0$ eine metazyklische Gruppe und sei

$$(28) \qquad \mathfrak{G}_0, \mathfrak{G}_1, \mathfrak{G}_2, \ldots, \mathfrak{G}_k$$

eine Kompositionsreihe von $\mathfrak{G}_0$, so daß natürlich $\mathfrak{G}_k = \mathfrak{E}$ ist. Die zugehörige Indexreihe

$$(29) \qquad j_1, j_2, \ldots, j_k$$

besteht aus lauter Primzahlen. Ist nun $\mathfrak{B}$ eine Untergruppe von $\mathfrak{G}_0$, so setzen wir

$$(30) \qquad (\mathfrak{G}_\nu, \mathfrak{B}) = \mathfrak{H}_\nu \qquad (\nu = 0, 1, \ldots, k).$$

Dann ist jedenfalls

$$(31) \qquad \mathfrak{H}_0 = \mathfrak{B}, \qquad \mathfrak{H}_k = \mathfrak{E}.$$

Betrachten wir jetzt die Reihe von Gruppen:

$$(32) \qquad \mathfrak{H}_0, \mathfrak{H}_1, \mathfrak{H}_2, \ldots, \mathfrak{H}_k,$$

so ist nach Satz 62 $\mathfrak{H}_\nu$ entweder gleich $\mathfrak{H}_{\nu-1}$ oder eine a. Ug. von $\mathfrak{H}_{\nu-1}$, deren Index ein Teiler der Primzahl j_ν, also gleich j_ν ist. Man braucht daher, um eine Kompositionsreihe der Gruppe $\mathfrak{B} = \mathfrak{H}_0$ zu erhalten, nur die voneinander verschiedenen Gruppen der Reihe (32) hintereinander zu schreiben. Die zugehörige Indexreihe ist dann eine Teilreihe der Reihe (29), besteht also aus lauter Primzahlen; w. z. b. w.

§ 26. Kompositionsreihen der symmetrischen Gruppen.

I. Die nächste Aufgabe wäre nun, für eine gegebene Gruppe wirklich eine Kompositionsreihe herzustellen. Wir wollen diese Aufgabe für die symmetrischen Substitutionsgruppen lösen.

Die symmetrische Gruppe n-ten Grades $\mathfrak{S}$ ist von der Ordnung $n!$, die alternierende $\mathfrak{A}$ von der Ordnung $\frac{1}{2}n!$. $\mathfrak{A}$ hat also als Untergruppe von $\mathfrak{S}$ den Index 2 und ist infolgedessen eine m. a. Ug. (vgl. Seite 124).

Für $n = 2$ ist bereits $\mathfrak{A} = \mathfrak{E}$, und man hat die Kompositionsreihe

$$\mathfrak{S},\ \mathfrak{E};$$

der einzige Index ist 2, also eine Primzahl. Die Gruppe ist daher metazyklisch.

Für $n = 3$ ist die alternierende Gruppe $\mathfrak{A}$ von der Ordnung 3, also von einer Primzahlordnung. Daher hat sie nur die eine echte Untergruppe $\mathfrak{E}$, und es ergibt sich die Kompositionsreihe

$$\mathfrak{S},\ \mathfrak{A},\ \mathfrak{E};$$

die zugehörige Indexreihe ist: 2, 3. Die Gruppe ist also wieder metazyklisch.

Für $n = 4$ betrachten wir zunächst den Komplex

$$\mathfrak{B} = E + (1, 2)\,(3, 4) + (1, 3)\,(2, 4) + (1, 4)\,(2, 3)\,,$$

der leicht als Gruppe erkannt wird; denn es ist z. B.

$$[(1, 2)\,(3, 4)]\,[(1, 3)\,(2, 4)] = (1, 4)\,(2, 3).$$

Da die von E verschiedenen Substitutionen von $\mathfrak{B}$ aus einer geraden Anzahl von Transpositionen (nämlich aus zwei) bestehen, ist $\mathfrak{B}$ eine Untergruppe der alternierenden Gruppe $\mathfrak{A}$, und zwar vom Index 3. Daher muß sich $\mathfrak{A}$ in drei Nebengruppen von $\mathfrak{B}$ zerlegen lassen. Um sie zu finden, beachten wir, daß die beiden Substitutionen

$$(1, 2, 3) = (1, 2)\,(1, 3),$$
$$(1, 3, 2) = (1, 3)\,(1, 2)$$

nicht in $\mathfrak{B}$, als Produkte von zwei Transpositionen aber in $\mathfrak{A}$ enthalten sind. Daher müssen $\mathfrak{B}(1, 2, 3)$ und $\mathfrak{B}(1, 3, 2)$ zwei solche von $\mathfrak{B}$ verschiedene Nebengruppen sein; sie sind aber auch voneinander verschieden; denn wenn

$$\mathfrak{B}(1, 2, 3) = \mathfrak{B}(1, 3, 2)$$

wäre, so ergäbe sich durch hintere Multiplikation mit $(1, 2, 3)$ sogleich $\mathfrak{B}(1, 3, 2) = \mathfrak{B}$, was nicht der Fall ist. Somit sind die Nebengruppen gefunden, und man hat

$$\mathfrak{A} = \mathfrak{B} + \mathfrak{B}(1, 2, 3) + \mathfrak{B}(1, 3, 2),$$

oder ausführlicher:

$$\begin{aligned}\mathfrak{A} = E &+ (1, 2)\,(3, 4) + (1, 3)\,(2, 4) + (1, 4)\,(2, 3)\\ &+ (1, 2, 3) + (1, 3, 4) + (2, 4, 3) + (1, 4, 2)\\ &+ (1, 3, 2) + (2, 3, 4) + (1, 2, 4) + (1, 4, 3).\end{aligned}$$

Man prüft leicht nach, daß $\mathfrak{B}$ eine a. Ug. von $\mathfrak{A}$, ja sogar von $\mathfrak{S}$ ist; doch kann man das auch ohne weiteres schon daraus schließen, daß jede zu $\mathfrak{B}$ konjugierte Untergruppe von $\mathfrak{S}$ wegen Satz 40 ebenfalls drei Substitutionen mit je zwei zweigliedrigen Zyklen enthalten, also mit $\mathfrak{B}$ identisch sein muß, da es weitere Substitutionen dieser Art offenbar nicht gibt. $\mathfrak{B}$ ist aber zudem eine maximale a. Ug. von $\mathfrak{A}$, da ihr Index gleich 3, also eine Primzahl ist.

Weiter hat die Gruppe

$$\mathfrak{C} = E + (1,2)(3,4)$$

als Untergruppe von $\mathfrak{B}$ den Index 2, so daß sie eine m. a. Ug. von $\mathfrak{B}$ ist. Somit gewinnen wir die Kompositionsreihe

$$\mathfrak{S},\ \mathfrak{A},\ \mathfrak{B},\ \mathfrak{C},\ \mathfrak{E};$$

die zugehörige Indexreihe ist: 2, 3, 2, 2. Die Gruppe ist also auch wieder metazyklisch.

Statt der Gruppe $\mathfrak{C}$ hätte man ebensogut eine der Gruppen

$$\mathfrak{C}_1 = E + (1,3)(2,4), \qquad \mathfrak{C}_2 = E + (1,4)(2,3)$$

verwenden können.

II. Schwieriger ist die Untersuchung für $n > 4$. Das Ergebnis ist aber sehr einfach und überraschend; es ist enthalten in dem für die Theorie der Gleichungen ganz besonders wichtigen

Satz 63. *Die alternierende Substitutionsgruppe $\mathfrak{A}$ von einem höheren Grad als 4 ist einfach. Für die symmetrische Gruppe $\mathfrak{S}$ hat man also die Kompositionsreihe*

$$\mathfrak{S},\ \mathfrak{A},\ \mathfrak{E},$$

und die zugehörige Indexreihe ist: 2, $\frac{1}{2}n!$. *Daher ist $\mathfrak{S}$ und ebenso $\mathfrak{A}$ nicht metazyklisch.*

Zum Beweis bemerken wir zunächst, daß jeder dreigliedrige Zyklus (a, b, c) eine Substitution von $\mathfrak{A}$ ist; denn wegen

$$(a, b, c) = (a, b)(a, c)$$

ist er ein Produkt von zwei, also einer geraden Anzahl von Transpositionen. Nun sei $\mathfrak{U}$ eine a. Ug. von $\mathfrak{A}$. Dann beweisen wir der Reihe nach die folgenden vier Tatsachen, deren letzte gerade der zu beweisende Satz ist:

A. $\mathfrak{U}$ enthält keinen dreigliedrigen Zyklus.

B. $\mathfrak{U}$ enthält keine Substitution, in deren Darstellung durch Zyklen ein mehr- als dreigliedriger Zyklus vorkommt.

C. $\mathfrak{U}$ enthält keine Substitution, in deren Darstellung durch Zyklen ein dreigliedriger Zyklus vorkommt.

D. $\mathfrak{U}$ enthält nur die Substitution E.

Beweis zu A. Wenn $\mathfrak{U}$ etwa den dreigliedrigen Zyklus (1, 2, 3) enthält und wenn $a_1, a_2, \ldots, a_n$ irgendeine Permutation der n Ziffern ist, so enthält $\mathfrak{A}$ eine der beiden Substitutionen

$$S = \begin{pmatrix} 1, & 2, & 3, & \ldots, & n \\ a_1, & a_2, & a_3, & \ldots & a_n \end{pmatrix}, \quad T = \begin{pmatrix} 1, & 2, & 3, & \ldots, & n \\ a_2, & a_1, & a_3, & \ldots, & a_n \end{pmatrix},$$

weil ja bei einer der beiden eine gerade Permutation in der zweiten Zeile steht (Bd. I, Satz 12). Daher enthält $\mathfrak{U}$ als a. Ug. von $\mathfrak{A}$ eine der beiden Substitutionen

$$S^{-1}(1,2,3)\,S = (a_1, a_2, a_3),$$
$$T^{-1}(1,2,3)\,T = (a_2, a_1, a_3),$$

und in letzterem Fall auch $(a_2, a_1, a_3)^2 = (a_1, a_2, a_3)$. Das besagt aber, daß $\mathfrak{U}$

jeden beliebigen dreigliedrigen Zyklus enthält. Dann enthält aber $\mathfrak{U}$ auch jedes Produkt von dreigliedrigen Zyklen und auf Grund der Formeln

$$(a, b)\,(a, c) = (a, b, c)$$
$$(a, b)\,(c, d) = (a, b, c)\,(a, d, c)$$

auch jedes Produkt von einer geraden Anzahl Transpositionen. Also enthält $\mathfrak{U}$ die ganze alternierende Gruppe $\mathfrak{A}$ und ist keine echte Untergruppe von $\mathfrak{A}$.

Beweis zu B. Wenn $\mathfrak{U}$ eine Substitution S enthält, in deren Darstellung durch Zyklen ein mehr- als dreigliedriger Zyklus vorkommt, so sei etwa

$$S = (1, 2, 3, \ldots, p)\,L,$$

wo L das Produkt der anderen Zyklen ist (oder E, falls keine anderen Zyklen vorkommen). Dann enthält $\mathfrak{U}$ als a. Ug. von $\mathfrak{A}$ auch die Substitution[1])

$$(1, 2, 3)^{-1}\,S(1, 2, 3),$$

also auch die Substitution

$$\begin{aligned} &S^{-1}(1, 2, 3)^{-1}S(1, 2, 3) \\ &= L^{-1}(p, \ldots, 3, 2, 1)\,(1, 3, 2)\,(1, 2, 3, \ldots, p)\,L(1, 2, 3). \end{aligned}$$

Hier darf man aber die Faktoren L^{-1} und L, da die Ziffern $1, 2, 3, \ldots, p$ darin nicht vorkommen, nebeneinander stellen und ihr Produkt E dann weglassen, so daß sich ergibt:

$$\begin{aligned} &S^{-1}(1, 2, 3)^{-1}S(1, 2, 3) \\ &= (p, \ldots, 3, 2, 1)\,(1, 3, 2)\,(1, 2, 3, \ldots, p)\,(1, 2, 3) = (1, 2, 4). \end{aligned}$$

Somit enthält $\mathfrak{U}$ einen dreigliedrigen Zyklus, was nach A nicht sein kann.

Beweis zu C. Wenn $\mathfrak{U}$ eine Substitution S enthält, in deren Darstellung durch Zyklen ein dreigliedriger Zyklus vorkommt, so können die anderen Zyklen nach B auch nur zwei- und dreigliedrig sein. In S^2 kommen dann nur dreigliedrige Zyklen vor, und nach A müssen es mindestens zwei sein. Sei also etwa

$$S^2 = (1, 2, 3)\,(4, 5, 6)\,L,$$

wo L das Produkt der anderen Zyklen ist (oder E). Dann enthält aber $\mathfrak{U}$ als a. Ug. von $\mathfrak{A}$ auch die Substitution

$$(1, 4, 2)^{-1}S^2(1, 4, 2),$$

also auch die Substitution

$$\begin{aligned} &S^{-2}(1, 4, 2)^{-1}S^2(1, 4, 2) \\ &= (1, 3, 2)\,(4, 6, 5)\,L^{-1}(1, 2, 4)\,(1, 2, 3)\,(4, 5, 6)\,L(1, 4, 2) \\ &= (1, 4, 2, 3, 5), \end{aligned}$$

also einen fünfgliedrigen Zyklus, was nach B nicht möglich ist.

Beweis zu D. Enthält $\mathfrak{U}$ eine von E verschiedene Substitution S, und stellt man diese durch Zyklen dar, so kommen nach B und C bloß zwei-

[1]) Weil nämlich (1, 2, 3) als dreigliedriger Zyklus eine Substitution von $\mathfrak{A}$ ist.

gliedrige Zyklen, d. h. Transpositionen vor, und zwar natürlich in gerader Anzahl. Wenn nun S nur zwei solche Zyklen enthält, also etwa

$$S = (1, 2)(3, 4)$$

ist, so beachte man, daß wegen $n > 4$ noch eine weitere Ziffer, etwa 5, vorhanden ist. Dann enthält $\mathfrak{U}$ als a. Ug. von $\mathfrak{A}$ auch die Substitution

$$(1, 2, 5)^{-1} S (1, 2, 5),$$

also auch die Substitution

$$\begin{aligned} &S^{-1}(1, 2, 5)^{-1} S (1, 2, 5) \\ &= (1, 2)(3, 4)(1, 5, 2)(1, 2)(3, 4)(1, 2, 5) = (1, 5, 2), \end{aligned}$$

also einen dreigliedrigen Zyklus, was nach A nicht sein kann.

Wenn aber S mehr als zwei solche Zyklen enthält, so sei etwa

$$S = (1, 2)(3, 4)(5, 6) L,$$

wo L das Produkt der anderen Zyklen ist. Dann enthält $\mathfrak{U}$ als a. Ug. von $\mathfrak{A}$ auch die Substitution

$$(1, 3, 5)^{-1} S (1, 3, 5),$$

also auch die Substitution

$$\begin{aligned} &S^{-1}(1, 3, 5)^{-1} S (1, 3, 5) \\ &= (1, 2)(3, 4)(5, 6) L^{-1} (1, 5, 3)(1, 2)(3, 4)(5, 6) L (1, 3, 5) \\ &= (1, 3, 5)(2, 6, 4), \end{aligned}$$

was aber nach C nicht möglich ist.

§ 27. Abelsche Gruppen.

I. Unter einer Abelschen Gruppe versteht man, wie bereits in § 20 I erwähnt wurde, eine solche, bei der das kommutative Gesetz der Multiplikation gilt. Die einfachsten Abelschen Gruppen sind diejenigen, deren Elemente die Potenzen eines einzigen Elementes sind. Bezeichnet man dieses mit S und ist k die Ordnung von S, so ist die Gruppe dadurch bereits eindeutig festgelegt, und zwar ist es die Gruppe k-ter Ordnung

$$E + S + S^2 + \cdots + S^{k-1}.$$

Eine solche Gruppe heißt zyklisch; offenbar sind alle zyklischen Gruppen gleicher Ordnung miteinander isomorph. Daß es auch Abelsche Gruppen gibt, die nicht zyklisch sind, zeigt die Substitutionsgruppe der Ordnung 4:

$$E + (1, 2)(3, 4) + (1, 3)(2, 4) + (1, 4)(2, 3).$$

Jede Untergruppe $\mathfrak{U}$ einer Abelschen Gruppe $\mathfrak{G}$ ist wieder eine Abelsche Gruppe, weil ja für alle Elemente von $\mathfrak{G}$, also auch für die von $\mathfrak{U}$ das kommutative Gesetz gilt. Daher werden in diesem Paragraphen alle großen deutschen Buchstaben Abelsche Gruppen bezeichnen, ohne daß wir es immer sagen. Ist $\mathfrak{U}$ eine echte Untergruppe von $\mathfrak{G}$, und ist G ein Element von $\mathfrak{G}$, so ist, weil je zwei Elemente miteinander vertauschbar sind,

$$\mathfrak{U} G = G \mathfrak{U}.$$

Daher ist $\mathfrak{U}$ nach Satz 54 eine a. Ug. von $\mathfrak{G}$, und wir gewinnen den

Satz 64. *Jede echte Untergruppe einer Abelschen Gruppe ist eine ausgezeichnete Untergruppe.*

Nun sei $\mathfrak{U}$ eine echte Untergruppe, also eine a. Ug., von $\mathfrak{G}$, und sei G ein nicht in $\mathfrak{U}$ enthaltenes Element von $\mathfrak{G}$. Ist dann l der kleinste positive Exponent, für den G^l in $\mathfrak{U}$ enthalten ist[1]), so ist $l > 1$. Wenn daher p ein Primteiler von l ist und demgemäß $l = pm$ gesetzt wird, so ist das Element

$$G^m = S$$

nicht in $\mathfrak{U}$ enthalten, und die Primzahl p ist der kleinste positive Exponent, für den S^p in $\mathfrak{U}$ enthalten ist. Hiernach ist der Komplex

$$\mathfrak{H}_1 = \mathfrak{U} + \mathfrak{U}S + \mathfrak{U}S^2 + \cdots + \mathfrak{U}S^{p-1}$$

eine Untergruppe von $\mathfrak{G}$, und $\mathfrak{U}$ selbst hat als Untergruppe von $\mathfrak{H}_1$ den Index p, der eine Primzahl ist. $\mathfrak{U}$ ist also eine m. a. Ug. von $\mathfrak{H}_1$.

Ist mit $\mathfrak{H}_1$ noch nicht die ganze Gruppe $\mathfrak{G}$ erschöpft, so ist $\mathfrak{H}_1$ eine echte Untergruppe von $\mathfrak{G}$, auf die man dann die gleiche Überlegung anwenden kann wie soeben auf $\mathfrak{U}$. So läßt sich fortfahren, bis die Gruppe $\mathfrak{G}$ erschöpft ist. Bei diesem Prozeß kann man aber bereits mit der Untergruppe $\mathfrak{U} = \mathfrak{E}$ beginnen und also die ganze Gruppe $\mathfrak{G}$ schrittweise aufbauen, indem man nacheinander die Gruppen konstruiert:

$$\mathfrak{E}, \mathfrak{H}_1, \mathfrak{H}_2, \ldots, \mathfrak{H}_k, \tag{1}$$

deren letzte gleich $\mathfrak{G}$ ist. Dabei ist jede Gruppe eine a. Ug. der nachfolgenden von einem Primzahlindex, also eine m. a. Ug. Das besagt aber, daß die Reihe (1), rückwärts gelesen, eine Kompositionsreihe der Gruppe $\mathfrak{G} = \mathfrak{H}_k$ ist, und wir gewinnen den

Satz 65. *Die zu einer Kompositionsreihe einer Abelschen Gruppe gehörige Indexreihe besteht aus lauter Primzahlen; die Gruppe ist also metazyklisch.*

Insbesondere ist hiernach jede zyklische Gruppe auch metazyklisch.

II. Über die Struktur einer Abelschen Gruppe gibt der folgende Satz genaue Auskunft:

Satz 66. *In einer von $\mathfrak{E}$ verschiedenen Abelschen Gruppe $\mathfrak{G}$ gibt es ein System von Elementen*

$$S_1, S_2, \ldots, S_k,$$

deren Ordnungen Primzahlpotenzen

$$p_1^{a_1}, p_2^{a_2}, \ldots, p_k^{a_k}$$

sind, und die so beschaffen sind, daß jedes Element der Gruppe auf eine und nur eine Weise in der Form

$$S_1^{\lambda_1} S_2^{\lambda_2} \cdots S_k^{\lambda_k} \qquad (\lambda_\varkappa = 0, 1, \ldots, p_\varkappa^{a_\varkappa} - 1)$$

[1]) Zum mindesten ist ja, wenn G von der Ordnung k ist, die Potenz $G^k = E$ in $\mathfrak{U}$ enthalten.

dargestellt werden kann. Die Ordnung der Gruppe ist hiernach gleich

$$p_1^{a_1} p_2^{a_2} \cdots p_k^{a_k}.$$

Ein solches System $S_1, S_2, \ldots, S_k$ (das keineswegs eindeutig bestimmt ist) heißt eine B a s i s *der Gruppe*[1]).

B e m e r k u n g. Aus der Basiseigenschaft folgt insbesondere, daß ein Potenzprodukt $S_1^{\nu_1} S_2^{\nu_2} \cdots S_k^{\nu_k}$ immer nur dann gleich E sein kann, wenn jedes $\nu_\varkappa$ durch $p_\varkappa^{a_\varkappa}$ teilbar ist, wenn also jeder einzelne Faktor $S_\varkappa^{\nu_\varkappa}$ gleich E ist.

Der Satz ist ziemlich trivial für eine Gruppe $\mathfrak{G}$, deren Ordnung eine Primzahl p ist. Ist dann nämlich S ein von E verschiedenes Element von $\mathfrak{G}$, so muß die Ordnung q von S nach Satz 52 ein Teiler der Primzahl p, also gleich p sein. Infolgedessen ist

$$\mathfrak{G} = E + S + S^2 + \cdots + S^{p-1},$$

und das Element S bildet für sich allein eine Basis.

Den allgemeinen Beweis von Satz 66 führen wir jetzt durch vollständige Induktion, indem wir annehmen, der Satz sei bereits bewiesen für alle Gruppen, deren Ordnung einen Primfaktor weniger enthält als die Ordnung von $\mathfrak{G}$. Ist also $\mathfrak{U}$ eine m. a. Ug. von $\mathfrak{G}$, so daß ihr Index nach Satz 65 eine Primzahl p ist, so können wir für $\mathfrak{U}$ bereits die Existenz einer Basis annehmen und wollen sie dann für $\mathfrak{G}$ beweisen. Sei daher jetzt

$$S_1, S_2, \ldots, S_k \tag{2}$$

eine Basis von $\mathfrak{U}$, und sei $S_\varkappa$ von der Ordnung $p_\varkappa^{a_\varkappa}$, wo $p_\varkappa$ Primzahl. Die Ordnung h von $\mathfrak{U}$ ist dann

$$h = p_1^{a_1} p_2^{a_2} \cdots p_k^{a_k}, \tag{3}$$

und die Ordnung g von $\mathfrak{G}$ ist

$$g = ph. \tag{4}$$

Ist T ein nicht in $\mathfrak{U}$ enthaltenes Element von $\mathfrak{G}$, und ist q der kleinste positive Exponent, für den T^q in $\mathfrak{U}$ enthalten ist, so ist der Komplex

$$\mathfrak{U} + T\mathfrak{U} + T^2\mathfrak{U} + \cdots + T^{q-1}\mathfrak{U} \tag{5}$$

eine Untergruppe von $\mathfrak{G}$. Da aber $\mathfrak{U}$ bereits eine m a x i m a l e a. Ug. von $\mathfrak{G}$ und zwar vom Index p ist, so ist mit (5) bereits die ganze Gruppe $\mathfrak{G}$ erschöpft, und es ist $q = p$. Also ist

$$\mathfrak{G} = \mathfrak{U} + T\mathfrak{U} + T^2\mathfrak{U} + \cdots + T^{p-1}\mathfrak{U}. \tag{6}$$

In dieser Formel darf T irgendein nicht in $\mathfrak{U}$ enthaltenes Element von $\mathfrak{G}$ sein.

Da $T^p = T^q$ in $\mathfrak{U}$ enthalten ist, so ist, wenn n eine beliebige ganze Zahl und ν eine der Zahlen $0, 1, \ldots, p-1$ bedeutet, die Potenz $T^{pn+\nu}$ in der Nebengruppe $T^\nu\mathfrak{U}$ enthalten; eine Potenz von T ist also dann und nur dann in $\mathfrak{U}$ enthalten, wenn ihr Exponent durch p teilbar ist. Da die Elemente (2) eine Basis von $\mathfrak{U}$ bilden, so läßt sich T^p als Element von $\mathfrak{U}$ in die Gestalt setzen:

---

[1]) Um keine falschen Vorstellungen zu erwecken, sei bemerkt, daß die Primzahlen $p_1, \ldots, p_k$ keineswegs voneinander verschieden sein müssen.

(7) $$T^p = S_1^{\lambda_1} S_2^{\lambda_2} \cdots S_k^{\lambda_k}.$$

Nun wollen wir die $S_\varkappa$ so numerieren, daß für die zugehörigen $p_\varkappa$ folgendes gilt:

(8) $$\begin{cases} p_\varkappa = p & \text{für } \varkappa \leqq r, \\ p_\varkappa \neq p & \text{für } \varkappa > r. \end{cases}$$

Dabei ist dann r eine der Zahlen $0, 1, \ldots, k$; speziell $r = 0$ bedeutet, daß alle $p_\varkappa$ von p verschieden sind, während $r = k$ bedeutet, daß alle $p_\varkappa$ gleich p sind. Definiert man jetzt eine Zahl l durch die Formel

$$l = \begin{cases} \prod_{\varkappa=r+1}^{k} p_\varkappa^{a_\varkappa}, & \text{falls } r < k \\ 1 \quad , & \text{falls } r = k, \end{cases}$$

so ist l nicht durch p teilbar und folglich ist das Element $T^l = T_1$ nicht in $\mathfrak{U}$ enthalten. Für $\varkappa > r$ ist aber $S_\varkappa^l = E$ und aus (7) folgt, indem man in die l-te Potenz hebt,

$$T_1^p = T^{pl} = \begin{cases} S_1^{\lambda_1 l} S_2^{\lambda_2 l} \cdots S_r^{\lambda_r l}, & \text{falls } r > 0 \\ E, & \text{falls } r = 0. \end{cases}$$

Wenn man die hier auftretenden Exponenten $\lambda_\varrho l$ durch p dividiert, ergeben sich gewisse Quotienten q_ϱ und Reste μ_ϱ, und es ist

$$\lambda_\varrho l = p q_\varrho + \mu_\varrho \qquad (0 \leqq \mu_\varrho \leqq p-1).$$

Setzt man dann

$$T_1 S_1^{-q_1} S_2^{-q_2} \cdots S_r^{-q_r} = T_2, \quad \text{falls } r > 0,$$
$$T_1 = T_2, \quad \text{falls } r = 0,$$

so ist auch T_2 nicht in $\mathfrak{U}$ enthalten [1]), und es ist

(9) $$T_2^p = \begin{cases} S_1^{\mu_1} S_2^{\mu_2} \cdots S_r^{\mu_r}, & \text{falls } r > 0 \\ E, & \text{falls } r = 0 \end{cases} \qquad (0 \leqq \mu_\varrho \leqq p-1).$$

Wenn in (9) alle Exponenten μ_ϱ gleich 0 sind oder $r = 0$ ist, so steht auf der rechten Seite einfach E, und man sieht sogleich, daß die Elemente

$$T_2, S_1, S_2, \ldots, S_k$$

eine Basis von $\mathfrak{G}$ bilden, da ja in der Formel (6) an Stelle von T auch jedes andere nicht in $\mathfrak{U}$ enthaltene Element von $\mathfrak{G}$, also auch T_2 stehen darf.

Wenn dagegen $r > 0$ und nicht alle Exponenten μ_ϱ in (9) gleich 0 sind, so können wir durch geeignete Numerierung der in (9) auftretenden S_ϱ erreichen, daß $\mu_1, \ldots, \mu_s$ von 0 verschieden sind, während die anderen μ_ϱ (falls $r > s$ ist) gleich 0 sind. Dann geht die Formel (9) über in

(10) $$T_2^p = S_1^{\mu_1} S_2^{\mu_2} \cdots S_s^{\mu_s} \qquad (1 \leqq \mu_\sigma \leqq p-1).$$

Durch passende Numerierung der in (10) noch vorkommenden S_σ läßt sich erreichen, daß die zugehörigen a_σ (S_σ ist von der Ordnung p^{a_σ}) nach abnehmender Größe geordnet sind:

---

[1]) Es ist nämlich $T_1 = T_2 S_r^{q_r} \cdots S_2^{q_2} S_1^{q_1}$ bzw. $T_1 = T_2$; wenn also T_2 in $\mathfrak{U}$ enthalten wäre, so wäre auch T_1 in $\mathfrak{U}$ enthalten, was aber nicht der Fall ist.

(11) $$a_1 \geqq a_2 \geqq \cdots \geqq a_s.$$

Da nun die Elemente (2) eine Basis von $\mathfrak{U}$ bilden, so ist die Potenz

$$T_2^{pl} = S_1^{\mu_1 l} S_2^{\mu_2 l} \cdots S_s^{\mu_s l}$$

dann und nur dann gleich E, wenn rechts jeder Faktor gleich E, wenn also l durch p^{a_1} teilbar ist; daher ist T_2 von der Ordnung p^{a_1+1}.

Nun wählen wir unter all denjenigen nicht in $\mathfrak{U}$ enthaltenen Elementen T_2 von $\mathfrak{G}$, für welche eine Formel der Gestalt (10) gilt und welche dann nach dem Bewiesenen von der Ordnung p^{a_1+1} sind, eines aus, bei dem in (10) der Exponent μ_1 möglichst klein ist; wir behaupten, daß dann $\mu_1 = 1$ ist. Wenn nämlich $\mu_1 > 1$, so sei m diejenige ganze Zahl, für welche $m - 1 < \frac{p}{\mu_1} < m$ ist, und sei demgemäß

(12) $$m\mu_1 = p + \nu_1, \text{ wobei } 1 \leqq \nu_1 < \mu_1.$$

Dividiert man dann, falls $s > 1$ ist, für $\sigma \geqq 2$ die Zahl $m\mu_\sigma$ durch p, so kann die Division nicht aufgehen, weil μ_σ und offenbar auch m kleiner als p, und es ist etwa

(13) $$m\mu_\sigma = q'_\sigma p + \nu_\sigma, \text{ wobei } 1 \leqq \nu_\sigma \leqq p - 1 \ (\sigma \geqq 2).$$

Setzt man jetzt

$$T_2^m S_1^{-q'_1} S_2^{-q'_2} \cdots S_s^{-q'_s} = T_3,$$

wobei $q'_1 = 1$, so ist auch T_3 nicht in $\mathfrak{U}$ enthalten, und es ist nach (10), (12), (13)

$$\begin{aligned} T_3^p &= S_1^{m\mu_1 - q'_1 p} S_2^{m\mu_2 - q'_2 p} \cdots S_s^{m\mu_s - q'_s p} \\ &= S_1^{\nu_1} S_2^{\nu_2} \cdots S_s^{\nu_s}, \qquad \text{wobei } 1 \leqq \nu_\sigma \leqq p - 1. \end{aligned}$$

Für T_3 gilt also auch eine Formel der Gestalt (10), wobei aber an Stelle von μ_1 ein kleinerer Exponent ν_1 (vgl. (12)) getreten ist, während doch μ_1 schon möglichst klein war. Die Annahme $\mu_1 > 1$ war also falsch, so daß in der Tat $\mu_1 = 1$ ist, wie behauptet war. Dann sieht man aber leicht, daß jetzt die Elemente

(14) $$T_2, S_2, S_3, \ldots, S_k$$

eine Basis von $\mathfrak{G}$ bilden[1]). Denn zunächst sind ihre Ordnungen lauter Primzahlpotenzen und das Produkt der Ordnungen ist gleich

$$p^{a_1+1} p_2^{a_2} p_3^{a_3} \cdots p_k^{a_k} = p\, p_1^{a_1} p_2^{a_2} \cdots p_k^{a_k} = p\, h = g,$$

also gleich der Ordnung von $\mathfrak{G}$. Ferner ist, da in der Formel (6) auch T_2 an Stelle von T stehen darf, jedes Element von $\mathfrak{G}$ in der Gestalt

$$T_2^{\lambda} S_1^{\lambda_1} S_2^{\lambda_2} \cdots S_k^{\lambda_k}$$

darstellbar und läßt sich mit Hilfe von (10), weil dort $\mu_1 = 1$ ist, umformen in

$$T_2^{\nu} S_2^{\nu_2} S_3^{\nu_3} \cdots S_k^{\nu_k}.$$

Hierbei kann man, da T_2 von der Ordnung p^{a_1+1} und $S_\varkappa$ von der Ordnung $p_\varkappa^{a_\varkappa}$ ist, die Exponenten ν bzw. $\nu_\varkappa$, indem man geeignete Multipla von p^{a_1+1}

[1]) Für $k = 1$ ist das so gemeint, daß T_2 für sich allein eine Basis von $\mathfrak{G}$ bildet.

bzw. $p_\varkappa^{a_\varkappa}$ addiert oder subtrahiert, auf das Intervall $(0, p^{a_1+1}-1)$ bzw. $(0, p_\varkappa^{a_\varkappa}-1)$ reduzieren. Die so entstehende Darstellung für jedes Element von $\mathfrak{G}$ ist aber auch nur auf eine Weise möglich. Denn wenn ein Element mehrere solche Darstellungen zuließe, so wäre die Anzahl der voneinander verschiedenen Elemente dieser Form kleiner als

$$p^{a_1+1} p_2^{a_2} \cdots p_k^{a_k} = g,$$

während doch alle g Elemente von $\mathfrak{G}$ in dieser Form enthalten sind. Damit ist die Basiseigenschaft des Systems (14) nachgewiesen.

III. Mit Hilfe einer Basis kann man für eine Abelsche Gruppe $\mathfrak{G}$ sofort eine Kompositionsreihe angeben. Denn offenbar bildet mit der Bezeichnung von Satz 66 die Menge derjenigen Gruppenelemente, bei denen für ein festes $\varkappa$ der Exponent $\lambda_\varkappa$ durch $p_\varkappa$ teilbar ist, eine Untergruppe $\mathfrak{G}_1$ vom Primzahlindex $p_\varkappa$, also eine m. a. Ug. von $\mathfrak{G}$. Für $\mathfrak{G}_1$ bilden die k Elemente

$$S_1, \ldots, S_{\varkappa-1}, S_\varkappa^{p_\varkappa}, S_{\varkappa+1}, \ldots, S_k,$$

von denen das Element $S_\varkappa^{p_\varkappa}$ im Fall $S_\varkappa^{p_\varkappa} = E$ wegzulassen ist, eine Basis, so daß man für $\mathfrak{G}_1$ sofort wieder eine m. a. Ug. $\mathfrak{G}_2$ angeben kann usw. Als Indexreihe einer Kompositionsreihe ergeben sich so die sämtlichen in der Ordnung von $\mathfrak{G}$ aufgehenden Primfaktoren, und zwar jeder so oft, wie er in der Ordnung enthalten ist. Man kann aber die Primfaktoren in beliebiger Reihenfolge erhalten.

§ 28. Hilfssätze aus der Zahlentheorie.

I. Wir wollen jetzt einige Sätze aus der elementaren Zahlentheorie herleiten, die wir zum Teil schon im nächsten Paragraphen, zum Teil erst in Kap. IV brauchen. Unter „Zahlen“ sind in diesem Paragraphen nur ganze rationale Zahlen zu verstehen; kleine lateinische Buchstaben bedeuten solche Zahlen.

Die wichtigsten Teilbarkeitsgesetze haben wir zwar schon wiederholt benutzt, weil wir sie als bekannt ansahen; doch seien auch deren Beweise der Vollständigkeit halber hier skizziert. Für zwei positive Zahlen a_1, a_2 führt der Euklidische Algorithmus

$$\begin{aligned} a_1 &= a_2 q_1 + a_3, \\ a_2 &= a_3 q_2 + a_4, \\ &\cdots\cdots\cdots \\ a_{n-1} &= a_n q_{n-1} + a_{n+1}, \\ a_n &= a_{n+1} q_n, \end{aligned}$$

wobei die Divisionsreste $a_3, a_4, \ldots$ stets abnehmen, so daß die Division einmal aufgehen muß, zum Begriff des größten gemeinsamen Teilers a_{n+1}, sowie zu der Erkenntnis, daß sich a_{n+1} in der Form $a_1 x + a_2 y$ darstellen läßt. Insbesondere gibt es also, wenn a_1, a_2 relativ prim sind, d. h. wenn ihr größter gemeinsamer Teiler gleich 1 ist, zwei Zahlen, x, y, für welche $a_1 x + a_2 y = 1$ ist. Daraus folgen die Sätze:

Wenn a_1 relativ prim zu a_2 und wenn das Produkt $a_1 b$ teilbar durch a_2 ist, so ist schon b teilbar durch a_2.

Wenn a_1 und a_1' relativ prim zu a_2, so ist das Produkt $a_1 a_1'$ ebenfalls relativ prim zu a_2.

Der Beweis des ersten Satzes ergibt sich aus

$$b = 1 \cdot b = (a_1 x + a_2 y)\, b = a_1 b \cdot x + a_2 \cdot y b\,,$$

weil ja rechts jeder Summand durch a_2 teilbar ist. Der Beweis des zweiten Satzes ergibt sich, wenn man die Gleichung $a_1 x = 1 - a_2 y$ mit der analogen $a_1' u = 1 - a_2 v$ multipliziert; es kommt

$$a_1 a_1' x u = 1 - a_2 (y + v - a_2 y v)\,,$$

so daß jeder gemeinsame Teiler von $a_1 a_1'$ und a_2 auch Teiler von 1 sein muß.

Aus dem ersten der bewiesenen Sätze ergibt sich leicht für jede Zahl, die größer als 1 ist, die eindeutige Zerlegbarkeit in Primfaktoren. Man vergleiche zu dieser Skizze die völlig analogen ausführlichen Beweise für die Sätze 77, 78, 80, 81, 84 in Bd. I.

II. Sei n eine Zahl größer als 1. Jede Zahl läßt dann, wenn man sie durch n dividiert, eine der Zahlen

$$(1) \qquad 0, 1, \ldots, n-1$$

als Rest. Die Menge aller Zahlen, die denselben Rest lassen, so daß die Differenz von je zweien durch n teilbar ist, heißt eine Restklasse nach dem Modul n; es gibt also n verschiedene Restklassen. Den Zusatz „nach dem Modul n" lassen wir hier und in ähnlichen Fällen, wo kein Zweifel über den Modul besteht, meistens weg. Ein System von n Zahlen, die den n verschiedenen Restklassen angehören, heißt ein vollständiges Restesystem (nach dem Modul n); beispielsweise bilden die Zahlen (1) ein solches, ebenso die Zahlen

$$(2) \qquad 1, 2, \ldots, n.$$

Wenn die n Zahlen $c_1, c_2, \ldots, c_n$ ein vollständiges Restesystem bilden, so bilden die Zahlen

$$a c_1 + b\,, \quad a c_2 + b, \ldots, a c_n + b\,,$$

wenn a relativ prim zum Modul n ist, ebenfalls ein vollständiges Restesystem. Denn wenn etwa $a c_\lambda + b$ und $a c_\mu + b$ derselben Restklasse angehören würden, so wäre die Differenz

$$(a c_\lambda + b) - (a c_\mu + b) = a (c_\lambda - c_\mu)$$

durch n teilbar; da aber a relativ prim zu n, so müßte schon $c_\lambda - c_\mu$ durch n teilbar sein, während doch c_λ und c_μ zwei verschiedenen Restklassen angehören.

Zwei Zahlen a_1, a_2, die der gleichen Restklasse angehören, heißen kongruent (nach dem Modul n), in Zeichen:

$$a_1 \equiv a_2 \pmod{n}.$$

Dieser Kongruenzbegriff ist offenbar reflexiv, symmetrisch und transitiv. Jede Zahl a ist genau einer der Zahlen (2) und einer der Zahlen (1) kongruent;

die Zahl der Reihe (2) bzw. (1), zu welcher a kongruent ist, heißt der kleinste positive bzw. nicht negative Rest von a (mod n). Zwei Zahlen a, b, die verschiedenen Restklassen angehören, heißen inkongruent, in Zeichen:

$$a \not\equiv b \pmod{n}.$$

Zwei Kongruenzen mit demselben Modul

$$a_1 \equiv a_2, \quad b_1 \equiv b_2 \pmod{n}$$

darf man addieren, subtrahieren und multiplizieren. In der Tat besagen die Kongruenzen soviel wie

$$a_1 = a_2 + kn, \quad b_1 = b_2 + ln,$$

und daraus folgt:

$$a_1 \pm b_1 = a_2 \pm b_2 + (k \pm l)\, n,$$
$$a_1 b_1 = a_2 b_2 + (a_2 l + b_2 k + kln)\, n,$$

woraus nach der Kongruenzdefinition folgt:

$$a_1 \pm b_1 \equiv a_2 \pm b_2 \pmod{n},$$
$$a_1 b_1 \equiv a_2 b_2 \pmod{n}.$$

Hierauf beruht das Rechnen mit Restklassen. Sind A, B zwei (gleiche oder verschiedene) Restklassen, und sind a bzw. b Zahlen aus A bzw. B, so gehört die Summe $a + b$ einer gewissen Restklasse an, die nach dem soeben Bewiesenen immer dieselbe ist, welche Zahl a aus A und welche Zahl b aus B wir auch wählen mögen. Diese eindeutig bestimmte Restklasse wird als die Summe $A + B$ definiert. In entsprechender Weise sind auch die Differenz $A - B$ und das Produkt AB zu definieren. Bezeichnet man die Restklasse, der die Zahl μ angehört, mit A_μ, wobei der Index auch durch jede zu μ kongruente Zahl ersetzt werden kann, so ist hiernach

(3) $\quad A_\mu + A_\nu = A_{\mu+\nu}, \quad A_\mu - A_\nu = A_{\mu-\nu}, \quad A_\mu A_\nu = A_{\mu\nu}.$

Für diese Rechenoperationen mit Restklassen gelten offenbar die zehn Ringgesetze (Bd. I, § 3). Um z. B. das Distributivgesetz

$$(A_\mu + A_\nu)\, A_\lambda = A_\mu A_\lambda + A_\nu A_\lambda$$

einzusehen, braucht man nur auf Grund der Formeln (3) zu beachten, daß die linke Seite gleich

$$A_{\mu+\nu} A_\lambda = A_{(\mu+\nu)\lambda}$$

und die rechte Seite gleich

$$A_{\mu\lambda} + A_{\nu\lambda} = A_{\mu\lambda+\nu\lambda}$$

ist.

Das 0-Element des Restklassenringes ist die Restklasse, der die Zahl 0 angehört; wir bezeichnen sie mit O. Der Ring hat die Individualeigenschaft, ein 1-Element zu besitzen, nämlich die Restklasse A_1, welcher die Zahl 1 angehört; wir bezeichnen sie mit E. In der Tat ist ja stets auf Grund der letzten Formel (3): $E A_\mu = A_1 A_\mu = A_\mu$.

Wenn der Modul n eine Primzahl ist, so gilt der Satz, daß es für zwei Restklassen A, B, falls $B \neq O$, stets eine und nur eine Restklasse X derart gibt, daß $BX = A$ ist; der Restklassenring ist also in diesem Fall ein Körper[1]).

Beweis. Eine Zahl b aus B ist, weil $B \neq O$, nicht durch n teilbar, also relativ prim zu n, weil n eine Primzahl. Daher gibt es Zahlen u, v, für welche $bu + nv = 1$ ist. Hieraus folgt durch Multiplikation mit einer Zahl a aus A:

$$b \cdot ua = a - va \cdot n$$

also auch

$$b \cdot ua \equiv a \pmod{n},$$

so daß die Restklasse X, der die Zahl ua angehört, jedenfalls der Gleichung $BX = A$ genügt. Es gibt aber keine andere Restklasse mehr, die dasselbe leistet. Denn wenn auch $BY = A$, so ist $B(Y - X) = A - A = O$; wenn daher b, x, y Zahlen aus B, X, Y sind, so ist $b(y - x)$ eine Zahl aus O, also durch n teilbar; weil aber b relativ prim zu n, so ist schon $y - x$ durch n teilbar, was soviel besagt wie: $Y = X$.

III. Wenn die Zahl a zum Modul n relativ prim ist, so sind alle Zahlen der Restklasse, welcher a angehört, also alle Zahlen der Form $a + kn$, offenbar auch relativ prim zu n. Man nennt daher die Restklasse selbst relativ prim zu n. Ein System von Zahlen, das aus jeder relativ primen Restklasse genau einen Vertreter enthält, heißt ein relativ primes Restesystem. Man erhält ein solches, wenn man aus einem vollständigen Restesystem, z. B. dem System (2), diejenigen Zahlen ausstreicht, die nicht relativ prim zum Modul sind; die übrig bleibenden bilden dann ein relativ primes Restesystem.

Die relativ primen Restklassen bilden in bezug auf die Multiplikation eine Abelsche Gruppe, deren Einheitselement die Restklasse E ist. In der Tat ist das Produkt von zwei zu n relativ primen Zahlen wieder zu n relativ prim; also ist das Produkt von zwei relativ primen Restklassen wieder eine relativ prime Restklasse. Daß das assoziative und kommutative Gesetz gelten, ist klar. Ferner ist die Zahl 1 relativ prim zu n, also ist E eine relativ prime Restklasse, und es ist $AE = EA = A$. Somit ist zur Gruppeneigenschaft nur noch erforderlich, daß zu jeder relativ primen Restklasse A eine relativ prime Restklasse X existiert, für welche $AX = E$ ist. Wenn aber a eine Zahl aus A, also relativ prim zu n, so gibt es zwei Zahlen x, y, für welche $ax + ny = 1$ ist, also

$$ax \equiv 1 \pmod{n},$$

und zwar ist x offenbar auch relativ prim zu n. Die Restklasse X, der die Zahl x angehört, leistet dann das Verlangte.

1) Auf diesen Körper wurde schon in Bd. I, Seite 7 hingewiesen. Die Restklassenringe und -körper benutzen wir aber nur im gegenwärtigen Paragraphen als Hilfsbegriffe. Späterhin wird der Begriff „Körper" wieder stets wie seither zu verstehen sein, nämlich so, daß das 0-Element und 1-Element des Körpers immer die wirklichen Zahlen 0 und 1 bedeuten (vgl. Bd. I, Seite 7). — Ebenso wird der Begriff „Ring" wie seither zu verstehen sein, so daß eine Summe der Form $\alpha + \alpha + \cdots + \alpha$ für $\alpha \neq 0$ nie gleich 0 ist (vgl. Bd. I, Seite 10).

Die Anzahl der relativ primen Restklassen nach dem Modul n, also die Ordnung der obigen Abelschen Gruppe, wird mit $\varphi(n)$ bezeichnet. Neben dem soeben für $n \geqq 2$ definierten Zeichen $\varphi(n)$ führt man außerdem das Zeichen $\varphi(1)$ in der Bedeutung $\varphi(1) = 1$ ein. Ist der Modul speziell eine Primzahl p, so sind nur die durch p teilbaren Zahlen nicht relativ prim zu p. Daher ist von den p Restklassen nur die Klasse O nicht relativ prim, so daß es noch $p - 1$ relativ prime Klassen gibt; demnach ist

(4) $$\varphi(p) = p - 1, \qquad \text{wenn } p \text{ eine Primzahl.}$$

Um $\varphi(n)$ auch für beliebiges n zu berechnen, setzen wir n irgendwie in die Form

$$n = p^\lambda m,$$

wo p eine Primzahl ist und m relativ prim zu p. Wir wollen dann aus dem vollständigen Restesystem

(5) $$1, 2, \ldots, n$$

diejenigen Zahlen ausstreichen, die zu n nicht relativ prim sind; die Anzahl der übrigbleibenden wird die gesuchte Zahl $\varphi(n)$ sein. Dabei sind zunächst diejenigen Zahlen zu streichen, die mit n den Primfaktor p gemein haben, also die Zahlen

(6) $$1 \cdot p,\ 2 \cdot p,\ \ldots,\ \frac{n}{p} \cdot p;$$

ihre Anzahl ist $\frac{n}{p}$. Sodann sind auch diejenigen Zahlen zu streichen, die mit n wenigstens einen von p verschiedenen Primfaktor gemein haben; das sind diejenigen, die nicht relativ prim zu m sind. Diese findet man leicht, wenn man die Zahlen (5) in dem rechteckigen Schema anschreibt

$$\begin{array}{cccc} 1, & 2, & \ldots, & m, \\ m+1, & m+2, & \ldots, & 2m, \\ \cdots & \cdots & \cdots & \cdots \\ \left(\frac{n}{m} - 1\right) \cdot m + 1, & \left(\frac{n}{m} - 1\right) \cdot m + 2, & \ldots, & \frac{n}{m} \cdot m, \end{array}$$

wobei in jeder Zeile ein vollständiges Restesystem nach dem Modul m steht. In jeder Zeile sind, ob nun $m > 1$ oder $m = 1$ ist[1]), genau $m - \varphi(m)$ Zahlen nicht relativ prim zu m und müssen gestrichen werden; im ganzen also

$$\frac{n}{m}\,[m - \varphi(m)]$$

Zahlen. Dabei waren aber diejenigen Zahlen, die zu m nicht relativ prim sind und außerdem den Faktor p haben, schon vorhin gestrichen worden, so daß wir die jetzige Streichung wieder zurücknehmen müssen. Es sind das die-

[1]) Hier ist zu beachten, daß wir $\varphi(1) = 1$ definiert haben. Zahlen, die zu 1 nicht relativ prim sind, gibt es nicht; die Anzahl der zu streichenden Zahlen ist im Fall $m = 1$ also gleich 0, und es ist auch $1 - \varphi(1) = 0$.

jenigen Zahlen des Systems (6), deren erster Faktor zu m nicht relativ prim ist. Diese ersten Faktoren sind aber die Zahlen

$$1, 2, \ldots, \frac{n}{p},$$

und die Anzahl der zu m nicht relativ primen berechnet sich analog wie vorhin bei den Zahlen (5), wobei nur $\frac{n}{p}$ an die Stelle von n tritt; sie ist also gleich

$$\frac{n}{pm}[m - \varphi(m)].$$

So groß ist daher die Anzahl der Streichungen, die zurückgenommen werden müssen. Die Anzahl $\varphi(n)$ der Zahlen, die im System (5) nach Vornahme der Streichungen und Zurücknahme der zuviel vorgenommenen Streichungen noch übrig bleiben, ist also

$$\begin{aligned}\varphi(n) &= n - \frac{n}{p} - \frac{n}{m}[m - \varphi(m)] + \frac{n}{pm}[m - \varphi(m)] \\ &= \frac{n}{pm}(p-1)\,\varphi(m) = p^{\lambda-1}(p-1)\,\varphi(m).\end{aligned}$$

Nun zerlegen wir die Zahl n in Primfaktoren

$$n = \prod_{\varkappa=1}^{k} p_\varkappa^{\lambda_\varkappa} \qquad (p_\varkappa \neq p_\lambda \text{ für } \varkappa \neq \lambda).$$

Nach dem soeben Bewiesenen ist dann

$$\varphi\Big(\prod_{\varkappa=1}^{k} p_\varkappa^{\lambda_\varkappa}\Big) = p_1^{\lambda_1-1}(p_1 - 1)\,\varphi\Big(\prod_{\varkappa=2}^{k} p_\varkappa^{\lambda_\varkappa}\Big),$$

wobei im Fall $k = 1$ der letzte Faktor durch $\varphi(1) = 1$ zu ersetzen ist. Für $k > 1$ kann man die Formel zur Reduktion der rechten Seite wiederholt anwenden und erhält so die von Euler gefundene Formel

$$\varphi\Big(\prod_{\varkappa=1}^{k} p_\varkappa^{\lambda_\varkappa}\Big) = \prod_{\varkappa=1}^{k} p_\varkappa^{\lambda_\varkappa-1}(p_\varkappa - 1). \tag{7}$$

IV. Da die relativ primen Restklassen eine Abelsche Gruppe der Ordnung $\varphi(n)$ bilden, so hat jede solche Klasse A als Gruppenelement nach § 23 III eine Ordnung k, die nach Satz 52 ein Teiler von $\varphi(n)$ ist. Dabei ist k definiert als der kleinste Exponent derart, daß $A^k = E$ ist, und eine Potenz A^l ist dann und nur dann gleich E, wenn l durch k teilbar ist[1]). Da insbesondere $\varphi(n)$ durch k teilbar, so ist

$$A^{\varphi(n)} = E. \tag{8}$$

Wenn der Modul speziell eine Primzahl p ist, besagt das:

$$A^{p-1} = E \qquad (\text{für den Primzahlmodul } p). \tag{9}$$

---

[1]) Man sagt auch von der Restklasse A oder vielmehr von den in A enthaltenen Zahlen a, daß sie zum Exponenten k gehören.

Geht man von den Restklassen zu den in ihnen enthaltenen Zahlen über, so erhält man den Fermatschen Satz:

(8a) $a^{\varphi(n)} \equiv 1 \pmod{n}$, wenn a relativ prim zu n;

(9a) $a^{p-1} \equiv 1 \pmod{p}$, wenn p Primzahl und a nicht durch p teilbar.

Hieraus folgt weiter

(9b) $a^p \equiv a \pmod{p}$, wenn p Primzahl,

und zwar für jede Zahl a, weil ja die durch (9a) nicht erfaßten Zahlen a durch p teilbar sind, so daß für sie beide Seiten in (9b) kongruent 0 sind.

V. Sind $A_0, A_1, \ldots, A_m$ gegebene Restklassen, so kann man nach einer Restklasse X fragen, welche der „Gleichung" genügt:

(10) $$A_0 X^m + A_1 X^{m-1} + \cdots + A_m = O.$$

Wenn $A_0 \neq O$, so heißt m der Grad der Gleichung.

Von jetzt an sei der Modul eine Primzahl p. Dann gilt der Satz, daß eine solche Gleichung m-ten Grades höchstens m verschiedene Lösungen hat [1]). Denn zunächst ist das für eine Gleichung ersten Grades $A_0 X + A_1 = O$ richtig, weil die Restklassen im Fall eines Primzahlmoduls einen Körper bilden, so daß die Gleichung sogar genau eine Lösung hat. Allgemein ergibt sich der Satz durch Schluß von $m-1$ auf m. Denn wenn er für Gleichungen vom Grad $m-1$ schon gilt, und wenn X_1, X_2 zwei verschiedene Lösungen von (10) sind, so ist

$$A_0(X_2^m - X_1^m) + A_1(X_2^{m-1} - X_1^{m-1}) + \cdots + A_{m-1}(X_2 - X_1) = O$$

oder, indem man durch den von O verschiedenen Faktor $X_2 - X_1$ dividiert (die Restklassen bilden ja einen Körper) und nach Potenzen von X_2 ordnet:

$$\begin{aligned} A_0 X_2^{m-1} + (A_0 X_1 + A_1) X_2^{m-2} + \cdots \\ + (A_0 X_1^{m-1} + A_1 X_1^{m-2} + \cdots + A_{m-1}) = O. \end{aligned}$$

Jede von X_1 verschiedene Lösung X_2 genügt also ein und derselben Gleichung vom Grad $m-1$. Für diese soll der Satz bereits gelten; daher gibt es höchstens $m-1$ von X_1 verschiedene, im ganzen also höchstens m Lösungen; w. z. b. w.

Die gefundene Maximalzahl von Lösungen wird bei der Gleichung

$$X^{p-1} - E = O$$

wirklich erreicht; denn diese hat nach (9) jede relativ prime Restklasse zur Lösung, und deren gibt es $p-1$. Zerlegt man $p-1$ irgendwie in zwei Faktoren: $p-1 = kq$, so gilt die Formel

$$X^{p-1} - E = (X^k - E)(X^{k(q-1)} + X^{k(q-2)} + \cdots + X^k + E).$$

Jede der $p-1$ relativ primen Restklassen muß also, da sie eine Lösung

[1]) Für $m \geqq p$ ist das trivial, weil es überhaupt nur p Restklassen gibt. Für $m < p$ ist die Behauptung bereits in Bd. I, Satz 28 enthalten, und der dortige Beweis bleibt in Geltung, weil die Restklassen einen Körper bilden und weil es mehr als m verschiedene Restklassen gibt. Wir wollen im Text aber doch noch einen neuen kurzen Beweis geben.

der Gleichung $X^{p-1} - E = O$ ist, wenigstens einer der folgenden beiden Gleichungen Genüge leisten[1]):

$$X^k - E = O,$$
$$X^{k(q-1)} + X^{k(q-2)} + \cdots + X^k + E = O.$$

Die erste hat aber höchstens k, die zweite höchstens $k(q-1)$ Lösungen, und da

$$k + k(q-1) = kq = p - 1$$

ist, muß die erste genau k und die zweite genau $k(q-1)$ Lösungen haben, und beide Gleichungen haben keine gemeinsame Lösung.

Zerlegt man k weiter in Faktoren: $k = rs$, so ist

$$X^k - E = (X^r - E)(X^{r(s-1)} + X^{r(s-2)} + \cdots + X^r + E),$$

und da die Gleichung $X^k - E = O$ genau k Lösungen hat, ergibt sich analog, daß von den beiden Gleichungen

$$X^r - E = O,$$
$$X^{r(s-1)} + X^{r(s-2)} + \cdots + X^r + E = O$$

die erste genau r, die zweite genau $r(s-1)$ Lösungen hat, und daß beide Gleichungen keine gemeinsame Lösung haben. Hierbei dürfen r, s irgend zwei Zahlen sein, deren Produkt ein Teiler von $p-1$ ist.

VI. Jetzt können wir unter Festhalten der Voraussetzung, daß der Modul eine Primzahl p ist, den wichtigen Satz beweisen, daß es (wenigstens) eine relativ prime Restklasse G von der Ordnung $p-1$ gibt. Das besagt dann, daß die Potenzen

$$E, G, G^2, \ldots, G^{p-2}$$

voneinander verschieden sind und folglich gerade die $p-1$ relativ primen Restklassen darstellen, so daß deren Gruppe zyklisch ist.

Zum Beweis zerlegen wir die Zahl $p-1$ in Primfaktoren:

$$(11) \qquad p - 1 = \prod_{\nu=1}^{n} q_\nu^{\lambda_\nu} \qquad (q_\nu \neq q_\mu \text{ für } \nu \neq \mu).$$

Wir setzen $q_\nu^{\lambda_\nu - 1} = n_\nu$ und bezeichnen mit A_ν eine der $n_\nu(q_\nu - 1)$ Lösungen der Gleichung

$$(12) \qquad X^{n_\nu(q_\nu-1)} + X^{n_\nu(q_\nu-2)} + \cdots + X^{n_\nu} + E = O.$$

Dann ist A_ν von der Ordnung $n_\nu q_\nu = q_\nu^{\lambda_\nu}$. Denn zunächst ist

$$A_\nu^{n_\nu q_\nu} - E = (A_\nu^{n_\nu} - E)(A_\nu^{n_\nu(q_\nu-1)} + \cdots + A_\nu^{n_\nu} + E) = (A_\nu^{n_\nu} - E) \cdot O = O;$$

also muß die Ordnung von A_ν ein Teiler von $n_\nu q_\nu = q_\nu^{\lambda_\nu}$ sein. Wäre sie nicht gleich $q_\nu^{\lambda_\nu}$, so müßte sie sogar ein Teiler von $q_\nu^{\lambda_\nu - 1} = n_\nu$ sein; also wäre A_ν eine Lösung der Gleichung

$$(13) \qquad X^{n_\nu} - E = O,$$

---

[1]) In einem Körper kann nämlich ein Produkt nur dann gleich dem 0-Element sein, wenn wenigstens einer der Faktoren gleich dem 0-Element ist. Das folgt aus den Körpergesetzen XII, VII, X, wie im letzten Satz von Bd. I, § 1 gezeigt ist.

was nicht möglich ist, da nach den Feststellungen oben in V die Gleichungen (12) und (13) keine gemeinsame Lösung haben können.

Nun sieht man leicht, daß das Produkt

$$G = \prod_{\nu=1}^{n} A_\nu$$

eine Restklasse der gesuchten Art, d. h. eine von der Ordnung $p-1$ ist. Andernfalls wäre die Ordnung nämlich ein echter Teiler von $p-1$, so daß für einen gewissen Index μ schon

$$G^{\frac{p-1}{q_\mu}} = E$$

wäre. Statt dessen ist aber zunächst nach (11) die Zahl

$$\frac{p-1}{q_\mu} \begin{cases} \text{teilbar durch } q_\nu^{\lambda_\nu} \text{ für } \nu \neq \mu \\ \text{nicht teilbar durch } q_\mu^{\lambda_\mu}; \end{cases}$$

somit, weil A_ν von der Ordnung $q_\nu^{\lambda_\nu}$ ist,

$$A_\nu^{\frac{p-1}{q_\mu}} \begin{cases} = E \text{ für } \nu \neq \mu \\ \neq E \text{ für } \nu = \mu, \end{cases}$$

und infolgedessen

$$G^{\frac{p-1}{q_\mu}} = \prod_{\nu=1}^{n} A_\nu^{\frac{p-1}{q_\mu}} \neq E.$$

VII. Gehen wir von den Restklassen zu den darin enthaltenen Zahlen über, so läßt sich das in VI gefundene Resultat auch folgendermaßen aussprechen:

Für jede Primzahl p gibt es (wenigstens) eine Zahl g derart, daß die Potenzen

$$1, g, g^2, \ldots, g^{p-2}$$

ein relativ primes Restesystem nach dem Modul p bilden und daß erst die Potenz g^{p-1} kongruent 1 ist.

Jede in der oben gefundenen Restklasse G enthaltene Zahl g hat nämlich diese Eigenschaft. Eine solche Zahl g nennt man eine primitive Kongruenzwurzel für den Modul p, weil sie zwar der nach dem Fermatschen Satz selbstverständlichen Kongruenz

$$g^{p-1} \equiv 1 \pmod{p}$$

genügt, aber nicht einer entsprechenden Kongruenz mit kleinerem Exponenten.

§ 29. Lineare Gruppen.

I. Eine interessante Klasse von Substitutionsgruppen sind die linearen Gruppen. Sei

$$\nu_1, \nu_2, \ldots, \nu_n$$

ein vollständiges Restesystem nach dem Modul n. Sind dann a, b zwei ganze Zahlen und zwar a relativ prim zu n, so bilden die Zahlen

$$a\nu_1 + b,\ a\nu_2 + b,\ \ldots,\ a\nu_n + b$$

nach § 28 II wieder ein vollständiges Restesystem. Daher steht in dem Zeichen

$$\begin{pmatrix} \nu_1 & , & \nu_2 & , \ldots, & \nu_n \\ a\nu_1 + b, & & a\nu_2 + b, & \ldots, & a\nu_n + b \end{pmatrix},$$

sobald man die Zahlen ν_λ und $a\nu_\lambda + b$ durch ihre kleinsten positiven Reste mod n ersetzt, in jeder Zeile eine Permutation der Zahlen $1, 2, \ldots, n$. Das Zeichen ist also dann eine Substitution der Ziffern $1, 2, \ldots, n$. Sie ist offenbar unabhängig von der Wahl des vollständigen Restesystems; denn wenn man ν_λ durch eine kongruente Zahl ersetzt, so geht auch $a\nu_\lambda + b$ in eine kongruente über, so daß der kleinste positive Rest derselbe bleibt. Die Substitution hängt also nur von a und b ab, weshalb wir sie durch $S_{a,b}$ bezeichnen. Wir schreiben kurz [1]):

$$(1) \qquad S_{a\,b} = \begin{pmatrix} \nu \\ a\nu + b \end{pmatrix},$$

wobei dann, nachdem ν ein vollständiges Restesystem mod n durchlaufen hat, alle ν und $a\nu + b$ durch ihre kleinsten positiven Reste zu ersetzen sind.

Wenn a und b durch kongruente Zahlen ersetzt werden, so bleibt die Substitution $S_{a,b}$ offenbar dieselbe, so daß wir uns auf die Substitutionen

$$(2) \qquad S_{a,b} \qquad (a = a_1, a_2, \ldots, a_r;\ b = 0, 1, \ldots, n-1)$$

beschränken dürfen, wo $a_1, a_2, \ldots, a_r$ das System der kleinsten positiven relativ primen Reste mod n ist. Die Anzahl r ist gleich $\varphi(n)$; die Anzahl der Substitutionen (2) also gleich $n\,\varphi(n)$. Diese Substitutionen sind aber auch wirklich alle voneinander verschieden. Denn wenn

$$S_{a,b} = S_{c,d},$$

so muß für alle ν

$$a\nu + b \equiv c\nu + d \qquad (\text{mod } n)$$

sein. Speziell für $\nu = 0$ folgt hieraus:

$$b \equiv d \ (\text{mod } n), \text{ also } b = d,$$

und für $\nu = 1$ folgt dann:

$$a \equiv c \ (\text{mod } n), \text{ also } a = c.$$

Für das Produkt von zwei solchen Substitutionen findet man:

$$S_{a,b}\,S_{c,d} = \begin{pmatrix} \nu \\ a\nu + b \end{pmatrix}\begin{pmatrix} \mu \\ c\mu + d \end{pmatrix} = \begin{pmatrix} \nu \\ a\nu + b \end{pmatrix}\begin{pmatrix} a\nu + b \\ c\,(a\nu + b) + d \end{pmatrix}$$
$$= \begin{pmatrix} \nu \\ ac\nu + bc + d \end{pmatrix}.$$

Es ist also

$$(3) \qquad S_{a,b}\,S_{c,d} = S_{ac,\,bc+d},$$

wobei die Indizes rechts durch ihre kleinsten nicht negativen Reste zu ersetzen

---

[1]) Eine Verwechselung mit Binomialkoeffizienten ist hier wohl nicht zu befürchten.

sind. Die Formel (3) lehrt, daß die $n\,\varphi(n)$ Substitutionen (2) eine Gruppe bilden. Wir nennen sie die **lineare Hauptgruppe** n-ten Grades, während ihre Untergruppen schlechthin als **lineare Gruppen** n-ten Grades bezeichnet werden sollen.

Wegen der Gruppeneigenschaft muß unter den $S_{a,b}$ auch die Substitution E vorkommen; in der Tat ist offenbar

$$S_{1,0} = E. \tag{4}$$

II. Wir betrachten jetzt zwei Beispiele.

Erstes Beispiel: $n = 4$. Die kleinsten positiven relativ primen Reste mod 4 sind 1, 3. Also handelt es sich um die Substitutionen

$$S_{1,b} = \begin{pmatrix} \nu \\ \nu + b \end{pmatrix} = (1, 2, 3, 4)^b,$$

$$S_{3,b} = \begin{pmatrix} \nu \\ 3\nu + b \end{pmatrix} = \begin{pmatrix} \nu \\ 3\nu \end{pmatrix}\begin{pmatrix} 3\nu \\ 3\nu + b \end{pmatrix} = (1, 3)\,(1, 2, 3, 4)^b,$$

wo b die Werte 0, 1, 2, 3 durchläuft. Die lineare Hauptgruppe vierten Grades ist also:

$$\begin{aligned} E &+ (1, 2, 3, 4) + (1, 3)\,(2, 4) + (1, 4, 3, 2) \\ &+ (1, 3) + (1, 4)\,(2, 3) + (2, 4) + (1, 2)\,(3, 4); \end{aligned}$$

diese Gruppe von der Ordnung 8 ist uns bereits auf Seite 113 begegnet.

Zweites Beispiel: $n = 5$. Hier handelt es sich um die Substitutionen

$$S_{1,b} = \begin{pmatrix} \nu \\ \nu + b \end{pmatrix} = (1, 2, 3, 4, 5)^b,$$

$$S_{4,b} = \begin{pmatrix} \nu \\ 4\nu + b \end{pmatrix} = \begin{pmatrix} \nu \\ 4\nu \end{pmatrix}\begin{pmatrix} 4\nu \\ 4\nu + b \end{pmatrix} = (1, 4)\,(2, 3)\,(1, 2, 3, 4, 5)^b,$$

$$S_{2,b} = \begin{pmatrix} \nu \\ 2\nu + b \end{pmatrix} = \begin{pmatrix} \nu \\ 2\nu \end{pmatrix}\begin{pmatrix} 2\nu \\ 2\nu + b \end{pmatrix} = (1, 2, 4, 3)\,(1, 2, 3, 4, 5)^b,$$

$$S_{3,b} = \begin{pmatrix} \nu \\ 3\nu + b \end{pmatrix} = \begin{pmatrix} \nu \\ 3\nu \end{pmatrix}\begin{pmatrix} 3\nu \\ 3\nu + b \end{pmatrix} = (1, 3, 4, 2)\,(1, 2, 3, 4, 5)^b,$$

wo b die Werte 0, 1, 2, 3, 4 durchläuft. Die lineare Hauptgruppe vom Grad 5 ist also:

$$\begin{aligned} E &+ (1, 2, 3, 4, 5) + (1, 3, 5, 2, 4) + (1, 4, 2, 5, 3) + (1, 5, 4, 3, 2) \\ &+ (1, 4)\,(2, 3) + (1, 5)\,(2, 4) + (2, 5)\,(3, 4) + (1, 2)\,(3, 5) + (1, 3)\,(4, 5) \\ &+ (1, 2, 4, 3) + (1, 3, 2, 5) + (1, 4, 5, 2) + (1, 5, 3, 4) + (2, 3, 5, 4) \\ &+ (1, 3, 4, 2) + (1, 4, 3, 5) + (1, 5, 2, 3) + (2, 4, 5, 3) + (1, 2, 5, 4). \end{aligned}$$

Sie ist von der Ordnung 20. Man sieht leicht, daß die ersten 10 Substitutionen (und nur diese) der alternierenden Gruppe angehören, also zusammen eine Gruppe der Ordnung 10 bilden.

III. Nach (3) ist speziell

$$S_{a,0}\,S_{c,0} = S_{ac,0}. \tag{5}$$

Daher bilden die $\varphi(n)$ Substitutionen der Form $S_{a,0}$ für sich schon eine Gruppe $\mathfrak{G}_0$, und zwar eine mit der Gruppe der relativ primen Restklassen (vgl. Seite 142) isomorphe Abelsche Gruppe, wobei der Substitution $S_{a,0}$ die Restklasse zugeordnet ist, der die Zahl a angehört. Ist

(6) $$\mathfrak{G}_0, \mathfrak{G}_1, \ldots, \mathfrak{G}_k$$

eine Kompositionsreihe von $\mathfrak{G}_0$ und ist

(7) $$j_1, j_2, \ldots, j_k$$

die zugehörige Indexreihe, so sind die j_ν nach Satz 65 lauter Primzahlen, deren Produkt gleich der Ordnung von $\mathfrak{G}_0$, also gleich $\varphi(n)$ ist. Indem wir die Ordnung von $\mathfrak{G}_\nu$ mit g_ν bezeichnen, können wir bei passender Numerierung des relativ primen Restesystems $a_1, a_2, \ldots, a_r$, wo $r = \varphi(n)$ ist, setzen:

(8) $$\mathfrak{G}_\nu = \sum_{\varrho=1}^{g_\nu} S_{a_\varrho, 0}.$$

Offenbar ist

(9) $$\begin{cases} g_\nu = j_{\nu+1} j_{\nu+2} \cdots j_k \quad (\text{für } \nu = 0, 1, \ldots, k-1), \\ g_k = 1. \end{cases}$$

Da $\mathfrak{G}_\nu$ eine Gruppe ist, müssen nach (5) die g_ν Zahlen

$$a_\varrho \qquad (\varrho = 1, 2, \ldots, g_\nu)$$

so beschaffen sein, daß das Produkt von je zweien wieder einer von ihnen kongruent (mod n) ist. Dann erweist sich aber auf Grund der Produktregel (3) der Komplex

(10) $$\mathfrak{H}_\nu = \sum_{\varrho=1}^{g_\nu} \sum_{\beta=0}^{n-1} S_{a_\varrho, \beta}$$

ebenfalls als eine Gruppe und zwar von der Ordnung

(11) $$h_\nu = n g_\nu.$$

Offenbar ist $\mathfrak{H}_0$ die lineare Hauptgruppe, und im übrigen ist $\mathfrak{H}_\nu$ eine Untergruppe von $\mathfrak{H}_{\nu-1}$, und zwar vom Index

$$\frac{h_{\nu-1}}{h_\nu} = \frac{g_{\nu-1}}{g_\nu} = j_\nu.$$

Wir beweisen aber weiter, daß $\mathfrak{H}_\nu$ eine a. Ug. von $\mathfrak{H}_{\nu-1}$ ist, und weil der Index j_ν eine Primzahl ist, sogar eine m. a. Ug. Es ist nämlich für jedes $S_{a,b}$

$$S_{a,b}\mathfrak{H}_\nu = \sum_{\varrho=1}^{g_\nu} \sum_{\beta=0}^{n-1} S_{a,b} S_{a_\varrho,\beta} = \sum_{\varrho=1}^{g_\nu} \sum_{\beta=0}^{n-1} S_{a a_\varrho, b a_\varrho + \beta} = \sum_{\varrho=1}^{g_\nu} \sum_{\gamma=0}^{n-1} S_{a a_\varrho, \gamma},$$

$$\mathfrak{H}_\nu S_{a,b} = \sum_{\varrho=1}^{g_\nu} \sum_{\beta=0}^{n-1} S_{a_\varrho,\beta} S_{a,b} = \sum_{\varrho=1}^{g_\nu} \sum_{\beta=0}^{n-1} S_{a_\varrho a, \beta a + b} = \sum_{\varrho=1}^{g_\nu} \sum_{\gamma=0}^{n-1} S_{a_\varrho a, \gamma},$$

weil ja mit β zugleich auch $b a_\varrho + \beta$ und $\beta a + b$ je ein vollständiges Restesystem (mod n) durchlaufen. Daher ist $S_{a,b}\mathfrak{H}_\nu = \mathfrak{H}_\nu S_{a,b}$, was besagt, daß $\mathfrak{H}_\nu$ eine a. Ug. der linearen Hauptgruppe $\mathfrak{H}_0$, also erst recht von $\mathfrak{H}_{\nu-1}$ ist.

Hiernach ist nun die Reihe

(12) $$\mathfrak{H}_0, \mathfrak{H}_1, \ldots, \mathfrak{H}_k$$

der Beginn einer Kompositionsreihe von $\mathfrak{H}_0$, und die zugehörige Indexreihe ist die Reihe (7). Die letzte Gruppe $\mathfrak{H}_k$ ist aber, weil in der Kompositionsreihe (6) natürlich $\mathfrak{G}_k = \mathfrak{E} = S_{1,0}$ ist, die folgende:

$$\mathfrak{H}_k = \sum_{\beta=0}^{n-1} S_{1,\beta} = \sum_{\beta=0}^{n-1} (1, 2, 3, \ldots, n)^\beta.$$

Das ist eine zyklische, also gewiß Abelsche Gruppe, so daß die zu einer Kompositionsreihe von $\mathfrak{H}_k$ gehörige Indexreihe lauter Primzahlen enthält. Wenn man daher die Reihe (12) zu einer vollen Kompositionsreihe von $\mathfrak{H}_0$ ergänzt, so kommen zu der Indexreihe (7) nur noch weitere Primzahlen hinzu. Somit ist $\mathfrak{H}_0$ metazyklisch. Nach Satz 61 ist dann aber auch jede von $\mathfrak{E}$ verschiedene Untergruppe von $\mathfrak{H}_0$, also jede lineare Gruppe, metazyklisch. Also folgt

Satz 67. *Jede von der Einheitsgruppe $\mathfrak{E}$ verschiedene lineare Gruppe ist metazyklisch.*

Bei der linearen Hauptgruppe vom Grad 4 (erstes Beispiel S. 149) bilden die vier Substitutionen der ersten Zeile eine m. a. Ug. vom Index 2; von dieser ist $E + (1, 3)\,(2, 4)$ eine m. a. Ug. vom Index 2, und von dieser letzten ist schließlich $\mathfrak{E}$ eine m. a. Ug. vom Index 2. Die Indexreihe ist also: 2, 2, 2.

Bei der linearen Hauptgruppe vom Grad 5 (zweites Beispiel S. 149) bilden die zehn Substitutionen der ersten zwei Zeilen eine m. a. Ug. vom Index 2; von dieser bilden die fünf Substitutionen der ersten Zeile wieder eine m. a. Ug. vom Index 2, und von dieser letzten ist schließlich $\mathfrak{E}$ eine m. a. Ug. vom Index 5. Die Indexreihe ist also: 2, 2, 5.

IV. In gewissen Fällen läßt sich der Satz 67 umkehren. Es gilt nämlich der

Satz 68. *Eine metazyklische Substitutionsgruppe n-ten Grades ist, wenn sie transitiv und wenn n eine Primzahl ist, bei passender Numerierung der Ziffern eine lineare Gruppe.*

Die Voraussetzung, daß n eine Primzahl ist, kann dabei nicht entbehrt werden. Denn z. B. für $n = 4$ ist die symmetrische Gruppe metazyklisch (§ 26 I), aber nicht linear, weil die lineare Hauptgruppe nur von der Ordnung 8 ist. Die Voraussetzung der Transitivität (§ 22 IV) ist ebenfalls notwendig. Denn z. B. die symmetrische Substitutionsgruppe vierten Grades, deren Ordnung gleich 24 ist, kann als intransitive Substitutionsgruppe fünften Grades angesehen werden, wobei jede Substitution die Ziffer 5 durch sich selbst ersetzt; sie ist dann aber keine lineare Gruppe, weil die lineare Hauptgruppe fünften Grades nur von der Ordnung 20 ist.

Um nun den Beweis von Satz 68 vorzubereiten, beweisen wir zuerst den

Satz 69. *Ist $\mathfrak{U}$ eine von der Einheitsgruppe $\mathfrak{E}$ verschiedene ausgezeichnete Untergruppe einer transitiven Substitutionsgruppe $\mathfrak{G}$, deren Grad n eine Primzahl ist, so ist $\mathfrak{U}$ transitiv.*

Nehmen wir im Gegenteil an, $\mathfrak{U}$ wäre intransitiv. Dann gibt es zwei Ziffern a_1, b_1 derart, daß $\mathfrak{U}$ keine Substitution enthält, die a_1 durch b_1 ersetzt. Sind daher

(13) $$a_1, a_2, \ldots, a_m$$

diejenigen Ziffern, durch welche die verschiedenen Substitutionen von $\mathfrak{U}$ die Ziffer a_1 ersetzen, und ist demgemäß

$$S_\mu \qquad (\mu = 1, 2, \ldots, m)$$

eine Substitution von $\mathfrak{U}$, welche a_1 durch a_μ ersetzt, so ist $m < n$. Man sieht leicht, daß jede Substitution von $\mathfrak{U}$ jede Ziffer der Reihe (13) wieder durch eine Ziffer dieser Reihe ersetzt. Denn gäbe es in $\mathfrak{U}$ eine Substitution U, welche etwa a_μ durch eine nicht in (13) enthaltene Ziffer b ersetzt, so würde die Substitution $S_\mu U$ die Ziffer a_1 durch b ersetzen, während doch in Wahrheit keine Substitution von $\mathfrak{U}$ das tut.

Nun sei b_1 eine in der Reihe (13) nicht enthaltene Ziffer. Da $\mathfrak{G}$ transitiv, so gibt es in $\mathfrak{G}$ eine Substitution G, welche a_1 durch b_1 ersetzt; diese ersetzt dann die anderen a_ν durch gewisse Ziffern b_ν, und wir können schreiben:

$$G = \begin{pmatrix} a_1, a_2, \ldots, a_m, \ldots \\ b_1, b_2, \ldots, b_m, \ldots \end{pmatrix}.$$

Da $\mathfrak{U}$ eine a. Ug. von $\mathfrak{G}$, so ist $G^{-1}\mathfrak{U}G = \mathfrak{U}$. Jede Substitution von $\mathfrak{U}$ entsteht also, da sie auch der Gruppe $G^{-1}\mathfrak{U}G$ angehört, aus einer Substitution von $\mathfrak{U}$ durch „Umnumerierung mittels G" (§ 19 IV) und ersetzt daher jede Ziffer der Reihe

(13′) $$b_1, b_2, \ldots, b_m$$

wieder durch eine Ziffer dieser Reihe; speziell die Substitution $G^{-1}S_\mu G$ ersetzt b_1 durch b_μ. Daraus folgt aber, daß die Reihen (13) und (13′) keine gemeinsamen Ziffern haben. Denn wäre etwa $a_\mu = b_\nu$, so würde die in $\mathfrak{U}$ enthaltene Substitution

$$S_\mu(G^{-1}S_\nu G)^{-1} = \begin{pmatrix} a_1, \ldots \\ a_\mu, \ldots \end{pmatrix}\begin{pmatrix} b_1, \ldots \\ b_\nu, \ldots \end{pmatrix}^{-1} = \begin{pmatrix} a_1, \ldots \\ b_\nu, \ldots \end{pmatrix}\begin{pmatrix} b_\nu, \ldots \\ b_1, \ldots \end{pmatrix} = \begin{pmatrix} a_1, \ldots \\ b_1, \ldots \end{pmatrix}$$

die Ziffer a_1 durch b_1 ersetzen, während doch eine solche Substitution in $\mathfrak{U}$ nicht vorhanden ist.

Ist c_1 eine in den Reihen (13) und (13′) nicht enthaltene Ziffer, so kann man auf gleiche Weise eine neue Reihe

(13″) $$c_1, c_2, \ldots, c_m$$

angeben, die mit keiner der Reihen (13), (13′) eine Ziffer gemein hat. So fortfahrend erkennt man, daß die n Ziffern sich in Reihen von je m gruppieren lassen. Es ist also m ein Teiler von n; da aber n Primzahl und $m < n$ ist, muß $m = 1$ sein. In den Reihen (13), (13′) usw. steht also nur je eine Ziffer, und die Zahl dieser Reihen ist dann gleich n. Daher wird jede Substitution von $\mathfrak{U}$ die Ziffer a_1 wieder durch a_1 ersetzen, ebenso b_1 durch b_1 usw. Es wird also jede Ziffer durch sich selbst ersetzt, und folglich ist $\mathfrak{U} = \mathfrak{E}$, was der Voraussetzung widerspricht. Die Annahme der Intransitivität war also falsch.

Um jetzt auch Satz 68 zu beweisen, sei $\mathfrak{G}_0$ eine metazyklische transitive Substitutionsgruppe n-ten Grades, wo n Primzahl, und sei

(14) $\mathfrak{G}_0, \mathfrak{G}_1, \ldots, \mathfrak{G}_{k-1}, \mathfrak{G}_k,$

eine Kompositionsreihe von $\mathfrak{G}_0$. Dann ist $\mathfrak{G}_k = \mathfrak{E}$, während $\mathfrak{G}_1, \mathfrak{G}_2, \ldots, \mathfrak{G}_{k-1}$ sich nach Satz 69 der Reihe nach als transitiv erweisen. Da $\mathfrak{G}_0$ metazyklisch ist, muß insbesondere der Index von $\mathfrak{G}_k$ in bezug auf $\mathfrak{G}_{k-1}$, also die Ordnung von $\mathfrak{G}_{k-1}$, eine Primzahl p sein. Daher ist $\mathfrak{G}_{k-1}$ zyklisch[1]):

(15) $$\mathfrak{G}_{k-1} = E + T + T^2 + \cdots + T^{p-1}.$$

Stellt man T durch Zyklen dar, so können, weil T von der Primzahlordnung p ist, nur p-gliedrige Zyklen vorkommen. Da aber $\mathfrak{G}_{k-1}$ transitiv, kann p nicht kleiner als n sein. Somit ist $p = n$, und T ist ein einziger n-gliedriger Zyklus. Bei geeigneter Numerierung der Ziffern können wir also setzen:

$$T = (1, 2, 3, \ldots, n) = \binom{\nu}{\nu + 1} = S_{1,1}.$$

Dann ist

$$T^b = \binom{\nu}{\nu + b} = S_{1,b},$$

also nach (15) und, weil dort $p = n$ ist,

(16) $$\mathfrak{G}_{k-1} = \sum_{b=0}^{n-1} \binom{\nu}{\nu + b} = \sum_{b=0}^{n-1} S_{1,b}.$$

Hiernach ist $\mathfrak{G}_{k-1}$ eine lineare Gruppe, und zum Beweis von Satz 68 wird es jetzt genügen, noch folgendes nachzuweisen: Wenn eine der Gruppen (14) linear ist, so ist die vorausgehende auch linear.

Nehmen wir also an, für ein gewisses $\lambda (< k)$ sei $\mathfrak{G}_\lambda$ linear. Wegen (16) enthält $\mathfrak{G}_\lambda$ jedenfalls die Substitution $S_{1,1}$. Ist nun

(17) $$U = \begin{pmatrix} 1, & 2, & \ldots, & n \\ c_1, & c_2, & \ldots, & c_n \end{pmatrix}$$

eine beliebige Substitution von $\mathfrak{G}_{\lambda-1}$, so muß, weil $\mathfrak{G}_\lambda$ eine a. Ug. von $\mathfrak{G}_{\lambda-1}$ ist, die Substitution $U^{-1} S_{1,1} U$ ebenfalls zu $\mathfrak{G}_\lambda$ gehören, also, weil $\mathfrak{G}_\lambda$ linear ist, gleich einem $S_{a,b}$ sein:

(18) $$U^{-1} S_{1,1} U = S_{a,b}.$$

Hieraus folgt durch Erheben zur n-ten Potenz:

(19) $$S_{a,b}^n = U^{-1} S_{1,1}^n U = U^{-1} E U = E = S_{1,0}.$$

Aus dem Multiplikationsgesetz (3) ersieht man aber sofort, daß $S_{a,b}^n$ die Form $S_{a^n,c}$ hat. Wegen (19) muß dann $S_{a^n,c} = S_{1,0}$, also gewiß

$$a^n \equiv 1 \pmod{n}$$

sein, und folglich mit Benutzung des Fermatschen Satzes (Fl. (9b) Seite 145) auch

---

[1]) Eine Gruppe von Primzahlordnung p ist immer zyklisch; denn ein von E verschiedenes Gruppenelement T muß nach Satz 52 ebenfalls von der Ordnung p sein, so daß die Gruppe einfach die folgende ist:

$$E + T + T^2 + \cdots + T^{p-1}$$

$$a \equiv 1 \pmod{n}.$$

Die Formel (18) geht hiernach über in:

$$U^{-1} S_{1,1} U = S_{1,b},$$

oder ausführlicher nach (17):

$$\begin{pmatrix} c_1, c_2, \ldots, c_n \\ 1, 2, \ldots, n \end{pmatrix} \begin{pmatrix} 1, 2, \ldots, n-1, n \\ 2, 3, \ldots, \quad n, \quad 1 \end{pmatrix} \begin{pmatrix} 1, 2, \ldots, n \\ c_1, c_2, \ldots, c_n \end{pmatrix} = S_{1,b} = \begin{pmatrix} \nu \\ \nu + b \end{pmatrix};$$

oder also:

$$\begin{pmatrix} c_1, c_2, \ldots, c_{n-1}, c_n \\ c_2, c_3, \ldots, c_n \quad, c_1 \end{pmatrix} = \begin{pmatrix} \nu \\ \nu + b \end{pmatrix}.$$

Daher ist für $\nu = 2, 3, \ldots, n$

$$c_\nu \equiv c_{\nu-1} + b \pmod{n}.$$

Setzt man hier für ν der Reihe nach die Zahlen $2, 3, \ldots, \nu$, so folgt durch Addition:

$$c_\nu \equiv b\nu + c_1 - b \pmod{n} \tag{20}$$

zunächst für $\nu = 2, 3, \ldots, n$; doch gilt die Formel offenbar auch für $\nu = 1$. Da die c_ν voneinander verschieden sind, ist b relativ prim zu n.

Setzt man nun (20) in (17) ein, so erhält man:

$$U = \begin{pmatrix} \nu \\ b\nu + c_1 - b \end{pmatrix} = S_{b, c_1 - b}.$$

Hiernach ist, da U jede beliebige Substitution von $\mathfrak{G}_{\lambda-1}$ sein durfte, $\mathfrak{G}_{\lambda-1}$ eine lineare Gruppe; w. z. b. w.

§ 30. Polyedergruppen.

I. Felix Klein hat einige Substitutionsgruppen in eigentümlicher Weise geometrisch interpretiert[1]). Zu ihnen gehört insbesondere die alternierende Gruppe fünften Grades, weshalb diese Untersuchungen für die Theorie der Gleichungen fünften Grades wichtig sind.

Im Raum seien n Punkte, die wir mit $1, 2, \ldots, n$ bezeichnen, starr miteinander verbunden. Wenn wir dieses starre System so bewegen können, daß jeder der n Punkte nach der Bewegung einen Platz einnimmt, der auch vorher von einem der n Punkte besetzt war, so werden dadurch die Punkte permutiert, es entsteht eine Substitution. Alle so entstehenden Substitutionen bilden offenbar eine Gruppe, weil das Ergebnis von zwei nacheinander ausgeführten Bewegungen, die das Punktsystem mit sich selbst zur Deckung bringen (das Produkt der betreffenden Substitutionen), wieder eine derartige Bewegung ist.

Ein sehr einfaches hier in Betracht kommendes Punktsystem ist das reguläre n-Eck. Die Ecken $1, 2, \ldots, n$ seien in der Reihenfolge numeriert, wie man sie beim Umlaufen antrifft. Das n-Eck kommt zunächst mit sich

[1]) F. Klein: Vorlesungen über das Ikosaeder und die Auflösung der Gleichungen vom fünften Grade. Leipzig 1884.

selbst zur Deckung durch Drehung in seiner Ebene um seinen Mittelpunkt; dadurch entstehen die Substitutionen

$$(1) \qquad E, S, S^2, \ldots, S^{n-1},$$

wobei

$$(2) \qquad S = (1, 2, \ldots, n)$$

ist. Das n-Eck kommt aber auch mit sich zur Deckung, indem man es um eine Gerade, die den Mittelpunkt mit einer Ecke verbindet, um 180° umklappt und dann wieder in seiner Ebene dreht. Dadurch entstehen die Substitutionen

$$(3) \qquad T, TS, TS^2, \ldots, TS^{n-1},$$

wobei T etwa die Umklappung um die Verbindungsgerade des Mittelpunktes mit der Ecke 1 bedeuten darf:

$$(4) \qquad T = \begin{pmatrix} 1, 2, & 3 & , \ldots, n \\ 1, n, & n-1 & , \ldots, 2 \end{pmatrix}.$$

Damit sind aber alle Lagen des n-Ecks, die sich mit seiner ursprünglichen Lage decken, erschöpft. Die gesamte aus den Substitutionen (1) und (3) bestehende Gruppe von der Ordnung $2n$ bezeichnet Klein als Diedergruppe. Er denkt sich nämlich die Polygonfläche mit zwei Häuten bedeckt, die am Rande zusammengenäht sind. So entsteht ein gewissermaßen unendlich dünnes zweiflächiges Polyeder (Dieder). Bei den Bewegungen, die den Substitutionen (1) entsprechen, geht jede Haut in sich über; bei den Substitutionen (3) werden die beiden Häute miteinander vertauscht.

II. Zu interessanteren Gruppen gelangt man durch die regulären Polyeder. Wir betrachten zunächst das Tetraeder; seine Ecken bezeichnen wir mit 1, 2, 3, 4. Das Tetraeder kann man auf 12 Arten mit sich selbst zur Deckung bringen, indem man die Ecke 1 in die Lage von jeder der vier Ecken bringen und es dann noch um die durch 1 gehende Höhe um 0°, 120°, 240° herumdrehen kann; das gibt $4 \cdot 3 = 12$ Möglichkeiten. Somit ist die Tetraedergruppe eine Substitutionsgruppe zwölfter Ordnung und vierten Grades. Man sieht leicht, daß es die alternierende Gruppe vierten Grades ist. Denn eine Bewegung, die das Tetraeder mit sich selbst zur Deckung bringt, ist entweder gleichbedeutend mit einer Drehung um eine Höhe herum, was aber einen dreigliedrigen Zyklus, also eine Substitution der alternierenden Gruppe liefert, oder mit einer Drehung um die Verbindungslinie der Mittelpunkte von zwei gegenüberliegenden Kanten; das liefert aber, wenn es sich etwa um die Kanten $\overline{1, 2}$ und $\overline{3, 4}$ handelt, die Substitution (1, 2) (3, 4), also wieder eine der alternierenden Gruppe.

Das Tetraeder hat sechs Kanten, die bei den Drehungen ebenfalls permutiert werden, und zwar entspricht jeder der zwölf Tetraederlagen umkehrbar eindeutig eine ganz bestimmte Kantenanordnung. Daher ist die Tetraedergruppe auch mit einer gewissen Substitutionsgruppe vom Grad 6 isomorph.

III. Wir wenden uns jetzt zum Hexaeder (Würfel). Dieses hat acht Ecken $1, 2, \ldots, 8$. Das Hexaeder läßt sich auf 24 Arten mit sich selbst zur Deckung bringen, indem man die Ecke 1 in die Lage von jeder der acht Ecken bringen und es dann noch um den durch 1 gehenden Durchmesser um 0^0, 120^0, 240^0 herumdrehen kann; das gibt $8 \cdot 3 = 24$ Möglichkeiten. Die Hexaedergruppe ist also eine Substitutionsgruppe 24-ter Ordnung und achten Grades.

Die Mittelpunkte der sechs Hexaederflächen sind die Ecken eines regulären Oktaeders. Eine Drehung, die das Hexaeder mit sich selbst zur Deckung bringt, bringt auch das Oktaeder mit sich selbst zur Deckung und umgekehrt, und zwar entspricht jeder Oktaederlage umkehrbar eindeutig eine Hexaederlage. Deshalb ist die Oktaedergruppe eine mit der Hexaedergruppe isomorphe Substitutionsgruppe 24-ter Ordnung und sechsten Grades.

Hexaeder und Oktaeder haben je 12 Kanten; auch diese werden durch die Drehungen permutiert, und es entsteht so eine Substitutionsgruppe zwölften Grades, die wieder mit der Hexaeder- und Oktaedergruppe isomorph ist.

Das Hexaeder hat vier Durchmesser, und man sieht leicht, daß bei keiner der Drehungen jeder Durchmesser in sich selbst übergeht (außer bei Drehung um 0^0, was der Substitution E entspricht). Entsprechend den 24 Lagen des Hexaeders erhält man also auch 24 verschiedene Substitutionen der vier Durchmesser. Da es aber bei vier Ziffern überhaupt nur 24 Substitutionen gibt, so erhält man alle, und es zeigt sich somit: Die Hexaeder- und Oktaedergruppe sind mit der symmetrischen Substitutionsgruppe vierten Grades isomorph.

IV. Nunmehr kommen wir zum Dodekaeder. Dieses hat zwanzig Ecken $1, 2, \ldots, 20$. Das Dodekaeder läßt sich auf 60 Arten mit sich selbst zur Deckung bringen, indem man die Ecke 1 in die Lage von jeder der zwanzig Ecken bringen und es dann noch um 0^0, 120^0, 240^0 um den durch 1 gehenden Durchmesser drehen kann; das gibt $20 \cdot 3 = 60$ Möglichkeiten. Die Dodekaedergruppe ist also eine Substitutionsgruppe 60-ter Ordnung und 20-ten Grades.

Die Mittelpunkte der zwölf Flächen eines Dodekaeders sind die Ecken eines regulären Ikosaeders. Jede Drehung, die das Dodekaeder in sich überführt, führt auch das Ikosaeder in sich über und umgekehrt, und jeder Dodekaederlage entspricht umkehrbar eindeutig eine Ikosaederlage. Daher ist die Ikosaedergruppe eine mit der Dodekaedergruppe isomorphe Substitutionsgruppe 60-ter Ordnung und 12-ten Grades.

Dodekaeder und Ikosaeder haben je 30 Kanten, die ebenfalls bei den Drehungen permutiert werden. Dadurch entsteht eine mit der Dodekaeder- und Ikosaedergruppe isomorphe Substitutionsgruppe vom Grad 30. Auch die 10 Dodekaederdurchmesser, die 6 Ikosaederdurchmesser sowie die 15 Verbindungslinien gegenüberliegender Kantenmittelpunkte des Dodekaeders oder Ikosaeders werden durch die Drehungen in gewisser Weise permutiert.

Dadurch entstehen Substitutionsgruppen vom Grad 10, 6 und 15, die alle mit der Dodekaeder- und Ikosaedergruppe isomorph sind.

Am interessantesten ist aber folgendes: Acht geeignet ausgewählte Dodekaederecken sind die Ecken eines Würfels; die 12 Würfelkanten sind Diagonalen in den 12 Dodekaederflächen; durch eine solche Diagonale ist der ganze Würfel eindeutig bestimmt. Da eine Dodekaederfläche fünf Diagonalen hat, gibt es im ganzen fünf solche Würfel, die man leicht auf einem Dodekaedermodell aufzeichnen kann (zweckmäßig mit fünf verschiedenen Farben). Auch diese fünf Würfel werden sich bei den Drehungen des Dodekaeders permutieren, und bei keiner Drehung (außer um 0^0) geht jeder Würfel in sich über. Somit ist die Dodekaedergruppe auch mit einer Substitutionsgruppe fünften Grades isomorph und zwar, wie wir jetzt zeigen wollen, mit der alternierenden Gruppe fünften Grades. Eine Drehung, bei welcher das Dodekaeder mit sich selbst zur Deckung kommt, ist nämlich entweder eine Drehung um einen Durchmesser des Dodekaeders oder um einen Durchmesser des zugehörigen Ikosaeders oder um die Verbindungslinie von zwei gegenüberliegenden Kantenmittelpunkten. Bei einer Drehung der ersten Art gehen, wie man am Modell leicht verfolgen kann, zwei Würfel in sich selbst über, während die drei anderen sich zyklisch vertauschen; ein dreigliedriger Zyklus gehört aber der alternierenden Gruppe an. Bei einer Drehung der zweiten Art vertauschen sich die fünf Würfel zyklisch; ein fünfgliedriger Zyklus ist aber auf Grund der Formel

$$(1, 2, 3, 4, 5) = (1, 2)\,(1, 3)\,(1, 4)(1, 5)$$

ein Produkt von vier Transpositionen, gehört also der alternierenden Gruppe an. Bei einer Drehung der dritten Art endlich geht ein Würfel in sich über während die vier anderen sich paarweise vertauschen; es entsteht also wieder eine Substitution der alternierenden Gruppe. Die gesamte Substitutionsgruppe der fünf Würfel enthält also nur Substitutionen der alternierenden Gruppe, und da sie von der Ordnung 60 ist, muß sie die ganze alternierende Gruppe sein. Zu diesem Absatz vergleiche man die Fig. 5 auf Seite 251.

Viertes Kapitel.

Die Galoissche Gleichungstheorie.

§ 31. Vorbereitende Sätze.

I. **Satz 70.** *Seien $f(x)$, $F(x)$ zwei Polynome mit Koeffizienten aus einem Körper $\mathfrak{k}$, und sei $f(x)$ in $\mathfrak{k}$ irreduzibel. Wenn dann $f(x)$ eine Wurzel mit $F(x)$ gemein hat, so ist $f(x)$ ein Teiler von $F(x)$, und folglich ist jede Wurzel von $f(x)$ zugleich eine Wurzel von $F(x)$.*

Beweis. Wenn die Polynome $f(x)$, $F(x)$ eine Wurzel ξ gemein haben, so haben sie den gemeinsamen Teiler $x-\xi$, sie sind also nicht relativ prim. Ihr größter gemeinsamer Teiler $d(x)$ ist daher nicht gleich 1 und muß folglich als Teiler des in $\mathfrak{k}$ irreduzibeln Polynoms $f(x)$ mit $f(x)$ äquivalent sein.

II. Wenn ein von $\mathfrak{k}$ verschiedener Körper $\mathfrak{k}_1$ alle Größen aus $\mathfrak{k}$ enthält, so heißt $\mathfrak{k}_1$ ein Oberkörper von $\mathfrak{k}$, und $\mathfrak{k}$ heißt ein Unterkörper von $\mathfrak{k}_1$ (vergl. Bd. I, Anfang des § 4). Statt „Oberkörper von $\mathfrak{k}$" sagt man auch: „Körper über $\mathfrak{k}$". Den Körper $\mathfrak{k}$ selbst wollen wir in Zukunft auch noch als (unechten) Oberkörper von $\mathfrak{k}$ oder Körper über $\mathfrak{k}$ bezeichnen, ebenso als (unechten) Unterkörper von $\mathfrak{k}$.

Definition. Ein Oberkörper $\mathfrak{k}_1$ von $\mathfrak{k}$ heißt von endlichem Grad in bezug auf $\mathfrak{k}$, wenn es eine Zahl n gibt derart, daß jede Größe von $\mathfrak{k}_1$ einer Gleichung höchstens n-ten Grades mit Koeffizienten aus $\mathfrak{k}$ genügt. Die kleinste derartige Zahl n heißt der Grad von $\mathfrak{k}_1$ in bezug auf $\mathfrak{k}$. Man sagt kurz: $\mathfrak{k}_1$ ist ein Körper n-ten Grades über $\mathfrak{k}$.

Das Wort „höchstens" könnte in der Definition wegbleiben; denn eine Größe, die einer Gleichung $(n-r)$-ten Grades $F(x)=0$ mit Koeffizienten aus $\mathfrak{k}$ genügt, genügt auch der Gleichung n-ten Grades $x^r F(x)=0$, die ebenfalls Koeffizienten aus $\mathfrak{k}$ hat. Man beachte aber, daß gewisse Größen von $\mathfrak{k}_1$ keiner Gleichung geringeren als n-ten Grades mit Koeffizienten aus $\mathfrak{k}$ und folglich einer in $\mathfrak{k}$ irreduzibeln Gleichung n-ten Grades genügen [1]), weil sonst n nicht die kleinste Zahl der verlangten Art wäre. Der einzige Körper ersten Grades über $\mathfrak{k}$ ist offenbar der Körper $\mathfrak{k}$ selbst.

Satz 71. *Genügt die Größe ξ_1 einer Gleichung n-ten, aber nicht geringeren*

[1]) Eine Gleichung $F(x)=0$ heißt in $\mathfrak{k}$ reduzibel bzw. irreduzibel, wenn das Polynom $F(x)$ in $\mathfrak{k}$ reduzibel bzw. irreduzibel ist.

Grades mit Koeffizienten aus $\mathfrak{k}$, *so ist* $\mathfrak{K}(\mathfrak{k}, \xi_1)$ *ein Körper n-ten Grades über* $\mathfrak{k}$. — *Wenn umgekehrt* $\mathfrak{k}_1$ *ein Körper n-ten Grades über* $\mathfrak{k}$ *ist, und wenn* ξ_1 *irgend eine Größe aus* $\mathfrak{k}_1$ *ist, die einer Gleichung n-ten, aber nicht geringeren Grades mit Koeffizienten aus* $\mathfrak{k}$ *genügt*[1]), *so ist* $\mathfrak{k}_1 = \mathfrak{K}(\mathfrak{k}, \xi_1)$.

Zum Beweis des ersten Teiles sei $f(x) = 0$ die Gleichung n-ten Grades, der die Größe ξ_1 genügt; sie ist in $\mathfrak{k}$ irreduzibel, weil sonst ξ_1 auch einer Gleichung geringeren Grades genügen würde. Jede Größe η_1 aus $\mathfrak{K}(\mathfrak{k}, \xi_1)$ hat dann die Form

$$\eta_1 = \frac{h(\xi_1)}{g(\xi_1)}, \tag{1}$$

wo Zähler und Nenner Polynome von ξ_1 mit Koeffizienten aus $\mathfrak{k}$ sind, und wo natürlich $g(\xi_1) \neq 0$ ist (nicht nur formal, sondern effektiv; vergl. § 22 II). Wegen $g(\xi_1) \neq 0$ hat das Polynom $g(x)$ nicht die Wurzel ξ_1, also hat $g(x)$ nach Satz 70 gar keine Wurzel mit $f(x)$ gemein. Sind daher $\xi_2, \ldots, \xi_n$ die anderen Wurzeln von $f(x)$, so haben auch die Brüche

$$\eta_2 = \frac{h(\xi_2)}{g(\xi_2)}, \ldots, \eta_n = \frac{h(\xi_n)}{g(\xi_n)} \tag{2}$$

lauter nichtverschwindende Nenner. Nach Bd. I, § 53 II kann man dann die η_ν auch in der Form

$$\eta_\nu = b_0 + b_1 \xi_\nu + \cdots + b_{n-1} \xi_\nu^{n-1} \qquad (\nu = 1, 2, \ldots, n) \tag{3}$$

schreiben, wo die b_λ Größen aus $\mathfrak{k}$ sind. Außerdem sind die η_ν die Wurzeln einer Gleichung n-ten Grades mit Koeffizienten aus $\mathfrak{k}$ (Tschirnhaustransformierte von $f(x) = 0$). Jede Größe η_1 des Körpers $\mathfrak{K}(\mathfrak{k}, \xi_1)$ genügt also einer solchen Gleichung, und da insbesondere ξ_1 keiner Gleichung geringeren Grades genügt, so ist dieser Körper wirklich vom n-ten Grad in bezug auf $\mathfrak{k}$.

Zum Beweis des zweiten Teiles von Satz 71 sei ξ_1 eine Größe von $\mathfrak{k}_1$, die einer Gleichung n-ten, aber nicht geringeren Grades mit Koeffizienten aus $\mathfrak{k}$ genügt. Diese Gleichung ist natürlich wieder irreduzibel in $\mathfrak{k}$; ihre anderen Wurzeln seien $\xi_2, \ldots, \xi_n$; sie werden im allgemeinen nicht dem Körper $\mathfrak{k}_1$ angehören, sondern erst einem geeigneten Oberkörper von $\mathfrak{k}_1$. Ist nun ϱ_1 irgend eine Größe aus $\mathfrak{k}_1$, so ist lediglich zu zeigen, daß ϱ_1 dem Körper $\mathfrak{K}(\mathfrak{k}, \xi_1)$ angehört.

Zunächst genügt ϱ_1 einer Gleichung n-ten Grades mit Koeffizienten aus $\mathfrak{k}$, also auch einer in $\mathfrak{k}$ irreduzibeln Gleichung $G(x) = 0$, deren Grad m höchstens gleich n ist; den Koeffizienten von x^m dürfen und wollen wir gleich 1 annehmen. Sind dann $\varrho_1, \ldots, \varrho_m$ die sämtlichen Wurzeln von $G(x)$, so ist

$$G(x) = \prod_{\mu=1}^{m} (x - \varrho_\mu). \tag{4}$$

Nun betrachten wir die mn Polynome einer Variabeln y:

$$\varrho_\mu + \xi_\nu y \qquad (\mu = 1, \ldots, m;\ \nu = 1, \ldots, n); \tag{5}$$

---

[1]) Nach der Definition des Grades gibt es eine solche Größe.

sie sind, weil ein irreduzibles Polynom keine mehrfachen Wurzeln hat, voneinander verschieden, so daß die Differenz von je zweien nicht identisch verschwindet. Nach Bd. I, Satz 29 kann man daher für y eine solche ganze Zahl a setzen, daß alle Differenzen von 0 verschieden bleiben. Dann sind die mn Größen

$$(6) \qquad \varrho_\mu + a\xi_\nu \qquad (\mu = 1, \ldots, m;\ \nu = 1, \ldots, n)$$

alle voneinander verschieden.

Nun genügt $\varrho_1 + a\xi_1$, als Größe des Körpers $\mathfrak{k}_1$ einer in $\mathfrak{k}$ irreduzibeln Gleichung höchstens n-ten Grades $H(x) = 0$, wobei der Koeffizient der höchsten Potenz von x gleich 1 sei. Außerdem ist nach (4) aber $G(\varrho_1) = 0$, so daß $\varrho_1 + a\xi_1$ auch Wurzel von $G(x - a\xi_1)$ ist. Daher haben die Polynome $H(x)$ und $G(x - a\xi_1)$ die gemeinsame Wurzel $\varrho_1 + a\xi_1$, sie sind also nicht relativ prim. Ihr größter gemeinsamer Teiler $d(x)$ ist daher von einem Grad $p \geqq 1$ Außerdem haben die Polynome

$$d(x), \quad \frac{H(x)}{d(x)}, \quad \frac{G(x - a\xi_1)}{d(x)}$$

Koeffizienten aus $\mathfrak{K}(\mathfrak{k}, \xi_1)$, die sich also in der Form (1) und folglich auch wieder in der Form (3) für $\nu = 1$ darstellen lassen. Hiernach gelten Zerlegungen der Form

$$H(x) = [x^p + \varphi_1(\xi_1)\,x^{p-1} + \cdots + \varphi_p(\xi_1)]\,[x^q + \psi_1(\xi_1)\,x^{q-1} + \cdots + \psi_q(\xi_1)],$$
$$G(x - a\xi_1) = [x^p + \varphi_1(\xi_1)\,x^{p-1} + \cdots + \varphi_p(\xi_1)]$$
$$\times\,[x^r + \omega_1(\xi_1)\,x^{r-1} + \cdots + \omega_r(\xi_1)],$$

wobei die $\varphi_\nu(\xi_1)$, $\psi_\nu(\xi_1)$, $\omega_\nu(\xi_1)$ Polynome von ξ_1 mit Koeffizienten aus $\mathfrak{k}$ sind. Wenn man in diesen Identitäten die Koeffizienten gleicher Potenzen von x links und rechts einander gleich setzt, erhält man gewisse Gleichungen für ξ_1, die nach Satz 70 auch von jedem ξ_ν befriedigt werden. Folglich ist auch

$$H(x) = [x^p + \varphi_1(\xi_\nu)\,x^{p-1} + \cdots + \varphi_p(\xi_\nu)]\,[x^q + \psi_1(\xi_\nu)\,x^{q-1} + \cdots + \psi_q(\xi_\nu)],$$
$$G(x - a\xi_\nu) = [x^p + \varphi_1(\xi_\nu)\,x^{p-1} + \cdots + \varphi_p(\xi_\nu)]$$
$$\times\,[x^r + \omega_1(\xi_\nu)\,x^{r-1} + \cdots + \omega_r(\xi_\nu)].$$

Daher sind $H(x)$ und $G(x - a\xi_\nu)$ nicht relativ prim. $H(x)$ hat also mit jedem der n Polynome $G(x - a\xi_\nu)$ mindestens eine Wurzel gemein. Da aber je zwei dieser n Polynome keine gemeinsame Wurzel haben[1]), und da $H(x)$ höchstens vom n-ten Grad ist, so hat $H(x)$ mit jedem $G(x - a\xi_\nu)$ nur eine Wurzel gemein und ist genau vom n-ten Grad. Insbesondere haben die Polynome $H(x)$ und $G(x - a\xi_1)$ nur die eine Wurzel $\varrho_1 + a\xi_1$ gemein. Ihr größter gemeinsamer Teiler ist also $x - \varrho_1 - a\xi_1$, und da er Koeffizienten aus $\mathfrak{K}(\mathfrak{k}, \xi_1)$ haben muß, ist $\varrho_1 + a\xi_1$, also auch ϱ_1 eine Größe aus $\mathfrak{K}(\mathfrak{k}, \xi_1)$; w. z. b. w.

III. Ist $\mathfrak{k}_1$ ein Oberkörper von $\mathfrak{k}$, und gibt es in $\mathfrak{k}_1$ eine Größe ξ derart, daß $\mathfrak{k}_1 = \mathfrak{K}(\mathfrak{k}, \xi)$ ist, so heißt ξ eine primitive Größe von $\mathfrak{k}_1$ in bezug auf $\mathfrak{k}$.

[1]) Die Wurzeln von $G(x - a\xi_\nu)$ sind ja nach (4) gleich $\varrho_\mu + a\xi_\nu$, und die Größen (6) sind alle voneinander verschieden.

Nach Satz 71 enthält ein Körper $\mathfrak{k}_1$ endlichen, etwa n-ten Grades über $\mathfrak{k}$ stets primitive Größen, und zwar ist jede Größe aus $\mathfrak{k}_1$, die keiner Gleichung geringeren als n-ten Grades mit Koeffizienten aus $\mathfrak{k}$ und folglich einer in $\mathfrak{k}$ irreduzibeln Gleichung n-ten Grades genügt, primitiv. Man sieht aber auch sofort, daß damit die primitiven Größen erschöpft sind. Denn wenn eine Größe ξ' aus $\mathfrak{k}_1$ einer Gleichung geringeren, etwa m-ten Grades mit Koeffizienten aus $\mathfrak{k}$ genügt, so ist ja der Körper $\mathfrak{K}(\mathfrak{k}, \xi')$ nach dem ersten Teil von Satz 71 höchstens vom Grad m, kann also nicht der ganze Körper $\mathfrak{k}_1$ sein. Nun gilt der

Satz 72. *Ist $\mathfrak{k}_1$ ein Körper n-ten Grades über $\mathfrak{k}$, so ist eine Größe ξ von $\mathfrak{k}_1$ dann und nur dann primitiv in bezug auf $\mathfrak{k}$, wenn sie einer in $\mathfrak{k}$ irreduzibeln Gleichung n-ten Grades genügt. — Ist ξ primitiv, so läßt sich jede Größe η von $\mathfrak{k}_1$ auf eine und nur eine Weise in der Form*

$$\eta = b_0 + b_1\xi + \cdots + b_{n-1}\xi^{n-1}$$

darstellen, wo die b_ν Größen aus $\mathfrak{k}$ sind.

Der erste Teil ist oben schon bewiesen; wir wenden uns zum zweiten Teil. Weil ξ eine primitive Größe von $\mathfrak{k}_1$, also $\mathfrak{k}_1 = \mathfrak{K}(\mathfrak{k}, \xi)$ ist, so hat η die Form

$$\eta = \frac{h(\xi)}{g(\xi)},$$

und wie oben im Anschluß an (1) läßt sich η auch in die Form

$$\eta = b_0 + b_1\xi + \cdots + b_{n-1}\xi^{n-1}$$

setzen. Somit ist nur noch die Eindeutigkeit dieser Darstellung zu zeigen. Gäbe es aber eine zweite solche Darstellung

$$\eta = c_0 + c_1\xi + \cdots + c_{n-1}\xi^{n-1},$$

so wäre ξ eine Wurzel der Gleichung

$$(b_0 - c_0) + (b_1 - c_1)x + \cdots + (b_{n-1} - c_{n-1})x^{n-1} = 0,$$

während doch ξ als primitive Größe von $\mathfrak{k}_1$ keiner Gleichung geringeren als n-ten Grades mit Koeffizienten aus $\mathfrak{k}$ genügen kann.

IV. **Satz 73.** *Ist $\mathfrak{k}_1$ ein Körper n-ten Grades über $\mathfrak{k}$, und ist $\mathfrak{k}_2$ ein Körper m-ten Grades über $\mathfrak{k}_1$, so ist $\mathfrak{k}_2$ ein Körper (nm)-ten Grades über $\mathfrak{k}$.*

Beweis. Sei ξ_1 eine primitive Größe von $\mathfrak{k}_1$ in bezug auf $\mathfrak{k}$, also

$$\mathfrak{k}_1 = \mathfrak{K}(\mathfrak{k}, \xi_1).$$

Eine beliebige Größe ϱ von $\mathfrak{k}_2$ genügt einer Gleichung m-ten Grades mit Koeffizienten aus $\mathfrak{k}_1$:

$$x^m + a_1x^{m-1} + \cdots + a_m = 0. \tag{7}$$

Die Koeffizienten a_μ lassen nach Satz 72 die Darstellung

$$a_\mu = b_{\mu 0} + b_{\mu 1}\xi_1 + \cdots + b_{\mu, n-1}\xi_1^{n-1}$$

zu, wo die $b_{\mu\nu}$ Größen aus $\mathfrak{k}$ sind. Wir setzen das in Evidenz, indem wir die Gleichung (7) in der Gestalt schreiben:

$$\varphi(x, \xi_1) = 0; \tag{7a}$$

diese Gleichung hat also die Wurzel ϱ. Nun genügt ξ_1 einer Gleichung n-ten Grades mit Koeffizienten aus $\mathfrak{k}$. Ihre sämtlichen Wurzeln seien $\xi_1, \ldots, \xi_n$. Dann sind die Koeffizienten des Polynoms von x

$$\prod_{\nu=1}^{n} \varphi(x, \xi_\nu) \tag{8}$$

symmetrische Polynome von $\xi_1, \ldots, \xi_n$ mit Koeffizienten aus $\mathfrak{k}$, also selbst Größen aus $\mathfrak{k}$. Das Polynom (8) ist vom Grad nm und hat die Wurzel ϱ, weil ja ϱ eine Wurzel von $\varphi(x, \xi_1)$ ist. Somit genügt jede Größe ϱ des Körpers $\mathfrak{k}_2$ einer Gleichung (nm)-ten Grades mit Koeffizienten aus $\mathfrak{k}$, so daß $\mathfrak{k}_2$ ein Körper höchstens (nm)-ten Grades über $\mathfrak{k}$ ist.

Er kann aber auch nicht von geringerem Grad sein. Denn ist l der wahre Grad und ist jetzt ϱ eine primitive Größe von $\mathfrak{k}_2$ in bezug auf $\mathfrak{k}$, so hat jede Größe von $\mathfrak{k}_2$ nach Satz 72 die Form

$$b_0 + b_1\varrho + \cdots + b_{l-1}\varrho^{l-1},$$

wo die b_λ Größen aus $\mathfrak{k}$ sind. Insbesondere ist also

$$\xi_1^\nu \varrho^\mu = b_{\nu\mu 0} + b_{\nu\mu 1}\varrho + \cdots + b_{\nu\mu, l-1}\varrho^{l-1} \quad \begin{pmatrix} \nu = 0, 1, \ldots, n-1; \\ \mu = 0, 1, \ldots, m-1 \end{pmatrix}. \tag{9}$$

Wenn wir nun annehmen, daß $l < nm$ ist, so gibt es in $\mathfrak{k}$ gewisse Größen $\gamma_{\nu\mu}$, die nicht alle verschwinden und so beschaffen sind, daß

$$\sum_{\mu=0}^{m-1} \sum_{\nu=0}^{n-1} b_{\nu\mu\lambda}\gamma_{\nu\mu} = 0 \qquad (\lambda = 0, 1, \ldots, l-1)$$

ist. Denn das sind für die nm Unbekannten $\gamma_{\nu\mu}$ nur l lineare homogene Bedingungsgleichungen mit Koeffizienten aus $\mathfrak{k}$, die nach Bd. I, Satz 46 eine nichttriviale Lösung in $\mathfrak{k}$ haben. Alsdann ist aber auch

$$\sum_{\mu=0}^{m-1} \sum_{\nu=0}^{n-1} \gamma_{\nu\mu}\xi_1^\nu\varrho^\mu = \sum_{\lambda=0}^{l-1} \left(\sum_{\mu=0}^{m-1} \sum_{\nu=0}^{n-1} \gamma_{\nu\mu} b_{\nu\mu\lambda} \right) \varrho^\lambda = \sum_{\lambda=0}^{l-1} 0 \cdot \varrho^\lambda = 0,$$

oder also

$$\sum_{\mu=0}^{m-1} \left(\sum_{\nu=0}^{n-1} \gamma_{\nu\mu}\xi_1^\nu \right) \varrho^\mu = 0. \tag{10}$$

Nun ist ϱ eine primitive Größe von $\mathfrak{k}_2$ in bezug auf $\mathfrak{k}$, also ist $\mathfrak{k}_2 = \mathfrak{K}(\mathfrak{k}, \varrho)$; da aber ξ_1 ebenfalls eine Größe von $\mathfrak{k}_2$ ist, so ist auch

$$\mathfrak{k}_2 = \mathfrak{K}(\mathfrak{k}, \xi_1, \varrho) = \mathfrak{K}(\mathfrak{k}_1, \varrho).$$

Daher ist ϱ auch eine primitive Größe von $\mathfrak{k}_2$ in bezug auf $\mathfrak{k}_1$, kann also keiner Gleichung geringeren als m-ten Grades mit Koeffizienten aus $\mathfrak{k}_1$ genügen. Wegen (10) muß daher

$$\sum_{\nu=0}^{n-1} \gamma_{\nu\mu}\xi_1^\nu = 0 \qquad (\mu = 0, 1, \ldots, m-1)$$

sein, und da ξ_1 keiner Gleichung geringeren als n-ten Grades mit Koeffizienten aus $\mathfrak{k}$ genügt, folgt hieraus weiter:

$$\gamma_{\nu\mu} = 0 \quad (\nu = 0, 1, \ldots, n-1;\ \mu = 0, 1, \ldots, m-1),$$

im Widerspruch damit, daß nicht alle $\gamma_{\nu\mu}$ verschwinden.

V. **Satz 74.** *Ist $\mathfrak{k}$ ein Körper und sind*

$$f_1(x), f_2(x), \ldots, f_n(x)$$

n (nicht notwendig voneinander verschiedene) Polynome mit Koeffizienten aus $\mathfrak{k}$, ist ferner ξ_ν eine Wurzel von $f_\nu(x)$, so ist der Körper

$$\mathfrak{k}^* = \mathfrak{K}(\mathfrak{k}, \xi_1, \ldots, \xi_n)$$

ein Körper endlichen Grades über $\mathfrak{k}$, und jede Größe aus $\mathfrak{k}^*$ läßt sich als Polynom von $\xi_1, \ldots, \xi_n$ mit Koeffizienten aus $\mathfrak{k}$ darstellen[1]).

Beweis. Wir können der Reihe nach die Körper

$$\mathfrak{k}_0 = \mathfrak{k}, \quad \mathfrak{k}_1 = \mathfrak{K}(\mathfrak{k}_0, \xi_1), \quad \mathfrak{k}_2 = \mathfrak{K}(\mathfrak{k}_1, \xi_2), \ldots, \mathfrak{k}_n = \mathfrak{K}(\mathfrak{k}_{n-1}, \xi_n)$$

bilden, wobei dann offenbar $\mathfrak{k}_n = \mathfrak{k}^*$ ist. Nun genügt ξ_ν einer Gleichung mit Koeffizienten aus $\mathfrak{k} = \mathfrak{k}_0$, also auch aus $\mathfrak{k}_{\nu-1}$. Daher ist $\mathfrak{k}_\nu$ in bezug auf $\mathfrak{k}_{\nu-1}$ ein (eventuell unechter) Oberkörper von einem endlichen Grad l_ν. Mit Hilfe von Satz 73 erweisen sich dann die Körper $\mathfrak{k}_1, \ldots, \mathfrak{k}_n$ sukzessive als Oberkörper endlichen Grades von $\mathfrak{k}_0 = \mathfrak{k}$, und zwar ist $\mathfrak{k}_n$, also $\mathfrak{k}^*$, vom Grad $l_1 l_2 \ldots l_n$ in bezug auf $\mathfrak{k}$.

Nach Satz 72 läßt sich jede Größe ϱ des Körpers $\mathfrak{k}^* = \mathfrak{k}_n$ als Polynom von ξ_n mit Koeffizienten aus $\mathfrak{k}_{n-1}$ darstellen. Diese Koeffizienten lassen sich dann ebenso als Polynome von ξ_{n-1} mit Koeffizienten aus $\mathfrak{k}_{n-2}$ darstellen. Durch Fortsetzung dieses Verfahrens erhält man eine Darstellung von ϱ als Polynom von $\xi_1, \ldots, \xi_n$ mit Koeffizienten aus $\mathfrak{k}$.

VI. Ist $\mathfrak{k}_1$ ein Körper n-ten Grades über $\mathfrak{k}$ und ist ξ_1 eine primitive Größe von $\mathfrak{k}_1$ in bezug auf $\mathfrak{k}$, so ist

$$\mathfrak{k}_1 = \mathfrak{K}(\mathfrak{k}, \xi_1), \tag{11}$$

und ξ_1 genügt einer in $\mathfrak{k}$ irreduzibeln Gleichung n-ten Grades $f(x) = 0$. Sind $\xi_2, \ldots, \xi_n$ ihre anderen Wurzeln, so sind die Körper

$$\mathfrak{k}_\nu = \mathfrak{K}(\mathfrak{k}, \xi_\nu) \qquad (\nu = 2, \ldots, n) \tag{12}$$

nach Satz 71 ebenfalls Körper n-ten Grades über $\mathfrak{k}$. Die n Körper (11) und (12) heißen zueinander konjugiert. Wir wollen zeigen, daß dieser Begriff unabhängig davon ist, welche primitive Größe ξ_1 wir wählen. Ist nämlich η_1 eine andere primitive Größe, also nach Satz 72 etwa

$$\eta_1 = b_0 + b_1\xi_1 + \cdots + b_{n-1}\xi_1^{n-1},$$

---

[1]) Selbstverständlich ist hier vorauszusetzen, daß der Körper $\mathfrak{K}(\mathfrak{k}, \xi_1, \ldots, \xi_n)$ überhaupt existiert (vgl. Bd. I, Seite 240 oben und die dortige Fußnote), und Entsprechendes gilt auch schon in dem einfacheren Fall von Satz 71. Um sicher zu sein, können wir etwa davon ausgehen, daß es einen Erweiterungskörper von $\mathfrak{k}$ gibt, in welchem das Polynom

$$f_1(x)\, f_2(x) \cdots f_n(x)$$

in Linearfaktoren zerfällt; diesem Erweiterungskörper können die Wurzeln $\xi_1, \ldots, \xi_n$ entnommen werden. Dann existiert der Körper $\mathfrak{K}(\mathfrak{k}, \xi_1, \ldots, \xi_n)$, und zwar ist er entweder der ganze Erweiterungskörper oder ein Unterkörper von ihm.

so genügt η_1 ebenfalls einer in $\mathfrak{k}$ irreduzibeln Gleichung n-ten Grades, deren andere Wurzeln, wie sich aus dem Beweis des ersten Teiles von Satz 71 ergibt, die folgenden sind:

(13) $$\eta_\nu = b_0 + b_1\xi_\nu + \cdots + b_{n-1}\xi_\nu^{n-1}.$$

Nun ist $\mathfrak{k}_1 = \mathfrak{K}(\mathfrak{k}, \eta_1)$, und man sieht leicht, daß der jetzt als konjugiert zu bezeichnende Körper

$$\mathfrak{k}_\nu^* = \mathfrak{K}(\mathfrak{k}, \eta_\nu)$$

mit dem früheren $\mathfrak{k}_\nu$ identisch ist. In der Tat ist zunächst $\mathfrak{k}_\nu^*$ nach Satz 71 ein Körper n-ten Grades über $\mathfrak{k}$, der wegen (13) nur Größen aus $\mathfrak{k}_\nu$ enthält. Wäre nun $\mathfrak{k}_\nu^*$ nicht mit $\mathfrak{k}_\nu$ identisch, so wäre $\mathfrak{k}_\nu$ ein echter Oberkörper von $\mathfrak{k}_\nu^*$, und zwar endlichen, etwa m-ten Grades, da ja $\mathfrak{k}_\nu$ sogar in bezug auf $\mathfrak{k}$ nur von endlichem Grad ist. Dann wäre aber $\mathfrak{k}_\nu$ in bezug auf $\mathfrak{k}$ nach Satz 73 vom Grad nm statt vom Grad n. Wegen dieses Widerspruchs muß $\mathfrak{k}_\nu^* = \mathfrak{k}_\nu$ sein; w. z. b. w.

Die n konjugierten Körper sind derart miteinander isomorph (Bd. I, Seite 6), daß die Größen des gemeinsamen Unterkörpers $\mathfrak{k}$ sich selbst zugeordnet sind. In der Tat hat jede Größe ϱ_ν von $\mathfrak{k}_\nu$ nach Satz 72 die eindeutig bestimmte Gestalt

(14) $$\varrho_\nu = c_0 + c_1\xi_\nu + \cdots + c_{n-1}\xi_\nu^{n-1},$$

wo die c_λ Größen aus $\mathfrak{k}$ sind. Ordnen wir ihr in $\mathfrak{k}_\mu$ die Größe

(15) $$\varrho_\mu = c_0 + c_1\xi_\mu + \cdots + c_{n-1}\xi_\mu^{n-1}$$

zu, so ist das eine umkehrbar eindeutige Zuordnung der Größen von $\mathfrak{k}_\nu$ zu den Größen von $\mathfrak{k}_\mu$, bei der die Größen von $\mathfrak{k}$ sich selbst zugeordnet sind; wir wollen zeigen, daß es ein Isomorphismus ist.

Besteht nämlich zwischen irgend welchen Größen von $\mathfrak{k}_\nu$ eine Beziehung mit Koeffizienten aus $\mathfrak{k}$, indem etwa eine Größe die Summe oder das Produkt von zwei anderen ist, so bedeutet das, wenn man die Größen in der Form (14) darstellt, eine Gleichung für ξ_ν mit Koeffizienten aus $\mathfrak{k}$. Nach Satz 70 hat aber diese Gleichung auch die Wurzel ξ_μ, was besagt, daß zwischen den zugeordneten Größen von $\mathfrak{k}_\mu$ dieselbe Beziehung besteht. Die Zuordnung ist also wirklich ein Isomorphismus.

Je n durch den Isomorphismus einander zugeordnete Größen

(16) $$\varrho_\nu = c_0 + c_1\xi_\nu + \cdots + c_{n-1}\xi_\nu^{n-1} \qquad (\nu = 1, 2, \ldots, n)$$

aus den n konjugierten Körpern $\mathfrak{k}_\nu$ heißen selbst zueinander **konjugiert**. Sie sind die Wurzeln der Gleichung n-ten Grades

(17) $$\prod_{\nu=1}^{n}(x - \varrho_\nu) = 0,$$

die eine Tschirnhaustransformierte der Gleichung $f(x) = 0$ ist und Koeffizienten aus $\mathfrak{k}$ hat. Ist die Gleichung (17) in $\mathfrak{k}$ irreduzibel, so ist ϱ_ν nach Satz 72 eine primitive Größe von $\mathfrak{k}_\nu$ in bezug auf $\mathfrak{k}$. Ist sie dagegen reduzibel, so ist ϱ_ν nach Satz 72 keine primitive Größe; wir wollen jetzt zeigen, daß in diesem Fall die linke Seite der Gleichung (17) eine gewisse Potenz, etwa die m-te

Potenz, eines in $\mathfrak{k}$ irreduzibeln Polynoms vom Grad $l = \frac{n}{m}$ ist, so daß das System der n konjugierten Größen ϱ_ν in l Systeme von je m gleichen Größen zerfällt.

Zu dem Zweck sei $H(x) = 0$ die in $\mathfrak{k}$ irreduzible Gleichung, der die Größe ϱ_1 genügt; der Koeffizient der höchsten Potenz von x darf und soll gleich 1 angenommen werden. Ferner sei $P(x)$ ein in $\mathfrak{k}$ irreduzibler Teiler der linken Seite von (17). Dann hat $P(x)$ eine der Größen ϱ_ν zur Wurzel und es ist

$$P(c_0 + c_1\xi_\nu + \cdots + c_{n-1}\xi_\nu^{n-1}) = P(\varrho_\nu) = 0.$$

Daher hat das Polynom $P(c_0 + c_1 x + \cdots + c_{n-1}x^{n-1})$ die Wurzel ξ_ν, also nach Satz 70 auch die Wurzel ξ_1. Somit ist auch

$$P(c_0 + c_1\xi_1 + \cdots + c_{n-1}\xi_1^{n-1}) = 0,$$

oder also $P(\varrho_1) = 0$, so daß $P(x)$ mit $H(x)$ die Wurzel ϱ_1 gemein hat. Da aber $P(x)$ und $H(x)$ beide irreduzibel sind, sind sie nach Satz 70 durcheinander teilbar, unterscheiden sich also höchstens um einen konstanten Faktor. Somit ist jeder in $\mathfrak{k}$ irreduzible Teiler des auf der linken Seite von (17) stehenden Polynoms mit $H(x)$ äquivalent, so daß dieses Polynom eine Potenz von $H(x)$ ist. Ist es etwa die m-te Potenz, so ist $H(x)$ vom Grad $l = \frac{n}{m}$; der Körper $\mathfrak{K}(\mathfrak{k}, \varrho_1)$ ist dann nach Satz 71 vom Grad l in bezug auf $\mathfrak{k}$. Wir fassen diese Ergebnisse zusammen in den folgenden Sätzen:

Satz 75. *Ist $\mathfrak{k}_1$ ein Körper n-ten Grades über $\mathfrak{k}$, so sind die zu einer Größe ϱ_1 von $\mathfrak{k}_1$ konjugierten Größen (ϱ_1 mitgerechnet) dann und nur dann alle voneinander verschieden, wenn ϱ_1 primitiv in bezug auf $\mathfrak{k}$ ist. — Ist ϱ_1 nicht primitiv, so gibt es einen Teiler m von n derart, daß der Körper $\mathfrak{K}(\mathfrak{k}, \varrho_1)$ vom Grad $l = \frac{n}{m}$ in bezug auf $\mathfrak{k}$ ist, und daß das System der n zu ϱ_1 konjugierten Größen (ϱ_1 mitgerechnet) in l Systeme von je m gleichen Größen zerfällt.*

Satz 75a. *Ist $\Psi(x) = 0$ eine Tschirnhaustransformierte einer in $\mathfrak{k}$ irreduzibeln Gleichung $f(x) = 0$, so ist $\Psi(x)$ die m-te Potenz ($m \geqq 1$) eines in $\mathfrak{k}$ irreduzibeln Polynoms.*

§ 32. Die Galoissche Gruppe einer Gleichung.

I. Sei $\mathfrak{k}$ ein Körper und

$$(1) \qquad f(x) = x^n + a_1x^{n-1} + \cdots + a_{n-1}x + a_n$$

ein Polynom n-ten Grades mit Koeffizienten aus $\mathfrak{k}$. Wir wollen annehmen, daß seine Wurzeln $\xi_1, \ldots, \xi_n$ alle voneinander verschieden sind. Sollte das nicht von vornherein der Fall sein, so bilden wir zuerst nach Bd. I, § 51 IV ein Polynom mit Koeffizienten aus $\mathfrak{k}$, das genau die gleichen Wurzeln, aber jede nur einfach hat.

Zwischen den n Wurzeln $\xi_1, \ldots, \xi_n$ bestehen gewisse Beziehungen (Gleichungen) mit Koeffizienten aus $\mathfrak{k}$, z. B.

$$(2)\qquad \xi_1 + \cdots + \xi_n = -a_1, \ldots, \xi_1\xi_2 \ldots \xi_n = (-1)^n a_n,$$

$$(3)\qquad \xi_\lambda^n + a_1\xi_\lambda^{n-1} + \cdots + a_n = 0 \qquad (\lambda = 1, 2, \ldots, n).$$

Außer diesen selbstverständlichen Beziehungen können unter Umständen noch andere, mehr zufällige, bestehen. Beispielsweise hat die Gleichung mit Koeffizienten aus $\mathfrak{K}(1)$

$$x^4 - 3x^2 + 2 = 0$$

die Wurzeln

$$\xi_1 = 1, \quad \xi_2 = -1, \quad \xi_3 = \sqrt{2}, \quad \xi_4 = -\sqrt{2}.$$

Zwischen ihnen bestehen u. a. die folgenden Beziehungen mit Koeffizienten aus $\mathfrak{K}(1)$:

$$(4)\qquad \xi_1 + \xi_2 = 0,$$

$$(5)\qquad \xi_1 + \xi_3 = \xi_2 - \xi_4 + 2.$$

Wenn man die Größe $\sqrt{2}$ adjungiert, also den Körper $\mathfrak{K}(\sqrt{2})$ zugrunde legt, so kommen noch weitere Beziehungen hinzu, wie etwa

$$(6)\qquad \xi_3 - \sqrt{2} = 0$$

$$(7)\qquad \xi_1 - \sqrt{2}\xi_3 + 1 = 0.$$

Eine Beziehung zwischen den Wurzeln hat immer die Form

$$\varphi(\xi_1, \ldots, \xi_n) = \psi(\xi_1, \ldots, \xi_n);$$

sie drückt also aus, daß zwei Polynome der Wurzeln mit Koeffizienten aus $\mathfrak{k}$ gleiche Effektivwerte (§ 22 II) haben. Eine solche Beziehung kann bei einer Substitution richtig bleiben, bei einer anderen falsch werden[1]). Die Beziehungen (2), (3) bleiben z. B. bei allen $n!$ Substitutionen richtig. Die Beziehung (4) geht durch die Substitution (1, 2) über in $\xi_2 + \xi_1 = 0$, und das ist wieder dieselbe Beziehung; durch die Substitution (1, 3, 2, 4) geht sie über in $\xi_3 + \xi_4 = 0$, was zwar nicht mehr dieselbe Beziehung, aber doch noch richtig ist. Dagegen geht die Beziehung (4) durch die Substitution (1, 3) über in $\xi_3 + \xi_2 = 0$, und das ist nicht mehr richtig.

Diejenigen Substitutionen, bei denen eine einzelne Beziehung mit Koeffizienten aus $\mathfrak{k}$ richtig bleibt, brauchen keine Gruppe zu bilden. Beispielsweise hat die Gleichung

$$x^3 - x = 0$$

die Wurzeln

$$\xi_1 = 0, \quad \xi_2 = 1, \quad \xi_3 = -1;$$

zwischen ihnen besteht u. a. die Beziehung $\xi_1\xi_2 = 0$; sie bleibt richtig bei den vier Substitutionen

$$E, \quad (1, 2), \quad (2, 3), \quad (1, 3, 2),$$

und diese bilden keine Gruppe.

---

[1]) Die Worte „bei einer Substitution" sollen hier besagen: „wenn man auf die zwei Polynome φ, ψ, von denen die Beziehung die Gleichheit ihrer Effektivwerte ausdrückt, eine Substitution ausübt im Sinne des § 22 II".

Dagegen wollen wir jetzt die ganz fundamentale Tatsache beweisen, daß diejenigen Substitutionen, bei denen **jede** Beziehung mit Koeffizienten aus $\mathfrak{k}$ richtig bleibt, eine Gruppe bilden. Man nennt sie die **(Galoissche) Gruppe** der Gleichung $f(x) = 0$ in bezug auf den Körper $\mathfrak{k}$.

In der Tat, seien

$$S = \begin{pmatrix} 1, & 2, \ldots, n \\ \alpha_1, & \alpha_2, \ldots, \alpha_n \end{pmatrix}, \quad T = \begin{pmatrix} \alpha_1, \alpha_2, \ldots, \alpha_n \\ \beta_1, \beta_2, \ldots, \beta_n \end{pmatrix}$$

zwei Substitutionen, bei denen jede Beziehung zwischen den Wurzeln mit Koeffizienten aus $\mathfrak{k}$ richtig bleibt. Wir müssen zeigen, daß dann jede richtige Beziehung

$$(8) \qquad \varphi(\xi_1, \xi_2, \ldots, \xi_n) = 0$$

mit Koeffizienten aus $\mathfrak{k}$ auch bei der Produktsubstitution

$$ST = \begin{pmatrix} 1, & 2, \ldots, n \\ \beta_1, & \beta_2, \ldots, \beta_n \end{pmatrix}$$

richtig bleibt. Da aber (8) durch ST übergeht in

$$(9) \qquad \varphi(\xi_{\beta_1}, \xi_{\beta_2}, \ldots, \xi_{\beta_n}) = 0,$$

so brauchen wir nur zu zeigen, daß (9) richtig ist. Nun geht die Beziehung (8) durch die Substitution S über in

$$(10) \qquad \varphi(\xi_{\alpha_1}, \xi_{\alpha_2}, \ldots, \xi_{\alpha_n}) = 0,$$

und da durch S jede richtige Beziehung wieder in eine richtige übergeht, ist (10) richtig. Da aber auch durch T jede richtige Beziehung wieder in eine richtige übergeht, muß die aus (10) durch Ausübung der Substitution T hervorgehende Beziehung ebenfalls richtig sein. Das ist aber gerade die Beziehung (9), deren Richtigkeit damit nachgewiesen ist.

II. Die Galoissche Gruppe läßt sich noch auf eine zweite Art definieren. Der Körper $\mathfrak{k}_1 = \mathfrak{K}(\mathfrak{k}, \xi_1, \ldots, \xi_n)$ ist nach Satz 74 in bezug auf $\mathfrak{k}$ von endlichem Grad, etwa vom Grad m. Ist dann ϱ_1 eine primitive Größe von $\mathfrak{k}_1$ in bezug auf $\mathfrak{k}$, so genügt ϱ_1 einer in $\mathfrak{k}$ irreduzibeln Gleichung m-ten Grades $F(x) = 0$; diese Gleichung heißt eine Galoissche Resolvente der Gleichung $f(x) = 0$. Nach Satz 72 ist dann

$$(11) \qquad \xi_1 = G_1(\varrho_1), \quad \xi_2 = G_2(\varrho_1), \quad \ldots, \quad \xi_n = G_n(\varrho_1),$$

wo die G_ν Polynome mit Koeffizienten aus $\mathfrak{k}$ sind. Sind $\varrho_1, \varrho_2, \ldots, \varrho_m$ die sämtlichen Wurzeln der Gleichung $F(x) = 0$, so betrachten wir die Größen

$$(12) \qquad G_1(\varrho_\mu), \quad G_2(\varrho_\mu), \quad \ldots, \quad G_n(\varrho_\mu),$$

wo μ eine der Zahlen $1, 2, \ldots, m$ bedeutet.

Nun hat $f(x)$ die Wurzeln (11); es ist also

$$f(G_\nu(\varrho_1)) = 0.$$

Daher hat das Polynom $f(G_\nu(x))$ mit dem in $\mathfrak{k}$ irreduzibeln Polynom $F(x)$ die Wurzel ϱ_1 gemein, es hat also nach Satz 70 auch die anderen ϱ_μ zu Wurzeln. Daher ist

$$f(G_\nu(\varrho_\mu)) = 0.$$

Das besagt aber, daß die Größen (12) lauter Wurzeln von $f(x)$ sind. Die n Größen (12) (bei festem μ) sind aber auch voneinander verschieden und daher von der Reihenfolge abgesehen gerade die n Wurzeln

$$\xi_1, \xi_2, \ldots, \xi_n.$$

Denn wäre etwa $G_1(\varrho_\mu) = G_2(\varrho_\mu)$, so hätte das Polynom $G_1(x) - G_2(x)$ mit $F(x)$ die Wurzel ϱ_μ gemein und folglich auch die Wurzel ϱ_1; es wäre also $G_1(\varrho_1) = G_2(\varrho_1)$ oder $\xi_1 = \xi_2$, was nicht zutrifft.

Da somit die Größen (12) von der Reihenfolge abgesehen mit den n Wurzeln (11) identisch sind, so bedeutet der Übergang von der Reihenfolge (11) zur Reihenfolge (12) eine Substitution S_μ, und da μ in (12) jede der Zahlen $1, 2, \ldots, m$ sein darf, so erhalten wir die m Substitutionen

(13) $$S_1, S_2, \ldots, S_m,$$

deren erste natürlich E ist. Wir behaupten jetzt, daß diese m Substitutionen voneinander verschieden sind und daß sie gerade die Galoissche Gruppe der Gleichung $f(x) = 0$ in bezug auf den Körper $\mathfrak{k}$ ausmachen.

Zunächst ist nämlich ϱ_1 als Größe des Körpers $\mathfrak{K}(\mathfrak{k}, \xi_1, \ldots, \xi_n)$ nach Satz 74 als Polynom von $\xi_1, \ldots, \xi_n$ darstellbar:

(14) $$\varrho_1 = g(\xi_1, \ldots, \xi_n),$$

wo die Koeffizienten von g dem Körper $\mathfrak{k}$ angehören. Mit Rücksicht auf (11) ist dann

$$\varrho_1 = g\big(G_1(\varrho_1), \ldots, G_n(\varrho_1)\big).$$

Hieraus folgt aber mittels einer schon wiederholt angewandten auf Satz 70 beruhenden Schlußweise, daß auch

(15) $$\varrho_\mu = g\big(G_1(\varrho_\mu), \ldots, G_n(\varrho_\mu)\big) \qquad (\mu = 1, 2, \ldots, m)$$

ist. Wenn nun etwa die beiden Substitutionen S_μ und S_λ dieselben wären, wenn also

$$G_1(\varrho_\mu) = G_1(\varrho_\lambda),\quad G_2(\varrho_\mu) = G_2(\varrho_\lambda), \ldots, G_n(\varrho_\mu) = G_n(\varrho_\lambda)$$

wäre, so würde aus (15) folgen: $\varrho_\mu = \varrho_\lambda$, was aber nicht zutrifft, weil $F(x)$ in $\mathfrak{k}$ irreduzibel ist, also nur einfache Wurzeln hat. Daher sind die m Substitutionen (13) alle voneinander verschieden.

Um auch einzusehen, daß sie gerade die Galoissche Gruppe bilden, müssen wir erstens zeigen, daß jede Beziehung zwischen den Wurzeln $\xi_1, \ldots, \xi_n$ mit Koeffizienten aus $\mathfrak{k}$ bei diesen Substitutionen richtig bleibt, und zweitens, daß keine andere Substitution auf jede Beziehung ausgeübt werden darf.

Zur Erledigung des ersten Punktes sei

(16) $$P(\xi_1, \xi_2, \ldots, \xi_n) = 0$$

irgendeine Beziehung mit Koeffizienten aus $\mathfrak{k}$. Wegen (11) besagt das:

$$P\big(G_1(\varrho_1), \ldots, G_n(\varrho_1)\big) = 0$$

und folglich ist auch wieder

$$P\bigl(G_1(\varrho_\mu), \ldots, G_n(\varrho_\mu)\bigr) = 0,$$

was besagt, daß die Beziehung (16) bei der Substitution S_μ richtig bleibt.

Um auch den zweiten Punkt zu erledigen, sei

$$(17) \qquad \varphi(\xi_1, \xi_2, \ldots, \xi_n)$$

ein Polynom mit Koeffizienten aus $\mathfrak{k}$, das durch die $n!$ Substitutionen in $n!$ Polynome mit lauter verschiedenen Effektivwerten übergeht; ein solches gibt es, wie in § 22 III gezeigt wurde, da die ξ_ν voneinander verschieden vorausgesetzt sind. Setzt man zur Abkürzung

$$(18) \qquad \varphi\bigl(G_1(x), G_2(x), \ldots, G_n(x)\bigr) = \psi(x),$$

so ist

$$(19) \qquad \varphi(\xi_1, \xi_2, \ldots, \xi_n) = \psi(\varrho_1).$$

Setzt man weiter

$$(20) \qquad \bigl(x - \psi(\varrho_1)\bigr)\bigl(x - \psi(\varrho_2)\bigr) \ldots \bigl(x - \psi(\varrho_m)\bigr) = \Psi(x),$$

so sind die Koeffizienten von $\Psi(x)$ symmetrische Polynome von $\varrho_1, \ldots, \varrho_m$ mit Koeffizienten aus $\mathfrak{k}$, also selbst Größen aus $\mathfrak{k}$, und es ist

$$(21) \qquad \Psi\bigl(\varphi(\xi_1, \ldots, \xi_n)\bigr) = 0.$$

Die Gleichung (21) ist eine Beziehung zwischen den Wurzeln $\xi_1, \ldots, \xi_n$ mit Koeffizienten aus $\mathfrak{k}$. Nun geht $\varphi(\xi_1, \ldots, \xi_n)$ bei allen $n!$ Substitutionen in lauter effektiv verschiedene Polynome über. Die Beziehung (21) wird aber wegen (20) nur bei denjenigen Substitutionen richtig bleiben, welche $\varphi(\xi_1, \ldots, \xi_n) = \psi(\varrho_1)$ überführen in

$$\psi(\varrho_1) \text{ oder } \psi(\varrho_2) \text{ oder } \ldots \text{ oder } \psi(\varrho_m).$$

Das sind aber gerade die Substitutionen $S_1, S_2, \ldots, S_m$. Bei jeder anderen Substitution wird also die Beziehung (21) falsch.

Damit ist gezeigt, daß die Galoissche Gruppe in der Tat aus den m Substitutionen (13) besteht, und wir gewinnen insbesondere auch den

Satz 76. *Ist $f(x) = 0$ eine Gleichung mit Koeffizienten aus einem Körper $\mathfrak{k}$ und mit den Wurzeln*[1] *$\xi_1, \ldots, \xi_n$, so ist die Ordnung ihrer Galoisschen Gruppe in bezug auf $\mathfrak{k}$ gleich dem Grad des Körpers $\mathfrak{K}(\mathfrak{k}, \xi_1, \ldots, \xi_n)$ in bezug auf $\mathfrak{k}$.*

III. Da ϱ_1 eine primitive Größe des Körpers $\mathfrak{k}_1 = \mathfrak{K}(\mathfrak{k}, \xi_1, \ldots, \xi_n)$ ist, so ist

$$\mathfrak{k}_1 = \mathfrak{K}(\mathfrak{k}, \xi_1, \ldots, \xi_n) = \mathfrak{K}(\mathfrak{k}, \varrho_1).$$

Nun sieht man leicht, daß die zu $\mathfrak{k}_1$ konjugierten Körper

$$\mathfrak{k}_\mu = \mathfrak{K}(\mathfrak{k}, \varrho_\mu) \qquad (\mu = 1, 2, \ldots, m)$$

alle mit $\mathfrak{k}_1$ identisch sind. Da nämlich auf der rechten Seite von (15) die Größen $G_\nu(\varrho_\mu)$ einfach die Wurzeln ξ_λ, also die Größen (11) in gewisser Per-

[1]) Die Voraussetzung, daß die Wurzeln alle einfach sein müssen, unterdrücken wir bei den Sätzen über die Galoissche Gruppe als selbstverständlich, weil ja nur für diesen Fall die Galoissche Gruppe überhaupt definiert worden ist.

mutation sind, so lehrt die Formel (15), daß ϱ_μ dem Körper $\mathfrak{K}(\mathfrak{k}, \varrho_1)$ angehört; und umgekehrt ergibt sich aus (14), weil rechts die Größen ξ_ν auch gleich den Größen (12) in gewisser Permutation sind, daß auch ϱ_1 dem Körper $\mathfrak{K}(\mathfrak{k}, \varrho_\mu)$ angehört.

Der nach § 31 VI bestehende Isomorphismus zwischen konjugierten Körpern ist also hier eine isomorphe Beziehung des Körpers $\mathfrak{k}_1$ auf sich selbst, weshalb man ihn als Automorphismus bezeichnet; und zwar ist es ein Automorphismus, bei dem jeder Größe aus $\mathfrak{k}$ sie selbst zugeordnet ist[1]). Hiernach gibt es, wenn μ eine der Zahlen $1, \ldots, m$ bedeutet, einen derartigen Automorphismus A_μ, bei dem der Größe ϱ_1 die Größe ϱ_μ zugeordnet ist. Dabei sind den n Wurzeln $\xi_1, \ldots, \xi_n$, da sie die Form (11) haben, die Größen (12) zugeordnet, also wieder die n Wurzeln, und zwar in einer Permutation, die der Substitution S_μ der Galoisschen Gruppe entspricht. Außer diesen den Substitutionen S_μ umkehrbar eindeutig entsprechenden Automorphismen A_μ gibt es aber keine weiteren Automorphismen des Körpers $\mathfrak{k}_1$, bei welchen den Größen aus $\mathfrak{k}$ sie selbst zugeordnet sind. Denn bei einem solchen Automorphismus müssen ja alle Beziehungen zwischen irgendwelchen Größen von $\mathfrak{k}_1$ mit Koeffizienten aus $\mathfrak{k}$ auch für die zugeordneten Größen gelten. Der Größe ϱ_1 kann also, da für sie die Beziehung $F(\varrho_1) = 0$ gilt, nur wieder eine Wurzel der Gleichung $F(x) = 0$, also ein ϱ_μ zugeordnet werden, und der Automorphismus ist dann der oben mit A_μ bezeichnete.

Definiert man als Produkt von zwei Automorphismen A_λ und A_μ denjenigen Automorphismus A_ν, der dem Produkt der entsprechenden Substitutionen S_λ und S_μ entspricht, so bilden die Automorphismen eine mit der Galoisschen Gruppe isomorphe Gruppe, die Automorphismengruppe von $\mathfrak{k}_1$ in bezug auf $\mathfrak{k}$. Wenn dann für drei Indizes λ, μ, ν eine der beiden Formeln

$$S_\lambda S_\mu = S_\nu, \quad A_\lambda A_\mu = A_\nu$$

gilt, so gilt stets auch die andere, und beide besagen, daß der Größe ϱ_λ durch A_μ die Größe ϱ_ν zugeordnet ist. Wenn nun einer Größe α durch A_λ die Größe β und wenn der Größe β durch A_μ die Größe γ zugeordnet wird, so sieht man leicht, daß der Größe α durch den Produktautomorphismus $A_\nu = A_\lambda A_\mu$ direkt die Größe γ zugeordnet wird, so daß man das Produkt auch hierdurch definieren könnte. Setzt man nämlich α in die Form

$$\alpha = h(\xi_1, \ldots, \xi_n) \doteq h\big(G_1(\varrho_1), \ldots, G_n(\varrho_1)\big),$$

wo h ein Polynom mit Koeffizienten aus $\mathfrak{k}$, so ist die durch A_λ zu α zugeordnete Größe β die folgende:

$$\beta = h\big(G_1(\varrho_\lambda), \ldots, G_n(\varrho_\lambda)\big),$$

und die durch A_μ zu β zugeordnete Größe γ ist wegen $S_\lambda S_\mu = S_\nu$ die folgende:

---

[1]) Einen solchen Automorphismus haben wir bereits in Bd. I, Seite 21 kennen gelernt. Dort war $\mathfrak{k}$ der Körper der reellen Zahlen und $\mathfrak{k}_1$ war der Körper der komplexen Zahlen: $\mathfrak{k}_1 = \mathfrak{K}(\mathfrak{k}, i)$; bei dem Automorphismus war jeder Zahl ihre konjugiert-komplexe zugeordnet.

$$\gamma = h(G_1(\varrho_\nu), \ldots, G_n(\varrho_\nu)).$$

Das ist aber auch die der Größe α durch A_ν zugeordnete Größe.

IV. Auf Grund der bisherigen Betrachtungen wird es in vielen Fällen durch Ausnutzung von zufällig bekannten Eigenschaften der Wurzeln gelingen, die Galoissche Gruppe einer Gleichung wirklich aufzustellen. In der weiteren Theorie will man aber gerade umgekehrt aus der Kenntnis der Gruppe Rückschlüsse auf die Wurzeln und ihre Eigenschaften ziehen. Deshalb braucht man ein Rezept, mit dem man, ohne das Geringste über die Wurzeln zu wissen, die Gruppe aufstellen kann. Ein solches soll jetzt gewonnen werden, und zwar wird sich zeigen, daß man die Gruppe immer aufstellen kann, wenn es möglich ist, im Körper $\mathfrak{k}$ jedes Polynom in seine irreduzibeln Teiler zu zerlegen.

Dazu ist zunächst die Auffindung einer primitiven Größe des Körpers $\mathfrak{k}_1 = \mathfrak{K}(\mathfrak{k}, \xi_1, \ldots, \xi_n)$ nötig. Wir behaupten, daß der Effektivwert des Polynoms

$$c_1\xi_1 + \cdots + c_n\xi_n \tag{22}$$

sicher dann eine primitive Größe ist, wenn man die Koeffizienten c_ν als ganze Zahlen so wählt, daß die $n!$ Polynome

$$c_1\xi_{\lambda_1} + \cdots + c_n\xi_{\lambda_n}, \tag{23}$$

die den $n!$ Permutationen $\lambda_1, \ldots, \lambda_n$ entsprechen, lauter verschiedene Effektivwerte haben. Bezeichnet man nämlich den Effektivwert des Polynoms (22) mit ϱ, so genügt ϱ als Größe des Körpers $\mathfrak{k}_1$, der ein Körper m-ten Grades über $\mathfrak{k}$ ist, einer in $\mathfrak{k}$ irreduzibeln Gleichung höchstens m-ten Grades $L(x) = 0$; dann ist also

$$L(c_1\xi_1 + \cdots + c_n\xi_n) = 0.$$

Diese Beziehung zwischen den Wurzeln muß bei allen m Substitutionen der Galoisschen Gruppe richtig bleiben. Wendet man sie aber alle an, so erweisen sich die m verschiedenen Größen[1]), in die das Polynom (22) durch sie übergeht, sämtlich als Wurzeln von $L(x)$. Daher ist $L(x)$ auch mindestens vom Grad m, also genau vom Grad m. Da hiernach die Größe ϱ einer in $\mathfrak{k}$ irreduzibeln Gleichung genügt, deren Grad gleich dem Grad des Körpers $\mathfrak{k}_1$ in bezug auf $\mathfrak{k}$ ist, so ist sie nach Satz 72 eine primitive Größe; w. z. b. w. Ebenso sind natürlich die $n!$ Effektivwerte der Polynome (23), von denen ja keines vor dem andern ausgezeichnet ist, lauter primitive Größen.

Nun fragt es sich, ob man die ganzen Zahlen c_ν in (22) wirklich auf die verlangte Art wählen kann, nämlich so, daß die $n!$ Polynome (23) lauter verschiedene Effektivwerte haben. Da die Wurzeln ξ_ν voneinander ver-

---

[1]) Statt „Größen, in die" müßte es eigentlich heißen: „Effektivwerte derjenigen Polynome, in die". Diese schwerfällige Ausdrucksweise wollen wir hier und in ähnlichen Fällen in leicht verständlicher Weise abkürzen. — Übrigens sind hier und überall da, wo auf ein Polynom der Wurzeln nur Substitutionen der Galoisschen Gruppe angewandt werden, die fraglichen Effektivwerte einfach diejenigen Größen, die dem Effektivwert des Polynoms durch die den Substitutionen entsprechenden Automorphismen zugeordnet sind.

schieden sind, ist eine solche Wahl nach § 22 III in der Tat möglich; doch muß man dazu die Wurzeln kennen. Es ist aber für unsere Fragestellung gerade wesentlich, daß man die Wahl auch treffen kann, ohne die Wurzeln zu kennen. Dazu bildet man, indem man zunächst $c_1, \ldots, c_n$ als unabhängige Variable denkt, das Polynom vom Grad n!

$$(24) \qquad \Omega(x) = \prod_{\lambda_1 \ldots \lambda_n} [x - (c_1 \xi_{\lambda_1} + \cdots + c_n \xi_{\lambda_n})];$$

seine Koeffizienten sind als symmetrische Polynome von $\xi_1, \ldots, \xi_n$ Polynome von $c_1, \ldots, c_n$ mit Koeffizienten aus $\mathfrak{k}$, die berechnet werden können. Die n! Größen (23) sind, solange $c_1, \ldots, c_n$ unabhängige Variable sind, voneinander verschieden, weil die ξ_ν voneinander verschieden sind; daher ist die Diskriminante von $\Omega(x)$ ein nicht identisch verschwindendes Polynom von $c_1, \ldots, c_n$ mit Koeffizienten aus $\mathfrak{k}$. Nach Bd. I, Satz 29 kann man also $c_1, \ldots, c_n$ auch als ganze Zahlen so wählen, daß die Diskriminante nicht verschwindet, und zwar enthält der dort gegebene Beweis auch ein Verfahren, um mit endlich vielen Schritten solche Zahlen c_ν zu finden. Dann sind aber die n! Polynome (23) effektiv voneinander verschieden, wie es verlangt war. Ihre Effektivwerte sind natürlich, wie ausdrücklich bemerkt sei, nicht bekannt, weil man die ξ_ν nicht kennt; bekannt sind nur die Koeffizienten c_ν.

Nunmehr sei $F(x)$ ein in $\mathfrak{k}$ irreduzibler Teiler von $\Omega(x)$, gleichgültig welcher. Die Wurzeln von $F(x)$ sind dann unter den Größen (23) zu suchen, sind also primitive Größen des Körpers $\mathfrak{K}(\mathfrak{k}, \xi_1, \ldots, \xi_n)$. Daher muß nach Satz 76 der Grad von $F(x)$ gleich der Ordnung m der Galoisschen Gruppe sein, so daß diese Ordnung durch den irreduzibeln Teiler $F(x)$ bereits bekannt wird.

Bezeichnen wir jetzt die Wurzeln von $F(x)$ mit $\varrho_1, \ldots, \varrho_m$, so dürfen wir ohne weiteres

$$(25) \qquad \varrho_1 = c_1 \xi_1 + \cdots + c_n \xi_n$$

setzen, weil dadurch lediglich die Numerierung der ξ_ν und ϱ_μ, über die seither nichts vorausgesetzt war, bis zu einem gewissen Grad festgelegt wird[1]). Dann müssen wieder Formeln der Gestalt (11) gelten; es ist also

$$(26) \qquad \xi_\nu = G_\nu(\varrho_1) \qquad (\nu = 1, \ldots, n).$$

Aber wir müssen die hier auftretenden Polynome G_ν mit Koeffizienten aus $\mathfrak{k}$ auch wirklich bestimmen können. Dazu betrachten wir für jeden der Werte $\nu = 1, \ldots, n$ das Polynom von x

$$\sum_{\lambda_1 \ldots \lambda_n} \frac{\xi_{\lambda_\nu}}{\Omega'(c_1 \xi_{\lambda_1} + \cdots + c_n \xi_{\lambda_n})} \cdot \frac{\Omega(x)}{x - (c_1 \xi_{\lambda_1} + \cdots + c_n \xi_{\lambda_n})} = \Psi_\nu(x),$$

[1]) Man beachte, daß bis jetzt immer nur von der Gesamtheit der Wurzeln $\xi_1, \ldots, \xi_n$ die Rede war; die einzelnen ξ_ν waren nicht individualisiert. Sollte in einem speziellen Fall eine Individualisierung und damit eine bestimmte Numerierung der ξ_ν schon vorher durchgeführt sein, etwa, wenn $\mathfrak{k}$ der Körper der komplexen Zahlen ist, durch Angabe von Näherungswerten, so ist natürlich zu prüfen, welcher unter den irreduzibeln Teilern von $\Omega(x)$ gerade die Wurzel (25) hat.

wobei über alle $n!$ Permutationen $\lambda_1, \ldots, \lambda_n$ der Ziffern $1, \ldots, n$ summiert wird. Seine Koeffizienten sind symmetrische Funktionen der $\xi_1, \ldots, \xi_n$, also leicht berechenbare Größen aus $\mathfrak{k}$. Nach der Lagrangeschen Interpolationsformel (Bd. I, § 17 IV, speziell Fl. (17a)) ist aber $\Psi_\nu(x)$ ein Polynom, das für $x = c_1\xi_{\lambda_1} + \cdots + c_n\xi_{\lambda_n}$ den Wert ξ_{λ_ν} annimmt. Also ist

$$\xi_{\lambda_\nu} = \Psi_\nu(c_1\xi_{\lambda_1} + \cdots + c_n\xi_{\lambda_n}),$$

und folglich speziell für die Permutation $(\lambda_1, \ldots, \lambda_n) = (1, \ldots, n)$:

$$(27) \qquad \xi_\nu = \Psi_\nu(c_1\xi_1 + \cdots + c_n\xi_n) = \Psi_\nu(\varrho_1).$$

In (26) darf also $G_\nu = \Psi_\nu$ gewählt werden. Will man statt dessen lieber auf Grund von Satz 72 Polynome höchstens $(m-1)$-ten Grades, so sind diese aus dem Ansatz

$$\Psi_\nu(x) = F(x)\,Q_\nu(x) + G_\nu(x)$$

eindeutig zu bestimmen (Bd. I, Satz 71). Durch die Formeln (26) sind die Wurzeln ξ_ν individualisiert.

Um nun die Gruppe zu finden, wollen wir untersuchen, welche unter den Größen (23) die m Wurzeln von $F(x)$ sind, oder also, welche m Substitutionen die Beziehung

$$F(c_1\xi_1 + \cdots + c_n\xi_n) = 0$$

richtig lassen. Nur diese können nämlich der Galoisschen Gruppe angehören, und da deren Ordnung gleich m ist, macht ihre Gesamtheit gerade die Galoissche Gruppe aus. Nun ist aber

$$F(c_1\xi_{\lambda_1} + \cdots + c_n\xi_{\lambda_n}) = F\big(c_1G_{\lambda_1}(\varrho_1) + \cdots + c_nG_{\lambda_n}(\varrho_1)\big)$$

und diese Größe verschwindet dann und nur dann, wenn das Polynom

$$(28) \qquad F\big(c_1G_{\lambda_1}(x) + \cdots + c_nG_{\lambda_n}(x)\big)$$

die Wurzel ϱ_1 hat. Das tritt aber wegen der Irreduzibilität von $F(x)$ nach Satz 70 dann und nur dann ein, wenn es durch $F(x)$ teilbar ist. Man braucht also nur zu prüfen, für welche Permutationen $\lambda_1, \ldots, \lambda_n$ das Polynom (28) durch $F(x)$ teilbar ist. Die so gewonnenen Substitutionen

$$\begin{pmatrix} 1, & 2, & \ldots, & n \\ \lambda_1, & \lambda_2, & \ldots, & \lambda_n \end{pmatrix}$$

bilden dann die Galoissche Gruppe.

§ 33. Weitere Eigenschaften der Galoisschen Gruppe.

I. Die Galoissche Gruppe ist noch durch folgende wichtige Eigenschaft ausgezeichnet:

Satz 77. *Sei $\mathfrak{G}$ die Gruppe einer Gleichung in bezug auf einen Körper $\mathfrak{k}$. Wenn dann der Effektivwert einer rationalen Funktion der Wurzeln mit Koeffizienten aus $\mathfrak{k}$ selbst eine Größe aus $\mathfrak{k}$ ist, so behält die Funktion bei allen Substitutionen von $\mathfrak{G}$ denselben Effektivwert. — Umgekehrt, wenn die Funktion bei allen Substitutionen von $\mathfrak{G}$ ihren Effektivwert behält, so gehört dieser dem Körper $\mathfrak{k}$ an.*

Beweis. Wenn unter der Voraussetzung des ersten Teiles der Effektivwert bei einer Substitution der Gruppe sich ändern würde, so würde ihm durch den der Substitution entsprechenden Automorphismus eine andere Größe zugeordnet. Er könnte also, im Widerspruch mit der Voraussetzung, nicht dem Körper $\mathfrak{k}$ angehören, weil einer Größe aus $\mathfrak{k}$ stets sie selbst zugeordnet ist.

Zum Beweis des zweiten Teiles nehmen wir die Bezeichnung des § 32 II und IV auf und schreiben mit Benutzung der dortigen Formel (11) oder (26) die rationale Funktion der Wurzeln in der Form

$$\frac{h(\xi_1, \ldots, \xi_n)}{g(\xi_1, \ldots, \xi_n)} = \frac{h(G_1(\varrho_1), \ldots, G_n(\varrho_1))}{g(G_1(\varrho_1), \ldots, G_n(\varrho_1))} = \frac{H(\varrho_1)}{G(\varrho_1)}.$$

Wird die Substitution S_μ darauf ausgeübt, so geht sie über in $\frac{H(\varrho_\mu)}{G(\varrho_\mu)}$. Da die Funktion aber bei all diesen Substitutionen ihren Effektivwert behalten soll, ist dieser auch gleich

$$\frac{1}{m} \sum_{\mu=1}^{m} \frac{H(\varrho_\mu)}{G(\varrho_\mu)}.$$

Das ist aber eine symmetrische Funktion von $\varrho_1, \varrho_2, \ldots, \varrho_m$ mit Koeffizienten aus $\mathfrak{k}$, also selbst eine Größe aus $\mathfrak{k}$.

Aus Satz 77 folgt weiter der

Satz 78. *Die Galoissche Gruppe einer Gleichung ist dann und nur dann die Einheitsgruppe $\mathfrak{E}$, wenn alle Wurzeln dem zugrunde gelegten Körper $\mathfrak{k}$ angehören.*

Wenn nämlich jede Wurzel eine Größe aus $\mathfrak{k}$ ist, so muß nach Satz 77 bei den Substitutionen der Gruppe jede Wurzel ihren Effektivwert behalten. Das trifft aber, da gleiche Wurzeln ausgeschlossen sind, nur bei der Substitution E zu; die Gruppe ist also gleich $\mathfrak{E}$. Wenn umgekehrt die Galoissche Gruppe gleich $\mathfrak{E}$ ist, so behalten die Wurzeln bei jeder Substitution der Gruppe (es ist eben nur die eine Substitution E) ihre Effektivwerte, sie gehören also nach Satz 77 dem Körper $\mathfrak{k}$ an.

II. Kennt man die Gruppe einer Gleichung, so kann man ohne weiteres entscheiden, ob die Gleichung reduzibel ist. Es gilt nämlich der

Satz 79. *Eine Gleichung $f(x) = 0$ (mit lauter einfachen Wurzeln) ist in einem Körper $\mathfrak{k}$ irreduzibel oder reduzibel, je nachdem ihre Galoissche Gruppe transitiv oder intransitiv ist.*

Beweis. Ist $f(x)$ reduzibel, also

$$f(x) = g(x)h(x),$$

so sei etwa ξ_λ eine Wurzel von $g(x)$, ξ_μ eine Wurzel von $h(x)$, also nicht von $g(x)$; dann ist

$$g(\xi_\lambda) = 0, \quad g(\xi_\mu) \neq 0.$$

Zwischen den Wurzeln besteht also die Beziehung $g(\xi_\lambda) = 0$, in der zufällig nur die eine Wurzel ξ_λ vorkommt. Wenn die Gruppe transitiv wäre, so würde sie eine Substitution enthalten, welche ξ_λ durch ξ_μ ersetzt. Durch Ausübung dieser Substitution auf die Beziehung $g(\xi_\lambda) = 0$ ergäbe sich: $g(\xi_\mu) = 0$, was aber nicht richtig ist. Die Gruppe kann also nicht transitiv sein.

Umgekehrt, wenn die Gruppe intransitiv ist, so enthält sie bei passender Numerierung der Wurzeln $\xi_1, \ldots, \xi_n$ keine Substitution, welche ξ_1 durch ξ_n ersetzt. Diejenigen ξ_μ, durch welche die Substitutionen der Gruppe die Wurzel ξ_1 wirklich ersetzen, sind dann bei passender Numerierung $\xi_1, \xi_2, \ldots, \xi_m$, wo $m < n$. Dann werden durch jede Substitution S der Gruppe die $\xi_1, \ldots, \xi_m$ nur untereinander vertauscht; denn wenn z. B. ξ_2 durch S in ein ξ_ν überginge, wo $\nu > m$, so ginge, wenn T eine Substitution der Gruppe ist, die ξ_1 durch ξ_2 ersetzt, ξ_1 durch TS über in ξ_ν, was aber nicht sein kann. Die symmetrischen Grundfunktionen von $\xi_1, \ldots, \xi_m$ bleiben daher bei allen Substitutionen der Gruppe effektiv ungeändert, sind also nach Satz 77 Größen aus $\mathfrak{k}$. Daher hat das Polynom

$$\varphi(x) = (x - \xi_1)(x - \xi_2) \cdots (x - \xi_m)$$

Koeffizienten aus $\mathfrak{k}$. Die gegebene Gleichung ist also in $\mathfrak{k}$ reduzibel, da ihre linke Seite den nichttrivialen Teiler $\varphi(x)$ hat.

§ 34. Wirkliche Aufstellung der Galoisschen Gruppe in einigen besonderen Fällen.

I. Wir bestimmen zunächst die Gruppe einer möglichst „allgemeinen" Gleichung.

Satz 80. *Sind $x_1, \ldots, x_n$ unabhängige Variable in bezug auf einen Körper $\mathfrak{k}$, und sind $a_1, \ldots, a_n$ ihre symmetrischen Grundfunktionen, so ist die Galoissche Gruppe der Gleichung*

$$x^n + a_1 x^{n-1} + \cdots + a_n = 0$$

in bezug auf den Körper $\mathfrak{k}^* = \mathfrak{K}(\mathfrak{k}, a_1, \ldots, a_n)$ die symmetrische Gruppe.

Zum Beweis beachten wir, daß $x_1, \ldots, x_n$ die Wurzeln der Gleichung sind. Ist dann

$$f(x_1, \ldots, x_n) = 0 \tag{1}$$

irgendeine Beziehung zwischen den Wurzeln mit Koeffizienten aus $\mathfrak{k}^*$, so sind diese Koeffizienten rationale Funktionen von $a_1, \ldots, a_n$ mit Koeffizienten aus $\mathfrak{k}$, so daß wir die Beziehung (1) auch in der Gestalt schreiben können:

$$g(x_1, \ldots, x_n, a_1, \ldots, a_n) = 0, \tag{2}$$

wo g ein Polynom mit Koeffizienten aus $\mathfrak{k}$ ist. Nun sind aber die Zeichen $a_1, \ldots, a_n$ hier nur Abkürzungen für

$$a_1 = -(x_1 + x_2 + \cdots + x_n),$$
$$\ldots\ldots\ldots\ldots$$
$$a_n = (-1)^n x_1 x_2 \cdots x_n.$$

Setzt man das in (2) ein, so wird die linke Seite ein Polynom von $x_1, \ldots, x_n$ allein mit Koeffizienten aus $\mathfrak{k}$:

$$G(x_1, \ldots, x_n).$$

Aber die Gleichung (2) sagt dann aus, daß G identisch verschwindet, d. h. daß alle Koeffizienten von G verschwinden. Daher verschwindet G auch, wenn man die Variabeln beliebig permutiert. Dabei bleiben aber $a_1, \ldots, a_n$ ganz unverändert, und man erhält:

$$g(x_{\nu_1}, \ldots, x_{\nu_n}, a_1, \ldots, a_n) = 0$$

oder also:

$$f(x_{\nu_1}, \ldots, x_{\nu_n}) = 0,$$

wo $\nu_1, \ldots, \nu_n$ jede Permutation der Zahlen $1, \ldots, n$ sein darf. Die Beziehung (1) bleibt also bei jeder Substitution richtig. Daher gehört jede Substitution der Galoisschen Gruppe an; w. z. b. w.

Satz 81. *Sind $a_1, \ldots, a_n$ unabhängige Variable in bezug auf einen Körper $\mathfrak{k}$, so ist die Galoissche Gruppe der Gleichung*

$$x^n + a_1 x^{n-1} + \cdots + a_n = 0$$

in bezug auf den Körper $\mathfrak{k}^* = \mathfrak{K}(\mathfrak{k}, a_1, \ldots, a_n)$ die symmetrische Gruppe.

Beweis. Die Diskriminante des auf der linken Seite der Gleichung stehenden Polynoms ist ein nicht identisch verschwindendes Polynom der Variabeln $a_1, \ldots, a_n$. Die Wurzeln der Gleichung sind daher voneinander verschieden, so daß man von der Galoisschen Gruppe reden kann. Die Wurzeln seien $\xi_1, \ldots, \xi_n$. Dann ist

$$(3)\qquad \begin{cases} a_1 = -(\xi_1 + \xi_2 + \cdots + \xi_n) \\ \cdot\ \cdot\ \cdot\ \cdot\ \cdot\ \cdot\ \cdot\ \cdot\ \cdot\ \cdot \\ a_n = (-1)^n \xi_1 \xi_2 \cdots \xi_n. \end{cases}$$

Irgendeine Beziehung zwischen den Wurzeln mit Koeffizienten aus $\mathfrak{k}^*$ läßt sich in der Form schreiben:

$$(4)\qquad g(\xi_1, \ldots, \xi_n, a_1, \ldots, a_n) = 0,$$

wo g Koeffizienten aus $\mathfrak{k}$ hat. Wenn man hier für $a_1, \ldots, a_n$ die Ausdrücke (3) einsetzt, ergibt sich

$$(5)\qquad G(\xi_1, \ldots, \xi_n) = 0,$$

wo G Koeffizienten aus $\mathfrak{k}$ hat. Wenn wir nun zeigen können, daß in dem Polynom G alle Koeffizienten verschwinden, so bleibt die Beziehung (5), also auch (4), bei jeder Substitution richtig, und der Satz ist bewiesen.

Nehmen wir aber an, daß in G nicht alle Koeffizienten verschwinden, so ist, wenn $x_1, \ldots, x_n$ unabhängige Variable sind, das Polynom

$$(6)\qquad G(x_1, \ldots, x_n)$$

nicht identisch 0. Wenn man in (6) die Variabeln auf alle $n!$ Arten permutiert und das Produkt aller so entstehenden Polynome bildet, so erhält man ein symmetrisches nicht identisch verschwindendes Polynom von $x_1, \ldots, x_n$ mit Koeffizienten aus $\mathfrak{k}$, das also eine Größe des Ringes $\mathfrak{R}(\mathfrak{k}, b_1, \ldots, b_n)$ ist, unter $b_1, \ldots, b_n$ die symmetrischen Grundfunktionen von $x_1, \ldots, x_n$ verstanden. Es ist also

$$\prod_{\lambda_1 \ldots \lambda_n} G(x_{\lambda_1}, \ldots, x_{\lambda_n}) = F(b_1, \ldots, b_n),$$

wo F Koeffizienten aus $\mathfrak{k}$ hat, die nicht alle verschwinden. Wenn man in dieser Identität statt der Variabeln $x_1, \ldots, x_n$ die Größen $\xi_1, \ldots, \xi_n$ setzt, ergibt sich:

$$\prod_{\lambda_1 \ldots \lambda_n} G(\xi_{\lambda_1}, \ldots, \xi_{\lambda_n}) = F(a_1, \ldots, a_n).$$

Hier verschwindet aber die linke Seite wegen (5), und man erhält:

$$F(a_1, \ldots, a_n) = 0,$$

was der Voraussetzung widerspricht, daß $a_1, \ldots, a_n$ unabhängige Variable in bezug auf $\mathfrak{k}$ sind.

II. Nunmehr wenden wir uns zu wesentlich spezielleren Gleichungen:

Definition. Wenn eine in einem Körper $\mathfrak{k}$ **irreduzible** Gleichung n-ten Grades so beschaffen ist, daß alle ihre Wurzeln $\xi_1, \ldots, \xi_n$ bereits dem Körper $\mathfrak{K}(\mathfrak{k}, \xi_1)$ angehören, daß also

$$\mathfrak{K}(\mathfrak{k}, \xi_1, \ldots, \xi_n) = \mathfrak{K}(\mathfrak{k}, \xi_1)$$

ist, so heißt sie eine **Galoissche Gleichung** (in bezug auf $\mathfrak{k}$).

Beispielsweise ist jede irreduzible quadratische Gleichung eine Galoissche Gleichung; wir werden aber noch zahlreiche weitere Beispiele kennenlernen. Auch jede Galoissche Resolvente einer Gleichung (S. 167) wird leicht als Galoissche Gleichung erkannt.

Nach der Definition erscheint zunächst die Wurzel ξ_1 vor den anderen Wurzeln ausgezeichnet. Das ist aber nur scheinbar, da man leicht sieht, daß jetzt die n konjugierten Körper

$$\mathfrak{K}(\mathfrak{k}, \xi_1), \quad \mathfrak{K}(\mathfrak{k}, \xi_2), \ldots, \quad \mathfrak{K}(\mathfrak{k}, \xi_n)$$

alle miteinander identisch sind. Denn in der Tat, wenn ν eine der Zahlen $1, \ldots, n$ ist, so ist jedenfalls der Körper $\mathfrak{K}(\mathfrak{k}, \xi_1, \ldots, \xi_n)$ entweder ein echter Oberkörper von $\mathfrak{K}(\mathfrak{k}, \xi_\nu)$ oder mit ihm identisch. Da aber letzterer vom Grad n in bezug auf $\mathfrak{k}$ ist, und da ersterer gleich $\mathfrak{K}(\mathfrak{k}, \xi_1)$, also ebenfalls vom Grad n ist, so scheidet die erste Möglichkeit wegen Satz 73 aus; es ist also

$$\mathfrak{K}(\mathfrak{k}, \xi_1, \ldots, \xi_n) = \mathfrak{K}(\mathfrak{k}, \xi_\nu) \qquad (\nu = 1, 2, \ldots, n).$$

Nunmehr beweisen wir den

Satz 82. *Die Ordnung der Galoisschen Gruppe einer Galoisschen Gleichung ist gleich dem Grad der Gleichung. Und umgekehrt, wenn der Grad einer irreduzibeln Gleichung gleich der Ordnung ihrer Gruppe ist, so ist es eine Galoissche Gleichung (alles in bezug auf ein und denselben Körper $\mathfrak{k}$).*

Bei einer in $\mathfrak{k}$ irreduzibeln Gleichung mit den Wurzeln $\xi_1, \ldots, \xi_n$ gelten nämlich die Gleichheiten:

Grad der Gleichung = Grad des Körpers $\mathfrak{K}(\mathfrak{k}, \xi_1)$
(wegen der Irreduzibilität),

Ordnung der Gruppe = Grad des Körpers $\mathfrak{K}(\mathfrak{k}, \xi_1, \ldots, \xi_n)$
(nach Satz 76).

Die beiden Körper sind aber wegen Satz 73 dann und nur dann von gleichem Grad, wenn sie miteinander identisch sind, wenn also die Gleichung eine Galoissche ist.

III. **Definition.** Eine in einem Körper $\mathfrak{k}$ **irreduzible** Gleichung, deren Gruppe in bezug auf $\mathfrak{k}$ eine zyklische bzw. Abelsche Gruppe ist, heißt eine in $\mathfrak{k}$ **zyklische** bzw. **Abelsche Gleichung.**

Da eine zyklische Gruppe eine spezielle Abelsche Gruppe ist, so ist auch eine zyklische Gleichung eine spezielle Abelsche Gleichung. Wir beweisen nun weiter den

Satz 83. *Eine Abelsche Gleichung (also speziell auch eine zyklische Gleichung) ist stets zugleich eine Galoissche Gleichung.*

Da eine Abelsche Gleichung definitionsgemäß irreduzibel ist, ist ihre Gruppe nach Satz 79 transitiv. Sie enthält also, wenn n der Grad der Gleichung ist und wenn $\xi_1, \ldots, \xi_n$ die Wurzeln sind, jedenfalls n Substitutionen

$$S_1, S_2, \ldots, S_n \tag{7}$$

derart, daß S_ν die Wurzel ξ_1 durch ξ_ν ersetzt. Nun sei T irgendeine Substitution der Gruppe; durch sie werde ξ_1 etwa in ξ_a übergeführt. Dann wird, wenn ν eine beliebige der n Zahlen $1, \ldots, n$ ist, durch die ebenfalls zur Gruppe gehörige Substitution

$$S_\nu^{-1} S_a T^{-1} S_\nu \tag{8}$$

die Wurzel ξ_ν wieder durch ξ_ν ersetzt. Die Substitution (8) ist aber, weil die Gruppe eine Abelsche ist, von ν unabhängig, nämlich gleich

$$S_a T^{-1}. \tag{9}$$

Durch die Substitution (9) wird also jede Wurzel ξ_ν in sich selbst übergeführt; d. h. es ist $S_a T^{-1} = E$, oder also $T = S_a$. Sonach ist mit den n Substitutionen (7) bereits die ganze Gruppe erschöpft; ihre Ordnung ist also gleich dem Grad der Gleichung, die daher nach Satz 82 eine Galoissche ist.

IV. Jetzt betrachten wir die ganz spezielle Gleichung

$$x^p - c = 0, \tag{10}$$

wo p eine Primzahl. Dabei legen wir einen Körper $\mathfrak{k}$ zugrunde, dem die Größe c und die p-ten Einheitswurzeln angehören, während ihm das Radikal $\sqrt[p]{c}$ nicht angehören soll. Dabei ist es gleichgültig, welche der p Wurzeln von (10) mit dem Radikal gemeint ist. Denn wenn eine von ihnen dem Körper $\mathfrak{k}$ nicht angehört, so gehört ihm offenbar keine an, weil der Quotient von zweien eine p-te Einheitswurzel, also eine Größe von $\mathfrak{k}$ ist.

Um die Gruppe der Gleichung (10) zu bestimmen, bedarf es zunächst einer Vorbemerkung über die p-ten Einheitswurzeln. Infolge der vier auf Seite 58 unten hervorgehobenen Tatsachen bilden die n n-ten Einheitswurzeln in bezug auf die Multiplikation eine Abelsche Gruppe n-ter Ordnung. Ist nun n gleich der Primzahl p, so ist nach der Fußnote auf Seite 153 die

Gruppe zyklisch und besteht, wenn ε eine von 1 verschiedene p-te Einheitswurzel ist, einfach aus den Potenzen

(11) $$\varepsilon^0 (= 1), \varepsilon, \varepsilon^2, \ldots, \varepsilon^{p-1};$$

die Größen (11) sind also die p p-ten Einheitswurzeln:

Hiernach sind nun die p Wurzeln der Gleichung (10) die folgenden:

(12) $$\xi_1 = \sqrt[p]{c}, \ \xi_2 = \varepsilon \sqrt[p]{c}, \ldots, \xi_p = \varepsilon^{p-1} \sqrt[p]{c};$$

sie sind voneinander verschieden. Zwischen ihnen bestehen u. a. die Beziehungen mit Koeffizienten aus $\mathfrak{k}$:

(13) $$\varepsilon^{\nu-1}\xi_1 = \xi_\nu \qquad (\nu = 1, 2, \ldots, p)$$

(14) $$\varepsilon^{\nu-1}\xi_\mu = \xi_{\nu+\mu-1} \qquad (\nu, \mu = 1, 2, \ldots, p),$$

wobei die Indizes durch ihre kleinsten positiven Reste nach dem Modul p zu ersetzen sind. Ist also S eine Substitution der Galoisschen Gruppe, welche ξ_1 durch ξ_μ ersetzt, so muß sie, da bei ihr die Beziehung (13) richtig bleiben muß, ξ_ν ersetzen durch $\xi_{\nu+\mu-1}$. Die Substitution kann daher nur diese sein:

$$\begin{pmatrix} 1, & 2, & \ldots, & p \\ \mu, & \mu+1, & \ldots, & \mu+p-1 \end{pmatrix},$$

wobei die Ziffern der zweiten Zeile durch ihre kleinsten positiven Reste nach dem Modul p zu ersetzen sind. Das ist aber die $(\mu - 1)$-te Potenz von

(15) $$T = (1, 2, 3, \ldots, p).$$

Hiernach kann die Galoissche Gruppe also höchstens die folgenden p Substitutionen enthalten:

(16) $$E, T, T^2, \ldots, T^{p-1}.$$

Nun bilden aber diese Substitutionen selbst eine zyklische Gruppe $\mathfrak{G}$ von der Primzahlordnung p. Ihre einzige Untergruppe außer $\mathfrak{G}$ selbst ist $\mathfrak{E}$, und folglich ist die Galoissche Gruppe entweder $\mathfrak{G}$ oder $\mathfrak{E}$. Aber $\mathfrak{E}$ kann sie nicht sein; sonst müßten nach Satz 78 alle Wurzeln, also auch $\xi_1 = \sqrt[p]{c}$, dem Körper $\mathfrak{k}$ angehören, was unserer Voraussetzung widerspricht. Die Gruppe ist also $\mathfrak{G}$; sie ist nach Satz 48 transitiv, da die Substitution $T^{\nu-1}$ die Ziffer 1 durch ν ersetzt. Nach Satz 79 ist die Gleichung also irreduzibel und, da $\mathfrak{G}$ eine zyklische Gruppe ist, gewinnen wir damit den

Satz 84. *Ist p eine Primzahl und $\mathfrak{k}$ ein Körper, dem die Größe c und die p-ten Einheitswurzeln angehören, während ihm das Radikal $\sqrt[p]{c}$ nicht angehört, so ist die Gleichung $x^p - c = 0$ in $\mathfrak{k}$ zyklisch.*

Da eine zyklische Gleichung eine spezielle Abelsche ist, haben wir damit nach Satz 83 zugleich ein weiteres Beispiel einer Galoisschen Gleichung gewonnen.

V. Wir wollen hier noch eine funktionentheoretische Einschaltung machen. Sei $f(a, x)$ ein Polynom der unabhängigen Variabeln a, x, dessen

Koeffizienten dem Körper $\mathfrak{k}$ der komplexen Zahlen angehören; speziell in bezug auf x sei es vom Grad n:

$$f(a, x) = g_0(a)\, x^n + g_1(a)\, x^{n-1} + \cdots + g_n(a). \tag{17}$$

Die Diskriminante

$$D_x f(a, x) = F(a)$$

soll nicht identisch verschwinden. Daher sind die Wurzeln $\xi_1, \ldots, \xi_n$ der Gleichung $f(a, x) = 0$ voneinander verschieden und man kann von der Gruppe $\mathfrak{G}$ dieser Gleichung in bezug auf $\mathfrak{K}(\bar{\mathfrak{k}}, a)$ reden. Diese Gruppe läßt sich nun in folgender Weise funktionentheoretisch interpretieren.

Ist a_0 eine im folgenden unverändert festzuhaltende komplexe Zahl, aber keine Wurzel von $g_0(a)$ oder $F(a)$, so lassen sich die n Wurzeln von (17), wie in der Theorie der algebraischen Funktionen gezeigt wird, in der Umgebung von a_0 in Potenzreihen

$$\xi_\nu = \mathfrak{P}_\nu(a - a_0) \qquad (\nu = 1, 2, \ldots, n) \tag{18}$$

entwickeln. Diese Reihen kann man, was hier nicht näher ausgeführt werden soll, als formale Zeichen für die Wurzeln auch dann benutzen, wenn a eine Variable im algebraischen Sinne ist, und man darf dann nach den üblichen Regeln mit ihnen rechnen.

Setzt man die Reihen (18) auf einem geschlossenen Weg, der die Nullstellen von $g_0(a)$ und $F(a)$ vermeidet, analytisch fort, so ist das Endresultat eine Permutation dieser Reihen. Jedem geschlossenen Weg, der in a_0 beginnt, entspricht also eine Permutation der Wurzeln und damit eine Substitution und, weil die Aneinanderreihung von zwei geschlossenen Wegen wieder einen geschlossenen Weg ergibt, bilden die so entstehenden Substitutionen eine Gruppe $\mathfrak{H}$. Wir behaupten, daß $\mathfrak{H}$ gerade die Galoissche Gruppe $\mathfrak{G}$ ist.

Jede Beziehung

$$\varphi(\xi_1, \ldots, \xi_n) = 0$$

mit Koeffizienten aus $\mathfrak{K}(\bar{\mathfrak{k}}, a)$ bleibt nämlich bei analytischer Fortsetzung erhalten. Sie bleibt also bei jeder Substitution von $\mathfrak{H}$ richtig, und folglich gehört jede Substitution von $\mathfrak{H}$ zugleich der Gruppe $\mathfrak{G}$ an.

Um auch zu zeigen, daß $\mathfrak{G}$ keine anderen Substitutionen enthält, sei

$$\psi(\xi_1, \ldots, \xi_n)$$

ein zu $\mathfrak{H}$ gehörendes Polynom der Wurzeln mit ganzzahligen Koeffizienten (Satz 47), das also nur bei den Substitutionen von $\mathfrak{H}$ seinen Effektivwert behält. Dann bleibt ψ bei analytischer Fortsetzung auf jedem geschlossenen Weg eindeutig, ist also eine rationale Funktion von a und gehört somit dem Körper $\mathfrak{K}(\bar{\mathfrak{k}}, a)$ an. Nach Satz 77 behält dann ψ bei allen Substitutionen der Galoisschen Gruppe $\mathfrak{G}$ seinen Effektivwert, und folglich kann $\mathfrak{G}$ keine weiteren Substitutionen als die von $\mathfrak{H}$ enthalten. Daher ist $\mathfrak{G} = \mathfrak{H}$; w. z. b. w.

§ 35. Reduktion der Galoisschen Gruppe durch Adjunktion.

I. Sei $f(x) = 0$ eine Gleichung mit Koeffizienten aus einem Körper $\mathfrak{k}$ und sei $\mathfrak{G}$ ihre Galoissche Gruppe in bezug auf $\mathfrak{k}$. Wenn wir dem Körper $\mathfrak{k}$ eine Größe γ adjungieren, so entsteht der neue Körper $\mathfrak{k}_1 = \mathfrak{K}(\mathfrak{k}, \gamma)$, und wir fragen jetzt nach der Galoisschen Gruppe in bezug auf $\mathfrak{k}_1$. Sie besteht definitionsgemäß aus denjenigen Substitutionen, bei welchen jede Beziehung zwischen den Wurzeln mit Koeffizienten aus $\mathfrak{k}_1$ richtig bleibt; erst recht bleibt dann jede Beziehung mit Koeffizienten aus $\mathfrak{k}$ richtig, so daß die neue Gruppe nur Substitutionen enthält, die auch der alten Gruppe $\mathfrak{G}$ angehören. Die neue Gruppe ist also $\mathfrak{G}$ selbst oder eine echte Untergruppe von $\mathfrak{G}$; in letzterem Falle sagt man, daß *die Gruppe der Gleichung durch die Adjunktion auf die echte Untergruppe reduziert wird*. Auch bei gleichzeitiger Adjunktion mehrerer Größen und überhaupt bei jeder Ersetzung des Körpers $\mathfrak{k}$ durch einen Oberkörper von $\mathfrak{k}$ gilt offenbar das gleiche: Die Gruppe bleibt entweder dieselbe oder sie wird auf eine echte Untergruppe reduziert.

Ist die Gruppe einer Gleichung die Einheitsgruppe $\mathfrak{E}$, so sind ihre Wurzeln bekannt, insofern sie ja nach Satz 78 Größen des zugrunde gelegten Körpers $\mathfrak{k}$ sind. *Die Aufgabe, eine Gleichung aufzulösen, ist daher gleichbedeutend mit der Aufgabe, ihre Gruppe durch Adjunktion auf $\mathfrak{E}$ zu reduzieren.* Da aber eine geringe Reduktion wohl leichter zu leisten ist als eine umfangreiche, so werden wir versuchen, schrittweise vorzugehen, indem wir die Gruppe nicht gleich auf $\mathfrak{E}$, sondern durch Adjunktion einer geeigneten Größe zunächst einmal auf eine Untergruppe zu reduzieren versuchen, diese dann wieder auf eine Untergruppe usw. Jede solche Reduktion wird uns der Auflösung einen Schritt näherbringen. *Das ist die Galoissche Auffassung der algebraischen Auflösung einer Gleichung.*

Dazu muß, um Mißverständnisse auszuschließen, noch einiges bemerkt werden. Es handelt sich hier nicht um *numerische* Auflösung der Gleichung, auch dann nicht, wenn der zugrunde gelegte Körper $\mathfrak{k}$ etwa der Körper $\mathfrak{K}(1)$ sein sollte. Die Auflösung wird vielmehr geleistet durch Konstruktion eines Erweiterungskörpers $\mathfrak{K}(\mathfrak{k}, \xi_1, \ldots, \xi_n)$, in welchem $\xi_1, \ldots, \xi_n$ die Wurzeln der Gleichung sind. Zwei derartige Erweiterungskörper sind nach Bd. I, § 51 miteinander isomorph, haben also die gleichen Individualeigenschaften. Das Ziel ist, die Struktur des Erweiterungskörpers, d. h. seine Individualeigenschaften, möglichst genau kennen zu lernen; damit beherrscht man die Wurzeln und überblickt ihre algebraischen Eigenschaften. In Bd. 1, § 49 ist zwar die *Existenz* des Erweiterungskörpers gezeigt; aber die dortige ganz allgemeine Konstruktionsmethode liefert keine tiefere Einsicht in die spezielle Körperstruktur. Hier setzt nun die Galoissche Theorie ein und gibt neue Mittel an die Hand. Wir werden sehen, wie jede Größe, deren Adjunktion eine Gruppenreduktion bewirkt, einen ganz bestimmten Baustein zur Konstruktion des Erweiterungskörpers liefert.

II. Zur Durchführung dieses Programms muß die folgende Frage beantwortet werden: Wenn $\mathfrak{G}$ die Gruppe einer Gleichung und $\mathfrak{U}$ eine echte

Untergruppe von $\mathfrak{G}$ ist, wie findet man dann eine Größe, durch deren Adjunktion die Gruppe auf $\mathfrak{U}$ reduziert wird? Eine vorläufige Antwort auf diese Frage gibt der

Satz 85. *Sei $\mathfrak{G}$ die Gruppe einer Gleichung in bezug auf einen Körper $\mathfrak{k}$ und sei $\mathfrak{U}$ eine echte Untergruppe von $\mathfrak{G}$. Ist dann φ ein Polynom der Wurzeln mit Koeffizienten aus $\mathfrak{k}$, das bei allen Substitutionen von $\mathfrak{U}$ denselben Effektivwert behält, bei den anderen Substitutionen von $\mathfrak{G}$ aber seinen Effektivwert ändert, so wird durch Adjunktion des Effektivwerts von φ die Gruppe der Gleichung auf $\mathfrak{U}$ reduziert.*

Daß es solche Polynome φ gibt, steht nach Satz 47 fest, und der Beweis jenes Satzes zeigt auch, wie ein solches Polynom gefunden werden kann. In Verbindung mit den Ausführungen auf Seite 172 kann man ein solches Polynom, d. h. seine Koeffizienten, sogar ohne jede Kenntnis der Wurzeln der Gleichung finden. Die in Satz 85 enthaltene Antwort auf unsere Frage ist aber trotzdem nicht befriedigend, weil ja die Wurzeln noch nicht bekannt sind und daher der Effektivwert des zu adjungierenden Polynoms ebenfalls nicht bekannt sein wird. Eine in dieser Richtung nützliche Ergänzung des Satzes wird geliefert durch

Satz 86. *Der Effektivwert des in Satz 85 genannten Polynoms φ ist Wurzel einer in $\mathfrak{k}$ irreduzibeln Gleichung $P(x) = 0$, deren Grad gleich dem Index j der Untergruppe $\mathfrak{U}$ in bezug auf $\mathfrak{G}$ ist. Die anderen Wurzeln dieser Gleichung sind die Effektivwerte der Polynome, in welche φ durch die anderen Substitutionen von $\mathfrak{G}$ übergeht.*

Eine in $\mathfrak{k}$ irreduzible Gleichung von der Art, daß durch Adjunktion einer ihrer Wurzeln die Gruppe der ursprünglichen Gleichung reduziert wird, heißt, weil ihre Auflösung auch für die Auflösung der ursprünglichen Gleichung einen Schritt vorwärts bedeutet, eine Resolvente der ursprünglichen. Man kann also Satz 86 auch so formulieren, daß der Effektivwert von φ einer Resolvente j-ten Grades genügt. Hierbei bemerken wir, daß die auf S. 167 eingeführte Galoissche Resolvente unter diesen allgemeinen Resolventenbegriff fällt. Denn nach den dortigen Formeln (11) gehören ja alle Wurzeln dem Körper $\mathfrak{K}(\mathfrak{k}, \varrho_1)$ an, so daß durch Adjunktion der Wurzel ϱ_1 der Galoisschen Resolvente die Gruppe nach Satz 78 bereits auf $\mathfrak{E}$ reduziert wird.

Wir beweisen jetzt Satz 85. $\xi_1, \ldots, \xi_n$ seien die Wurzeln, $\varphi(\xi_1, \ldots, \xi_n)$ sei das in Satz 85 genannte Polynom und α sein Effektivwert. Der zu beweisende Satz besagt dann, daß $\mathfrak{U}$ die Galoissche Gruppe in bezug auf den Körper $\mathfrak{K}(\mathfrak{k}, \alpha)$ ist. Nun stellt zunächst die Gleichung

$$(1) \qquad \varphi(\xi_1, \ldots, \xi_n) = \alpha$$

eine Beziehung zwischen den Wurzeln dar mit Koeffizienten aus $\mathfrak{K}(\mathfrak{k}, \alpha)$. Diese bleibt bei den Substitutionen von $\mathfrak{U}$ richtig, wird aber bei allen anderen Substitutionen von $\mathfrak{G}$ falsch. Die neue Galoissche Gruppe kann daher nur Substitutionen aus $\mathfrak{U}$ enthalten. Diese enthält sie aber auch alle. Denn ist

$$(2) \qquad F(\xi_1, \ldots, \xi_n) = 0$$

eine Beziehung zwischen den Wurzeln mit Koëffizienten aus $\mathfrak{K}(\mathfrak{k}, \alpha)$, so können wir sie in der Form schreiben:

$$G(\xi_1, \ldots, \xi_n, \alpha) = 0, \tag{3}$$

oder also:

$$G(\xi_1, \ldots, \xi_n, \varphi(\xi_1, \ldots, \xi_n)) = 0, \tag{4}$$

wo G Koeffizienten aus $\mathfrak{k}$ hat. Unser Satz wird bewiesen sein, wenn wir zeigen können, daß die Beziehung (3) bei allen Substitutionen von $\mathfrak{U}$ richtig bleibt. Nun bleibt aber (4) bei allen Substitutionen von $\mathfrak{G}$, also gewiß bei allen Substitutionen von $\mathfrak{U}$, richtig; und weil bei letzteren φ den Effektivwert α behält, bleibt bei ihnen auch (3) richtig; w. z. b. w.

Zum Beweis von Satz 86 zerlegen wir $\mathfrak{G}$ in rechtsseitige Nebengruppen von $\mathfrak{U}$:

$$\mathfrak{G} = \sum_{\nu=1}^{j} \mathfrak{U} S_\nu, \tag{5}$$

wo dann j der Index von $\mathfrak{U}$ in bezug auf $\mathfrak{G}$ und wo etwa $S_1 = E$ ist. Übt man auf $\varphi(\xi_1, \ldots, \xi_n)$ eine der Substitutionen S_ν aus, so entsteht ein Polynom, dessen Effektivwert wir mit α_ν bezeichnen, was wir durch die Formel ausdrücken:

$$\varphi(\xi_1, \ldots, \xi_n)_{S_\nu} = \alpha_\nu \qquad (\nu = 1, 2, \ldots, j). \tag{6}$$

Wegen $S_1 = E$ ist natürlich $\alpha_1 = \alpha$. Die α_ν sind voneinander verschieden; denn wäre etwa $\alpha_\nu = \alpha_\mu$, so bestünde zwischen den Wurzeln die Beziehung mit Koeffizienten aus $\mathfrak{k}$:

$$\varphi(\xi_1, \ldots, \xi_n)_{S_\nu} = \varphi(\xi_1, \ldots, \xi_n)_{S_\mu}.$$

Diese müßte bei jeder Substitution von $\mathfrak{G}$, also auch bei S_μ^{-1} richtig bleiben, wodurch sich ergäbe:

$$\varphi(\xi_1, \ldots, \xi_n)_{S_\nu S_\mu^{-1}} = \varphi(\xi_1, \ldots, \xi_n) = \alpha;$$

aber diese Beziehung ist falsch, weil ja φ nur bei den zu $\mathfrak{U}$ gehörigen Substitutionen von $\mathfrak{G}$ den Effektivwert α behält, nicht aber bei der Substitution $S_\nu S_\mu^{-1}$, die zwar zu $\mathfrak{G}$, aber nicht zu $\mathfrak{U}$ gehört.

Ist jetzt T_ν irgendeine Substitution der Nebengruppe $\mathfrak{U} S_\nu$, also $T_\nu = U S_\nu$, wo U eine Substitution von $\mathfrak{U}$, so ist[1])

$$\varphi(\xi_1, \ldots, \xi_n)_{T_\nu} = \varphi(\xi_1, \ldots, \xi_n)_{U S_\nu} = (\varphi(\xi_1, \ldots, \xi_n)_U)_{S_\nu} = \varphi(\xi_1, \ldots, \xi_n)_{S_\nu} = \alpha_\nu.$$

---

[1]) Die hier gebrauchte Gleichheit

$$(\varphi(\xi_1, \ldots, \xi_n)_U)_{S_\nu} = \varphi(\xi_1, \ldots, \xi_n)_{S_\nu}$$

kommt folgendermaßen zustande: Zwischen den Wurzeln besteht die Beziehung mit Koeffizienten aus $\mathfrak{k}$:

$$\varphi(\xi_1, \ldots, \xi_n)_U = \varphi(\xi_1, \ldots, \xi_n),$$

weil nämlich beide Seiten den Effektivwert α haben. Diese Beziehung muß bei jeder Substitution von $\mathfrak{G}$ richtig bleiben, also insbesondere bei der Substitution S_ν.

Satz 86 wird nun bewiesen sein, wenn wir zeigen können, daß das Polynom vom Grad j

(7) $$P(x) = (x - \alpha_1)(x - \alpha_2) \cdots (x - \alpha_j)$$

Koeffizienten aus $\mathfrak{k}$ hat und in $\mathfrak{k}$ irreduzibel ist. Die Koeffizienten von $P(x)$ sind aber die symmetrischen Grundfunktionen von $\alpha_1, \alpha_2, \ldots, \alpha_j$, also von

(8) $$\varphi(\xi_1, \ldots, \xi_n)_{S_1}, \quad \varphi(\xi_1, \ldots, \xi_n)_{S_2}, \ldots, \quad \varphi(\xi_1, \ldots, \xi_n)_{S_j}.$$

Die Größen (8) gehen durch eine Substitution G von $\mathfrak{G}$ über in

$$\varphi(\xi_1, \ldots, \xi_n)_{S_1 G}, \quad \varphi(\xi_1, \ldots, \xi_n)_{S_2 G}, \ldots, \quad \varphi(\xi_1, \ldots, \xi_n)_{S_j G},$$

und da von den hier auftretenden Substitutionen $S_1G, S_2G, \ldots, S_jG$ keine zwei der gleichen Nebengruppe angehören[1]), so sind das von der Reihenfolge abgesehen die Größen $\alpha_1, \alpha_2, \ldots, \alpha_j$. Die Größen (8) werden also bei den Substitutionen von $\mathfrak{G}$ sich nur untereinander permutieren; ihre symmetrischen Grundfunktionen bleiben daher ungeändert und sind folglich nach Satz 77 Größen aus $\mathfrak{k}$.

Das Polynom $P(x)$ hat somit wirklich Koeffizienten aus $\mathfrak{k}$. Es ist aber auch irreduzibel in $\mathfrak{k}$. Denn andernfalls hätte es einen Teiler $T(x)$ mit Koeffizienten aus $\mathfrak{k}$, von dem die Größe $\alpha_1 = \alpha$ eine Wurzel wäre, ein gewisses α_ν aber nicht. Es wäre also

$$T(\alpha) = 0, \quad T(\alpha_\nu) \neq 0,$$

oder was dasselbe ist:

$$T(\varphi(\xi_1, \ldots, \xi_n)) = 0, \quad T(\varphi(\xi_1, \ldots, \xi_n))_{S_\nu} \neq 0.$$

Aber das ist unmöglich, weil ja die Beziehung $T(\varphi(\xi_1, \ldots, \xi_n)) = 0$ bei allen Substitutionen von $\mathfrak{G}$, also auch bei der Substitution S_ν richtig bleiben müßte.

III. Die bewiesenen Sätze zeigen bereits, wie sich die Struktur des Körpers $\mathfrak{K}(\mathfrak{k}, \xi_1, \ldots, \xi_n)$ in der Struktur der Galoisschen Gruppe widerspiegelt. Wir bringen das noch schärfer zum Ausdruck in

Satz 87. *Seien $\xi_1, \ldots, \xi_n$ die Wurzeln einer Gleichung mit Koeffizienten aus einem Körper $\mathfrak{k}$. Die Galoissche Gruppe $\mathfrak{G}$ in bezug auf $\mathfrak{k}$ sei von der Ordnung m, also der Körper $\mathfrak{k}_1 = \mathfrak{K}(\mathfrak{k}, \xi_1, \ldots, \xi_n)$ nach Satz 76 vom Grad m über $\mathfrak{k}$. Dann sind die Zwischenkörper zwischen $\mathfrak{k}$ und $\mathfrak{k}_1$, d.h. diejenigen Unterkörper von $\mathfrak{k}_1$, die zugleich Oberkörper von $\mathfrak{k}$ sind, umkehrbar eindeutig den Untergruppen von $\mathfrak{G}$ derart zugeordnet, daß die Galoissche Gruppe in bezug auf den Zwischenkörper stets die zugeordnete Gruppe ist. — Der Grad des Zwischenkörpers über $\mathfrak{k}$ ist gleich dem Index der zugeordneten Untergruppe; der Grad von $\mathfrak{k}_1$ über dem Zwischenkörper ist gleich der Ordnung der zugeordneten Untergruppe.*

Beweis. Ist $\mathfrak{k}'$ ein Zwischenkörper, so ist die Galoissche Gruppe in bezug auf $\mathfrak{k}'$ eine Untergruppe $\mathfrak{U}$ von $\mathfrak{G}$; also gibt es zu jedem Zwischenkörper $\mathfrak{k}'$

---

[1]) Würden einmal $S_\nu G$ und $S_\mu G$ für $\nu \neq \mu$ der gleichen Nebengruppe angehören, so wäre $S_\nu G = US_\mu G$, wo U eine Substitution von $\mathfrak{U}$ ist. Daher wäre $S_\nu = US_\mu$, also die Nebengruppe $\mathfrak{U}S_\nu$ identisch mit $\mathfrak{U}S_\mu$, was nicht der Fall ist.

genau eine auf die verlangte Art zugeordnete Untergruppe $\mathfrak{U}$. Umgekehrt gibt es zu jeder Untergruppe $\mathfrak{U}$ mindestens einen zugeordneten Zwischenkörper, nämlich den Körper $\mathfrak{K}(\mathfrak{k}, \alpha)$, wenn α wieder der Effektivwert des Polynoms φ von Satz 85 ist. Man sieht aber auch leicht, daß es nur den einen gibt. Denn ist $\mathfrak{k}'$ irgend ein zu $\mathfrak{U}$ zugeordneter Zwischenkörper, so läßt sich jede Größe aus $\mathfrak{k}'$ als Polynom $\psi(\xi_1, \ldots, \xi_n)$ mit Koeffizienten aus $\mathfrak{k}$ darstellen. Wendet man darauf eine Substitution von $\mathfrak{U}$ an, so muß es effektiv ungeändert bleiben (nach Satz 77 mit $\mathfrak{k}'$ und $\mathfrak{U}$ an Stelle von $\mathfrak{k}$ und $\mathfrak{G}$). Ist umgekehrt $\psi(\xi_1, \ldots, \xi_n)$ ein Polynom mit Koeffizienten aus $\mathfrak{k}$, das bei allen Substitutionen von $\mathfrak{U}$ ungeändert bleibt, so ist sein Effektivwert eine Größe aus $\mathfrak{k}'$ (nach dem gleichen Satz). Daher ist $\mathfrak{k}'$ die Menge derjenigen Größen der Form $\psi(\xi_1, \ldots, \xi_n)$, die bei allen Substitutionen von $\mathfrak{U}$ effektiv ungeändert bleiben; $\mathfrak{k}'$ ist also durch $\mathfrak{U}$ eindeutig bestimmt. Damit ist die erste Aussage von Satz 87 bewiesen. Die Aussage über den Grad des Zwischenkörpers folgt, da dieser gleich $\mathfrak{K}(\mathfrak{k}, \alpha)$ gefunden wurde, unmittelbar aus Satz 86; die Aussage über den Grad von $\mathfrak{k}_1$ in bezug auf den Zwischenkörper folgt dann aus Satz 73, da ja die Ordnung der Untergruppe gleich $\frac{m}{j}$ ist.

Bemerkung. Da eine Gruppe endlicher Ordnung offenbar nur endlich viele Untergruppen haben kann, so folgt aus Satz 87, daß es zu einem Körper $\mathfrak{k}$ und einem Oberkörper endlichen Grades $\mathfrak{k}^*$ immer nur endlich viele Zwischenkörper gibt.

IV. Wir wollen noch untersuchen, ob und wie die Gruppe reduziert wird, wenn statt α_1 $(= \alpha)$ eine andere Wurzel der Resolvente $P(x) = 0$, etwa α_ν, adjungiert wird. Nun ist α_ν der Effektivwert des Polynoms

$$\varphi(\xi_1, \ldots, \xi_n)_{S_\nu}, \tag{9}$$

und dieses behält seinen Effektivwert offenbar bei den Substitutionen der Gruppe $S_\nu^{-1}\mathfrak{U}S_\nu$ und sonst bei keiner Substitution von $\mathfrak{G}$. Durch Adjunktion von α_ν wird daher die Galoissche Gruppe auf die zu $\mathfrak{U}$ konjugierte Untergruppe $S_\nu^{-1}\mathfrak{U}S_\nu$ reduziert; dabei erhält man nach Satz 53 für $\nu = 1, 2, \ldots, j$ bereits alle zu $\mathfrak{U}$ konjugierten Untergruppen von $\mathfrak{G}$.

Besonders interessant und wichtig ist der Fall, daß die Resolvente $P(x) = 0$ eine Galoissche Gleichung in bezug auf $\mathfrak{k}$ ist. Dann ist nämlich

$$\mathfrak{K}(\mathfrak{k}, \alpha_1) = \mathfrak{K}(\mathfrak{k}, \alpha_2) = \cdots = \mathfrak{K}(\mathfrak{k}, \alpha_j),$$

und folglich bedeutet die Adjunktion einer beliebigen Wurzel α_ν soviel wie die Adjunktion von α_1. Daher müssen alle konjugierten Untergruppen mit $\mathfrak{U}$ identisch sein, d. h. $\mathfrak{U}$ ist eine a. Ug. von $\mathfrak{G}$.

Es gilt aber auch das Umgekehrte. Wenn nämlich $\mathfrak{U}$ eine a. Ug. von $\mathfrak{G}$ ist, so behält das Polynom (9) bei allen Substitutionen von $S_\nu^{-1}\mathfrak{U}S_\nu$, das besagt aber jetzt von $\mathfrak{U}$, seinen Effektivwert α_ν, so daß dieser nach Satz 77 dem Körper $\mathfrak{K}(\mathfrak{k}, \alpha_1)$ angehören muß. Die Resolvente $P(x) = 0$ ist daher eine Galoissche Gleichung in bezug auf $\mathfrak{k}$. Wir wollen jetzt auch ihre Galoissche

Gruppe in bezug auf $\mathfrak{k}$ angeben. Jedenfalls muß sie nach Satz 82 von der Ordnung j sein.

Nun ist eine Beziehung zwischen $\alpha_1, \ldots, \alpha_j$ mit Koeffizienten aus $\mathfrak{k}$

(10) $$F(\alpha_1, \ldots, \alpha_j) = 0$$

gleichbedeutend mit:

(11) $$F(\varphi(\xi_1, \ldots, \xi_n)_{S_1}, \ldots, \varphi(\xi_1, \ldots, \xi_n)_{S_j}) = 0.$$

Auf (11) darf jede Substitution von $\mathfrak{G}$ ausgeübt werden; eine solche permutiert aber die $\alpha_1, \ldots, \alpha_j$ und gibt daher Veranlassung zu einer Substitution der $\alpha_1, \ldots, \alpha_j$, die sicher der gesuchten Gruppe der Resolvente angehört. Um das genauer zu untersuchen, sei US_μ eine Substitution der Nebengruppe $\mathfrak{U}S_\mu$. Dann geht $\varphi(\xi_1, \ldots, \xi_n)_{S_\nu}$ durch US_μ über in

$$\varphi(\xi_1, \ldots, \xi_n)_{S_\nu U S_\mu}.$$

Da aber $\mathfrak{U}$ eine a. Ug. von $\mathfrak{G}$ ist, so ist $S_\nu \mathfrak{U} = \mathfrak{U} S_\nu$, also $S_\nu U = U' S_\nu$, wo auch U' eine Substitution von $\mathfrak{U}$. Daher ist

$$\varphi(\xi_1, \ldots, \xi_n)_{S_\nu U S_\mu} = \varphi(\xi_1, \ldots, \xi_n)_{U' S_\nu S_\mu} = \varphi(\xi_1, \ldots, \xi_n)_{S_\nu S_\mu}.$$

Somit permutieren sich die Größen

$$\alpha_1 = \varphi(\xi_1, \ldots, \xi_n)_{S_1}, \alpha_2 = \varphi(\xi_1, \ldots, \xi_n)_{S_2}, \ldots, \alpha_j = \varphi(\xi_1, \ldots, \xi_n)_{S_j}$$

durch jede Substitution der Nebengruppe $\mathfrak{U}S_\mu$ in gleicher Weise, nämlich in:

$$\varphi(\xi_1, \ldots, \xi_n)_{S_1 S_\mu}, \varphi(\xi_1, \ldots, \xi_n)_{S_2 S_\mu}, \ldots, \varphi(\xi_1, \ldots, \xi_n)_{S_j S_\mu}.$$

Es entsteht also diejenige Substitution der $\alpha_1, \ldots, \alpha_j$, welche wir am Schluß des § 24 mit T_μ bezeichnet haben. Die Gesamtheit der so erhaltenen Substitutionen $T_1, T_2, \ldots, T_j$ bildet aber eine mit der Faktorgruppe $\mathfrak{G}/\mathfrak{U}$ isomorphe Substitutionsgruppe. Die Galoissche Gruppe der Resolvente umfaßt daher mindestens diese j Substitutionen und, da sie von der Ordnung j sein muß, ist sie damit auch erschöpft. Somit ergibt sich der

Satz 88. *Ist in den Sätzen* 85, 86 *die Resolvente, der der Effektivwert von* φ *genügt, eine Galoissche Gleichung in bezug auf* $\mathfrak{k}$, *so ist* $\mathfrak{U}$ *eine a. Ug. von* $\mathfrak{G}$. *Wenn umgekehrt* $\mathfrak{U}$ *eine a. Ug. von* $\mathfrak{G}$, *so ist die Resolvente eine Galoissche Gleichung in bezug auf* $\mathfrak{k}$, *deren Gruppe in bezug auf* $\mathfrak{k}$ *mit der Faktorgruppe* $\mathfrak{G}/\mathfrak{U}$ *isomorph ist.*

V. Über die Frage, wie die Galoissche Gruppe durch gleichzeitige Adjunktion mehrerer Größen reduziert wird, gibt Aufschluß der

Satz 89. *Eine Gleichung n-ten Grades mit Koeffizienten aus einem Körper* $\mathfrak{k}$ *habe die Wurzeln* $\xi_1, \ldots, \xi_n$. *Ferner seien*

$$\varphi_\mu(\xi_1, \ldots, \xi_n) \qquad (\mu = 1, 2, \ldots, m)$$

m Polynome der Wurzeln mit Koeffizienten aus $\mathfrak{k}$, *und* β_μ *sei der Effektivwert von* φ_μ. *Wenn dann die Gleichung in bezug auf* $\mathfrak{K}(\mathfrak{k}, \beta_\mu)$ *die Gruppe* $\mathfrak{G}_\mu$ *hat, so hat sie in bezug auf* $\mathfrak{K}(\mathfrak{k}, \beta_1, \ldots, \beta_m)$ *die Gruppe* $(\mathfrak{G}_1, \mathfrak{G}_2, \ldots, \mathfrak{G}_m)$.

Beweis. Nach Satz 44 ist der Komplex

(12) $$(\mathfrak{G}_1, \mathfrak{G}_2, \ldots, \mathfrak{G}_m) = \mathfrak{H}$$

jedenfalls eine Gruppe. Jede Beziehung zwischen den Wurzeln mit Koeffizienten aus $\mathfrak{K}(\mathfrak{k}, \beta_1, \ldots, \beta_m)$ kann in der Form

$$(13) \qquad F(\xi_1, \ldots, \xi_n, \beta_1, \beta_2, \ldots, \beta_m) = 0$$

geschrieben werden, wo F ein Polynom mit Koeffizienten aus $\mathfrak{k}$ ist. Dann besteht aber auch die folgende Beziehung mit Koeffizienten aus $\mathfrak{K}(\mathfrak{k}, \beta_1)$:

$$(14) \quad F\big(\xi_1, \ldots, \xi_n, \beta_1, \varphi_2(\xi_1, \ldots, \xi_n), \ldots, \varphi_m(\xi_1, \ldots, \xi_n)\big) = 0.$$

Diese muß richtig bleiben bei jeder Substitution der Gruppe $\mathfrak{G}_1$, also erst recht bei jeder Substitution der Gruppe $\mathfrak{H}$. Da eine solche aber auch den Gruppen $\mathfrak{G}_2, \ldots, \mathfrak{G}_m$ angehört, so läßt sie den Polynomen $\varphi_2, \ldots, \varphi_m$ ihre Effektivwerte $\beta_2, \ldots, \beta_m$, und folglich bleibt bei ihr auch die Beziehung (13) richtig. Die Galoissche Gruppe in bezug auf $\mathfrak{K}(\mathfrak{k}, \beta_1, \ldots, \beta_m)$ enthält also alle Substitutionen von $\mathfrak{H}$. Aber damit ist sie auch erschöpft, da sie natürlich eine Untergruppe von jeder Gruppe $\mathfrak{G}_\mu$ sein muß.

VI. Wenn die Gruppe einer Gleichung durch Adjunktion einer Wurzel einer anderen Gleichung reduziert wird, so liegt die Vermutung nahe, daß zur Revanche auch die Gruppe der zweiten Gleichung durch Adjunktion einer Wurzel der ersten reduziert wird. Diese Vermutung ist nicht in vollem Umfang richtig[1]), wohl aber trifft sie bei zwei Galoisschen Gleichungen immer zu, weil dann die Adjunktion einer Wurzel gleichbedeutend ist mit der Adjunktion aller Wurzeln. Es gilt nämlich der von C. Jordan gefundene

Satz 90. *Wenn unter Zugrundelegung eines Körpers $\mathfrak{k}$ die Gruppe einer Gleichung durch Adjunktion aller Wurzeln einer anderen Gleichung auf eine Untergruppe vom Index j reduziert wird, so wird die Gruppe der zweiten Gleichung durch Adjunktion aller Wurzeln der ersten ebenfalls auf eine Untergruppe vom Index j reduziert.*

Beweis. Seien $\xi_1, \ldots, \xi_n$ die Wurzeln der ersten, $\eta_1, \ldots, \eta_m$ die Wurzeln der zweiten Gleichung. Sind ν, μ die Ordnungen der beiden Gruppen vor Adjunktion, also in bezug auf $\mathfrak{k}$, so ist nach Satz 76

der Körper $\mathfrak{K}(\mathfrak{k}, \xi_1, \ldots, \xi_n)$ in bezug auf $\mathfrak{k}$ vom Grad ν,
„ $\mathfrak{K}(\mathfrak{k}, \eta_1, \ldots, \eta_m)$ „ „ „ $\mathfrak{k}$ „ „ μ.

---

[1]) Der Leser überlege sich folgendes Beispiel. In bezug auf den Körper $\mathfrak{K}(1)$ ist die Gruppe der Gleichung

$$x^3 - 2 = 0$$

die symmetrische, also von der Ordnung 6; in bezug auf den Körper $\mathfrak{K}(\varepsilon)$, wo ε eine von 1 verschiedene dritte Einheitswurzel, ist die Gleichung nach Satz 84 zyklisch, ihre Gruppe also nur noch von der Ordnung 3. Die Gruppe wird daher durch Adjunktion von ε, d. h. einer Wurzel der Gleichung

$$x^2 + x + 1 = 0$$

reduziert. Die Gruppe dieser letzten Gleichung ist von der Ordnung 2; sie wird aber durch Adjunktion der einen Wurzel $\sqrt[3]{2}$ offenbar nicht reduziert, weil ε gewiß nicht dem Körper $\mathfrak{K}(\sqrt[3]{2})$ angehört.

Wir betrachten nun den Körper

$$\mathfrak{k}_1 = \mathfrak{K}(\mathfrak{k}, \xi_1, \ldots, \xi_n, \eta_1, \ldots, \eta_m),$$

der in bezug auf $\mathfrak{k}$ vom Grad λ sei. Nach Satz 73 ist dann

$$\mathfrak{k}_1 \text{ in bezug auf } \mathfrak{K}(\mathfrak{k}, \xi_1, \ldots, \xi_n) \text{ vom Grad } \frac{\lambda}{\nu},$$

$$\mathfrak{k}_1 \text{ ,, ,, ,, } \mathfrak{K}(\mathfrak{k}, \eta_1, \ldots, \eta_m) \text{ ,, ,, } \frac{\lambda}{\mu}.$$

Daher ist die Gruppe der ersten Gleichung in bezug auf $\mathfrak{K}(\mathfrak{k}, \eta_1, \ldots, \eta_m)$ nach Satz 76 von der Ordnung $\frac{\lambda}{\mu}$; sie ist also eine Untergruppe der ursprünglichen vom Index $\nu: \frac{\lambda}{\mu} = \frac{\nu\mu}{\lambda}$. Ebenso ist die Gruppe der zweiten Gleichung in bezug auf $\mathfrak{K}(\mathfrak{k}, \xi_1, \ldots, \xi_n)$ von der Ordnung $\frac{\lambda}{\nu}$; sie ist also eine Untergruppe der ursprünglichen vom Index $\mu: \frac{\lambda}{\nu} = \frac{\mu\nu}{\lambda}$. Beide Indizes sind einander gleich; w. z. b. w.

§ 36. Adjunktion eines Radikals.

I. Wir betrachten wieder eine Gleichung n-ten Grades

$$(1) \qquad x^n + a_1 x^{n-1} + \cdots + a_n = 0$$

mit Koeffizienten aus einem Körper $\mathfrak{k}$ und mit den Wurzeln $\xi_1, \ldots, \xi_n$; ihre Gruppe in bezug auf $\mathfrak{k}$ sei $\mathfrak{G}$. Dem Körper $\mathfrak{k}$ sollen die p-ten Einheitswurzeln, wo p eine Primzahl, und die Größe c angehören, nicht aber das Radikal $\sqrt[p]{c}$. Dann ist die Gleichung

$$(2) \qquad x^p - c = 0$$

nach Satz 84 in $\mathfrak{k}$ zyklisch, also irreduzibel, so daß der Körper $\mathfrak{K}(\mathfrak{k}, \sqrt[p]{c})$ in bezug auf $\mathfrak{k}$ vom Grad p ist. Wir nehmen an, daß durch Adjunktion des Radikals die Gruppe der Gleichung (1) auf eine echte Untergruppe $\mathfrak{U}$ von $\mathfrak{G}$ reduziert wird, und fragen, was das für eine Untergruppe ist.

Nun sei $F(\xi_1, \ldots, \xi_n)$ ein Polynom der Wurzeln mit Koeffizienten aus $\mathfrak{k}$, welches zur Gruppe $\mathfrak{U}$ gehört (Satz 47). Dann gehört der Effektivwert von F nach Satz 77 dem Körper $\mathfrak{K}(\mathfrak{k}, \sqrt[p]{c})$ an, nicht aber dem Körper $\mathfrak{k}$. Bezeichnen wir demgemäß

$$\text{den Grad von } \mathfrak{K}(\mathfrak{k}, \sqrt[p]{c}) \text{ in bezug auf } \mathfrak{K}(\mathfrak{k}, F) \text{ mit } \lambda,$$

$$\text{,, ,, ,, } \mathfrak{K}(\mathfrak{k}, F) \text{ ,, ,, ,, } \mathfrak{k} \text{ ,, } \mu,$$

so ist $\mu > 1$ und außerdem ist nach Satz 73

$$\text{der Grad von } \mathfrak{K}(\mathfrak{k}, \sqrt[p]{c}) \text{ in bezug auf } \mathfrak{k} \text{ gleich } \lambda\mu.$$

Daher ist $p = \lambda\mu$ und, weil p eine Primzahl und $\mu > 1$ ist, muß $\lambda = 1$ sein. Demnach ist

$$(3)\qquad \mathfrak{K}(\mathfrak{k}, \sqrt[p]{c}) = \mathfrak{K}(\mathfrak{k}, F).$$

Das Radikal $\sqrt[p]{c}$ ist somit eine Größe des Körpers $\mathfrak{K}(\mathfrak{k}, F)$ und kann daher als Polynom von F mit Koeffizienten aus $\mathfrak{k}$ dargestellt werden. Damit erweist sich aber das Radikal als Effektivwert eines Polynoms von $\xi_1, \ldots, \xi_n$ mit Koeffizienten aus $\mathfrak{k}$:

$$(4)\qquad \sqrt[p]{c} = f(\xi_1, \ldots, \xi_n).$$

Wegen (3) ist dann $\mathfrak{K}(\mathfrak{k}, f) = \mathfrak{K}(\mathfrak{k}, F)$, also

$$(5)\qquad f(\xi_1, \ldots, \xi_n) = \Psi(F(\xi_1, \ldots, \xi_n)),$$

$$(6)\qquad F(\xi_1, \ldots, \xi_n) = \Omega(f(\xi_1, \ldots, \xi_n)),$$

wo Ψ, Ω rationale Funktionen mit Koeffizienten aus $\mathfrak{k}$ sind. Die Gleichungen (5), (6) stellen Beziehungen zwischen den Wurzeln $\xi_1, \ldots, \xi_n$ dar mit Koeffizienten aus $\mathfrak{k}$, müssen also bei allen Substitutionen von $\mathfrak{G}$ richtig bleiben. Da nun F bei den Substitutionen der Untergruppe $\mathfrak{U}$ und nur bei diesen seinen Effektivwert behält, so folgt aus (5), daß f ebenfalls bei allen Substitutionen von $\mathfrak{U}$ seinen Effektivwert behält, und aus (6) folgt, daß das bei keiner anderen Substitution von $\mathfrak{G}$ der Fall ist.

Nunmehr werden die Sätze 85, 86, 88 anwendbar und, weil die Resolvente, der f genügt, nämlich die Gleichung (2), eine zyklische, also auch Galoissche Gleichung vom Grad p ist, so schließen wir, daß $\mathfrak{U}$ eine a. Ug. von $\mathfrak{G}$ ist, und zwar vom Primzahlindex p, also eine maximale. Damit ist bewiesen der

Satz 91. *Wenn der Körper $\mathfrak{k}$ die p-ten Einheitswurzeln (p = Primzahl) und die Größe c, nicht aber das Radikal $\sqrt[p]{c}$ enthält, so wird die Gruppe einer Gleichung mit Koeffizienten aus $\mathfrak{k}$ durch Adjunktion des Radikals entweder gar nicht, oder auf eine m. a. Ug. vom Index p reduziert.*

II. Nach Satz 91 kann die Gruppe durch Adjunktion eines p-ten Radikals jedenfalls nur dann reduziert werden, wenn sie eine m. a. Ug. vom Index p besitzt. Diese notwendige Bedingung ist aber auch hinreichend; denn es gilt der

Satz 92. *Wenn unter Zugrundelegung eines Körpers $\mathfrak{k}$, dem die p-ten Einheitswurzeln angehören (p = Primzahl), die Galoissche Gruppe $\mathfrak{G}$ einer Gleichung eine m. a. Ug. $\mathfrak{U}$ vom Index p besitzt, so gibt es in $\mathfrak{k}$ eine Größe c derart, daß durch Adjunktion des Radikals $\sqrt[p]{c}$ die Gruppe auf $\mathfrak{U}$ reduziert wird.*

Dem Beweis dieses Satzes schicken wir ein von Abel angegebenes Verfahren[1]) zur formelmäßigen Auflösung zyklischer Gleichungen von Primzahlgrad voraus; dabei ergibt sich der

---

[1]) Crelles Journal, Bd. 4.

Satz 93. *Ist die Gleichung $x^p + a_1 x^{p-1} + \cdots + a_p = 0$, wo p Primzahl, in bezug auf einen Körper $\mathfrak{k}$, dem die p-ten Einheitswurzeln angehören, zyklisch und sind $\xi_1, \ldots, \xi_p$ ihre Wurzeln, so gibt es in $\mathfrak{k}$ eine Größe c derart, daß*

$$\mathfrak{K}(\mathfrak{k}, \xi_\nu) = \mathfrak{K}(\mathfrak{k}, \sqrt[p]{c}) \qquad (\nu = 1, 2, \ldots, p).$$

Daß die p konjugierten Körper $\mathfrak{K}(\mathfrak{k}, \xi_\nu)$ miteinander identisch sind, daß also die Gleichung eine Galoissche ist, wissen wir schon aus Satz 83. Die Galoissche Gruppe $\mathfrak{H}$ der Gleichung ist nach Voraussetzung zyklisch und nach Satz 82 ist sie von der Ordnung p; sie hat also die Form

$$\mathfrak{H} = E + S + S^2 + \cdots + S^{p-1}.$$

Dabei ist die Substitution S, weil ihre p-te Potenz gleich E und weil p eine Primzahl ist, offenbar ein p-gliedriger Zyklus; bei geeigneter Numerierung der Wurzeln ξ_ν ist also

$$S = (1, 2, \ldots, p).$$

Nun sei ε eine von 1 verschiedene p-te Einheitswurzel, so daß die Größen

$$1, \varepsilon, \varepsilon^2, \ldots, \varepsilon^{p-1}$$

die sämtlichen p-ten Einheitswurzeln sind (vgl. Seite 179); ihre Summe ist, da sie die Wurzeln der Gleichung $x^p - 1 = 0$ sind, gleich 0. Ebenso sind, wenn r zu p relativ prim ist, die Größen

$$\varepsilon^0, \varepsilon^r, \varepsilon^{2r}, \ldots, \varepsilon^{(p-1)r}, \tag{7}$$

weil die Exponenten ein vollständiges Restesystem nach dem Modul p bilden, wieder die p p-ten Einheitswurzeln; dagegen sind die Größen (7), wenn r durch p teilbar ist, alle gleich 1. Daraus folgt:

$$\sum_{\nu=0}^{p-1} \varepsilon^{\nu r} = \begin{cases} 0 & \text{für } r \not\equiv 0 \pmod{p} \\ p & \text{für } r \equiv 0 \pmod{p}. \end{cases} \tag{8}$$

Wir bilden jetzt die Polynome der Wurzeln

$$\varphi_\nu = \xi_1 + \varepsilon^\nu \xi_2 + \varepsilon^{2\nu} \xi_3 + \cdots + \varepsilon^{(p-1)\nu} \xi_p \qquad (\nu = 0, 1, \ldots, p-1). \tag{9}$$

Hieraus folgt, wenn λ eine der Zahlen $1, 2, \ldots, p$ bedeutet,

$$\sum_{\nu=0}^{p-1} \varepsilon^{\nu(1-\lambda)} \varphi_\nu = \sum_{\nu=0}^{p-1} \sum_{\mu=1}^{p} \varepsilon^{\nu(1-\lambda)} \varepsilon^{(\mu-1)\nu} \xi_\mu = \sum_{\mu=1}^{p} \left(\sum_{\nu=0}^{p-1} \varepsilon^{\nu(\mu-\lambda)} \right) \xi_\mu,$$

und da rechts die innere Summe wegen (8) gleich 0 oder p ist, je nachdem $\mu \neq \lambda$ oder $\mu = \lambda$, ergibt sich weiter

$$\sum_{\nu=0}^{p-1} \varepsilon^{\nu(1-\lambda)} \varphi_\nu = p \xi_\lambda \qquad (\lambda = 1, 2, \ldots, p). \tag{10}$$

Nun ist der Effektivwert von φ_0 als Summe der Wurzeln ξ_λ eine Größe aus $\mathfrak{k}$, nämlich gleich $-a_1$. Die Effektivwerte der andern φ_ν können aber nicht lauter Größen aus $\mathfrak{k}$ sein, weil sonst wegen (10) die Wurzeln ξ_λ selbst Größen aus $\mathfrak{k}$ wären, während die Gleichung als zyklische doch irreduzibel ist. Insbesondere können die φ_ν für $\nu \geqq 1$ nicht alle verschwinden. Indem wir die Einheitswurzel ε nötigenfalls durch eine andere (ε^{ν}) ersetzen, erreichen wir, daß speziell $\varphi_1 \neq 0$ ist.

Nun geht das Polynom φ_ν durch die Substitution S über in $\varepsilon^{-\nu}\varphi_\nu$, und allgemeiner durch S^μ in $\varepsilon^{-\nu\mu}\varphi_\nu$. Daher bleiben die Polynome

$$\varphi_\nu \varphi_1^{p-\nu} \qquad (\nu = 1, 2, \ldots, p-1)$$

bei allen Substitutionen von $\mathfrak{H}$ (formal und folglich auch effektiv) ungeändert; ihre Effektivwerte sind also Größen aus $\mathfrak{k}$:

$$\varphi_\nu \varphi_1^{p-\nu} = c_\nu \qquad (\nu = 1, 2, \ldots, p-1).$$

Hieraus folgt zunächst für $\nu = 1$: $\varphi_1 = \sqrt[p]{c_1}$; sodann für beliebige ν, weil $\varphi_1 \neq 0$, also $c_1 \neq 0$ ist:

$$\varphi_\nu = \frac{c_\nu}{c_1} \sqrt[p]{c_1^{\,\nu}} \qquad (\nu = 1, 2, \ldots, p-1).$$

Setzt man das in (10) ein, so ergibt sich

$$(11) \qquad \xi_\lambda = \frac{1}{p}\left(-a_1 + \sum_{\nu=1}^{p-1} \varepsilon^{\nu(1-\lambda)} \frac{c_\nu}{c_1} \sqrt[p]{c_1^{\,\nu}}\right) \qquad (\lambda = 1, 2, \ldots, p).$$

Das ist die Abelsche Auflösungsformel, in der für das p-te Radikal jede der p Möglichkeiten zulässig ist; wählt man eine andere, so bedeutet das, wie man sofort sieht, lediglich eine zyklische Vertauschung der Wurzeln ξ_ν.

Hiernach sind alle Größen des Körpers $\mathfrak{K}(\mathfrak{k}, \xi_\lambda)$ auch im Körper $\mathfrak{K}(\mathfrak{k}, \sqrt[p]{c_1})$ enthalten; da aber beide Körper vom Grad p über $\mathfrak{k}$ sind (letzterer nach Satz 84), so sind sie wegen Satz 73 identisch. Damit ist Satz 93 bewiesen, wenn $c_1 = c$ gesetzt wird.

Der Beweis von Satz 92 ergibt sich jetzt leicht. Ist α_1 der Effektivwert eines Polynoms der Wurzeln mit Koeffizienten aus $\mathfrak{k}$, das zur Gruppe $\mathfrak{U}$ gehört, so wird die Galoissche Gruppe durch Adjunktion von α_1 auf $\mathfrak{U}$ reduziert. Die Gruppe der Resolvente mit der Wurzel α_1 ist nach Satz 88 mit der Faktorgruppe $\mathfrak{G}/\mathfrak{U}$ isomorph; sie ist daher von der Primzahlordnung p, also zyklisch. Somit ist die Resolvente eine zyklische Gleichung p-ten Grades, und nach Satz 93 gibt es in $\mathfrak{k}$ eine Größe c derart, daß $\mathfrak{K}(\mathfrak{k}, \alpha_1) = \mathfrak{K}(\mathfrak{k}, \sqrt[p]{c})$ ist. Die Adjunktion des Radikals $\sqrt[p]{c}$ ist also gleichbedeutend mit der Adjunktion von α_1, bewirkt somit die Reduktion der Gruppe auf $\mathfrak{U}$.

III. Ist die Galoissche Gruppe einer Gleichung n-ten Grades mit den Wurzeln $\xi_1, \ldots, \xi_n$ die symmetrische, so hat sie eine m. a. Ug. vom Index 2, nämlich die alternierende. Auf diese muß sich die Galoissche Gruppe nach Satz 92 durch Adjunktion einer Quadratwurzel reduzieren lassen. Nun ist das Differenzenprodukt

$$f = \prod_{\lambda > \mu}^{1,n} (\xi_\lambda - \xi_\mu)$$

ein Polynom der Wurzeln, welches bei allen Substitutionen der alternierenden Gruppe ungeändert bleibt, bei den anderen Substitutionen aber in $-f$ übergeht. Nach Satz 85 muß also durch Adjunktion des Effektivwertes von f die Gruppe auf die alternierende reduziert werden. Und allgemeiner, wenn die Gruppe ursprünglich nicht gerade die symmetrische, sondern eine beliebige Gruppe $\mathfrak{G}$ war, wird sie durch die Adjunktion auf $(\mathfrak{G}, \mathfrak{A})$ reduziert werden, wo $\mathfrak{A}$ die alternierende Gruppe ist.

Nun ist aber f^2 die Diskriminante der Gleichung, wenn man den Koeffizienten von x^n gleich 1 annimmt. So ergibt sich der

Satz 94. *Ist $\mathfrak{G}$ die Galoissche Gruppe der Gleichung*

$$x^n + a_1 x^{n-1} + \cdots + a_n = 0$$

in bezug auf einen gewissen Körper, so ist nach Adjunktion der Quadratwurzel aus der Diskriminante die Galoissche Gruppe gleich $(\mathfrak{G}, \mathfrak{A})$, wo $\mathfrak{A}$ die alternierende Gruppe ist.

§ 37. Darstellung durch Radikale. — Auflösbarkeit einer Gleichung durch Quadratwurzeln.

I. Wir bilden, von einem Körper $\mathfrak{k}$ ausgehend, der Reihe nach die Körper

$\mathfrak{k}_1 = \mathfrak{K}(\mathfrak{k}, \gamma_1)$, wo γ_1 eine n_1-te Wurzel aus einer Größe a_1 des Körpers $\mathfrak{k}$,
$\mathfrak{k}_2 = \mathfrak{K}(\mathfrak{k}_1, \gamma_2)$, „ γ_2 „ n_2-te „ „ „ „ a_2 „ „ $\mathfrak{k}_1$,
. . . .
$\mathfrak{k}_r = \mathfrak{K}(\mathfrak{k}_{r-1}, \gamma_r)$, „ γ_r „ n_r-te „ „ „ „ a_r „ „ $\mathfrak{k}_{r-1}$.

Jede Größe ξ von $\mathfrak{k}_r$ hat dann nach Satz 74 die Form

$$\xi = \Phi(\gamma_1, \gamma_2, \cdots, \gamma_r),$$

wo Φ ein Polynom mit Koeffizienten aus $\mathfrak{k}$ ist. Die Größe ξ heißt daher durch Radikale in bezug auf $\mathfrak{k}$ darstellbar, nämlich durch die r Radikale $\gamma_1, \gamma_2, \ldots, \gamma_r$, die übrigens auf mannigfache Weise gewählt werden können [1]). Die Exponenten n_r dürfen ohne Beschränkung der Allgemeinheit als Primzahlen angenommen werden, wodurch allenfalls die Anzahl r

---

[1]) Beispielsweise kann man zu der Größe

$$\xi = \sqrt{3+\sqrt{2}} + \sqrt{3-\sqrt{2}}$$

vom Körper $\mathfrak{k} = \mathfrak{K}(1)$ ausgehend gelangen. indem man die folgenden Körper bildet:

$$\mathfrak{k}_1 = \mathfrak{K}(\mathfrak{k}, \sqrt{2}) = \mathfrak{K}(\sqrt{2}),$$
$$\mathfrak{k}_2 = \mathfrak{K}(\mathfrak{k}_1, \sqrt{3+\sqrt{2}}) = \mathfrak{K}(\sqrt{3+\sqrt{2}}),$$
$$\mathfrak{k}_3 = \mathfrak{K}(\mathfrak{k}_2, \sqrt{3-\sqrt{2}}) = \mathfrak{K}(\sqrt{3+\sqrt{2}}, \sqrt{3-\sqrt{2}}).$$

Dann gehört ξ dem Körper $\mathfrak{k}_3$ an. Nun sieht man aber sogleich, daß $\xi^2 = 6 + 2\sqrt{7}$, also $\xi = \sqrt{6+2\sqrt{7}}$ ist; man gelangt daher auch zu ξ, indem man die Körper bildet:

$$\mathfrak{k}_1' = \mathfrak{K}(\mathfrak{k}, \sqrt{7}) = \mathfrak{K}(\sqrt{7}),$$
$$\mathfrak{k}_2' = \mathfrak{K}(\mathfrak{k}_1', \sqrt{6+2\sqrt{7}}) = \mathfrak{K}(\sqrt{6+2\sqrt{7}}).$$

Jetzt gehört ξ bereits dem Körper $\mathfrak{k}_2'$ an.

vergrößert wird (vgl. S. 62); doch brauchen wir vorläufig diese Annahme nicht zu machen.

Satz 95. *Wenn eine Wurzel eines in $\mathfrak{k}$ irreduzibeln Polynoms $f(x)$ in bezug auf $\mathfrak{k}$ durch r Radikale mit den Exponenten $n_1, n_2, \ldots, n_r$ darstellbar ist, so gilt dasselbe von jeder Wurzel.*

Wir beweisen diesen wichtigen von Abel herrührenden Satz zuerst für $r = 1$. Die Wurzeln von $f(x)$ seien $\xi_1, \ldots, \xi_n$, und speziell ξ_1 sei durch das n_1-te Radikal γ_1 darstellbar; dann ist

$$\xi_1 = \varphi(\gamma_1), \tag{1}$$

wo φ ein Polynom mit Koeffizienten aus $\mathfrak{k}$. Nun ist γ_1 eine Wurzel der Gleichung

$$x^{n_1} - a_1 = 0 \qquad (a_1 = \text{Größe aus } \mathfrak{k}), \tag{2}$$

deren sämtliche Wurzeln wir mit

$$\gamma_1, \gamma_1', \ldots, \gamma_1^{(n_1-1)} \tag{3}$$

bezeichnen. Dann sind die Größen

$$\xi_1 = \varphi(\gamma_1),\ \xi_1' = \varphi(\gamma_1'),\ \ldots,\ \xi_1^{(n_1-1)} = \varphi(\gamma_1^{(n_1-1)}) \tag{4}$$

die Wurzeln einer Gleichung $F(x) = 0$ mit Koeffizienten aus $\mathfrak{k}$ (Tschirnhaustransformierte von (2)). Da nun $F(x)$ mit dem in $\mathfrak{k}$ irreduzibeln Polynom $f(x)$ die Wurzel ξ_1 gemein hat, so ist $F(x)$ nach Satz 70 durch $f(x)$ teilbar, und folglich sind alle Wurzeln von $f(x)$ unter den Größen (4) zu suchen; sie sind also durch n_1-te Radikale darstellbar, nämlich jede durch eine der Größen (3), die als Wurzeln der Gleichung (2) lauter n_1-te Radikale sind.

Damit ist der Satz für $r = 1$ bewiesen. Seine Allgemeingültigkeit beweisen wir jetzt durch den Schluß von $r - 1$ auf r. Die Wurzeln von $f(x)$ seien wieder $\xi_1, \ldots, \xi_n$ und speziell ξ_1 sei durch die r Radikale $\gamma_1, \ldots, \gamma_r$ darstellbar, also

$$\xi_1 = \varphi(\gamma_r),$$

wo φ ein Polynom mit Koeffizienten aus $\mathfrak{k}_{r-1}$. Ist ϱ_1 eine primitive Größe von $\mathfrak{k}_{r-1}$ in bezug auf $\mathfrak{k}$, so ist also

$$\xi_1 = \psi(\varrho_1, \gamma_r), \tag{5}$$

wo ψ ein Polynom mit Koeffizienten aus $\mathfrak{k}$. Nun sei $g(x) = 0$ die in $\mathfrak{k}$ irreduzible Gleichung mit der Wurzel ϱ_1. Da ϱ_1 als Größe von $\mathfrak{k}_{r-1}$ durch $r - 1$ Radikale mit den Exponenten $n_1, \ldots, n_{r-1}$ darstellbar ist, dürfen wir als bereits bewiesen annehmen, daß für die anderen Wurzeln von $g(x)$ dasselbe gilt; diese anderen Wurzeln seien $\varrho_2, \ldots, \varrho_m$.

Nun ist γ_r eine Wurzel der Gleichung $x^{n_r} - a_r = 0$; dabei hat a_r als Größe von $\mathfrak{k}_{r-1}$ die Form $a_r = h(\varrho_1)$, wo h ein Polynom mit Koeffizienten aus $\mathfrak{k}$ ist. Somit ist γ_r eine Wurzel der Gleichung

$$x^{n_r} - h(\varrho_1) = 0,$$

deren sämtliche Wurzeln wir mit

$$\gamma_{r1}, \gamma_{r1}', \ldots, \gamma_{r1}^{(n_r-1)}$$

bezeichnen, wobei speziell $\gamma_{r1} = \gamma_r$ sei. Analog bezeichnen wir, wenn μ eine beliebige der Zahlen $1, 2, \ldots, m$ ist, mit

$$\gamma_{r\mu}, \gamma'_{r\mu}, \ldots, \gamma_{r\mu}^{(n_r-1)}$$

die Wurzeln der Gleichung

$$x^{n_r} - h(\varrho_\mu) = 0.$$

Jetzt betrachten wir die $m n_r$ Größen

$$(6) \quad \begin{cases} \psi(\varrho_1, \gamma_{r1}), & \psi(\varrho_1, \gamma'_{r1}), \ldots, \psi(\varrho_1, \gamma_{r1}^{(n_r-1)}), \\ \psi(\varrho_2, \gamma_{r2}), & \psi(\varrho_2, \gamma'_{r2}), \ldots, \psi(\varrho_2, \gamma_{r2}^{(n_r-1)}), \\ \cdots & \cdots \\ \psi(\varrho_m, \gamma_{rm}), & \psi(\varrho_m, \gamma'_{rm}), \ldots, \psi(\varrho_m, \gamma_{rm}^{(n_r-1)}), \end{cases}$$

die sämtlich durch r Radikale mit den Exponenten $n_1, \ldots, n_r$ darstellbar sind, und deren erste wegen $\gamma_{r1} = \gamma_r$ nach (5) gleich ξ_1 ist. Die n_r Größen der ersten Zeile sind die Wurzeln einer Gleichung

$$\Psi(\varrho_1, x) = 0,$$

wo Ψ ein Polynom mit Koeffizienten aus $\mathfrak{k}$ ist. Ebenso sind dann die n_r Größen der μ-ten Zeile die Wurzeln der Gleichung

$$\Psi(\varrho_\mu, x) = 0,$$

wo Ψ wieder die gleichen Koeffizienten hat[1]). Die sämtlichen Größen (6) sind daher die Wurzeln des Polynoms

$$\Omega(x) = \Psi(\varrho_1, x)\,\Psi(\varrho_2, x) \ldots \Psi(\varrho_m, x),$$

dessen Koeffizienten als symmetrische Polynome von $\varrho_1, \ldots, \varrho_m$ Größen aus $\mathfrak{k}$ sind. Nun hat $\Omega(x)$ mit $f(x)$ die Wurzel $\psi(\varrho_1, \gamma_{r1}) = \xi_1$ gemein. Daher ist $\Omega(x)$ durch $f(x)$ teilbar, und alle Wurzeln von $f(x)$ sind unter den Größen (6) zu suchen; jede ist also durch r Radikale mit den Exponenten $n_1, \ldots, n_r$ darstellbar.

II. Die naturgemäß sich aufdrängende Frage, wann die Wurzeln einer Gleichung sich durch Radikale darstellen lassen, können wir hier noch nicht allgemein beantworten, wohl aber die speziellere, wann sie sich durch Quadratwurzeln darstellen lassen.

Satz 96. *Die notwendige und hinreichende Bedingung dafür, daß alle Wurzeln einer Gleichung mit Koeffizienten aus einem Körper $\mathfrak{k}$ durch Quadratwurzeln in bezug auf $\mathfrak{k}$ darstellbar sind, besteht darin, daß die Indexreihe einer Kompositionsreihe ihrer Galoisschen Gruppe (in bezug auf $\mathfrak{k}$) aus lauter Zahlen 2 besteht. Die Ordnung der Gruppe ist dann eine Potenz von 2.*

Trifft das für eine Kompositionsreihe zu, so trifft es nach Satz 60 für jede zu.

---

[1]) Nach Bd. I, § 53 I ist

$$\Psi(\varrho_1, y) = R_x(x^{n_r} - h(\varrho_1),\ \ y - \psi(\varrho_1, x)),$$
$$\Psi(\varrho_\mu, y) = R_x(x^{n_r} - h(\varrho_\mu),\ \ y - \psi(\varrho_\mu, x)).$$

Die Koeffizienten sind also für alle μ dieselben.

Notwendig ist die Bedingung nach Satz 91, wobei zu bemerken ist, daß ja die zweiten Einheitswurzeln gleich ± 1 sind, also jedem Körper angehören. Denn wenn alle Wurzeln durch Quadratwurzeln darstellbar sind, so muß die Gruppe durch sukzessive Adjunktion von Quadratwurzeln sich allmählich auf $\mathfrak{E}$ reduzieren lassen. Nun kann es sein, daß vielleicht durch Adjunktion der ersten Quadratwurzel noch keine Reduktion eintritt. Dann adjungieren wir auch die zweite Quadratwurzel usw., bis zum erstenmal die Gruppe reduziert wird, und zwar nach Satz 91 auf eine m. a. Ug. vom Index 2. Die Gruppe muß also eine solche m. a. Ug. besitzen; von dieser gilt dann das gleiche usw.

Hinreichend ist die Bedingung nach Satz 92. Denn ist $\mathfrak{G}$ die Galoissche Gruppe, ist ferner

$$(7) \qquad \mathfrak{G}, \mathfrak{G}_1, \mathfrak{G}_2, \ldots, \mathfrak{G}_k$$

eine Kompositionsreihe von $\mathfrak{G}$ und sind alle Indizes gleich 2, so läßt sich die Gruppe nach Satz 92 durch Adjunktion einer Quadratwurzel auf die m. a. Ug. $\mathfrak{G}_1$ reduzieren, sodann durch Adjunktion einer zweiten Quadratwurzel auf $\mathfrak{G}_2$ usw.

Die Ordnung von $\mathfrak{G}$ ist, da die Indizes der Kompositionsreihe (7) alle gleich 2 sind, gleich 2^k. Unsere Beweisführung zeigt zugleich, daß die vollständige Auflösung der Gleichung durch Adjunktion von genau k Quadratwurzeln gelingt. Wenn man es weniger geschickt macht, muß man vielleicht mehr Quadratwurzeln adjungieren (vgl. die Fußnote S. 192); dagegen ist es unmöglich, mit weniger auszukommen. Denn sind $\xi_1, \ldots, \xi_n$ die Wurzeln der Gleichung, so ist der Grad des Körpers $\mathfrak{K}(\mathfrak{k}, \xi_1, \ldots, \xi_n)$ in bezug auf $\mathfrak{k}$ nach Satz 76 gleich der Ordnung der Gruppe, also gleich 2^k. Wenn man aber weniger als k Quadratwurzeln adjungiert, gelangt man, wie leicht aus Satz 73 zu schließen, nur zu einem Körper von geringerem Grad.

Ist die Gleichung in $\mathfrak{k}$ irreduzibel, so ist ihr Grad gleich dem Grad des Körpers $\mathfrak{K}(\mathfrak{k}, \xi_1)$, also nach Satz 73 ein Teiler vom Grad des Körpers $\mathfrak{K}(\mathfrak{k}, \xi_1, \ldots, \xi_n)$, d. h. von 2^k. Daher ist auch der Grad der Gleichung eine Potenz von 2 und wir gewinnen den

Satz 97. *Wenn eine (und nach Satz 95 also jede) Wurzel einer in einem Körper $\mathfrak{k}$ irreduzibeln Gleichung durch Quadratwurzeln in bezug auf $\mathfrak{k}$ darstellbar ist, so ist der Grad der Gleichung eine Potenz von 2.*

Demnach kann z. B. eine Wurzel einer in $\mathfrak{k}$ irreduzibeln kubischen Gleichung nie durch Quadratwurzeln in bezug auf $\mathfrak{k}$ dargestellt werden.

III. Die Sätze 96, 97 und die aus Satz 97 gezogene Folgerung gestatten die Beantwortung einiger elementar-geometrischer Fragen.

1. Wählt man die Kante eines gegebenen Würfels als Längeneinheit, so ist die Maßzahl der Kante eines Würfels vom doppelten Volumen gleich $\sqrt[3]{2}$, also eine Wurzel der kubischen Gleichung $x^3 - 2 = 0$. Da diese in $\mathfrak{K}(1)$ irreduzibel ist (z. B. nach Bd. I, Satz 104), ist die Zahl $\sqrt[3]{2}$ nicht durch

Quadratwurzeln in bezug auf $\mathfrak{K}(1)$ darstellbar. Die Würfelverdoppelung ist daher mit Lineal und Zirkel nicht möglich.

2. Ist a eine Variable, so hat die kubische Gleichung

$$x^3 - 3x - 2a = 0$$

keine Wurzel im Körper $\mathfrak{K}(a)$. Denn wäre $\frac{f(a)}{g(a)}$ eine solche, wo $f(a)$ vom Grad m, $g(a)$ vom Grad n, so müßte das Polynom

$$f(a)^3 - 3f(a)g(a)^2 - 2ag(a)^3$$

identisch verschwinden, was mit Rücksicht auf die Grade der einzelnen Glieder leicht als unmöglich eingesehen wird. Daher ist die Gleichung im Körper $\mathfrak{K}(a)$ irreduzibel, und folglich sind ihre Wurzeln nicht durch Quadratwurzeln in bezug auf $\mathfrak{K}(a)$ darstellbar. Setzt man $a = \cos\varphi$, so hat die Gleichung nach § 13 II die Wurzel $2\cos\frac{\varphi}{3}$. Unser Resultat lehrt daher, daß ein willkürlich gezeichneter Winkel (der „willkürliche" Winkel entspricht der „Variabeln" a) nicht mit Lineal und Zirkel in drei gleiche Teile geteilt werden kann.

3. Für $a = \frac{1}{2}$ wird $\varphi = 60^0$. Daher hat die Gleichung

$$x^3 - 3x - 1 = 0$$

die Wurzel $2\cos 20^0$. Die Gleichung hat keine rationale Wurzel (nach Satz 1), sie ist daher in $\mathfrak{K}(1)$ irreduzibel. Folglich kann die Zahl $2\cos 20^0$ nicht durch Quadratwurzeln in bezug auf $\mathfrak{K}(1)$ dargestellt werden; ein Winkel von 20^0 ist daher mit Lineal und Zirkel nicht konstruierbar.

§ 38. Kreisteilungsgleichungen.

I. Um die Frage nach der Darstellbarkeit der Wurzeln einer Gleichung durch beliebige Radikale ebenso erschöpfend beantworten zu können, wie es in Satz 96 für die Darstellbarkeit durch Quadratwurzeln geschah, ist es wegen der Sätze 91, 92 notwendig, daß wir uns zuerst mit den p-ten Einheitswurzeln beschäftigen, wo p eine Primzahl ist. Wir wollen aber bei dieser Gelegenheit gleich die n-ten Einheitswurzeln für beliebiges n in Betracht ziehen. Es gilt der

Satz 98. *Die n n-ten Einheitswurzeln bilden in bezug auf die Multiplikation eine zyklische Gruppe n-ter Ordnung, d. h. es gibt (wenigstens) eine n-te Einheitswurzel ε derart, daß $\varepsilon^\nu \neq 1$ ist für $0 < \nu < n$ und daß die n Potenzen*

$$\varepsilon^0 (= 1), \varepsilon, \varepsilon^2, \ldots, \varepsilon^{n-1}$$

die sämtlichen n-ten Einheitswurzeln darstellen.

Daß die n n-ten Einheitswurzeln eine Abelsche Gruppe bilden, wurde bereits Seite 178 festgestellt. Infolgedessen hat jede n-te Einheitswurzel ε als Gruppenelement eine gewisse Ordnung k, die nach Satz 52 ein Teiler von n ist. Es ist dann $\varepsilon^k = 1$, während die k Einheitswurzeln

$$1, \varepsilon, \varepsilon^2, \ldots, \varepsilon^{k-1}$$

voneinander verschieden sind; man beachte, daß diese Charakterisierung der Ordnung einer Einheitswurzel unabhängig von n ist. Eine n-te Einheitswurzel, deren Ordnung k gleich n ist, heißt eine primitive n-te Einheitswurzel[1]). Der Satz 98 behauptet also, daß es eine primitive n-te Einheitswurzel ε gibt, so daß der Körper $\mathfrak{K}(\varepsilon)$ bereits alle n-ten Einheitswurzeln enthält. Er heißt deshalb „der Körper der n-ten Einheitswurzeln".

II. Zum Beweis von Satz 98 sei zunächst n eine (erste oder höhere) Primzahlpotenz: $n = p^\alpha$. Eine p^α-te Einheitswurzel ε ist offenbar dann und nur dann primitiv, wenn ihre Ordnung k kein Teiler von $p^{\alpha-1}$, wenn also ε keine $p^{\alpha-1}$-te Einheitswurzel ist. Die primitiven p^α-ten Einheitswurzeln sind daher die Wurzeln des Polynoms

$$(1)\quad \frac{x^{p^\alpha}-1}{x^{p^{\alpha-1}}-1} = \frac{(x^{p^{\alpha-1}})^p-1}{x^{p^{\alpha-1}}-1} = x^{p^{\alpha-1}(p-1)} + x^{p^{\alpha-1}(p-2)} + \cdots + x^{p^{\alpha-1}} + 1,$$

und somit gibt es $p^{\alpha-1}(p-1)$ primitive p^α-te Einheitswurzeln.

Nun seien a, b zwei positive ganze relativ prime Zahlen; dann gibt es ganze Zahlen c, d derart, daß

$$ac - bd = 1$$

ist (§ 28 I); augenscheinlich kann man c, d auch positiv wählen. Führt man alsdann die Polynome

$$\varphi(x) = \frac{x^{ac}-1}{x^a-1} = x^{a(c-1)} + x^{a(c-2)} + \cdots + x^a + 1,$$

$$\psi(x) = \frac{x^{bd}-1}{x^b-1} = x^{b(d-1)} + x^{b(d-2)} + \cdots + x^b + 1$$

ein, so ist

$$(x^a-1)\,\varphi(x) - (x^b-1)x\,\psi(x) = (x^{ac}-1) - (x^{bd+1}-x) = x-1.$$

Daher haben die Polynome $x^a - 1$ und $x^b - 1$ den größten gemeinsamen Teiler $x - 1$, woraus folgt, daß 1 die einzige Größe ist, die zugleich a-te und b-te Einheitswurzel ist. Sind nun

$$\varepsilon_{1a}, \varepsilon_{2a}, \ldots, \varepsilon_{aa},$$
$$\varepsilon_{1b}, \varepsilon_{2b}, \ldots, \varepsilon_{bb}$$

die a-ten bzw. b-ten Einheitswurzeln, so ist

$$(\varepsilon_{\alpha a}\,\varepsilon_{\beta b})^{ab} = (\varepsilon_{\alpha a}^{a})^{b}\,(\varepsilon_{\beta b}^{b})^{a} = 1;$$

also sind die ab Produkte

$$\varepsilon_{\alpha a}\,\varepsilon_{\beta b} \qquad (\alpha = 1, 2, \ldots, a;\ \beta = 1, 2, \ldots, b)$$

lauter (ab)-te Einheitswurzeln. Sie sind aber auch voneinander verschieden und stellen folglich die sämtlichen (ab)-ten Einheitswurzeln dar. Denn wenn einmal

---

[1]) Eine primitive n-te Einheitswurzel ist natürlich auch eine (rn)-te Einheitswurzel; als solche ist sie aber, wenn $r > 1$ ist, nicht primitiv.

$$\varepsilon_{\alpha a}\varepsilon_{\beta b} = \varepsilon_{\alpha' a}\varepsilon_{\beta' b},$$

so ist $\frac{\varepsilon_{\alpha a}}{\varepsilon_{\alpha' a}} = \frac{\varepsilon_{\beta' b}}{\varepsilon_{\beta b}}$; hier steht aber links eine a-te, rechts eine b-te Einheitswurzel, also sind beide gleich 1, so daß $\alpha = \alpha'$, $\beta = \beta'$ ist.

Jetzt sei $n = p_1^{\alpha_1} p_2^{\alpha_2} \cdots p_m^{\alpha_m}$, wo $p_1, p_2, \ldots, p_m$ lauter verschiedene Primzahlen sind. Setzt man

$$p_1^{\alpha_1} = a, \quad p_2^{\alpha_2} \cdots p_m^{\alpha_m} = b,$$

so sind a, b relativ prim, und es ist $ab = n$. Man kann daher das vorige Ergebnis anwenden und findet: Wenn ε eine a-te, ε' eine b-te Einheitswurzel ist, so ist das Produkt $\varepsilon\varepsilon'$ eine n-te Einheitswurzel und umgekehrt kann jede n-te Einheitswurzel auf eine und nur eine Art so dargestellt werden. Nun kann man aber die b-ten Einheitswurzeln, indem man von b den Faktor $p_2^{\alpha_2}$ abspaltet, in entsprechender Weise darstellen, und durch Fortsetzung dieses Verfahrens ergibt sich

Satz 99. *Ist $n = p_1^{\alpha_1} p_2^{\alpha_2} \cdots p_m^{\alpha_m}$, wo $p_1, p_2, \ldots, p_m$ lauter verschiedene Primzahlen sind, so läßt sich jede n-te Einheitswurzel auf eine und nur eine Weise als Produkt $\varepsilon_1 \varepsilon_2 \cdots \varepsilon_m$ darstellen, wo ε_μ eine $(p_\mu^{\alpha_\mu})$-te Einheitswurzel ist. Umgekehrt ist auch jedes derartige Produkt wirklich eine n-te Einheitswurzel.*

Nun ist es leicht, auch für beliebiges n die Existenz primitiver Einheitswurzeln und damit die Gültigkeit von Satz 98 nachzuweisen. Mit der Bezeichnung von Satz 99 sei k_μ die Ordnung von ε_μ und sei K die Ordnung des Produktes $\varepsilon_1 \varepsilon_2 \cdots \varepsilon_m$.

Wir behaupten, daß $K = k_1 k_2 \cdots k_m$. In der Tat ist ja ε_μ^K eine $(p_\mu^{\alpha_\mu})$-te Einheitswurzel; da aber das Produkt

$$\varepsilon_1^K \varepsilon_2^K \cdots \varepsilon_m^K$$

gleich $(\varepsilon_1 \varepsilon_2 \cdots \varepsilon_m)^K$, also gleich der n-ten Einheitswurzel 1 ist, so muß nach Satz 99

$$\varepsilon_1^K = 1, \ \varepsilon_2^K = 1, \ \ldots, \ \varepsilon_m^K = 1$$

sein. Daher muß jedes k_μ ein Teiler von K sein. Anderseits ist aber k_μ ein Teiler von $p_\mu^{\alpha_\mu}$, und folglich sind die k_μ paarweise relativ prim; daher ist auch das Produkt $k_1 k_2 \cdots k_m$ ein Teiler von K. Umgekehrt ist offenbar

$$(\varepsilon_1 \varepsilon_2 \cdots \varepsilon_m)^{k_1 k_2 \cdots k_m} = 1,$$

und daher K ein Teiler von $k_1 k_2 \cdots k_m$. Also ist $K = k_1 k_2 \cdots k_m$; w. z. b. w.

Hiernach wird insbesondere dann und nur dann $K = n$ sein, wenn zugleich

$$k_1 = p_1^{\alpha_1}, \quad k_2 = p_2^{\alpha_2}, \ldots, \quad k_m = p_m^{\alpha_m}$$

ist. Das ergibt den

Satz 100. *In Satz 99 ist das Produkt $\varepsilon_1 \varepsilon_2 \cdots \varepsilon_m$ dann und nur dann eine primitive n-te Einheitswurzel, wenn für $\mu = 1, 2, \ldots, m$ der Faktor ε_μ eine primitive $(p_\mu^{\alpha_\mu})$-te Einheitswurzel ist.*

Da wir oben sahen, daß es $p^{\alpha-1}(p-1)$ primitive p^α-te Einheitswurzeln gibt, so ist damit auch für beliebiges n die Existenz von primitiven n-ten Einheitswurzeln nachgewiesen, und zwar ist ihre Anzahl gleich dem Produkt

$$(2) \qquad \prod_{\mu=1}^{m} p_\mu^{\alpha_\mu - 1}(p_\mu - 1).$$

Mit der Existenz der primitiven n-ten Einheitswurzeln ist nun auch Satz 98 bewiesen.

III. Sei ε eine primitive n-te Einheitswurzel, so daß jede n-te Einheitswurzel die Form ε^ν hat; wir fragen, wann ε^ν ebenfalls primitiv ist. Das wird definitionsgemäß dann und nur dann der Fall sein, wenn die sukzessiven Potenzen von ε^ν, also die Größen

$$(3) \qquad \varepsilon^0, \varepsilon^\nu, \varepsilon^{2\nu}, \ldots, \varepsilon^{(n-1)\nu}$$

die sämtlichen n-ten Einheitswurzeln darstellen, also mit den Größen

$$1, \varepsilon, \varepsilon^2, \ldots, \varepsilon^{n-1}$$

von der Reihenfolge abgesehen übereinstimmen. Dazu ist notwendig und hinreichend, daß die Exponenten in (3) ein vollständiges Restesystem nach dem Modul n bilden, und das tritt offenbar dann und nur dann ein, wenn ν relativ prim zu n ist. Infolgedessen erhält man alle primitiven n-ten Einheitswurzeln, wenn man in ε^ν den Exponenten ν ein relativ primes Restesystem nach dem Modul n durchlaufen läßt. Da die Anzahl der relativ primen Restklassen gleich $\varphi(n)$ ist, ergibt sich so der

Satz 101. *Die Anzahl der primitiven n-ten Einheitswurzeln ist gleich $\varphi(n)$; und zwar ist, wenn ε eine primitive n-te Einheitswurzel ist, die Potenz ε^ν dann und nur dann ebenfalls primitiv, wenn ν relativ prim zu n ist.*

Da vorhin die Anzahl der primitiven n-ten Einheitswurzeln gleich dem Ausdruck (2) gefunden wurde, ist hiermit die Formel (7) auf Seite 144 zum zweiten Mal bewiesen.

IV. **Satz 102.** *Der Körper der n-ten Einheitswurzeln ist vom Grad $\varphi(n)$ über $\mathfrak{K}(1)$, und zwar sind die $\varphi(n)$ primitiven n-ten Einheitswurzeln die Wurzeln einer in $\mathfrak{K}(1)$ irreduzibeln Gleichung vom Grad $\varphi(n)$.*

Beweis. Ist n eine Primzahlpotenz p^α, so sind die primitiven n-ten Einheitswurzeln die Wurzeln des Polynoms (1), also eines Polynoms mit rationalen Koeffizienten. Ist n keine Primzahlpotenz und sind $p_1, \ldots, p_r$ die verschiedenen in n enthaltenen Primfaktoren, so setzen wir $n = p_\varrho q_\varrho$ und bilden die Polynome

$$F_\varrho(x) = \frac{x^n - 1}{x^{q_\varrho} - 1} = x^{q_\varrho(p_\varrho - 1)} + x^{q_\varrho(p_\varrho - 2)} + \cdots + x^{q_\varrho} + 1.$$

Die Wurzeln von $F_\varrho(x)$ sind dann diejenigen n-ten Einheitswurzeln, die nicht zugleich q_ϱ-te Einheitswurzeln sind, deren Ordnung also kein Teiler von q_ϱ ist. Die Wurzeln des größten gemeinsamen Teilers von

$$F_1(x), F_2(x), \ldots, F_r(x)$$

sind daher diejenigen n-ten Einheitswurzeln, deren Ordnung weder ein Teiler von q_1, noch von $q_2, \ldots$, noch von q_r, und folglich gleich n ist, d. h. die primitiven n-ten Einheitswurzeln. Somit sind die $\varphi(n)$ primitiven n-ten Einheitswurzeln wieder die Wurzeln eines Polynoms mit rationalen Koeffizienten, so daß in allen Fällen der Körper der n-ten Einheitswurzeln höchstens vom Grad $\varphi(n)$ über $\mathfrak{K}(1)$ ist.

Hiernach ist eine primitive n-te Einheitswurzel ε stets Wurzel eines in $\mathfrak{K}(1)$ irreduzibeln Polynoms

$$(4) \qquad F(x) = x^m + a_1 x^{m-1} + \cdots + a_m,$$

dessen Grad m höchstens gleich $\varphi(n)$ ist. Satz 102 wird bewiesen sein, wenn wir zeigen können, daß jede primitive n-te Einheitswurzel auch Wurzel von $F(x)$ ist, so daß der Grad von $F(x)$ auch mindestens und folglich genau gleich $\varphi(n)$ ist. Der folgende Beweis dafür stammt von Landau (Math. Zeitschr. 29).

Zunächst sind in (4) die rationalen Koeffizienten a_μ, da $F(x)$ ein Teiler von $x^n - 1$ sein muß, nach Bd. I, Satz 76 ganze Zahlen. Betrachtet man nun das Polynom $F(x^k)$, so gibt es nach Bd. I, Satz 71 zwei eindeutig bestimmte Polynome $Q_k(x)$, $R_k(x)$ derart, daß $R_k(x)$ höchstens vom Grad $m - 1$ und daß

$$(5) \qquad F(x^k) = F(x)Q_k(x) + R_k(x)$$

ist; dabei hat $R_k(x)$ ganzzahlige Koeffizienten. Ferner ist das Polynom

$$\begin{aligned} F(x^{k+n}) - F(x^k) &= x^{(k+n)m} - x^{km} + \cdots + a_{m-1}(x^{k+n} - x^k) \\ &= x^{km}(x^{nm} - 1) + \cdots + a_{m-1}x^k(x^n - 1) \end{aligned}$$

durch $x^n - 1$, also auch durch $F(x)$ teilbar. Nach (5) ist daher auch $R_{k+n}(x) - R_k(x)$ durch $F(x)$ teilbar, muß also identisch verschwinden, so daß $R_{k+n}(x) = R_k(x)$ ist. Hiernach bleibt das Polynom $R_k(x)$ immer dasselbe, wenn man den Index k durch eine nach dem Modul n kongruente Zahl ersetzt; jedes $R_k(x)$ ist also eines der folgenden n Polynome:

$$(6) \qquad R_1(x), R_2(x), \ldots, R_n(x).$$

Nun sei k eine Primzahl. Dann ist nach dem polynomischen Satz

$$\begin{aligned} [F(x)]^k &= (x^m + a_1 x^{m-1} + \cdots + a_m)^k \\ &= x^{mk} + a_1^k x^{(m-1)k} + \cdots + a_m^k + \Phi_k(x), \end{aligned}$$

wo die Koeffizienten von $\Phi_k(x)$ alle durch k teilbar sind, weil in den in $\Phi_k(x)$ vorkommenden Polynomialkoeffizienten $\dfrac{k!}{\lambda_1! \cdots \lambda_{m+1}!}$ sich der Primfaktor k des Zählers nicht wegheben kann. Nach dem Fermatschen Satz (Fl. (9b) Seite 145) ist aber

$$a_\mu^k \equiv a_\mu \qquad (\text{mod } k),$$

so daß aus der vorigen Formel weiter folgt:

$$(7) \qquad [F(x)]^k = x^{km} + a_1 x^{k(m-1)} + \cdots + a_m - k\Psi_k(x) = F(x^k) - k\Psi_k(x),$$

wo $\Psi_k(x)$ ganzzahlige Koeffizienten hat. Setzt man $\Psi_k(x)$ wieder in die Form

$$(8) \qquad \Psi_k(x) = F(x)G_k(x) + H_k(x),$$

wo $H_k(x)$ höchstens vom Grad $m-1$, so hat auch $H_k(x)$ nach Bd. I, Satz 71 ganzzahlige Koeffizienten, und man erhält aus (7), (5) und (8):

$$[F(x)]^k = F(x)Q_k(x) + R_k(x) - k[F(x)G_k(x) + H_k(x)].$$

Daher ist $R_k(x) - kH_k(x)$ durch $F(x)$ teilbar, und folglich ist $R_k(x) = kH_k(x)$; die Koeffizienten von $R_k(x)$ sind also durch k teilbar. Da aber jedes $R_k(x)$ eines der n Polynome (6) ist, so muß, wenn nur die Primzahl k größer als der absolute Betrag eines jeden in den Polynomen (6) vorkommenden Koeffizienten ist, $R_k(x)$ identisch verschwinden; das besagt dann wegen (5), daß $F(x)$ ein Teiler von $F(x^k)$ ist. Das gelte etwa für $k > K$.

Sind dann $k_1, k_2, \ldots, k_r$ irgendwelche (nicht notwendig verschiedene) Primzahlen größer als K, so ist das Polynom $F(x)$ ein Teiler von $F(x^{k_1})$; dieses ist entsprechend ein Teiler von $F(x^{k_1k_2})$ usw.; schließlich ist also $F(x)$ ein Teiler von $F(x^{k_1k_2\cdots k_r})$. Es ist also

$$F(x^{k_1k_2\cdots k_r}) = F(x)P(x),$$

und folglich, da $F(x)$ die Wurzel ε hat,

$$F(\varepsilon^{k_1k_2\cdots k_r}) = 0. \tag{9}$$

Ist nun ν irgend eine zu n relativ prime Zahl und ist l das Produkt aller nicht in ν enthaltenen Primzahlen, die $\leqq K$ sind, bzw. $l = 1$, falls es keine solchen Primzahlen gibt, so sind die Primfaktoren der Zahl $\nu + nl$ alle größer als K. Man kann also (9) anwenden und erhält

$$F(\varepsilon^{\nu+nl}) = 0$$

und wegen $\varepsilon^n = 1$ auch $F(\varepsilon^\nu) = 0$. Daher hat $F(x)$ die Wurzel ε^ν, also jede primitive n-te Einheitswurzel; w. z. b. w.

Bemerkung. Ist n eine Primzahlpotenz p^α, so läßt sich der Beweis viel schneller führen; es handelt sich dann lediglich um den Nachweis, daß das Polynom (1) in $\mathfrak{K}(1)$ irreduzibel ist. Ersetzt man x durch $x+1$, so entsteht ein Polynom mit dem höchsten Koeffizienten 1 und dem letzten Koeffizienten p, während alle anderen Koeffizienten durch p teilbar sind, so daß das Polynom nach Bd. I, Satz 104 in $\mathfrak{K}(1)$ irreduzibel ist. Dem Leser wird die Durchführung der Rechnung empfohlen; sie ist im Fall $\alpha = 1$ besonders einfach.

V. Nun wollen wir noch die Galoissche Gruppe der Gleichung $F(x) = 0$, deren Wurzeln die primitiven n-ten Einheitswurzeln sind, in bezug auf $\mathfrak{K}(1)$ bestimmen. Ist wieder ε eine der Wurzeln, so sind die anderen gleich ε^ν, wo ν eine beliebige zu n relativ prime Zahl bedeutet. Sie gehören also dem Körper $\mathfrak{K}(\varepsilon)$ an, und da die Gleichung außerdem in $\mathfrak{K}(1)$ irreduzibel ist, so ist es eine Galoissche Gleichung. Daher ist die Ordnung ihrer Gruppe nach Satz 82 gleich dem Grad der Gleichung, also gleich $\varphi(n)$. Wegen der Irreduzibilität der Gleichung ist die Gruppe nach Satz 79 transitiv. Sie enthält also, wenn ν eine beliebige zu n relativ prime Zahl ist, eine Substitution S_ν, welche ε durch ε^ν ersetzt; dabei darf der Index ν von S_ν durch jede zu ν nach dem Modul n kongruente Zahl ersetzt werden. Mit den so erhaltenen $\varphi(n)$ Substitutionen S_ν ist die Gruppe erschöpft, weil ihre Ordnung gleich $\varphi(n)$ sein muß; somit können wir jeder der $\varphi(n)$ relativ primen Restklassen A_ν umkehrbar eindeutig eine Substitution S_ν zuordnen.

Die Substitution S_ν ersetzt die Wurzel ε^μ durch $(\varepsilon^\nu)^\mu = \varepsilon^{\mu\nu}$, also jede Wurzel durch ihre ν-te Potenz; daher wird die Produktsubstitution $S_\mu S_\nu$ die Wurzel ε durch $\varepsilon^{\mu\nu}$ ersetzen. Folglich ist

$$S_\mu S_\nu = S_{\mu\nu}.$$

Da aber auch die relativ primen Restklassen sich nach der analogen Formel $A_\mu A_\nu = A_{\mu\nu}$ multiplizieren, so erweist sich die Galoissche Gruppe als isomorph mit der Abelschen Gruppe der relativ primen Restklassen, und man erhält den

Satz 103. *Die Gleichung, deren Wurzeln die $\varphi(n)$ primitiven n-ten Einheitswurzeln sind, ist in bezug auf $\mathfrak{K}(1)$ eine Abelsche Gleichung und ihre Galoissche Gruppe ist isomorph mit der Gruppe der $\varphi(n)$ relativ primen Restklassen nach dem Modul n.*

Ist n speziell eine Primzahl p, so ist die Gruppe der relativ primen Restklassen nach § 28 VI zyklisch und es ergibt sich

Satz 104. *Ist p eine Primzahl, so ist die Gleichung*

$$x^{p-1} + x^{p-2} + \cdots + x + 1 = 0,$$

deren Wurzeln die von 1 verschiedenen p-ten Einheitswurzeln sind, in bezug auf $\mathfrak{K}(1)$ eine zyklische Gleichung.

§ 39. Resolventen der Kreisteilungsgleichungen.

I. Nach Satz 99 lassen sich alle Einheitswurzeln zurückführen auf p^α-te Einheitswurzeln, wo p Primzahl. Wir behandeln zuerst den Fall $p = 2$. Die primitiven 2^α-ten Einheitswurzeln sind die Wurzeln der Gleichung

$$x^{2^{\alpha-1}} + 1 = 0.$$

Ihre Galoissche Gruppe in bezug auf $\mathfrak{K}(1)$ ist nach Satz 103 eine Abelsche Gruppe der Ordnung $2^{\alpha-1}$ Die Indizes einer Kompositionsreihe sind nach Satz 65 lauter Primzahlen, also $\alpha - 1$ Zweier. Daher muß sich die Gleichung nach Satz 92 durch sukzessive Adjunktion von $\alpha - 1$ Quadratwurzeln lösen lassen[1]). In der Tat sieht man auch ohne allgemeine Theorie, daß lediglich die folgenden Quadratwurzeln der Reihe nach zu adjungieren sind:

$$\gamma_1 = \sqrt{-1},\ \gamma_2 = \sqrt{\gamma_1},\ \gamma_3 = \sqrt{\gamma_2}, \ldots,\ \gamma_{\alpha-1} = \sqrt{\gamma_{\alpha-2}};$$

dann ist $\gamma_{\alpha-1}$ bereits eine primitive 2^α-te Einheitswurzel, und zwar ist es gleichgültig, welche der beiden Möglichkeiten man für jede Quadratwurzel wählt.

Im Körper der komplexen Zahlen ist

$$\cos\frac{2\pi}{2^\alpha} + i\sin\frac{2\pi}{2^\alpha}$$

eine primitive 2^α-te Einheitswurzel. Dabei kann man leicht den reellen Teil

[1]) Bei Anwendung von Satz 92 für $p = 2$ beachte man, daß die zweiten Einheitswurzeln (± 1) ja von selbst jedem Körper angehören.

und den Faktor von i durch reelle Quadratwurzeln darstellen. Es ist nämlich, wenn $a \geqq 0$ und $b > 0$ ist,

$$\sqrt{a+ib} = \pm\left(\sqrt{\tfrac{1}{2}\left(\sqrt{a^2+b^2}+a\right)} + i\sqrt{\tfrac{1}{2}\left(\sqrt{a^2+b^2}-a\right)}\right),$$

wobei die Quadratwurzeln rechts im analytischen Sinne, d. h. als positive Zahlen zu verstehen sind; man verifiziert diese Formel sofort durch Quadrieren. Nun ist $\sin\frac{2\pi}{2^\alpha} > 0$ für $\alpha \geqq 2$ und daher

$$\cos\frac{2\pi}{2^\alpha} + i\sin\frac{2\pi}{2^\alpha} = \sqrt{\cos\frac{2\pi}{2^{\alpha-1}} + i\sin\frac{2\pi}{2^{\alpha-1}}}$$
$$= \sqrt{\frac{1}{2}\left(1+\cos\frac{2\pi}{2^{\alpha-1}}\right)} + i\sqrt{\frac{1}{2}\left(1-\cos\frac{2\pi}{2^{\alpha-1}}\right)},$$

wo die Quadratwurzeln positiv sind. Somit folgt aus $\cos\frac{2\pi}{4} = 0$:

$$\cos\frac{2\pi}{8} = \sqrt{\frac{1}{2}}, \quad \sin\frac{2\pi}{8} = \sqrt{\frac{1}{2}},$$
$$\cos\frac{2\pi}{2^\alpha} = \sqrt{\frac{1}{2}\left(1+\cos\frac{2\pi}{2^{\alpha-1}}\right)}, \quad \sin\frac{2\pi}{2^\alpha} = \sqrt{\frac{1}{2}\left(1-\cos\frac{2\pi}{2^{\alpha-1}}\right)},$$

so daß $\cos\frac{2\pi}{2^\alpha}$ und $\sin\frac{2\pi}{2^\alpha}$ durch Ausdrücke mit je $\alpha - 2$ ineinander geschachtelten positiven Quadratwurzeln dargestellt werden. Diese Darstellbarkeit ist die algebraische Formulierung der geometrischen Tatsache, daß man einen Winkel von der Größe $\frac{2\pi}{2^\alpha}$, also ein reguläres 2^α-Eck mit Lineal und Zirkel konstruieren kann.

II. Ist p eine ungerade Primzahl, so hat die Gleichung für die primitiven p^α-ten Einheitswurzeln in bezug auf $\mathfrak{K}(1)$ eine Abelsche Gruppe $\mathfrak{G}$ der Ordnung $p^{\alpha-1}(p-1)$, und zwar besteht sie nach § 38 V aus den Substitutionen S_ν, wo ν eine beliebige nicht durch p teilbare Zahl ist und wo S_ν jede Wurzel durch ihre ν-te Potenz ersetzt. Nach § 38 V ist dabei $S_\mu S_\nu = S_{\mu\nu}$. Wenn μ und ν kongruent 1 nach dem Modul p sind, gilt von dem Produkt $\mu\nu$ dasselbe, so daß die $p^{\alpha-1}$ Substitutionen

$$S_{1+\lambda p} \qquad (\lambda = 0, 1, \ldots, p^{\alpha-1}-1)$$

eine Untergruppe $\mathfrak{U}$ der Ordnung $p^{\alpha-1}$ bilden, also vom Index $p-1$. Um die Galoissche Gruppe auf $\mathfrak{U}$ zu reduzieren, brauchen wir nach Satz 85 ein Polynom der Wurzeln, welches bei den Substitutionen von $\mathfrak{U}$ seinen Effektivwert behält, bei den anderen Substitutionen von $\mathfrak{G}$ aber ändert. Ein solches ist, wenn ε eine beliebige der Wurzeln bedeutet, das Monom $\varepsilon^{p^{\alpha-1}}$; denn dieses geht durch S_ν über in

$$(\varepsilon^\nu)^{p^{\alpha-1}} = \varepsilon^{\nu p^{\alpha-1}},$$

bleibt also dann und nur dann effektiv ungeändert, wenn $\nu \equiv 1 \pmod p$ ist.

Nun sieht man aber sogleich, daß $\varepsilon^{p^{\alpha-1}}$ eine primitive p-te Einheitswurzel ist. Die Reduktion der Galoisschen Gruppe auf $\mathfrak{U}$ geschieht also durch Adjunktion der p-ten Einheitswurzeln. Da die Abelsche Gruppe $\mathfrak{U}$ noch von der Ordnung $p^{\alpha-1}$ ist, besteht die zu einer Kompositionsreihe von $\mathfrak{U}$ gehörige Indexreihe nach Satz 65 aus lauter Primzahlen, also aus $\alpha - 1$ Zahlen gleich p. Nach Adjunktion der p-ten Einheitswurzeln muß also auf Grund von Satz 92 die vollständige Auflösung der Gleichung durch sukzessive Adjunktion von $\alpha - 1$ p-ten Radikalen möglich sein. In der Tat erkennt man auch ohne allgemeine Theorie, daß, wenn η eine von 1 verschiedene p-te Einheitswurzel ist, lediglich die folgenden Radikale der Reihe nach zu adjungieren sind:

$$\gamma_1 = \sqrt[p]{\eta}, \; \gamma_2 = \sqrt[p]{\gamma_1}, \ldots, \gamma_{\alpha-1} = \sqrt[p]{\gamma_{\alpha-2}}.$$

Dann ist $\gamma_{\alpha-1}$ eine primitive p^{α}-te Einheitswurzel, und zwar ist es gleichgültig, welche der p Möglichkeiten man für die einzelnen Radikale wählt.

III. Jetzt handelt es sich noch um die p-ten Einheitswurzeln, wo p eine ungerade Primzahl, also um die Gleichung

$$(1) \qquad x^{p-1} + x^{p-2} + \cdots + x + 1 = 0,$$

deren Gruppe in bezug auf $\mathfrak{K}(1)$ nach Satz 104 zyklisch und von der Ordnung $p - 1$ ist. Sind $q_1, \ldots, q_l$ die verschiedenen Primteiler von $p - 1$, so wollen wir die q_1-ten, ..., q_l-ten Einheitswurzeln adjungieren. Dann ist die neue Gruppe als Untergruppe der alten immer noch zyklisch, und ihre Ordnung ist ein Teiler von $p - 1$ enthält also keinen von $q_1, \ldots, q_l$ verschiedenen Primteiler[1]). Die Indizes einer Kompositionsreihe sind daher auch nur unter den Zahlen $q_1, \ldots, q_l$ zu suchen, und infolgedessen kann die Gruppe nach Satz 92 durch Adjunktion von q_1-ten, ..., q_l-ten Radikalen allmählich auf $\mathfrak{E}$ reduziert werden. Somit finden wir den für später wichtigen

Satz 105. *Ist p eine ungerade Primzahl, sind ferner $q_1, \ldots, q_l$ die verschiedenen Primteiler von $p - 1$ und ist η_λ eine primitive q_λ-te Einheitswurzel, so sind die p-ten Einheitswurzeln durch q_1-te, q_2-te, ... und q_l-te Radikale in bezug auf den Körper $\mathfrak{K}(\eta_1, \ldots, \eta_l)$ darstellbar.*

Nun handelt es sich noch darum, die Galoissche Gruppe wirklich aufzustellen und solche Größen anzugeben, durch deren Adjunktion eine Gruppen-

[1]) In Wahrheit ist die Untergruppe keine echte, die Galoissche Gruppe ist also die alte geblieben. Denn hätte sie sich auf eine echte Untergruppe reduziert, so könnte diese nicht mehr transitiv sein; die Gleichung (1) würde also durch die Adjunktion reduzibel. Wenn daher η_λ eine primitive q_λ-te und wenn ε eine primitive p-te Einheitswurzel ist, so wäre der Körper $\mathfrak{k}_1 = \mathfrak{K}(\eta_1, \ldots, \eta_l, \varepsilon)$ in bezug auf den Unterkörper $\mathfrak{k}_0 = \mathfrak{K}(\eta_1, \ldots, \eta_l)$ von geringerem als dem $(p - 1)$-ten Grad. Das trifft aber nicht zu. Denn nach Satz 99 ist $\mathfrak{k}_1$ der Körper der $(q_1 \cdots q_l p)$-ten und $\mathfrak{k}_0$ der Körper der $(q_1 \cdots q_l)$-ten Einheitswurzeln. $\mathfrak{k}_1$ bzw. $\mathfrak{k}_0$ sind also nach Satz 102 vom Grad

$$(q_1 - 1) \cdots (q_l - 1)(p - 1) \quad \text{bzw.} \quad (q_1 - 1) \cdots (q_l - 1)$$

über $\mathfrak{K}(1)$ und nach Satz 73 ist dann $\mathfrak{k}_1$ vom Grad $p - 1$ über $\mathfrak{k}_0$.

reduktion erreicht wird. Dabei gehen wir vom Körper $\mathfrak{K}(1)$ aus; die q_1-ten, ..., q_l-ten Einheitswurzeln, deren Adjunktion nur zum Beweis von Satz 105 diente, sollen also jetzt wieder nicht adjungiert sein. Die gesuchte Galoissche Gruppe in bezug auf $\mathfrak{K}(1)$ sei $\mathfrak{G}$.

Ist g eine primitive Kongruenzwurzel für den Modul p (§ 28 VII), so bilden die Potenzen

$$g^0, g^1, g^2, \ldots, g^{p-2}$$

ein relativ primes Restesystem. Ist also ε eine Wurzel von (1) und setzt man

$$\varepsilon^{g^{\nu-1}} = \xi_\nu \qquad (\nu = 1, 2, \ldots, p-1), \tag{2}$$

so sind die ξ_ν die sämtlichen Wurzeln von (1). Zwischen ihnen bestehen die Beziehungen mit Koeffizienten aus $\mathfrak{K}(1)$

$$\xi_1^g = \xi_2, \xi_2^g = \xi_3, \ldots, \xi_{p-2}^g = \xi_{p-1}, \xi_{p-1}^g = \xi_1. \tag{3}$$

Nun muß die Gruppe $\mathfrak{G}$, da sie wegen der Irreduzibilität der Gleichung transitiv ist, eine Substitution S enthalten, welche ξ_1 durch ξ_2 ersetzt. Diese kann aber, weil bei ihr die Beziehungen (2) sämtlich richtig bleiben müssen, nur die folgende sein:

$$S = (1, 2, 3, \ldots, p-1).$$

Die Gruppe $\mathfrak{G}$ enthält dann auch die Potenzen von S, und da sie von der Ordnung $p-1$ sein muß, ist sie damit erschöpft, und es ist

$$\mathfrak{G} = E + S + S^2 + \cdots + S^{p-2}; \tag{4}$$

also in der Tat eine zyklische Gruppe.

Zerlegen wir $p-1$ irgendwie in zwei Faktoren

$$p - 1 = ab, \tag{5}$$

so hat die Gruppe $\mathfrak{G}$ die a. Ug. vom Index a:

$$\mathfrak{U} = E + S^a + S^{2a} + \cdots + S^{(b-1)a} \tag{6}$$

Um die Gruppe auf $\mathfrak{U}$ zu reduzieren, brauchen wir nach Satz 85 ein Polynom der Wurzeln, welches seinen Effektivwert bei den Substitutionen von $\mathfrak{U}$ behält, aber bei den anderen Substitutionen von $\mathfrak{G}$ ändert. Solche Polynome sind die Gaußschen Perioden:

$$\begin{aligned} \alpha_\nu &= \xi_\nu + \xi_{\nu+a} + \xi_{\nu+2a} + \cdots + \xi_{\nu+(b-1)a} \\ &= \varepsilon^{g^{\nu-1}} + \varepsilon^{g^{\nu-1+a}} + \varepsilon^{g^{\nu-1+2a}} + \cdots + \varepsilon^{g^{\nu-1+(b-1)a}} \qquad (\nu = 1, 2, \ldots, a), \end{aligned}$$

wo wir die Exponenten von ε nach dem Modul p reduziert denken wollen. Daß jedes α_ν bei den Substitutionen von $\mathfrak{U}$ effektiv ungeändert bleibt, ist klar, weil sich die Summanden dabei zyklisch vertauschen. Bei jeder anderen Substitution S^λ aber geht α_ν über in $\alpha_{\nu+\lambda}$, wo der Index nach dem Modul a zu reduzieren ist, und man beweist leicht, daß α_ν von $\alpha_{\nu+\lambda}$ effektiv verschieden ist. Denn die Beziehung $\alpha_{\nu+\lambda} = \alpha_\nu$ oder also

$$\begin{aligned} &\varepsilon^{g^{\nu+\lambda-1}} + \varepsilon^{g^{\nu+\lambda-1+a}} + \cdots + \varepsilon^{g^{\nu+\lambda-1+(b-1)a}} \\ &- \varepsilon^{g^{\nu-1}} - \varepsilon^{g^{\nu-1+a}} - \cdots - \varepsilon^{g^{\nu-1+(b-1)a}} = 0 \end{aligned}$$

würde, wenn man sie durch ε dividiert und dann die Exponenten von ε nach dem Modul p reduziert, besagen, daß die Wurzel ε einer Gleichung höchstens $(p-2)$-ten Grades mit nicht lauter verschwindenden Koeffizienten aus $\mathfrak{K}(1)$ genügt, während doch die Gleichung (1) in $\mathfrak{K}(1)$ irreduzibel ist.

Hiernach kann nun die sukzessive Reduktion der Gruppe in folgender Weise bewerkstelligt werden. Wir zerlegen $p-1$ in Primfaktoren

$$p-1 = a_1 a_2 \cdots a_m$$

und betrachten die Untergruppen

$$\begin{aligned} \mathfrak{U}_1 &= E + S^{a_1} + S^{2a_1} + \cdots + S^{p-1-a_1}, \\ \mathfrak{U}_2 &= E + S^{a_1a_2} + S^{2a_1a_2} + \cdots + S^{p-1-a_1a_2}, \\ \mathfrak{U}_3 &= E + S^{a_1a_2a_3} + S^{2a_1a_2a_3} + \cdots + S^{p-1-a_1a_2a_3}, \\ &\cdots\cdots\cdots\cdots\cdots\cdots, \end{aligned}$$

wobei $\mathfrak{U}_1$ bzw. $\mathfrak{U}_\mu$ für $\mu > 1$ eine m. a. Ug. von $\mathfrak{G}$ bzw. von $\mathfrak{U}_{\mu-1}$ ist vom Primzahlindex a_1 bzw. a_μ. Dann bleiben zunächst die a_1 Perioden

$$\alpha_\nu = \varepsilon^{g^{\nu-1}} + \varepsilon^{g^{\nu-1+a_1}} + \cdots + \varepsilon^{g^{\nu-1+p-1-a_1}} \qquad (\nu = 1, 2, \ldots, a_1)$$

bei den Substitutionen von $\mathfrak{U}_1$ effektiv ungeändert, während sie bei den anderen Substitutionen von $\mathfrak{G}$ sich permutieren. Sie sind also nach Satz 86, 88 die Wurzeln einer Resolvente, die eine Galoissche Gleichung a_1-ten Grades ist, und zwar, da a_1 Primzahl, eine zyklische. Wir adjungieren die α_ν, wodurch die Gruppe auf $\mathfrak{U}_1$ reduziert wird.

Sodann bleiben die a_2 Perioden

$$\beta_\nu = \varepsilon^{g^{(\nu-1)a_1}} + \varepsilon^{g^{(\nu-1)a_1+a_1a_2}} + \cdots + \varepsilon^{g^{(\nu-1)a_1+p-1-a_1a_2}} \qquad (\nu = 1, 2, \ldots, a_2)$$

bei den Substitutionen von $\mathfrak{U}_2$ effektiv ungeändert, während sie bei den anderen Substitutionen von $\mathfrak{U}_1$ sich permutieren. Sie sind also die Wurzeln einer zyklischen Resolvente a_2-ten Grades. Wir adjungieren die β_ν, wodurch die Gruppe auf $\mathfrak{U}_2$ reduziert wird.

Alsdann bleiben die a_3 Perioden

$$\gamma_\nu = \varepsilon^{g^{(\nu-1)a_1a_2}} + \varepsilon^{g^{(\nu-1)a_1a_2+a_1a_2a_3}} + \cdots + \varepsilon^{g^{(\nu-1)a_1a_2+p-1-a_1a_2a_3}}$$
$$(\nu = 1, 2, \ldots, a_3)$$

bei den Substitutionen von $\mathfrak{U}_3$ effektiv ungeändert, während sie bei den anderen Substitutionen von $\mathfrak{U}_2$ sich permutieren. Sie sind also die Wurzeln einer zyklischen Resolvente a_3-ten Grades. Wir adjungieren die γ_ν, wodurch die Gruppe auf $\mathfrak{U}_3$ reduziert wird. So läßt sich fortfahren, bis die Gruppe auf $\mathfrak{E}$ reduziert und damit die Gleichung vollständig aufgelöst ist.

IV. Beispiel: $p = 13$.

Durch Probieren findet man sofort, daß 2 eine primitive Kongruenzwurzel für den Modul 13 ist, und zwar sind die sukzessiven Potenzen von 2 der Reihe nach kongruent zu

$$1, 2, 4, 8, 3, 6, 12, 11, 9, 5, 10, 7.$$

Daher ordnen wir die Wurzeln in der Reihenfolge

$$\varepsilon, \varepsilon^2, \varepsilon^4, \varepsilon^8, \varepsilon^3, \varepsilon^6, \varepsilon^{12}, \varepsilon^{11}, \varepsilon^9, \varepsilon^5, \varepsilon^{10}, \varepsilon^7.$$

Nun ist $p - 1 = 12 = 2 \cdot 3 \cdot 2$. Daher bilden wir zuerst die Perioden:

$$\alpha_1 = \varepsilon \;+ \varepsilon^4 + \varepsilon^3 + \varepsilon^{12} + \varepsilon^9 + \varepsilon^{10},$$
$$\alpha_2 = \varepsilon^2 + \varepsilon^8 + \varepsilon^6 + \varepsilon^{11} + \varepsilon^5 + \varepsilon^7.$$

Es ergibt sich leicht[1]):

$${}_1 + \alpha_2 = \quad \varepsilon + \varepsilon^2 + \varepsilon^3 + \cdots + \varepsilon^{12} \; = -1,$$
$$\alpha_1\alpha_2 = 3(\varepsilon + \varepsilon^2 + \varepsilon^3 + \cdots + \varepsilon^{12}) = -3;$$

daher sind α_1, α_2 die Wurzeln der Resolvente

$$x^2 + x - 3 = 0.$$

Nun bilden wir die Perioden

$$\beta_1 = \varepsilon \;+ \varepsilon^{12},$$
$$\beta_2 = \varepsilon^4 + \varepsilon^9,$$
$$\beta_3 = \varepsilon^3 + \varepsilon^{10}.$$

Es ist

$$\beta_1 + \beta_2 + \beta_3 = \alpha_1,$$
$$\beta_1\beta_2 + \beta_1\beta_3 + \beta_2\beta_3 = \varepsilon + \varepsilon^2 + \varepsilon^3 + \cdots + \varepsilon^{12} = -1,$$
$$\beta_1\beta_2\beta_3 = 2 + \alpha_2.$$

Daher sind $\beta_1, \beta_2, \beta_3$ die Wurzeln der Resolvente

$$x^3 - \alpha_1 x^2 - x - (2 + \alpha_2) = 0.$$

Endlich setzen wir

$$\gamma_1 = \varepsilon, \qquad \gamma_2 = \varepsilon^{12}.$$

Dann ist $\gamma_1 + \gamma_2 = \beta_1$, $\gamma_1\gamma_2 = 1$; also sind γ_1, γ_2 die Wurzeln der Resolvente

$$x^2 - \beta_1 x + 1 = 0.$$

Durch Auflösung der drei Resolventen erhält man ε, da ja $\varepsilon = \gamma_1$ ist. Natürlich hätte man die Primfaktoren von 12 auch in anderer Reihenfolge nehmen können, wodurch sich andere Resolventen ergeben hätten. Es ist eine lehrreiche, wenn auch nicht ganz leichte Aufgabe, die verschiedenen Darstellungen, die sich so für ε ergeben, miteinander zu identifizieren. Der Leser versuche es zuerst auch für $p = 7$.

V. Für größere Werte von p ist die wirkliche Aufstellung der Resolventen natürlich mühsam. Doch gibt es eine Resolvente zweiten Grades, die auch für beliebiges p leicht zu bestimmen ist. Unter den Primfaktoren von $p - 1$ ist nämlich stets die Zahl 2; daher sind die Perioden

$$(7) \qquad \begin{cases} \alpha_1 = \varepsilon \;+ \varepsilon^{g^2} + \varepsilon^{g^4} + \cdots + \varepsilon^{g^{p-3}}, \\ \alpha_2 = \varepsilon^{g} + \varepsilon^{g^3} + \varepsilon^{g^5} + \cdots + \varepsilon^{g^{p-2}} \end{cases}$$

die Wurzeln einer Resolvente zweiten Grades mit rationalen Koeffizienten, die wir nun aufstellen wollen. Offenbar ist (vgl. unten die Fußnote)

---

[1]) Da ε eine Wurzel der Gleichung

$$x^{p-1} + x^{p-2} + \cdots + x + 1 = 0$$

ist, so ist die Summe aller Wurzeln gleich -1, also:

$$\varepsilon + \varepsilon^2 + \varepsilon^3 + \cdots + \varepsilon^{p-1} = -1.$$

(8) $$\alpha_1 + \alpha_2 = -1.$$

Das Produkt $\alpha_1\alpha_2$ ergibt sich durch gliedweises Ausmultiplizieren zunächst in der Form

(9) $$\alpha_1\alpha_2 = \sum_{\nu=1}^{\left(\frac{p-1}{2}\right)^2} \varepsilon^{c_\nu},$$

wo wir die Exponenten c_ν nach dem Modul p reduziert denken, so daß

$$0 \leqq c_\nu \leqq p - 1$$

ist. Wir wissen, daß das Produkt rational ist. Nun sind zwei Fälle zu unterscheiden.

Kommt erstens die Wurzel ε^{-1} in α_2 vor, so sieht man leicht, daß auch $\varepsilon^{-\varrho^2}, \varepsilon^{-\varrho^4}, \ldots$ in α_2 vorkommen; daher tritt unter den Exponenten c_ν in (9) $\frac{p-1}{2}$ mal die Zahl 0 auf. Im übrigen muß, weil die Summe rational ist und weil die Größe ε der in $\mathfrak{K}(1)$ irreduzibeln Gleichung (1), also keiner anderen Gleichung höchstens $(p-1)$-ten Grades mit rationalen Koeffizienten genügt, jeder der Exponenten $1, 2, \ldots, p-1$ gleich oft vorkommen, und zwar

$$\frac{1}{p-1}\left[\left(\frac{p-1}{2}\right)^2 - \frac{p-1}{2}\right] = \frac{p-3}{4} \text{ mal.}$$

Daher tritt dieser Fall nur ein, wenn $p-3$ durch 4 teilbar ist, und es ist dann

$$\alpha_1\alpha_2 = \frac{p-1}{2}\cdot 1 + \frac{p-3}{4}(\varepsilon + \varepsilon^2 + \cdots + \varepsilon^{p-1})$$
$$= \frac{p-1}{2} - \frac{p-3}{4} = \frac{1+p}{4}.$$

Kommt dagegen zweitens die Wurzel ε^{-1} nicht in α_2 vor, so kommen auch $\varepsilon^{-\varrho^2}, \varepsilon^{-\varrho^4}, \ldots$ nicht in α_2 vor (sondern in α_1). Daher ist jetzt von den Exponenten c_ν in (9) keiner gleich 0. Von den Exponenten $1, 2, \ldots, p-1$ muß aber wieder jeder gleich oft kommen, und zwar

$$\frac{1}{p-1}\left(\frac{p-1}{2}\right)^2 = \frac{p-1}{4} \text{ mal.}$$

Daher tritt dieser Fall nur ein, wenn $p-1$ durch 4 teilbar ist, und es ist dann

$$\alpha_1\alpha_2 = \frac{p-1}{4}(\varepsilon + \varepsilon^2 + \cdots + \varepsilon^{p-1}) = \frac{1-p}{4}.$$

Man kann beide Fälle zusammenfassen, indem man schreibt:

(10) $$\alpha_1\alpha_2 = \frac{1-(-1)^{\frac{p-1}{2}}p}{4}.$$

Hiernach ist nun die Resolvente mit den Wurzeln α_1, α_2 die folgende:

(11) $$x^2 + x + \frac{1-(-1)^{\frac{p-1}{2}}p}{4} = 0,$$

und folglich ist

$$(12) \qquad \alpha_1 = \frac{-1 + \sqrt{(-1)^{\frac{p-1}{2}} p}}{2}, \quad \alpha_2 = \frac{-1 - \sqrt{(-1)^{\frac{p-1}{2}} p}}{2}.$$

Damit haben wir zugleich das interessante Resultat gewonnen, daß für jede ungerade Primzahl p die Quadratwurzel $\sqrt{(-1)^{\frac{p-1}{2}} p}$ dem Körper der p-ten Einheitswurzeln angehört[1]).

Rein algebraisch ist keine primitive p-te Einheitswurzel vor der anderen ausgezeichnet; ebenso sind die Größen $\sqrt{a}$ und $-\sqrt{a}$ völlig gleichberechtigt. Es hat daher keinen Sinn, zu fragen, welches Vorzeichen der Quadratwurzel in (12) beizulegen ist. Anders ist es, wenn man die Einheitswurzeln und Quadratwurzeln analytisch auffaßt. Dann ist z. B. die primitive p-te Einheitswurzel

$$\cos\frac{2\pi}{p} + i\sin\frac{2\pi}{p}$$

von den anderen deutlich unterschieden, und wenn man sie für ε in α_1 und α_2 einsetzt, werden α_1, α_2 ganz bestimmte Zahlen und das Vorzeichen der Quadratwurzel in (12) ist ebenfalls eindeutig. Seine Bestimmung ist aber keine algebraische, sondern eine analytische Aufgabe, die verhältnismäßig schwierige Mittel erfordert und hier nicht behandelt werden soll. Sie ist zuerst von Gauß gelöst worden, weshalb α_1, α_2 als „Gaußsche Summen" bezeichnet werden[2]).

§ 40. Die durch Quadratwurzeln darstellbaren Einheitswurzeln.

I. Die 2^α-ten Einheitswurzeln sind nach § 39 I durch Quadratwurzeln in bezug auf $\mathfrak{K}(1)$ darstellbar. Die primitiven p^α-ten Einheitswurzeln, wo p eine ungerade Primzahl, genügen einer Gleichung, deren Gruppe in bezug auf $\mathfrak{K}(1)$ eine Abelsche von der Ordnung $p^{\alpha-1}(p-1)$ ist. Nach Satz 96 werden sie also dann und nur dann durch Quadratwurzeln darstellbar sein,

---

1) Das ergibt sich übrigens rascher auf folgende Weise: Für die Diskriminante des Polynoms $x^p - 1$ liefert die Formel (4) von Bd. I, S. 213 den Wert

$$(-1)^{\frac{p(p-1)}{2}+p-1} p^p = (-1)^{\frac{p-1}{2}} p^p.$$

Da das Polynom die Wurzeln $\varepsilon, \ldots, \varepsilon^{p-1}, \varepsilon^p$ $(=1)$ hat, ist also

$$\prod_{\lambda>\mu}^{1,p} (\varepsilon^\lambda - \varepsilon^\mu)^2 = (-1)^{\frac{p-1}{2}} p^p$$

und somit

$$\prod_{\lambda>\mu}^{1,p} (\varepsilon^\lambda - \varepsilon^\mu) = p^{\frac{p-1}{2}} \sqrt{(-1)^{\frac{p-1}{2}} p}.$$

2) Man kennt heute viele Methoden zur Bestimmung des fraglichen Vorzeichens. Einige findet man z. B. bei Edmund Landau, Vorlesungen über Zahlentheorie, Bd. I Seite 153ff. (Leipzig 1927).

wenn $p^{\alpha-1}(p-1)$ eine Potenz von 2 ist. Daher muß $\alpha = 1$ und sodann $p-1$ eine Potenz von 2 sein:

$$p - 1 = 2^{\lambda}.$$

Hier ist aber λ selbst eine Potenz von 2; denn wenn $\lambda = \mu q$ wäre, wo q eine ungerade Primzahl, so hätte man:

$$p = 2^{\lambda} + 1 = 2^{\mu q} + 1 = (2^{\mu})^q - (-1)^q;$$

daher hätte p den echten Teiler $2^{\mu} - (-1) = 2^{\mu} + 1$, wäre also keine Primzahl. Somit ist schließlich

$$(1) \qquad p = 2^{2^{\nu}} + 1.$$

Für $\nu = 0, 1, 2, 3, 4$ erhält man so die Primzahlen

$$3,\ 5,\ 17,\ 257,\ 65537,$$

während für $\nu = 5$ die Zahl 4294967297 kommt, die durch 641 teilbar, also keine Primzahl ist. Ob noch weitere Primzahlen unter den Zahlen der Form (1) vorhanden sind, ist nicht bekannt [1]).

Indem man diese Ergebnisse mit Satz 99 zusammenfaßt, ergibt sich jetzt der schöne von Gauß entdeckte

Satz 106. *Die n-ten Einheitswurzeln sind dann und nur dann durch Quadratwurzeln in bezug auf $\mathfrak{K}(1)$ darstellbar, wenn die ungeraden Primteiler von n die Form $2^{2^{\nu}} + 1$ haben und nur je einmal in n enthalten sind. Dagegen darf der Primteiler 2 beliebig oft in n enthalten sein.*

Nach der geometrischen Bedeutung der n-ten Einheitswurzeln besagt das, daß ein reguläres n-Eck dann und nur dann mit Lineal und Zirkel konstruierbar ist, wenn n die angegebene Eigenschaft hat. Insbesondere ist also das Siebzehneck konstruierbar, das Siebeneck und Neuneck nicht. Während aber die Konstruktion des Dreiecks und Fünfecks unabhängig von den Kreisteilungsgleichungen schon im Altertum bekannt war, ist die Konstruierbarkeit des Siebzehnecks erst im Zusammenhang mit den Kreisteilungsgleichungen von Gauß entdeckt worden.

II. Nun wollen wir speziell noch die Berechnung der siebzehnten Einheitswurzeln durchführen, und zwar, um die Konstruktion des regulären Siebzehnecks daran anschließen zu können, im Körper der komplexen Zahlen. Sei also

$$(2) \qquad \varepsilon = \cos\frac{2\pi}{17} + i\sin\frac{2\pi}{17},$$

und folglich nach der Moivreschen Formel

$$(3) \qquad \varepsilon^{\pm\nu} = \cos\frac{2\nu\pi}{17} \pm i\sin\frac{2\nu\pi}{17}.$$

Durch Probieren findet man, daß 3 eine primitive Kongruenzwurzel

---

[1]) Fermat hat behauptet, daß alle Zahlen der Form (1) Primzahlen seien, was Euler durch das obige Beispiel $\nu = 5$ widerlegt hat. Weitere Literatur hierüber findet man bei M. Kraïtchik: Théorie des nombres (Paris 1922), S. 22.

für den Modul 17 ist, und zwar sind die Potenzen von 3 der Reihe nach kongruent zu:

$$1,\ 3,\ 9,\ 10,\ 13,\ 5,\ 15,\ 11,\ 16,\ 14,\ 8,\ 7,\ 4,\ 12,\ 2,\ 6.$$

Wir ordnen also die Wurzeln in der Reihenfolge

$$\varepsilon,\ \varepsilon^3,\ \varepsilon^9,\ \varepsilon^{10},\ \varepsilon^{13},\ \varepsilon^5,\ \varepsilon^{15},\ \varepsilon^{11},\ \varepsilon^{16},\ \varepsilon^{14},\ \varepsilon^8,\ \varepsilon^7,\ \varepsilon^4,\ \varepsilon^{12},\ \varepsilon^2,\ \varepsilon^6$$

und bilden dann die Perioden

$$(4)\qquad \begin{cases} \alpha_1 = \varepsilon + \varepsilon^9 + \varepsilon^{13} + \varepsilon^{15} + \varepsilon^{16} + \varepsilon^8 + \varepsilon^4 + \varepsilon^2, \\ \alpha_2 = \varepsilon^3 + \varepsilon^{10} + \varepsilon^5 + \varepsilon^{11} + \varepsilon^{14} + \varepsilon^7 + \varepsilon^{12} + \varepsilon^6. \end{cases}$$

Beide sind reelle Zahlen, da neben einer Potenz ε^ν stets auch die konjugiert-komplexe Zahl $\varepsilon^{17-\nu}$ auftritt. Nach § 39 V sind α_1, α_2 die Wurzeln der Gleichung

$$x^2 + x - 4 = 0.$$

Nun sieht man leicht, wenn man die Zahlen ε^ν nur mit roher Annäherung als Punkte in der komplexen Zahlenebene markiert, daß α_1 positiv ist, so daß sich ergibt:

$$(5)\qquad \alpha_1 = \frac{-1+\sqrt{17}}{2}, \qquad \alpha_2 = \frac{-1-\sqrt{17}}{2}.$$

Jetzt bilden wir die weiteren Perioden

$$(6)\qquad \begin{cases} \beta_1 = \varepsilon + \varepsilon^{13} + \varepsilon^{16} + \varepsilon^4, & \beta_1' = \varepsilon^3 + \varepsilon^5 + \varepsilon^{14} + \varepsilon^{12}, \\ \beta_2 = \varepsilon^9 + \varepsilon^{15} + \varepsilon^8 + \varepsilon^2, & \beta_2' = \varepsilon^{10} + \varepsilon^{11} + \varepsilon^7 + \varepsilon^6. \end{cases}$$

Sie sind wieder reelle Zahlen. Offenbar ist

$$\beta_1 + \beta_2 = \alpha_1, \qquad \beta_1' + \beta_2' = \alpha_2,$$
$$\beta_1\beta_2 = \beta_1'\beta_2' = \varepsilon + \varepsilon^2 + \varepsilon^3 + \cdots + \varepsilon^{16} = -1.$$

Daher sind β_1, β_2 bzw. β_1', β_2' die Wurzeln der Gleichung

$$x^2 - \alpha_1 x - 1 = 0 \quad \text{bzw.} \quad x^2 - \alpha_2 x - 1 = 0.$$

Nun sieht man wieder sofort, daß β_1, β_1' positiv sind, und folglich ist [1])

$$(7)\qquad \begin{cases} \beta_1 = \dfrac{\alpha_1 + \sqrt{\alpha_1^2+4}}{2}, & \beta_1' = \dfrac{\alpha_2 + \sqrt{\alpha_2^2+4}}{2}, \\ \beta_2 = \dfrac{\alpha_1 - \sqrt{\alpha_1^2+4}}{2}, & \beta_2' = \dfrac{\alpha_2 - \sqrt{\alpha_2^2+4}}{2}. \end{cases}$$

Bilden wir jetzt noch die beiden Perioden

$$(8)\qquad \gamma_1 = \varepsilon + \varepsilon^{16}, \qquad \gamma_2 = \varepsilon^{13} + \varepsilon^4,$$

---

[1]) Auf die Perioden β_1', β_2' könnte man verzichten. β_1 und β_1' bleiben bei denselben Substitutionen effektiv ungeändert, bewirken also dieselbe Gruppenreduktion, und es ist $\mathfrak{R}(\alpha_1, \beta_1) = \mathfrak{R}(\alpha_1, \beta_1')$. In der Tat sind auch die in β_1 und β_1' vorkommenden Quadratwurzeln nach der Adjunktion von α_1, also von $\sqrt{17}$, durch einander ausdrückbar; es ist nämlich

$$\sqrt{\alpha_1^2+4}\,\sqrt{\alpha_2^2+4} = 2\sqrt{17}.$$

Für die geometrische Konstruktion ist es aber doch vorteilhaft, auch β_1' einzuführen.

die wieder reelle Zahlen sind, so ist

$$\gamma_1 + \gamma_2 = \beta_1, \quad \gamma_1 \gamma_2 = \beta_1'.$$

Daher sind γ_1, γ_2 die Wurzeln der Gleichung

$$x^2 - \beta_1 x + \beta_1' = 0,$$

und da offenbar $\gamma_1 > \gamma_2$, so ist

$$(9) \qquad \gamma_1 = \frac{\beta_1 + \sqrt{\beta_1^2 - 4\beta_1'}}{2}, \quad \gamma_2 = \frac{\beta_1 - \sqrt{\beta_1^2 - 4\beta_1'}}{2}.$$

Schließlich ist $\varepsilon + \varepsilon^{16} = \gamma_1$, $\varepsilon \cdot \varepsilon^{16} = 1$, so daß ε und ε^{16} die Wurzeln der Gleichung

$$x^2 - \gamma_1 x + 1 = 0$$

sind. Es ist also

$$(10) \qquad \varepsilon = \cos\frac{2\pi}{17} + i\sin\frac{2\pi}{17} = \frac{\gamma_1 + i\sqrt{4 - \gamma_1^2}}{2}$$

III. Um hiernach das reguläre Siebzehneck zu konstruieren, bemerken wir, daß

$$(11) \qquad \cos\frac{2\pi}{17} = \tfrac{1}{2}(\varepsilon + \varepsilon^{-1}) = \tfrac{1}{2}\gamma_1$$

ist. In Fig. 4 sei M der Mittelpunkt des Kreises K, dessen Radius wir als Längeneinheit nehmen. Seien AB, CD zwei aufeinander senkrechte Durchmesser. Auf MB wählen wir einen Punkt E so, daß $ME = \frac{1}{4}$ ist.

Der Kreis um E durch D liefert die Punkte F, G. Es ist

$$MF = EF - ME = \frac{\sqrt{17}}{4} - \frac{1}{4} = \frac{\alpha_1}{2},$$

$$MG = EG + ME = \frac{\sqrt{17}}{4} + \frac{1}{4} = -\frac{\alpha_2}{2}.$$

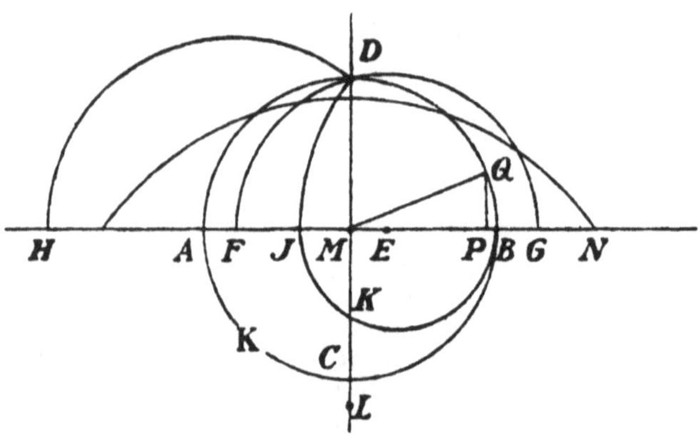

Fig. 4.

Der Kreis um F durch D liefert den Punkt H,
" " " G " D " " " J.

Dann ist

$$MH = MF + FD = \frac{\alpha_1}{2} + \frac{\sqrt{\alpha_1^2 + 4}}{2} = \beta_1,$$

$$MJ = GD - MG = \frac{\sqrt{\alpha_2^2 + 4}}{2} + \frac{\alpha_2}{2} = \beta_1'.$$

Der Kreis über BJ als Durchmesser liefert den Punkt K. Dann ist

$$MK = \sqrt{MJ \cdot MB} = \sqrt{\beta_1'}.$$

Wenn man nun die Strecke MK über K hinaus verdoppelt bis L, so liefert der Kreis um L mit dem Radius $MH = \beta_1$ den Punkt N und es ist

$$HN = HM + MN = \beta_1 + \sqrt{\beta_1^2 - 4\beta_1'} = 2\gamma_1 = 4 \cos \frac{2\pi}{17}.$$

Daher ist $\cos \frac{2\pi}{17}$ der vierte Teil der Strecke HN. Wenn man also HN in vier gleiche Teile teilt und einen Teil auf MB von M aus abträgt bis P, so liefert die in P errichtete Senkrechte zu MB auf dem Kreis K den Punkt Q, und BQ ist die Seite des dem Kreis K einbeschriebenen regulären Siebzehnecks.

§ 41. Die durch Radikale auflösbaren Gleichungen.

I. Wenn eine Gleichung durch Radikale in bezug auf einen Körper $\mathfrak{k}$ auflösbar ist, d. h. wenn alle Wurzeln durch Radikale in bezug auf $\mathfrak{k}$ darstellbar sind, so ist das auch durch Radikale mit Primzahlexponenten möglich, wie bereits S. 192 bemerkt wurde. Daher muß die Galoissche Gruppe (in bezug auf $\mathfrak{k}$) durch sukzessive Adjunktion von Radikalen mit Primzahlexponenten sich allmählich auf $\mathfrak{E}$ reduzieren lassen. Dabei kann es natürlich nichts schaden, wenn wir außer den notwendigen Radikalen zwischendurch noch andere vielleicht überflüssig scheinende Radikale adjungieren. Nun wollen wir in der Adjunktion der Radikale eine gewisse Reihenfolge Platz greifen lassen. Wenn wir nämlich ein p-tes Radikal adjungieren, wo p eine Primzahl, und wenn die p-ten Einheitswurzeln dem Körper noch nicht angehören, so wissen wir nicht, ob und wie die Gruppe reduziert wird; wenn aber die p-ten Einheitswurzeln dem Körper schon angehören, so gibt uns Satz 91 genügend Aufschluß. Daher ist es wünschenswert, daß, bevor wir ein p-tes Radikal adjungieren, stets die p-ten Einheitswurzeln bereits dem Körper angehören. Nun können diese aber nach Satz 105 selbst durch Adjunktion von q_λ-ten Einheitswurzeln und q_λ-ten Radikalen gewonnen werden, wobei die q_λ kleiner als p sind. Wir werden daher vor Adjunktion eines p-ten Radikals diese q_λ-ten Einheitswurzeln und Radikale adjungieren. Um aber die q_λ-ten Einheitswurzeln zu bekommen, müssen wir in analoger Weise auf Einheitswurzeln und Radikale mit noch kleineren Exponenten zurückgreifen. Aber dieses Rekursionsverfahren ist endlich, weil die Exponenten der Radikale bei jedem folgenden Schritt rückwärts kleiner werden.

Hiernach kann nun die Adjunktion der Radikale stets in der Weise bewerkstelligt werden, daß ein p-tes Radikal, das nicht selbst eine p-te Einheitswurzel ist, immer erst dann adjungiert wird, wenn die p-ten Einheitswurzeln schon dem Körper angehören. Denken wir uns nun die Radikale in solcher Reihenfolge adjungiert, so wird die Gruppe allmählich auf $\mathfrak{E}$ reduziert werden. Es kann natürlich sein, daß durch die erste Adjunktion vielleicht noch keine Reduktion der Gruppe erreicht wird. Dann adjungieren wir auch das zweite Radikal usw., bis zum erstenmal die Gruppe reduziert wird; dabei wird sie aber nach Satz 91 auf eine m. a. Ug. von Primzahlindex reduziert. Die Gruppe muß also von vornherein eine m. a. Ug. von Primzahlindex besitzen, und da man auf diese den gleichen Schluß anwenden kann, ergibt sich, daß die Gruppe metazyklisch ist (S. 129).

Diese notwendige Bedingung ist aber auch hinreichend. Denn ist die Gruppe metazyklisch, so hat sie eine m. a. Ug., deren Index eine Primzahl p ist. Nun adjungieren wir die p-ten Einheitswurzeln, die als p-te Radikale anzusehen, aber nach Satz 105 sogar durch Radikale mit kleineren Exponenten darstellbar sind. Ob dadurch eine Gruppenreduktion eintritt, ist zweifelhaft; wenn keine eintritt, so können wir aber jetzt nach Satz 92 durch Adjunktion eines p-ten Radikals die Gruppe reduzieren. In jedem Fall ist also eine Reduktion durch Adjunktion von Radikalen erreichbar. Dann ist aber die neue Gruppe, falls sie noch nicht die Einheitsgruppe $\mathfrak{E}$ ist, nach Satz 61 wieder metazyklisch. Man kann also auf sie dieselbe Schlußweise anwenden usw., bis die Gruppe auf $\mathfrak{E}$ reduziert ist.

Somit ergibt sich der ganz fundamentale

Satz 107. *Die notwendige und hinreichende Bedingung dafür, daß alle Wurzeln einer Gleichung mit Koeffizienten aus einem Körper $\mathfrak{k}$ durch Radikale in bezug auf $\mathfrak{k}$ darstellbar sind, besteht darin, daß ihre Galoissche Gruppe in bezug auf $\mathfrak{k}$ metazyklisch ist.*

Gleichungen mit metazyklischer Gruppe nennt man auch **metazyklische Gleichungen** (in bezug auf den betreffenden Körper)[1].

II. Die symmetrische Gruppe vom Grad $n = 2, 3, 4$ ist nach § 26 I metazyklisch und nach Satz 61 ist jede (von $\mathfrak{E}$ verschiedene) Untergruppe davon auch metazyklisch. Daher müssen die Wurzeln der Gleichungen vom Grad $n = 2, 3, 4$, ob ihre Gruppe nun die symmetrische ist oder nicht, ob also die Koeffizienten „allgemeine" oder beliebig spezialisierte Größen sind, stets durch Radikale dargestellt werden können. Wir wollen das für den „allgemeinen" Fall rasch skizzieren. Für $n = 2$ ist die alternierende Gruppe bereits $\mathfrak{E}$; also ist nach Satz 94 nur die Quadratwurzel aus der Diskriminante zu adjungieren, in Übereinstimmung mit § 12 I. Für $n = 3$ fanden wir in § 26 I eine Kompositionsreihe mit den Indizes 2, 3. Daher braucht man zuerst eine Quadratwurzel, und zwar wieder aus der Diskriminante, sodann

[1] Man nennt sie auch „auflösbare Gleichungen" (nämlich durch Radikale auflösbar) und hat aus diesem Grunde auch die metazyklischen Gruppen als „auflösbare Gruppen" bezeichnet.

die dritten Einheitswurzeln und eine Kubikwurzel; das stimmt mit den Lösungsmethoden des § 12 überein. Für den „casus irreducibilis" vgl. man unten den Abschnitt IV. Für $n = 4$ fanden wir in § 26 I eine Kompositionsreihe mit den Indizes 2, 3, 2, 2. Daher braucht man zuerst wieder die Quadratwurzel aus der Diskriminante, sodann die dritten Einheitswurzeln und eine Kubikwurzel, womit man die drei Wurzeln einer kubischen Resolvente hat; schließlich braucht man noch zwei Quadratwurzeln. So verliefen die Methoden in § 14 I, II, III. Man kann aber auch so verfahren, daß man zuerst auf die in § 22 I erwähnte nicht ausgezeichnete Untergruppe der Ordnung 8, also vom Index 3 reduziert; dazu braucht man nur eine Wurzel einer kubischen Resolvente. Die Gruppe der Ordnung 8 hat als metazyklische eine Kompositionsreihe mit den Indizes 2, 2, 2, so daß weiter noch drei Quadratwurzeln erforderlich sind. So verlief die Auflösungsmethode in § 14 V.

Jede Abelsche Gruppe ist nach Satz 65 metazyklisch. Daher sind die Wurzeln einer Abelschen Gleichung stets durch Radikale darstellbar.

Bei einer Galoisschen Gleichung n-ten Grades mit den Wurzeln $\xi_1, \ldots, \xi_n$ gibt es, weil die Gruppe transitiv und von der Ordnung n ist, eine und nur eine Substitution S_ν, welche ξ_1 durch ξ_ν ersetzt; sei etwa

$$(1) \qquad S_\nu = \begin{pmatrix} 1, \ldots, \mu, \ldots \\ \nu, \ldots, \varrho, \ldots \end{pmatrix}, \qquad S_\mu = \begin{pmatrix} 1, \ldots, \nu, \ldots \\ \mu, \ldots, \sigma, \ldots \end{pmatrix},$$

also auch

$$(2) \qquad S_\nu S_\mu = \begin{pmatrix} 1, \ldots \\ \sigma, \ldots \end{pmatrix}, \qquad S_\mu S_\nu = \begin{pmatrix} 1, \ldots \\ \varrho, \ldots \end{pmatrix}.$$

Ferner ist $\xi_\nu = \varphi_\nu(\xi_1)$, wo φ_ν ein Polynom mit Koeffizienten aus dem zugrundegelegten Körper $\mathfrak{K}$ ist. Wendet man auf diese Beziehung die Substitution S_μ an, und wendet man entsprechend auf die Beziehung $\xi_\mu = \varphi_\mu(\xi_1)$ die Substitution S_ν an, so kommt

$$(3) \qquad \xi_\sigma = \varphi_\nu(\xi_\mu) = \varphi_\nu(\varphi_\mu(\xi_1)), \qquad \xi_\varrho = \varphi_\mu(\xi_\nu) = \varphi_\mu(\varphi_\nu(\xi_1)).$$

Wenn daher die Gleichung, also auch die Gruppe eine Abelsche, wegen (2) also $\sigma = \varrho$ ist, so ist nach (3)

$$(4) \qquad \varphi_\nu(\varphi_\mu(\xi_1)) = \varphi_\mu(\varphi_\nu(\xi_1)) \quad (\nu, \mu = 1, 2, \ldots, n),$$

und ebenso folgt aus (4) wieder umgekehrt, daß $\sigma = \varrho$, also die Gruppe und folglich die Gleichung eine Abelsche ist. Abel selbst, der nicht im Besitz der Gruppentheorie war, hat diejenigen Galoisschen Gleichungen, die man heute Abelsche nennt, durch das Bestehen der Beziehungen (4) definiert [1]). Weil das, wie wir sahen, darauf hinausläuft, daß die Galoissche Gruppe kommutativ ist, sind allgemein die kommutativen Gruppen zum Namen „Abelsche Gruppen" gekommen.

---

[1]) Crelles Journal, Bd. 4.

Die Gruppe einer „allgemeinen" Gleichung ist nach § 34 I die symmetrische (Satz 81); sie ist bei einem höheren als vierten Grad nach Satz 63 nicht metazyklisch. Daher sind die Wurzeln einer allgemeinen Gleichung von höherem als dem vierten Grad nicht durch Radikale darstellbar.

Der erste, der das klar erkannt hat, war der Italiener Ruffini; doch ist seine im Jahr 1799 erschienene Darstellung [1]) äußerst schwerfällig und daher von seinen Zeitgenossen nicht beachtet, teilweise auch mißverstanden und angefeindet worden. Ohne Kenntnis der Ruffinischen Untersuchungen hat Abel 1826 den Satz ebenfalls gefunden und einen sehr durchsichtigen Beweis gegeben [2]). Der sehr viel mehr sagende Satz 107 findet sich im Prinzip bereits bei Galois.

III. Für irreduzible Gleichungen von Primzahlgrad hat Galois noch ein weiteres Kriterium angegeben:

Satz 108. *Die Wurzeln $\xi_1, \ldots, \xi_n$ einer in einem Körper $\mathfrak{k}$ irreduzibeln Gleichung n-ten Grades, wo n eine Primzahl, sind dann und nur dann durch Radikale in bezug auf $\mathfrak{k}$ darstellbar, wenn für jedes Indexpaar λ, μ die Gleichheit gilt:*

$$\mathfrak{K}(\mathfrak{k}, \xi_\lambda, \xi_\mu) = \mathfrak{K}(\mathfrak{k}, \xi_1, \xi_2, \ldots, \xi_n).$$

Zum Beweis dieses Satzes sei $\mathfrak{G}$ die Galoissche Gruppe in bezug auf $\mathfrak{k}$. Diejenigen Substitutionen von $\mathfrak{G}$, welche ξ_λ durch sich selbst ersetzen, bilden eine Untergruppe $\mathfrak{U}_\lambda$, und durch Adjunktion von ξ_λ wird die Galoissche Gruppe nach Satz 85 auf $\mathfrak{U}_\lambda$ reduziert. Daher wird sie nach Satz 89 durch gleichzeitige Adjunktion von ξ_λ und ξ_μ auf $(\mathfrak{U}_\lambda, \mathfrak{U}_\mu)$ reduziert.

Wenn nun die Wurzeln durch Radikale darstellbar sind, ist $\mathfrak{G}$ metazyklisch, außerdem wegen der Irreduzibilität auch transitiv, und folglich ist $\mathfrak{G}$ bei passender Numerierung der Wurzeln nach Satz 68 eine lineare Gruppe. Jede Substitution von $(\mathfrak{U}_\lambda, \mathfrak{U}_\mu)$ hat daher in der Bezeichnung des § 29 die Form

$$S_{a,b} = \begin{pmatrix} \nu \\ a\nu + b \end{pmatrix}.$$

Da sie aber die beiden Ziffern λ, μ durch sich selbst ersetzt, ist

$$a\lambda + b \equiv \lambda, \quad a\mu + b \equiv \mu \qquad (\text{mod}\, n).$$

Hieraus folgt: $a(\lambda - \mu) \equiv \lambda - \mu$, und da n als Primzahl zu $\lambda - \mu$ relativ prim ist, muß $a \equiv 1$, $b \equiv 0$ sein. Somit ist $S_{a,b} = S_{1,0} = E$ und folglich

$$(5) \qquad (\mathfrak{U}_\lambda, \mathfrak{U}_\mu) = \mathfrak{E}.$$

Die Galoissche Gruppe nach Adjunktion von ξ_λ und ξ_μ ist also bereits die Einheitsgruppe, und folglich gehören alle Wurzeln dem Körper $\mathfrak{K}(\mathfrak{k}, \xi_\lambda, \xi_\mu)$ an. Daher ist

$$(6) \qquad \mathfrak{K}(\mathfrak{k}, \xi_1, \xi_2, \ldots, \xi_n) = \mathfrak{K}(\mathfrak{k}, \xi_\lambda, \xi_\mu).$$

---

[1]) Neu herausgegeben in: Opere matematiche, tomo 1. Palermo 1915.

[2]) Crelles Journal, Bd. 1.

Etwas schwieriger ist die Umkehrung zu beweisen. Zunächst ist, wenn für jedes Indexpaar λ, μ die Gleichung (6) gilt, die Galoissche Gruppe in bezug auf $\mathfrak{K}(\mathfrak{k}, \xi_\lambda, \xi_\mu)$ bereits die Einheitsgruppe; es gilt also auch die Gleichung (5). Diese besagt aber: Wenn eine Substitution von $\mathfrak{G}$ zwei Elemente durch sich selbst ersetzt, so ist sie gleich E.

Wegen der Irreduzibilität ist $\mathfrak{G}$ transitiv; es gibt also in $\mathfrak{G}$ eine Substitution S_λ, welche ξ_1 durch ξ_λ ersetzt. Dann ist offenbar $\mathfrak{U}_1 S_\lambda$ der Komplex derjenigen Substitutionen von $\mathfrak{G}$, welche ξ_1 durch ξ_λ ersetzen, woraus folgt:

$$\mathfrak{G} = \mathfrak{U}_1 S_1 + \mathfrak{U}_1 S_2 + \cdots + \mathfrak{U}_1 S_n. \tag{7}$$

Ferner ist aber $S_\lambda \mathfrak{U}_\lambda$ ebenfalls der soeben genannte Komplex; daher ist $\mathfrak{U}_1 S_\lambda = S_\lambda \mathfrak{U}_\lambda$, oder also

$$S_\lambda^{-1} \mathfrak{U}_1 S_\lambda = \mathfrak{U}_\lambda. \tag{8}$$

Ist $\mathfrak{U}_1$ von der Ordnung r, so ist wegen (8) $\mathfrak{U}_\lambda$ ebenfalls von der Ordnung r, und wegen (7) ist $\mathfrak{G}$ von der Ordnung rn. Da nach (5) je zwei der Gruppen $\mathfrak{U}_1, \ldots, \mathfrak{U}_n$ nur die Substitution E gemein haben, enthält der Komplex

$$\mathfrak{U}_1 + \mathfrak{U}_2 + \cdots + \mathfrak{U}_n \tag{9}$$

genau $rn - (n-1)$ verschiedene Substitutionen. Daher gibt es in $\mathfrak{G}$ noch $n-1$ Substitutionen, welche dem Komplex (9) nicht angehören, welche also kein Element durch sich selbst ersetzen. Denkt man sich eine solche Substitution S durch Zyklen dargestellt und ist $\varkappa$ die kleinste in einem Zyklus vorkommende Gliederzahl, so ersetzt die Substitution $S^\varkappa$ die $\varkappa$ Elemente dieses Zyklus durch sich selbst, ist also gleich E. Somit ist jeder Zyklus von S $\varkappa$-gliedrig, und folglich ist $\varkappa$ ein Teiler von n. Da aber n Primzahl, so muß $\varkappa = n$ sein, was besagt, daß S ein einziger n-gliedriger Zyklus ist. Bei geeigneter Numerierung der Wurzeln ist daher

$$S = (1, 2, \ldots, n), \tag{10}$$

und die $n-1$ dem Komplex (9) nicht angehörenden Substitutionen von $\mathfrak{G}$ sind die Potenzen

$$S, S^2, \ldots, S^{n-1}. \tag{11}$$

Nun sei

$$T = \begin{pmatrix} 1, & 2, & \ldots, & n \\ \alpha_1, & \alpha_2, & \ldots, & \alpha_n \end{pmatrix} \tag{12}$$

irgendeine Substitution von $\mathfrak{G}$. Dann ist $T^{-1}ST$ nach Satz 40 wieder ein n-gliedriger Zyklus, also eine der Potenzen (11), etwa

$$T^{-1}ST = S^a.$$

Dann ist aber $ST = TS^a$, oder ausführlicher:

$$\begin{pmatrix} 1, & 2, & \ldots, & n-1, & n \\ \alpha_2, & \alpha_3, & \ldots, & \alpha_n, & \alpha_1 \end{pmatrix} = \begin{pmatrix} 1, & 2, & \ldots, & n-1, & n \\ \alpha_1 + a, & \alpha_2 + a, & \ldots, & \alpha_{n-1} + a, & \alpha_n + a \end{pmatrix},$$

wobei in der zweiten Zeile rechts die Ziffern durch ihre kleinsten positiven Reste mod n zu ersetzen sind. Das besagt für $\nu = 1, 2, \ldots, n-1$:

$$\alpha_{\nu+1} \equiv \alpha_\nu + a \pmod{n}$$

und folglich ist für $\nu = 1, 2, \ldots, n$:

$$\alpha_\nu \equiv a\nu + \alpha_1 - a \qquad (\mathrm{mod}\ n).$$

Setzt man das in (12) ein, so erhält man in der Bezeichnung des § 29:

$$T = \begin{pmatrix} \nu \\ a\nu + \alpha_1 - a \end{pmatrix}.$$

Die Gruppe ist also eine lineare und folglich nach Satz 67 metazyklisch. Daher sind die Wurzeln durch Radikale darstellbar.

IV. In § 13 II wurde darauf hingewiesen, daß die Cardanische Auflösungsformel für eine kubische Gleichung mit lauter reellen Wurzeln stets nicht reelle Radikale enthält (casus irreducibilis). Man kann fragen, ob nicht auch eine Darstellung durch reelle Radikale möglich ist. Dabei nennen wir eine Zahl durch reelle Radikale in bezug auf einen reellen Zahlenkörper $\mathfrak{k}$ darstellbar, wenn sie durch den zu Beginn des § 37 beschriebenen Prozeß gewonnen werden kann, wobei die Radikale $\gamma_1, \ldots, \gamma_r$ reelle Zahlen sind; die Wurzelexponenten $n_1, \ldots, n_r$ wollen wir als Primzahlen annehmen. Die Antwort auf die obige Frage liefert dann der folgende von Hölder 1891 gefundene Satz, durch den der Name „casus irreducibilis" endgültig gerechtfertigt wird:

Satz 109. *Sind die Wurzeln ξ_1, ξ_2, ξ_3 einer in einem reellen Zahlenkörper $\mathfrak{k}$ irreduzibeln kubischen Gleichung $f(x) = 0$ alle drei reell, so sind sie nicht durch reelle Radikale in bezug auf $\mathfrak{k}$ darstellbar.*

Beweis. Wir nehmen an, es sei doch eine Wurzel ξ_ν durch reelle Radikale darstellbar, indem wir der Reihe nach die reellen Zahlenkörper

$$\mathfrak{k}_0 = \mathfrak{k},\ \mathfrak{k}_1 = \mathfrak{K}(\mathfrak{k}_0, \gamma_1),\ \mathfrak{k}_2 = \mathfrak{K}(\mathfrak{k}_1, \gamma_2),\ \ldots,\ \mathfrak{k}_r = \mathfrak{K}(\mathfrak{k}_{r-1}, \gamma_r)$$

bilden, wo die γ_ϱ reelle Radikale sind. Im Körper $\mathfrak{k}_{r-1}$ sei die Gleichung $f(x) = 0$ noch irreduzibel, in $\mathfrak{k}_r$ aber reduzibel, so daß eine Wurzel, etwa ξ_1, eine Zahl von $\mathfrak{k}_r$ ist. Dann genügt das Radikal γ_r der Gleichung

$$(13) \qquad x^p - a = 0,$$

wo p eine Primzahl und a eine Zahl aus $\mathfrak{k}_{r-1}$ ist. Dabei ist $p \neq 2$; denn durch Adjunktion einer Quadratwurzel könnte ξ_1 nach Satz 97 nicht gewonnen werden, weil der Gleichungsgrad 3 keine Potenz von 2 ist.

Die in $\mathfrak{k}_{r-1}$ irreduzible Gleichung mit der Wurzel γ_r sei

$$(14) \qquad \Phi(x) = 0;$$

dann ist $\Phi(x)$ ein Teiler von $x^p - a$. Die von γ_r verschiedenen Wurzeln der Gleichung (14) sind nicht reell; denn sie haben, da sie auch Wurzeln von (13) sind, die Form $\gamma_r\varepsilon$, wo ε eine von 1 verschiedene, also wegen $p \neq 2$ nicht reelle p-te Einheitswurzel ist. Die Wurzeln von (14) seien dementsprechend mit Rücksicht auf Satz 2

$$(15) \qquad \gamma_r, \delta_1, \bar{\delta}_1, \ldots, \delta_s, \bar{\delta}_s,$$

wo der Querstrich die konjugiert-komplexe Zahl anzeigt. Da ξ_1 dem Körper $\mathfrak{k}_r$ angehört, ist

$$\xi_1 = \varphi(\gamma_r),$$

wo φ ein Polynom mit Koeffizienten aus $\mathfrak{k}_{r-1}$, also mit reellen Koeffizienten ist. Sei

(16) $$\Psi(x) = 0$$

die Tschirnhaustransformierte von (14) mit den Wurzeln

(17) $$\varphi(\gamma_r),\ \varphi(\delta_1),\ \varphi(\bar{\delta}_1),\ \ldots,\ \varphi(\delta_s),\ \varphi(\bar{\delta}_s).$$

Dann hat $\Psi(x)$ die Wurzel $\varphi(\gamma_r) = \xi_1$, ist also nach Satz 70 durch $f(x)$ teilbar. Anderseits ist $\Psi(x)$ nach Satz 75a eine Potenz eines in $\mathfrak{k}_{r-1}$ irreduzibeln Polynoms, also, wenn wir den höchsten Koeffizienten von $f(x)$ und $\Psi(x)$ gleich 1 annehmen,

$$\Psi(x) = f(x)^m \qquad (m \geqq 1).$$

Hiernach ist jede der Zahlen (17) gleich einer Wurzel ξ_ν, und zwar kommt jede Wurzel ξ_ν gleich oft, nämlich m-mal in (17) vor. Da die ξ_ν, also die Zahlen (17) reell sind, ist $\varphi(\delta_\sigma) = \varphi(\bar{\delta}_\sigma)$. Daher tritt die Wurzel ξ_1 in der Reihe (17) an der ersten Stelle und außerdem noch (falls überhaupt) eine gerade Anzahl von Malen auf, während ξ_2 und ξ_3 eine gerade Anzahl von Malen auftreten. Das steht aber im Widerspruch damit, daß jede gleich oft vorkommt. Die Annahme der Darstellbarkeit durch reelle Radikale ist also unhaltbar; w. z. b. w.

§ 42. Affektlose Gleichungen im Körper der rationalen Zahlen.

I. Wenn die Galoissche Gruppe einer Gleichung in bezug auf einen Körper $\mathfrak{k}$ nicht die symmetrische ist, so sagt man nach Kronecker, die Gleichung hat in $\mathfrak{k}$ einen Affekt; andernfalls heißt sie in $\mathfrak{k}$ affektlos. Im Körper der komplexen Zahlen hat jede Gleichung den denkbar „stärksten" Affekt; denn nach dem Fundamentalsatz der Algebra gehören ja alle Wurzeln dem Körper selbst an, so daß die Galoissche Gruppe gleich $\mathfrak{E}$ ist. Im Körper $\mathfrak{K}(1)$ ist das anders, weil es irreduzible Gleichungen jeden Grades gibt (z. B. nach Satz 23); gleichwohl läßt der Satz, daß die „allgemeine" Gleichung höheren als vierten Grades nicht durch Radikale lösbar ist, noch durchaus die Möglichkeit zu, daß vielleicht jede Gleichung mit Koeffizienten aus $\mathfrak{K}(1)$ einen so starken Affekt in $\mathfrak{K}(1)$ hat, daß sie metazyklisch, also doch durch Radikale lösbar ist. In Wahrheit ist es aber nicht so; vielmehr kann man leicht Gleichungen angeben, die nicht durch Radikale lösbar sind. Es gilt nämlich der

Satz 110. *Wenn eine in $\mathfrak{K}(1)$ irreduzible Gleichung von Primzahlgrad mindestens zwei, aber nicht lauter reelle Wurzeln hat, so ist keine ihrer Wurzeln durch Radikale in bezug auf $\mathfrak{K}(1)$ darstellbar.*

Beweis. Wäre eine Wurzel durch Radikale darstellbar, so wären es nach Satz 95 alle. Wenn dann ξ_1, ξ_2 zwei nach Voraussetzung vorhandene reelle Wurzeln sind, so würde der Körper $\mathfrak{K}(\xi_1, \xi_2)$ nach Satz 108 auch die anderen Wurzeln enthalten, also auch die nicht reellen, was unmöglich ist

Hiernach ist z. B. die Gleichung

$$x^n + 2px^2 - p = 0,$$

wo n und p Primzahlen sind, und zwar $n \geqq 5$, nicht durch Radikale in bezug auf $\mathfrak{K}(1)$ lösbar. Denn erstens ist sie nach dem Schönemann-Eisensteinschen Satz (Bd. I, Satz 104) irreduzibel. Zweitens ist, wenn man ihre linke Seite mit $f(x)$ bezeichnet,

$$f(-1) = p - 1 > 0, \qquad f(0) = -p < 0, \qquad f(1) = 1 + p > 0,$$

so daß es wenigstens zwei reelle Wurzeln gibt. Drittens sind nicht alle Wurzeln reell, weil die Koeffizienten von x^{n-1} und x^{n-2} verschwinden (wegen $n \geqq 5$), so daß die Summe der Wurzelquadrate gleich 0 ist.

II. Hilbert hat mit funktionentheoretischen Mitteln gezeigt, daß es Gleichungen beliebigen Grades gibt, die in $\mathfrak{K}(1)$ sogar affektlos sind [1]). Wir wollen aber mehr algebraisch vorgehen und dabei eine ganze Klasse von Gleichungen als affektlos nachweisen:

Satz 111. *Wählt man n ganze Zahlen $k_1, \ldots, k_n$ und $n-1$ verschiedene Primzahlen $p_1, \ldots, p_{n-1}$ derart, daß für $\nu = 1, 2, \ldots, n-2$ die ν Zahlen*

$$p_1k_1,\ p_1p_2k_2,\ \ldots,\ p_1p_2\cdots p_\nu k_\nu$$

mod $p_{\nu+1}$ inkongruent und relativ prim zu $p_{\nu+1}$ sind, daß ferner k_n durch keine der Primzahlen $p_1, \ldots, p_{n-1}$ teilbar ist [2]), und setzt man

$$x(x - p_1k_1)(x - p_1p_2k_2)\cdots(x - p_1p_2\cdots p_{n-1}k_{n-1}) + p_1p_2\cdots p_{n-1}k_n = f(x),$$

so ist die Gleichung $f(x) = 0$ im Körper $\mathfrak{K}(1)$ affektlos.

Der Beweis dieses Satzes bedarf einiger Vorbereitungen. Setzt man

$$(1) \qquad f(x) = x^n + a_1x^{n-1} + a_2x^{n-2} + \cdots + a_n,$$

so ist offenbar

$$(2) \qquad \begin{cases} p_1 & \text{ein gemeinsamer Teiler von } a_1, a_2, \ldots, a_n \\ p_2 & \text{,, \quad ,, \quad ,, \quad ,, } \quad a_2, a_3, \ldots, a_n \\ \cdot & \cdot\ \cdot\ \cdot\ \cdot\ \cdot\ \cdot\ \cdot\ \cdot\ \cdot\ \cdot\ \cdot\ \cdot\ \cdot \\ p_{n-1} & \text{,, \quad ,, \quad ,, \quad ,, } \quad a_{n-1}, a_n, \end{cases}$$

und a_n enthält jeden der Primfaktoren p_ν nur in der ersten Potenz.

---

[1]) Crelles Journal, Bd. 110. — Weitere Literatur siehe Sitzungsberichte der Heidelberger Akademie, math.-nat. Klasse 1923, 3. Abhandlung.

[2]) Eine solche Wahl ist offenbar möglich. Denn man kann zunächst $k_1, \ldots, k_{n-2}$ und die Primzahl p_1 ganz willkürlich wählen, worauf für p_2 noch jede nicht in p_1k_1 enthaltene Primzahl zulässig ist. Daß dann alle p_μ sich passend wählen lassen, ergibt sich durch den Schluß von μ auf $\mu + 1$; denn wenn für $p_1, \ldots, p_\mu$ bereits eine Wahl gelungen ist, so daß die Bedingungen des Satzes für $\nu = 1, 2, \ldots, \mu - 1$ erfüllt sind, so sind die μ Zahlen

$$p_1k_1, p_1p_2k_2, \ldots, p_1p_2\cdots p_\mu k_\mu$$

voneinander verschieden, und man hat die Primzahl $p_{\mu+1}$ lediglich so zu wählen, daß diese μ Zahlen mod $p_{\mu+1}$ inkongruent und relativ prim zu $p_{\mu+1}$ sind. Demnach kann für $p_{\mu+1}$ mindestens jede hinreichend große Primzahl gewählt werden. Nachdem alle p_ν gewählt sind, ist für k_{n-1} noch jede beliebige und für k_n noch jede zu allen p_ν relativ prime Zahl zulässig.

Sind $\xi_1, \ldots, \xi_n$ die Wurzeln von $f(x)$, so ist die Affektlosigkeit gleichbedeutend damit, daß $f(x)$ in $\mathfrak{K}(1)$ irreduzibel und daß für $\nu = 1, 2, \ldots, n-1$ das Polynom $(n-\nu)$-ten Grades

$$(3) \qquad \frac{f(x)}{(x-\xi_1)\cdots(x-\xi_\nu)} = F_\nu(x)$$

in $\mathfrak{K}(\xi_1, \ldots, \xi_\nu)$ irreduzibel ist. Wenn nämlich diese Irreduzibilitätsbedingungen erfüllt sind, so ist, weil ξ_1 eine Wurzel von $f(x)$ und weil $\xi_{\nu+1}$ eine Wurzel von $F_\nu(x)$ ist,

der Körper $\mathfrak{K}(\xi_1)$ in bezug auf $\mathfrak{K}(1)$ vom Grad n,
" " $\mathfrak{K}(\xi_1, \ldots, \xi_\nu, \xi_{\nu+1})$ " " " $\mathfrak{K}(\xi_1, \ldots, \xi_\nu)$ " " $n-\nu$.

Daher ist nach Satz 73 der Körper $\mathfrak{K}(\xi_1, \ldots, \xi_n)$ in bezug auf $\mathfrak{K}(1)$ vom Grad

$$1 \cdot 2 \cdots (n-1)\, n = n!\,.$$

Folglich ist die Galoissche Gruppe nach Satz 76 von der Ordnung $n!$, sie ist also die symmetrische Gruppe. Ist dagegen $f(x)$ bzw. $F_\nu(x)$ reduzibel, so ist der Grad von $\mathfrak{K}(\xi_1)$ in bezug auf $\mathfrak{K}(1)$ kleiner als n, bzw. der Grad von $\mathfrak{K}(\xi_1, \ldots, \xi_{\nu+1})$ in bezug auf $\mathfrak{K}(\xi_1, \ldots, \xi_\nu)$ kleiner als $n-\nu$. Dann ist aber auch der Grad von $\mathfrak{K}(\xi_1, \ldots, \xi_n)$ in bezug auf $\mathfrak{K}(1)$ kleiner als $n!$, so daß die Gruppe von kleinerer Ordnung als $n!$, also nicht die symmetrische ist.

Somit ist unsere Aufgabe darauf zurückgeführt, die erwähnte Irreduzibilität von $f(x)$ und $F_\nu(x)$ nachzuweisen.

III. Daß $f(x)$ in $\mathfrak{K}(1)$ irreduzibel ist, folgt unmittelbar aus Bd. I, Satz 104. Denn in (1) sind alle a_ν durch p_1 teilbar, aber a_n nicht durch p_1^2. Um auch die Irreduzibilität von $F_\nu(x)$ nachzuweisen, wollen wir $F_\nu(x)$ zunächst etwas umgestalten. Da das Polynom $f(x)$ ganzzahlige Koeffizienten hat, haben auch seine Steigungen $f^{(\nu)}(x_1, x_2, \ldots, x_{\nu+1})$ ganzzahlige Koeffizienten. Die Formel (13) von Bd. I, § 17 lehrt, wenn man ν statt k schreibt und wenn man für $x_1, \ldots, x_\nu$ die Wurzeln $\xi_1, \ldots, \xi_\nu$ setzt, die wegen der Irreduzibilität von $f(x)$ voneinander verschieden sind:

$$f^{(\nu)}(\xi_1, \ldots, \xi_\nu, x) = \frac{f(x)}{(x-\xi_1)\cdots(x-\xi_\nu)},$$

oder also nach (3) und weil die Steigungen **symmetrische** Polynome sind:

$$(4) \qquad F_\nu(x) = f^{(\nu)}(x, \xi_1, \ldots, \xi_\nu).$$

Somit kann unsere Aufgabe dahin formuliert werden, daß zu zeigen ist:

$$(5) \qquad \begin{cases} f(x) & \text{ist in } \mathfrak{K}(1) & \text{irreduzibel,} \\ f'(x, \xi_1) & \text{,, ,, } \mathfrak{K}(\xi_1) & \text{,, ,} \\ \cdots & \cdots & \cdots \\ f^{(n-1)}(x, \xi_1, \ldots, \xi_{n-1}) & \text{,, ,, } \mathfrak{K}(\xi_1, \ldots, \xi_{n-1}) & \text{,, .} \end{cases}$$

Für das erste dieser Polynome ist das bereits oben erledigt; für das letzte ist nichts zu beweisen, weil es vom ersten Grad ist. Für die mittleren Polynome erbringen wir den Nachweis durch den Schluß von ν auf $\nu+1$; wir nehmen also an, für die ersten ν (wo $1 \leqq \nu \leqq n-2$) sei die Irreduzibilität bereits erkannt, und untersuchen dann das $(\nu+1)$-te Polynom

(6) $$f^{(\nu)}(x, \xi_1, \ldots, \xi_\nu).$$

Um seine Irreduzibilität in $\mathfrak{K}(\xi_1, \ldots, \xi_\nu)$ zu beweisen, machen wir die Annahme des Gegenteils. Dann gilt eine Zerlegung der Form

(7) $$f^{(\nu)}(x, \xi_1, \ldots, \xi_\nu) = (x^\mu + \cdots)(x^{n-\nu-\mu} + \cdots),$$

wobei rechts die Koeffizienten der geringeren Potenzen von x Größen des Körpers $\mathfrak{K}(\xi_1, \ldots, \xi_\nu)$ sind, die daher nach Satz 74 als Polynome von $\xi_1, \ldots, \xi_\nu$ mit rationalen Koeffizienten geschrieben werden können. Es ist also

(8) $$f^{(\nu)}(x, \xi_1, \ldots, \xi_\nu) = g(x, \xi_1, \ldots, \xi_\nu)\, h(x, \xi_1, \ldots, \xi_\nu),$$

wobei g, h Polynome mit rationalen Koeffizienten sind.

Wenn man nun eine neue Variable y_ν einführt, so besagt die Formel (8), daß das Polynom

(9) $$f^{(\nu)}(x, \xi_1, \ldots, \xi_{\nu-1}, y_\nu) - g(x, \xi_1, \ldots, \xi_{\nu-1}, y_\nu)\, h(x, \xi_1, \ldots, \xi_{\nu-1}, y_\nu)$$

für $y_\nu = \xi_\nu$ verschwindet. Wenn man also (9) als Polynom von x betrachtet, so sind seine Koeffizienten Polynome von y_ν, die die Wurzel ξ_ν haben. Da aber ξ_ν auch eine Wurzel des in $\mathfrak{K}(\xi_1, \ldots, \xi_{\nu-1})$ bereits als irreduzibel erkannten Polynoms

$$F_{\nu-1}(y_\nu) = f^{(\nu-1)}(\xi_1, \ldots, \xi_{\nu-1}, y_\nu) \qquad (\text{bzw.} \quad f(y_1) \text{ für } \nu = 1)$$

ist, so müssen sie nach Satz 70 durch dieses teilbar sein. Somit ergibt sich eine Identität der Form

$$\begin{aligned} &f^{(\nu)}(x, \xi_1, \ldots, \xi_{\nu-1}, y_\nu) - g(x, \xi_1, \ldots, \xi_{\nu-1}, y_\nu)\, h(x, \xi_1, \ldots, \xi_{\nu-1}, y_\nu) \\ &= f^{(\nu-1)}(\xi_1, \ldots, \xi_{\nu-1}, y_\nu)\, \varphi_{\nu-1}(x, \xi_1, \ldots, \xi_{\nu-1}, y_\nu), \end{aligned}$$

wo auch $\varphi_{\nu-1}$ ein Polynom von $x, \xi_1, \ldots, \xi_{\nu-1}, y_\nu$ mit rationalen Koeffizienten ist, und zwar in bezug auf x höchstens vom Grad $n - \nu - 1$.

Bringt man in der letzten Formel die rechte Seite nach links und setzt dann statt $\xi_{\nu-1}$ eine Variable $y_{\nu-1}$, so erkennt man analog, daß das entstehende Polynom, weil es für $y_{\nu-1} = \xi_{\nu-1}$ verschwindet, durch

$$F_{\nu-2}(y_{\nu-1}) = f^{(\nu-2)}(\xi_1, \ldots, \xi_{\nu-2}, y_{\nu-1})$$

teilbar ist. Durch Fortsetzung dieses Prozesses erhält man schließlich eine Identität der Form:

$$\begin{aligned} f^{(\nu)}(x, y_1, \ldots, y_\nu) &- g(x, y_1, \ldots, y_\nu)\, h(x, y_1, \ldots, y_\nu) \\ &= f^{(\nu-1)}(y_1, \ldots, y_\nu)\, \varphi_{\nu-1}(x, y_1, \ldots, y_\nu) \\ &+ f^{(\nu-2)}(y_1, \ldots, y_{\nu-1})\, \varphi_{\nu-2}(x, y_1, \ldots, y_\nu) \\ &+ \cdots + f'(y_1, y_2)\, \varphi_1(x, y_1, \ldots, y_\nu) \\ &+ f(y_1)\, \varphi_0(x, y_1, \ldots, y_\nu), \end{aligned}$$

wo die φ_λ Polynome mit rationalen Koeffizienten sind, deren Grad in bezug auf x höchstens $n - \nu - 1$ ist. Diese Identität besagt aber, daß das Polynom

(10) $$\begin{cases} f^{(\nu)}(x, y_1, \ldots, y_\nu) - f(y_1)\, \varphi_0(x, y_1, \ldots, y_\nu) \\ \qquad - f'(y_1, y_2)\, \varphi_1(x, y_1, \ldots, y_\nu) \\ \qquad - \cdots - f^{(\nu-1)}(y_1, \ldots, y_\nu)\, \varphi_{\nu-1}(x, y_1, \ldots, y_\nu) \end{cases}$$

zerfällt in

$$g(x, y_1, \ldots, y_\nu)\, h(x, y_1, \ldots, y_\nu) = (x^\mu + \cdots)\,(x^{n-\nu-\mu} + \cdots).$$

Das Polynom (10) ist also, wenn man darin für $y_1, \ldots, y_\nu$ beliebige rationale Zahlen einsetzt, als Polynom von x in $\mathfrak{R}(1)$ stets reduzibel. Im Gegensatz dazu werden wir aber jetzt rationale Zahlen $y_1, \ldots, y_\nu$ nachweisen, für welche das Polynom (10) tatsächlich in $\mathfrak{R}(1)$ irreduzibel ist; dadurch wird sich dann unsere Annahme als widerspruchsvoll herausstellen, und die behauptete Irreduzibilität des Polynoms (6) und damit auch Satz 111 wird bewiesen sein.

IV. Um nun solche $y_1, \ldots, y_\nu$ zu finden, setzen wir

$$f(x) - x^{n-\nu}(x - p_1 k_1)(x - p_1 p_2 k_2) \cdots (x - p_1 p_2 \cdots p_\nu k_\nu) = p_{\nu+1} G_\nu(x),$$

wobei die Koeffizienten von $G_\nu(x)$ offenbar ganze Zahlen sind. Ist daher b eine der ν Zahlen

$$(11) \qquad p_1 k_1, \; p_1 p_2 k_2, \ldots, p_1 p_2 \cdots p_\nu k_\nu,$$

die nach Voraussetzung mod $p_{\nu+1}$ inkongruent und relativ prim zu $p_{\nu+1}$ sind, so hat man:

$$(12) \qquad f(x) = (x - b)\,\varphi(x) + p_{\nu+1} G_\nu(x),$$

wo $\varphi(x)$ ein Polynom mit ganzzahligen Koeffizienten ist derart, daß die Zahl $\varphi(b)$ nicht durch $p_{\nu+1}$ teilbar ist. Für die Ableitung $f'(x)$ ergibt sich aus (12):

$$(13) \qquad f'(x) = \varphi(x) + (x - b)\,\varphi'(x) + p_{\nu+1} G_\nu'(x).$$

Aus (12) und (13) folgt, daß die Zahl $f(b)$ durch $p_{\nu+1}$ teilbar ist, die Zahl $f'(b)$ aber nicht. Wenn daher y eine ganze Zahl ist, für welche

$$(14) \qquad y \equiv b \pmod{p_{\nu+1}},$$

so ist immer noch die Zahl $f(y)$ durch $p_{\nu+1}$ teilbar, die Zahl $f'(y)$ aber nicht. Durch geeignete Wahl von y im Spielraum (14) kann man sogar erreichen, daß $f(y)$ durch eine beliebig hohe Potenz von $p_{\nu+1}$ teilbar ist. Denn wenn zunächst $f(y)$ genau durch $p_{\nu+1}^\lambda$ teilbar ist und wenn wir setzen:

$$Y = y + \gamma p_{\nu+1}^\lambda,$$

wo γ eine ganze Zahl, so folgt aus dem Taylorschen Satz, weil offenbar $\frac{1}{\mu!} f^{(\mu)}(x)$ ganzzahlige Koeffizienten hat:

$$\begin{aligned} f(Y) &= f(y + \gamma p_{\nu+1}^\lambda) \\ &\equiv f(y) + \gamma p_{\nu+1}^\lambda f'(y) \qquad \pmod{p_{\nu+1}^{\lambda+1}}, \end{aligned}$$

also auch:

$$(15) \qquad \frac{f(Y)}{p_{\nu+1}^\lambda} \equiv \frac{f(y)}{p_{\nu+1}^\lambda} + \gamma f'(y) \qquad \pmod{p_{\nu+1}}.$$

Da aber $f'(y)$ nicht durch $p_{\nu+1}$ teilbar ist, kann man die ganze Zahl γ so bestimmen, daß die rechte Seite von (15) durch $p_{\nu+1}$ teilbar wird, und dann ist $f(Y)$ durch die Potenz $p_{\nu+1}^{\lambda+1}$ teilbar.

Somit hat sich ergeben, daß man zu jeder der ν Zahlen (11) eine mod $p_{\nu+1}$ kongruente Zahl y derart angeben kann, daß $f(y)$ durch eine beliebig hoch vorgeschriebene Potenz von $p_{\nu+1}$ teilbar ist. Da aber die Zahlen (11) mod $p_{\nu+1}$ inkongruent und relativ prim zu $p_{\nu+1}$ sind, so können wir sagen, daß die Kongruenz

$$f(x) \equiv 0 \pmod{p_{\nu+1}^m},$$

wie groß auch der Exponent m sein mag, mindestens ν Lösungen $y_1, \ldots, y_\nu$ hat, die mod $p_{\nu+1}$ inkongruent und relativ prim zu $p_{\nu+1}$ sind. Wir behaupten, daß diese Zahlen $y_1, \ldots, y_\nu$, sofern der Exponent m groß genug gewählt wird, das oben Verlangte leisten. Zunächst ist nämlich

$$(16) \qquad \begin{cases} f(y_1) \equiv 0 \pmod{p_{\nu+1}^m}, \\ \cdot \quad \cdot \quad \cdot \quad \cdot \quad \cdot \quad \cdot \quad \cdot \quad \cdot \quad \cdot \\ f(y_\nu) \equiv 0 \pmod{p_{\nu+1}^m}. \end{cases}$$

Aus der Formel (13) von Bd. I, § 17 folgt dann auch:

$$(17) \qquad \begin{cases} f(y_1) \equiv 0 \pmod{p_{\nu+1}^m}, \\ f'(y_1, y_2) \equiv 0 \pmod{p_{\nu+1}^m}, \\ \cdot \quad \cdot \quad \cdot \quad \cdot \quad \cdot \quad \cdot \quad \cdot \quad \cdot \quad \cdot \quad \cdot \quad \cdot \quad \cdot \\ f^{(\nu-1)}(y_1, \ldots, y_\nu) \equiv 0 \pmod{p_{\nu+1}^m}. \end{cases}$$

Ferner ist (wieder nach Formel (13) von Bd. I, § 17)

$$f^{(\nu)}(x, y_1, \ldots, y_\nu) = \frac{f(x)}{(x-y_1)\cdots(x-y_\nu)}$$

$$+ \frac{f(y_1)}{(y_1 - x)(y_1 - y_2)\cdots(y_1 - y_\nu)} + \cdots + \frac{f(y_\nu)}{(y_\nu - x)(y_\nu - y_1)\cdots(y_\nu - y_{\nu-1})}$$

und daher:

$$f(x) - (x-y_1)\cdots(x-y_\nu)\, f^{(\nu)}(x, y_1, \ldots, y_\nu)$$

$$= f(y_1)\,\frac{(x-y_2)\cdots(x-y_\nu)}{(y_1-y_2)\cdots(y_1-y_\nu)} + \cdots + f(y_\nu)\,\frac{(x-y_1)\cdots(x-y_{\nu-1})}{(y_\nu-y_1)\cdots(y_\nu-y_{\nu-1})}.$$

Mit Rücksicht auf (16) sind also die Koeffizienten des Polynoms

$$f(x) - (x-y_1)\cdots(x-y_\nu)\, f^{(\nu)}(x, y_1, \ldots, y_\nu)$$

durch $p_{\nu+1}^m$ teilbar. Setzt man daher

$$(18) \qquad (x-y_1)\cdots(x-y_\nu) = x^\nu + b_1 x^{\nu-1} + \cdots + b_\nu,$$

$$(19) \qquad f^{(\nu)}(x, y_1, \ldots, y_\nu) = x^{n-\nu} + c_1 x^{n-\nu-1} + \cdots + c_{n-\nu},$$

so ist insbesondere

$$\left.\begin{array}{l} a_n \equiv b_\nu c_{n-\nu}, \\ a_{n-1} \equiv b_\nu c_{n-\nu-1} + b_{\nu-1} c_{n-\nu}, \\ \cdot \quad \cdot \quad \cdot \quad \cdot \quad \cdot \quad \cdot \quad \cdot \quad \cdot \quad \cdot \quad \cdot \quad \cdot \\ a_{\nu+1} \equiv b_\nu c_1 + b_{\nu-1} c_2 + \cdots \end{array}\right\} \pmod{p_{\nu+1}^m}.$$

Nun ist $b_\nu = \pm y_1 \cdots y_\nu$ nicht durch $p_{\nu+1}$ teilbar; da ferner nach (2) die Zahlen $a_n, a_{n-1}, \ldots a_{\nu+1}$ durch $p_{\nu+1}$ teilbar sind, aber a_n nicht durch

$p_{\nu+1}^2$, so folgt aus den vorstehenden Kongruenzen der Reihe nach, daß auch

$$c_{n-\nu},\quad c_{n-\nu-1},\ \ldots,\ c_1$$

durch $p_{\nu+1}$ teilbar sind, aber $c_{n-\nu}$ nicht durch $p_{\nu+1}^2$.

Nunmehr wenden wir uns dem Polynom (10) zu. Die Koeffizienten der dort als Subtrahenden auftretenden Polynome von x sind rationale Zahlen, die, auf die kleinste Benennung gebracht, den Faktor $p_{\nu+1}^2$ im Zähler haben; denn selbst wenn die rationalen Koeffizienten der Polynome $\varphi_0, \ldots, \varphi_{\nu-1}$ die Primzahl $p_{\nu+1}$ im Nenner enthalten sollten, so werden sich wegen (17) diese Nennerfaktoren doch wegheben, und die verbleibenden Zähler werden noch durch eine beliebig hoch vorgeschriebene Potenz von $p_{\nu+1}$, also gewiß durch $p_{\nu+1}^2$ teilbar sein, wenn nur der Exponent m groß genug gewählt wurde. Ist also N der Hauptnenner der rationalen Koeffizienten des Polynoms (10) von x, so ist N nicht teilbar durch $p_{\nu+1}$, und das Polynom (10) erhält nach Multiplikation mit N ganzzahlige Koeffizienten, die mit Rücksicht auf (19) der Reihe nach mod $p_{\nu+1}^2$ kongruent sind zu

$$N,\ Nc_1,\ Nc_2, \ldots,\ Nc_{n-\nu}.$$

Sie sind also, abgesehen vom ersten, alle durch $p_{\nu+1}$ teilbar, und der letzte ist nicht durch $p_{\nu+1}^2$ teilbar. Das Polynom (10) ist daher nach Bd. I, Satz 104 in $\mathfrak{K}(1)$ irreduzibel. Damit ist der gewünschte Widerspruch festgestellt.

V. Die Aufgabe, Gleichungen beliebigen Grades aufzustellen, die in bezug auf $\mathfrak{K}(1)$ eine vorgeschriebene von der symmetrischen verschiedene Gruppe haben, ist noch ungelöst und wohl sehr schwierig. Neuerdings ist es I. Schur gelungen, für jeden Grad, der nicht kongruent 2 nach dem Modul 4 ist, wenigstens eine Gleichung mit alternierender Gruppe anzugeben (Sitzungsberichte d. Berliner Akademie 1930 und Crelles Journal 165).

Fünftes Kapitel.

Die Gleichungen fünften Grades.

§ 43. Auflösung der metazyklischen Gleichungen fünften Grades.

I. Um die Wurzeln $\xi_1, \ldots, \xi_5$ einer metazyklischen Gleichung fünften Grades

$$x^5 + a_1 x^4 + a_2 x^3 + a_3 x^2 + a_4 x + a_5 = 0 \tag{1}$$

durch Radikale darzustellen, adjungieren wir zunächst die Quadratwurzel aus der Diskriminante und die fünften Einheitswurzeln (soweit diese Größen nicht schon dem zugrunde gelegten Körper angehören); der so gewonnene Körper sei $\mathfrak{k}$. Ist die Gleichung in $\mathfrak{k}$ reduzibel, so zerfällt sie in Gleichungen geringeren Grades, und folglich können ihre Wurzeln bereits nach den Methoden des zweiten Kapitels durch Radikale dargestellt werden; von diesem Fall wollen wir jetzt absehen. Die Gleichung sei also in $\mathfrak{k}$ irreduzibel. Dann ist ihre Galoissche Gruppe in bezug auf $\mathfrak{k}$ nach Satz 79 transitiv; daher ist sie nach Satz 68 bei geeigneter Numerierung der Wurzeln eine lineare Gruppe und nach Satz 93 enthält sie nur Substitutionen, die auch der alternierenden Gruppe angehören. Nach S. 149 ist es also die Gruppe

$$\left\{\begin{array}{l} \mathfrak{G} = E + (1,2,3,4,5) + (1,3,5,2,4) + (1,4,2,5,3) \\ \quad + (1,5,4,3,2) + (1,4)(2,3) + (1,5)(2,4) + (2,5)(3,4) \\ \quad + (1,2)(3,5) + (1,3)(4,5) \end{array}\right. \tag{2}$$

oder eine Untergruppe davon. Die Gruppe (2) kann offenbar auch so geschrieben werden:

$$\mathfrak{G} = \sum_{\nu=0}^{4} S^\nu + \sum_{\nu=0}^{4} T S^\nu, \tag{2a}$$

wobei

$$S = (1,2,3,4,5), \quad T = (1,4)(2,3) \tag{3}$$

ist, und die einzige transitive echte Untergruppe von $\mathfrak{G}$ ist

$$\mathfrak{U} = \sum_{\nu=0}^{4} S^\nu, \tag{4}$$

so daß die Galoissche Gruppe entweder $\mathfrak{G}$ oder $\mathfrak{U}$ ist.

Wenn die Gruppe gleich $\mathfrak{U}$ ist, so kann die Gleichung nach der Abelschen Methode von § 36 II aufgelöst werden. Setzt man, unter ε eine passende fünfte Einheitswurzel verstehend,

(5) $\xi_1 + \varepsilon^{\nu}\xi_2 + \varepsilon^{2\nu}\xi_3 + \varepsilon^{3\nu}\xi_4 + \varepsilon^{4\nu}\xi_5 = \varphi_\nu \qquad (\nu = 0, 1, 2, 3, 4),$

so ist nach Seite 190 Fl. (10)

$$(6) \qquad \xi_\lambda = \frac{1}{5}\sum_{\nu=0}^{4} \varepsilon^{\nu(1-\lambda)}\varphi_\nu \qquad (\lambda = 1, 2, 3, 4, 5),$$

und weiter nach Seite 191 Fl. (11)

$$(7) \qquad \xi_\nu = \frac{1}{5}\left(-a_1 + \sum_{\nu=1}^{4} \varepsilon^{\nu(1-\lambda)} \frac{c_\nu}{c_1} \sqrt[5]{c_1^{\nu}}\right) \qquad (\lambda = 1, 2, 3, 4, 5).$$

wobei die c_ν Größen aus $\mathfrak{k}$ sind.

II. Nunmehr wenden wir uns zu dem Fall, daß die Galoissche Gruppe gleich $\mathfrak{G}$ ist. Dann muß sie sich durch Adjunktion einer Quadratwurzel auf $\mathfrak{U}$ reduzieren lassen, worauf der vorige Fall vorliegt. Es kommt also nur darauf an, eine solche Quadratwurzel ausfindig zu machen.

Zu dem Zweck führen wir wieder die durch (5) definierten Größen φ_ν ein, woraus sofort auch die Formel (6) hervorgeht; speziell ist $\varphi_0 = -a_1$. Das Polynom φ_ν geht durch die Substitutionen S bzw. T über in

$$\xi_2 + \varepsilon^{\nu}\xi_3 + \varepsilon^{2\nu}\xi_4 + \varepsilon^{3\nu}\xi_5 + \varepsilon^{4\nu}\xi_1 = \varepsilon^{-\nu}\varphi_\nu$$

$$\text{bzw. } \xi_4 + \varepsilon^{\nu}\xi_3 + \varepsilon^{2\nu}\xi_2 + \varepsilon^{3\nu}\xi_1 + \varepsilon^{4\nu}\xi_5 = \varepsilon^{3\nu}\varphi_{5-\nu}.$$

Daraus folgt, daß u. a. die folgenden Polynome bei den Substitutionen S und T und folglich bei allen Substitutionen von $\mathfrak{G}$ ungeändert bleiben:

$$\varphi_1^5 + \varphi_4^5, \quad \varphi_2^5 + \varphi_3^5, \quad \varphi_1\varphi_4, \quad \varphi_2\varphi_3.$$

Ihre Effektivwerte sind also Größen aus $\mathfrak{k}$; wir bezeichnen sie mit

$$(8) \qquad \begin{cases} \varphi_1^5 + \varphi_4^5 = \gamma_1, & \varphi_2^5 + \varphi_3^5 = \gamma_2, \\ \varphi_1\varphi_4 = \delta_1, & \varphi_2\varphi_3 = \delta_2. \end{cases}$$

Nun können die Größen

$$(9) \qquad \gamma_1^2 - 4\delta_1^5, \quad \gamma_2^2 - 4\delta_2^5$$

nicht beide zugleich verschwinden. Denn wenn $\gamma_1^2 - 4\delta_1^5 = 0$, so ist nach (8) auch $\varphi_1^5 - \varphi_4^5 = 0$, also $\varphi_4 = \varepsilon^\lambda\varphi_1$ und folglich

$$\gamma_1 = \varphi_1^5 + \varphi_4^5 = 2\varphi_1^5,$$
$$\delta_1 = \varphi_1\varphi_4 = \varepsilon^\lambda\varphi_1^2;$$

daher ist entweder $\varphi_1 = 0$ oder

$$\varphi_1 = \frac{\gamma_1\varepsilon^{2\lambda}}{2\delta_1^2},$$

so daß in jedem Fall der Effektivwert von φ_1 und ebenso der von φ_4 eine Größe aus $\mathfrak{k}$ ist. Ebenso sind, wenn $\gamma_2^2 - 4\delta_2^5 = 0$, die Effektivwerte von φ_2 und φ_3 Größen aus $\mathfrak{k}$. Wenn also die Größen (9) beide verschwinden würden, so wären sämtliche φ_ν und also nach (6) auch sämtliche Wurzeln ξ_ν Größen aus $\mathfrak{k}$; die Galoissche Gruppe wäre also nicht $\mathfrak{G}$, sondern $\mathfrak{E}$.

Wir nehmen nun an, daß etwa $\gamma_1^2 - 4\delta_1^5 \neq 0$ ist. Dann zeigen wir, daß durch Adjunktion der Quadratwurzel $\sqrt{\gamma_1^2 - 4\delta_1^5}$ die Galoissche Gruppe auf $\mathfrak{U}$ reduziert wird. In der Tat ist nach (8)

$$\sqrt{\gamma_1^2 - 4\delta_1^5} = \varphi_1^5 - \varphi_4^5,$$

und das rechtsstehende Polynom der Wurzeln bleibt bei den Substitutionen von $\mathfrak{U}$ ungeändert, ändert aber bei den anderen Substitutionen von $\mathfrak{G}$ seinen Effektivwert in $-\sqrt{\gamma_1^2 - 4\delta_1^5}$. Daher tritt nach Satz 85 die behauptete Gruppenreduktion ein.

Wenn aber $\gamma_1^2 - 4\delta_1^5 = 0$, so ist gewiß $\gamma_2^2 - 4\delta_2^5 \neq 0$, und man sieht ebenso, daß jetzt durch Adjunktion von $\sqrt{\gamma_2^2 - 4\delta_2^5}$ die Galoissche Gruppe auf $\mathfrak{U}$ reduziert wird.

§ 44. Die Normalform von Brioschi.

I. Da die nicht metazyklischen Gleichungen sich nicht durch Radikale lösen lassen, so kann man versuchen, sie durch Einführung anderer Zeichen zu lösen. So haben wir schon am Schluß des § 11 das Zeichen $\overline{|a|}^{\,n}$ als Lösung der Gleichung $x^n - x - a = 0$ ins Auge gefaßt. Es ist leicht zu sehen, daß durch dieses Zeichen und durch Radikale [1]) die allgemeine Gleichung fünften Grades sich lösen ließe. Denn nach § 16V läßt sie sich nach Adjunktion gewisser Radikale durch eine Tschirnhaustransformation überführen in eine Gleichung der Gestalt

$$y^5 + A_4 y + A_5 = 0,$$

welche als die Bring-Jerrardsche Normalform bezeichnet wird. Diese Gleichung läßt sich, wenn $A_4 = 0$ ist, sofort durch Radikale lösen, also war auch die ursprüngliche Gleichung metazyklisch. Wenn aber $A_4 \neq 0$, so geht sie durch die Substitution $y = \sqrt[4]{-A_4} \cdot z$ über in:

$$z^5 - z - a = 0, \qquad \text{wobei} \qquad a = -A_5\left(\sqrt[4]{-A_4}\right)^{-5},$$

und von dieser Gleichung ist dann $\overline{|a|}^{\,5}$ eine Wurzel. Man könnte nun weiter untersuchen, welche Gleichungen überhaupt durch Adjunktion von Symbolen der Form $\overline{|a|}^{\,n}$ sich lösen lassen; für die noch nicht lösbaren wären dann wieder neue Symbole einzuführen. Doch liegen in dieser Richtung keine Untersuchungen vor.

Mehr Interesse hat eine andere Fragestellung gefunden. Man kann nämlich, ohne neue Symbole einzuführen, sich die Frage vorlegen, ob eine gegebene Gleichung sich vielleicht zu irgendeinem mathematischen Problem in Beziehung setzen läßt, derart daß, wenn man jenes Problem als gelöst ansieht, damit auch eine Lösung der Gleichung gegeben ist. So steht z. B. die kubische Gleichung

[1]) Ja sogar ohne Radikale, wie hier ohne Beweis bemerkt sein mag.

$$x^3 - 3x - 2a = 0$$

in engster Beziehung zu dem Problem der Dreiteilung des Winkels und läßt sich durch trigonometrische Funktionen lösen. Denn setzt man $a = \cos\varphi$, so hat die Gleichung nach § 13 II die Wurzel $2\cos\frac{\varphi}{3}$.

Allgemeiner steht die Gleichung n-ten Grades

$$x^n + \binom{n}{2} x^{n-2}(x^2-1) + \binom{n}{4} x^{n-4}(x^2-1)^2 + \cdots = a,$$

wo die linke Seite soweit fortzusetzen ist, bis die späteren Binomialkoeffizienten von selbst verschwinden würden, in Beziehung zur n-Teilung des Winkels. Denn die linke Seite ist gleich

$$\tfrac{1}{2}[(x + i\sqrt{1-x^2})^n + (x - i\sqrt{1-x^2})^n],$$

und daraus erkennt man, daß, wenn $a = \cos\varphi$ gesetzt wird, die Gleichung die Wurzel $\cos\frac{\varphi}{n}$ hat.

II. Zahlreiche algebraische Gleichungen treten in der Theorie der elliptischen Funktionen auf, und insbesondere läßt sich, was bereits Galois auf Grund gruppentheoretischer Erwägungen ausgesprochen hat, die allgemeine Gleichung fünften Grades zu dem Problem der Fünfteilung der Perioden in Beziehung setzen. Die rechnerische Durchführung ist auf verschiedene Arten möglich. So hat Hermite für die Bring-Jerrardsche Normalform

$$y^5 + A_4 y + A_5 = 0$$

einen Zusammenhang mit dem Teilungsproblem nachgewiesen und dadurch ihre Lösung herbeigeführt. Geeigneter als die Bring-Jerrardsche ist aber die Brioschische Normalform

$$t^5 - 10t^3 + 45t + \gamma = 0, \tag{1}$$

auf die wir jetzt die allgemeine Gleichung fünften Grades transformieren wollen, und zwar gelingt das, wie Gordan (Math. Annal. 28) gezeigt hat, im allgemeinen durch Adjunktion von Quadratwurzeln.

Die Gleichung (1) läßt sich, wie man sofort verifiziert, in der doppelten Gestalt schreiben:

$$(t \mp \sqrt{3})^5 \pm 5\sqrt{3}(t \mp \sqrt{3})^4 + 20(t \mp \sqrt{3})^3 + \gamma \pm 24\sqrt{3} = 0. \tag{2}$$

Wenn $\gamma^2 = 1728$, also $\gamma = \mp 24\sqrt{3}$, so hat die Gleichung (2), also auch (1), die dreifache Wurzel $\pm\sqrt{3}$; sie läßt sich also durch Quadratwurzeln auflösen, was kein weiteres Interesse hat [1]). Sei daher

[1]) Nebenbei sei bemerkt, daß für $\gamma^2 \neq 1728$ die Gleichung (1) keine mehrfachen Wurzeln hat. Man kann nämlich ihre Diskriminante D berechnen, indem man mit Hilfe der Newtonschen Formeln (Bd. I, S. 151) die Potenzsummen der Wurzeln bis s_8 berechnet und in die Determinante

$$\text{(3)} \qquad \gamma^2 \neq 1728.$$

Dann sind die Wurzeln $\tau_1, \ldots, \tau_5$ der Gleichung (1) sämtlich von $\pm\sqrt{3}$ verschieden, und wir wollen vorübergehend setzen:

$$\frac{1}{\tau_\nu \mp \sqrt{3}} = \varrho_\nu \qquad (\nu = 1, 2, 3, 4, 5).$$

Die ϱ_ν sind alsdann wegen (2) die Wurzeln der Gleichung

$$x^5 + \frac{20}{\gamma \pm 24\sqrt{3}}\, x^2 \pm \frac{5\sqrt{3}}{\gamma \pm 24\sqrt{3}}\, x + \frac{1}{\gamma \pm 24\sqrt{3}} = 0,$$

woraus man mit Hilfe der Newtonschen Formeln (Bd. I, S. 151) sogleich die Potenzsummen entnehmen kann:

$$\sum_{\nu=1}^{5} \varrho_\nu = 0, \qquad \sum_{\nu=1}^{5} \varrho_\nu^2 = 0, \qquad \sum_{\nu=1}^{5} \varrho_\nu^3 = \frac{-60}{\gamma \pm 24\sqrt{3}},$$

$$\sum_{\nu=1}^{5} \varrho_\nu^4 = \frac{\mp 20\sqrt{3}}{\gamma \pm 24\sqrt{3}}, \qquad \sum_{\nu=1}^{5} \varrho_\nu^5 = \frac{-5}{\gamma \pm 24\sqrt{3}}.$$

Führen wir also die Bezeichnung ein:

$$\text{(4)} \qquad \sum_{\nu=1}^{5} \frac{1}{(\tau_\nu - \sqrt{3})^k (\tau_\nu + \sqrt{3})^l} = S_{kl},$$

so ist zunächst

$$\text{(5)} \quad \begin{cases} S_{10} = 0, \quad S_{20} = 0, \quad S_{01} = 0, \quad S_{02} = 0, \\ S_{30} = \dfrac{-60}{\gamma + 24\sqrt{3}}, \quad S_{40} = \dfrac{-20\sqrt{3}}{\gamma + 24\sqrt{3}}, \quad S_{50} = \dfrac{-5}{\gamma + 24\sqrt{3}}, \\ S_{03} = \dfrac{-60}{\gamma - 24\sqrt{3}}, \quad S_{04} = \dfrac{20\sqrt{3}}{\gamma - 24\sqrt{3}}, \quad S_{05} = \dfrac{-5}{\gamma - 24\sqrt{3}}. \end{cases}$$

Ferner ist offenbar

$$\frac{1}{(\tau_\nu - \sqrt{3})(\tau_\nu + \sqrt{3})} = \frac{1}{2\sqrt{3}}\left(\frac{1}{\tau_\nu - \sqrt{3}} - \frac{1}{\tau_\nu + \sqrt{3}}\right),$$

und hieraus folgt, wenn man durch $(\tau_\nu - \sqrt{3})^k (\tau_\nu + \sqrt{3})^l$ dividiert und dann nach ν summiert:

$$S_{k+1, l+1} = \frac{1}{2\sqrt{3}} (S_{k+1, l} - S_{k, l+1}).$$

Mit Hilfe dieser Formel ergibt sich aus (5) weiter:

$$\begin{vmatrix} 5 & s_1 & s_2 & s_3 & s_4 \\ \cdot & \cdot & \cdot & \cdot & \cdot \\ s_4 & s_5 & s_6 & s_7 & s_8 \end{vmatrix},$$

welche nach Bd. I, § 35 II C das Quadrat des Differenzenproduktes der Wurzeln, also gleich D ist, einsetzt. So findet man leicht:

$$D = 5^5 (\gamma^2 - 1728)^2.$$

$$(6)\quad \begin{cases} S_{11} = 0, \quad S_{21} = 0, \quad S_{12} = 0, \quad S_{22} = 0, \\ S_{31} = \dfrac{-10\sqrt{3}}{\gamma + 24\sqrt{3}}, \quad S_{41} = \dfrac{-5}{\gamma + 24\sqrt{3}}, \quad S_{32} = \dfrac{-5}{\gamma + 24\sqrt{3}}, \\ S_{13} = \dfrac{10\sqrt{3}}{\gamma - 24\sqrt{3}}, \quad S_{14} = \dfrac{-5}{\gamma - 24\sqrt{3}}, \quad S_{23} = \dfrac{-5}{\gamma - 24\sqrt{3}}. \end{cases}$$

III. Um nun eine beliebige Gleichung fünften Grades

$$(7)\qquad x^5 + a_1x^4 + a_2x^3 + a_3x^2 + a_4x + a_5 = 0$$

in die Brioschische Normalform zu transformieren, bemerken wir zunächst, daß sie nach § 16 III durch eine Tschirnhaustransformation

$$(8)\qquad y = b_0 + b_1x + b_2x^2$$

auf die Gestalt

$$(9)\qquad y^5 + A_3y^2 + A_4y + A_5 = 0$$

gebracht werden kann, wozu lediglich eine Quadratwurzel zu adjungieren ist. Hat man dann die Gleichung (9) aufgelöst, so ergeben sich die Wurzeln von (7) aus (8) mit Hilfe von Quadratwurzeln, meist sogar ohne Quadratwurzel, da ja x eine gemeinsame Wurzel der Gleichungen (7), (8) sein muß (vgl. auch Satz 36). Wir legen daher die Gleichung fünften Grades von vornherein in der Gestalt (9) zugrunde; dabei dürfen und wollen wir voraussetzen, daß A_3 und A_4 nicht beide verschwinden, weil sonst die Wurzeln der Gleichung ohne weiteres hingeschrieben werden können.

Sind $\eta_1, \ldots, \eta_5$ die Wurzeln der Gleichung (9), so sind die ersten fünf Potenzsummen die folgenden:

$$(10)\quad \begin{cases} \sum\limits_{\nu=1}^{5} \eta_\nu = 0, \quad \sum\limits_{\nu=1}^{5} \eta_\nu^2 = 0, \quad \sum\limits_{\nu=1}^{5} \eta_\nu^3 = -3A_3, \\ \sum\limits_{\nu=1}^{5} \eta_\nu^4 = -4A_4, \quad \sum\limits_{\nu=1}^{5} \eta_\nu^5 = -5A_5. \end{cases}$$

Den Übergang zur Brioschischen Normalform (1) suchen wir nun durch die Transformation

$$(11)\qquad y = \frac{\varrho t + \sigma}{t^2 - 3}$$

zu bewerkstelligen, so daß die gegebene Gleichung (9) bei geeigneter Wahl von γ, ϱ, σ als eine Transformierte der Brioschischen Gleichung (1) erscheint. Sind dann $\tau_1, \ldots, \tau_5$ die Wurzeln von (1), so ergeben sich die Wurzeln $\eta_1, \ldots, \eta_5$ von (9) durch die Formel

$$(12)\qquad \eta_\nu = \frac{\varrho \tau_\nu + \sigma}{\tau_\nu^2 - 3} \qquad (\nu = 1, 2, 3, 4, 5)$$

oder auch

$$(12\text{a})\qquad \eta_\nu = \frac{\alpha}{\tau_\nu - \sqrt{3}} + \frac{\beta}{\tau_\nu + \sqrt{3}} \qquad (\nu = 1, 2, 3, 4, 5).$$

wobei zur Abkürzung

$$(13) \qquad \varrho + \frac{\sigma}{\sqrt{3}} = 2\alpha, \quad \varrho - \frac{\sigma}{\sqrt{3}} = 2\beta$$

gesetzt ist. Die Durchführung der Transformation (11) nach den Methoden von Bd. I, § 53 ist äußerst mühsam; wir schlagen deshalb einen anderen Weg ein. Aus (12a) ergibt sich nach dem binomischen Satz und mit Benutzung der Abkürzungen (4):

$$\sum_{\nu=1}^{5} \eta_\nu^n = \alpha^n S_{n0} + \binom{n}{1} \alpha^{n-1} \beta S_{n-1,1} + \binom{n}{2} \alpha^{n-2} \beta^2 S_{n-2,2} + \cdots + \beta^n S_{0n},$$

also unter Berücksichtigung der Formeln (5), (6):

$$\sum_{\nu=1}^{5} \eta_\nu = 0, \quad \sum_{\nu=1}^{5} \eta_\nu^2 = 0, \quad \sum_{\nu=1}^{5} \eta_\nu^3 = -\frac{60\alpha^3}{\gamma + 24\sqrt{3}} - \frac{60\beta^3}{\gamma - 24\sqrt{3}},$$

$$\sum_{\nu=1}^{5} \eta_\nu^4 = -\frac{20\sqrt{3}\,\alpha^4}{\gamma + 24\sqrt{3}} - \frac{40\sqrt{3}\alpha^3\beta}{\gamma + 24\sqrt{3}} + \frac{40\sqrt{3}\alpha\beta^3}{\gamma - 24\sqrt{3}} + \frac{20\sqrt{3}\beta^4}{\gamma - 24\sqrt{3}},$$

$$\sum_{\nu=1}^{5} \eta_\nu^5 = -\frac{5\alpha^5}{\gamma + 24\sqrt{3}} - \frac{25\alpha^4\beta}{\gamma + 24\sqrt{3}} - \frac{50\alpha^3\beta^2}{\gamma + 24\sqrt{3}} - \frac{50\alpha^2\beta^3}{\gamma - 24\sqrt{3}} - \frac{25\alpha\beta^4}{\gamma - 24\sqrt{3}} - \frac{5\beta^5}{\gamma - 24\sqrt{3}}.$$

Wegen (10) wird daher die gewünschte Transformation geleistet sein, wenn es gelingt, die Größen α, β, γ so zu wählen, daß die folgenden drei Bedingungsgleichungen erfüllt sind:

$$3A_3 = \frac{60\alpha^3}{\gamma + 24\sqrt{3}} + \frac{60\beta^3}{\gamma - 24\sqrt{3}},$$

$$4A_4 = \frac{(20\alpha^4 + 40\alpha^3\beta)\sqrt{3}}{\gamma + 24\sqrt{3}} - \frac{(40\alpha\beta^3 + 20\beta^4)\sqrt{3}}{\gamma - 24\sqrt{3}},$$

$$5A_5 = \frac{5\alpha^5 + 25\alpha^4\beta + 50\alpha^3\beta^2}{\gamma + 24\sqrt{3}} + \frac{50\alpha^2\beta^3 + 25\alpha\beta^4 + 5\beta^5}{\gamma - 24\sqrt{3}}.$$

Diese Gleichungen gehen, wenn zur Abkürzung

$$(14) \qquad \frac{\alpha^3}{\gamma + 24\sqrt{3}} = u, \quad \frac{\beta^3}{\gamma - 24\sqrt{3}} = v$$

gesetzt wird, über in:

$$(15) \quad \begin{cases} A_3 = 20(u + v), \\ A_4 = 5\sqrt{3}\,[(\alpha + 2\beta)\,u - (2\alpha + \beta)\,v], \\ A_5 = (\alpha^2 + 5\alpha\beta + 10\beta^2)\,u + (10\alpha^2 + 5\alpha\beta + \beta^2)\,v. \end{cases}$$

Es ist also nur nötig, die fünf Größen $\alpha, \beta, u, v, \gamma$ so zu bestimmen, daß die fünf Bedingungsgleichungen (14), (15) bestehen. Zu dem Zweck lösen wir die beiden ersten Gleichungen (15) nach u und v auf und erhalten:

$$(16) \qquad u = \frac{3A_3(2\alpha + \beta) + 4\sqrt{3}A_4}{180\,(\alpha + \beta)}, \qquad v = \frac{3A_3(\alpha + 2\beta) - 4\sqrt{3}A_4}{180\,(\alpha + \beta)}.$$

Setzt man das in die letzte Gleichung (15) ein, so läßt sich der Nenner $\alpha + \beta$ wegheben, und es ergibt sich:

$$(17) \qquad A_3(\alpha + \beta)^2 - A_4\sqrt{3}(\alpha - \beta) = 5A_5,$$

während die Gleichungen (14), wenn man beiderseits die reziproken Werte nimmt, übergehen in:

$$(18) \qquad \begin{cases} \gamma + 24\sqrt{3} = \dfrac{180\,\alpha^3\,(\alpha + \beta)}{3A_3(2\alpha + \beta) + 4\sqrt{3}A_4}, \\ \gamma - 24\sqrt{3} = \dfrac{180\,\beta^3\,(\alpha + \beta)}{3A_3(\alpha + 2\beta) - 4\sqrt{3}A_4}. \end{cases}$$

Durch Subtraktion dieser beiden Gleichungen ergibt sich nach Beseitigung der Nenner:

$$(19) \qquad \begin{cases} 48\sqrt{3}\,[9A_3^2(2\alpha^2 + 5\alpha\beta + 2\beta^2) - 12\sqrt{3}A_3A_4(\alpha - \beta) - 48A_4^2] \\ = 180(\alpha + \beta)^2[3A_3(\alpha + \beta)^2(\alpha - \beta) - 4\sqrt{3}A_4(\alpha^2 - \alpha\beta + \beta^2)]. \end{cases}$$

Die Gleichungen (17), (19) für die beiden Unbekannten α, β nehmen, wenn man wieder zu den ursprünglichen Unbekannten ϱ, σ vermöge (13) zurückkehrt, die bequemere Form an:

$$(20) \qquad A_3\varrho^2 - A_4\sigma = 5A_5,$$

$$(21) \qquad 27A_3^2\varrho^2 - (A_3\sigma + 8A_4)^2 = 5\varrho^2[A_3\varrho^2\sigma - A_4(\varrho^2 + \sigma^2)].$$

Die rechte Seite von (21) läßt sich vermöge (20) noch etwas vereinfachen, wodurch die Gleichung übergeht in:

$$(22) \qquad 27A_3^2\varrho^2 - (A_3\sigma + 8A_4)^2 = 5\varrho^2(5A_5\sigma - A_4\varrho^2).$$

Da A_3 und A_4 nicht beide verschwinden, kann man ϱ^2 oder σ aus (20) in (22) einsetzen und erhält eine Gleichung vom höchstens zweiten Grad für σ oder ϱ^2. Man kann also ϱ^2 und σ berechnen, wobei lediglich eine Quadratwurzel zu adjungieren ist; durch eine weitere Quadratwurzel ergibt sich dann ϱ. Schließlich findet man aus (18) auch γ, und zwar ohne weitere Adjunktion. Denn die Adjunktion von $\sqrt{3}$ ist dabei unnötig, weil sich durch Addition der beiden Gleichungen (18) für γ ein Ausdruck ergibt, aus dem nach Einführung von ϱ, σ an Stelle von α, β die Größe $\sqrt{3}$ herausfällt.

Somit läßt sich die Transformation in die Brioschische Normalform im allgemeinen wirklich durch Adjunktion von Quadratwurzeln leisten. Wir sagen „im allgemeinen"; denn es gibt Ausnahmsfälle, in denen die Methode versagt. Es kann nämlich sein, daß die erwähnte Gleichung vom höchstens zweiten Grad für σ oder ϱ^2 in Wahrheit vom nullten Grad wird, indem ihre beiden höchsten Koeffizienten verschwinden; dann hat das Gleichungssystem (20), (22) keine Lösung. Aber auch wenn dieser Ausnahmsfall nicht vorliegt, kann die Methode versagen. Dann lassen sich zwar ϱ und σ aus (20) und (22) berechnen; daß aber die vorausgehenden Bedingungsgleichungen, aus denen (20) und (22) erst gefolgert wurden, alsdann auch erfüllt sind, ist damit nicht gesagt. Es kann nämlich sein, daß einer der Brüche in (18) einen verschwindenden Nenner erhält oder auch einen verschwindenden Zähler, in welchem Fall man nicht mehr den reziproken Wert bilden kann. Diese verschiedenen Ausnahmsfälle sind vom Verfasser vollständig durchgeprüft worden, wobei sich ergab, daß sie nur bei gewissen metazyklischen Gleichungen mit leicht angebbaren Wurzeln auftreten, also bei Gleichungen, die hier sowieso kein Interesse mehr haben[1]). Da aber die lückenlose Durchführung dieser Untersuchung mühsam ist, wollen wir hier darauf verzichten und die Brioschische Normalform lieber auf einem andern Weg gewinnen, wobei wir allerdings nicht mit Quadratwurzeln auskommen, wohl aber mit Radikalen.

Zunächst läßt sich nämlich jede Gleichung fünften Grades mit Hilfe von Radikalen in die Bring-Jerrardsche Form

$$(23) \qquad y^5 + A_4 y + A_5 = 0$$

transformieren, wobei wir natürlich A_4 und A_5 von 0 verschieden annehmen dürfen, weil andernfalls die Wurzeln sofort mit Radikalen hingeschrieben werden können.

Nun wollen wir die Gleichung (23) auf dem bisherigen Weg in die Brioschische Normalform transformieren; es ist also einfach $A_3 = 0$ zu setzen und zu zeigen, daß dann gewiß keiner der erwähnten Ausnahmsfälle vorliegt.

Die Gleichungen (20), (22) lauten jetzt:

$$(20\text{a}) \qquad \sigma = -\frac{5A_5}{A_4},$$

$$(22\text{a}) \qquad 5A_4\varrho^4 - 25A_5\sigma\varrho^2 - 64A_4^2 = 0.$$

Die Gleichung für ϱ^2 ist also wirklich vom zweiten Grad und, wenn ϱ_1^2, ϱ_2^2 ihre Wurzeln sind, so ist

$$\varrho_1^2 + \varrho_2^2 = \frac{5A_5\sigma}{A_4} = -\sigma^2 \neq 0;$$

daher können ϱ_1^2 und ϱ_2^2 nicht beide gleich $\frac{\sigma^2}{3}$ sein, und wir können

$$\varrho^2 = \varrho_1^2 \neq \frac{\sigma^2}{3}$$

wählen; dann ist aber nach (13)

$$\alpha\beta = \frac{3\varrho^2 - \sigma^2}{12} \neq 0.$$

Wegen (22a) ist außerdem $\varrho \neq 0$, also $\alpha + \beta \neq 0$. Daher sind jetzt in den

[1]) Bei Gordan, dessen Darstellung von der unsern ganz verschieden ist, sind keine Ausnahmsfälle angegeben. Jedoch setzt seine Methode das Nichtverschwinden eines als Nenner vorkommenden Ausdrucks voraus, dessen Bildungsweise so kompliziert ist, daß er explizit gar nicht hingeschrieben werden kann. Man kann also praktisch bei einer vorgelegten Gleichung fast nie entscheiden, ob die Methode geht oder nicht.

Brüchen (18) die Zähler und Nenner gewiß von 0 verschieden, und man kann die reziproken Werte bilden. Dann sind aber alle Forderungen erfüllt und die Transformation ist geleistet.

§ 45. Hilfsformeln aus der Theorie der elliptischen Funktionen.

I. Um die Gleichung fünften Grades mit dem Periodenteilungsproblem der elliptischen Funktionen in Verbindung zu bringen, benötigen wir aus der Theorie der elliptischen Funktionen nur die allereinfachsten Formeln und Sätze, für die auf die Formelsammlung von Schwarz verwiesen sei[1]). Wir setzen (Schwarz S. 10)

$$(1)\quad \begin{cases} p(u) = p(u \mid \omega, \omega') = p(u; g_2, g_3) \\ \quad = \dfrac{1}{u^2} + \sum\limits_{\mu=-\infty}^{\infty} \sum\limits_{\nu=-\infty}^{\infty}{}' \left[\dfrac{1}{(u-2\mu\omega-2\nu\omega')^2} - \dfrac{1}{(2\mu\omega+2\nu\omega')^2}\right] \\ \quad = \dfrac{1}{u^2} + \dfrac{g_2}{20} u^2 + \dfrac{g_3}{28} u^4 + \cdots \end{cases}$$

Die Funktion $p(u)$ genügt der Differentialgleichung (Schwarz S. 12)

$$(2)\qquad p'^2 = 4p^3 - g_2 p - g_3 = 4(p-e_1)(p-e_2)(p-e_3),$$

aus der durch wiederholte Differentiation weiter folgt:

$$(3)\quad \begin{cases} p'' = 6p^2 - \tfrac{1}{2}g_2, & p''' = 12pp', \\ p^{IV} = 12p'^2 + 12pp'', & p^{V} = 36p'p'' + 12pp''', \\ p^{VI} = 36p''^2 + 48p'p''' + 12pp^{IV}, & \\ p^{VII} = 120p''p''' + 60p'p^{IV} + 12pp^{V}. & \end{cases}$$

Die Linearfaktoren in (2) sind voneinander verschieden, also kann die Diskriminante

$$D_p(4p^3 - g_2 p - g_3) = 16(g_2^3 - 27g_3^2)$$

nicht verschwinden. Wir setzen

$$(4)\qquad g_2^3 - 27g_3^2 = \Delta \neq 0.$$

Ferner ist nach Schwarz S. 14

$$p(2u) - p(u) = -\frac{1}{4}\frac{d^2}{du^2}\log p'(u) = -\frac{1}{4}\frac{p'(u)p'''(u) - p''(u)^2}{p'(u)^2},$$

oder weil nach (3) $p''' = 12pp'$ ist:

$$(5)\qquad p(2u) - p(u) = \frac{p''(u)^2 - 12p(u)p'(u)^2}{4p'(u)^2}$$

Schließlich brauchen wir noch die Determinante

$$(6)\qquad \begin{vmatrix} p'(u) & p''(u) & p'''(u) & p^{IV}(u) \\ p''(u) & p'''(u) & p^{IV}(u) & p^{V}(u) \\ p'''(u) & p^{IV}(u) & p^{V}(u) & p^{VI}(u) \\ p^{IV}(u) & p^{V}(u) & p^{VI}(u) & p^{VII}(u) \end{vmatrix}$$

[1]) H. A. Schwarz, Formeln und Lehrsätze zum Gebrauche der elliptischen Funktionen. 2 Ausgabe. Berlin 1893.

Diese ist nach Schwarz S. 19 von einem nicht verschwindenden Zahlenfaktor abgesehen gleich $\frac{\sigma(5u)}{\sigma(u)^{25}}$ und, da die Funktion $\sigma(u)$ die Nullstellen $u = 2\mu\omega + 2\nu\omega'$ hat, wo μ, ν ganze Zahlen sind (Schwarz S. 5), so wird die Determinante (6) verschwinden, wenn u gleich

$$(7) \qquad u_{\mu\nu} = \frac{2\mu\omega + 2\nu\omega'}{5}$$

gesetzt wird, wo μ, ν beliebige ganze Zahlen sind, die nicht beide den Teiler 5 haben. Wir denken uns jetzt in (6) für u einen Wert $u_{\mu\nu}$ eingesetzt, so daß die Determinante verschwindet; doch wollen wir das Argument $u_{\mu\nu}$ der Kürze halber gar nicht anschreiben.

Wenn man in der Determinante von den Elementen der dritten Spalte die mit $12p$ multiplizierten Elemente der ersten abzieht, wenn man außerdem von den Elementen der letzten Spalte die mit $12p$ multiplizierten Elemente der zweiten und die mit $12p'$ multiplizierten Elemente der ersten abzieht, kommt mit Rücksicht auf (3):

$$\begin{vmatrix} p' & p'' & 0 & 0 \\ p'' & p''' & 12p'^2 & 24p'p'' \\ p''' & p^{IV} & 36p'p'' & 36p''^2 + 36p'p''' \\ p^{IV} & p^{V} & 36p''^2 + 48p'p''' & 120p''p''' + 48p'p^{IV} \end{vmatrix} = 0.$$

Nimmt man jetzt dieselbe Operation auch mit den Zeilen vor und unterdrückt in der dritten und vierten Spalte je einen Faktor 12, so erhält man:

$$\begin{vmatrix} p' & p'' & 0 & 0 \\ p'' & p''' & p'^2 & 2p'p'' \\ 0 & 12p'^2 & 3p'p'' & 3p''^2 + 3p'p''' \\ 0 & 24p'p'' & 3p''^2 + 4p'p''' - 12pp'^2 & 10p''p''' + 4p'p^{IV} - 24pp'p'' \end{vmatrix} = 0.$$

Werden hier für p''' und p^{IV} die Ausdrücke aus (3) eingesetzt, so kommt schließlich, wenn man in der dritten und vierten Zeile je einen Faktor 3 unterdrückt:

$$\begin{vmatrix} p' & p'' & 0 & 0 \\ p'' & 12pp' & p'^2 & 2p'p'' \\ 0 & 4p'^2 & p'p'' & p''^2 + 12pp'^2 \\ 0 & 8p'p'' & p''^2 + 12pp'^2 & 48pp'p'' + 16p'^3 \end{vmatrix} = 0,$$

und wenn man diese Determinante vollständig ausrechnet, nach geeigneter Zusammenfassung der Glieder:

$$(8) \quad (p''^2 - 12pp'^2)^3 - 16p'^4p''(p''^2 - 12pp'^2) - 64p'^8 = 0.$$

Da nun nach (2) und (3)

$$p'^2 = 4p^3 - g_2p - g_3, \quad p'' = 6p^2 - \tfrac{1}{2}g_2,$$

so ist die linke Seite von (8) ein Polynom 12-ten Grades von p, das wir zur Abkürzung mit $F(p)$ bezeichnen wollen. Die Gleichung

$$(9) \qquad F(p) = 0$$

hat dann jedenfalls die Wurzeln

$$(10) \qquad p(u_{\mu\nu}) = p_{\mu\nu};$$

man nennt sie daher die Fünfteilungsgleichung der Perioden.

Nun liegen in der komplexen Zahlenebene 24 der Punkte $u_{\mu\nu}$ in einem Periodenparallelogramm, und entsprechend ergeben sich 24 Werte $p_{\mu\nu}$, nämlich die folgenden:

$$(11) \qquad \begin{cases} p_{01}, p_{10}, p_{11}, p_{12}, p_{13}, p_{14}, p_{02}, p_{20}, p_{21}, p_{22}, p_{23}, p_{24}, \\ p_{04}, p_{40}, p_{44}, p_{43}, p_{42}, p_{41}, p_{03}, p_{30}, p_{34}, p_{33}, p_{32}, p_{31}. \end{cases}$$

Da $p(u)$ die Perioden 2ω, $2\omega'$ hat und eine gerade Funktion ist, so ist

$$(12) \qquad p_{\mu+5\mu',\, \nu+5\nu'} = p_{\mu\nu}, \qquad p_{-\mu,\, -\nu} = p_{\mu\nu},$$

und daraus ersieht man, daß in dem Schema (11) je zwei untereinanderstehende $p_{\mu\nu}$ einander gleich sind. Zwei nicht untereinanderstehende sind aber voneinander verschieden; denn $p(u)$ ist eine elliptische Funktion zweiten Grades und nimmt daher im Periodenparallelogramm jeden Wert nur zweimal an. Daher sind die 12 Zahlen (erste Zeile von (11)):

$$(13) \qquad \begin{cases} p_{01}, p_{10}, p_{11}, p_{12}, p_{13}, p_{14}, \\ p_{02}, p_{20}, p_{22}, p_{24}, p_{21}, p_{23} \end{cases}$$

voneinander verschieden, und da sie der Gleichung (9) genügen, die vom Grad 12 ist, so stellen sie gerade die sämtlichen Wurzeln dieser Gleichung dar.

Nunmehr setzen wir

$$(14) \qquad p_{2\mu,\, 2\nu} - p_{\mu\nu} = y_{\mu\nu}$$

und stellen uns die Aufgabe, die Gleichung 12-ten Grades

$$(15) \qquad \Phi(y) = 0$$

aufzustellen, deren Wurzeln die 12 Zahlen

$$(16) \qquad \begin{cases} y_{01}, y_{10}, y_{11}, y_{12}, y_{13}, y_{14}, \\ y_{02}, y_{20}, y_{22}, y_{24}, y_{21}, y_{23} \end{cases}$$

sind. Mit Rücksicht auf (12) und (14) ist

$$y_{\mu+5\mu',\, \nu+5\nu'} = y_{\mu\nu},$$
$$y_{2\mu,\, 2\nu} = p_{4\mu,\, 4\nu} - p_{2\mu,\, 2\nu} = p_{-\mu,\, -\nu} - p_{2\mu,\, 2\nu} = p_{\mu\nu} - p_{2\mu,\, 2\nu} = -y_{\mu\nu}.$$

Daher sind von den Zahlen (16) je zwei untereinanderstehende entgegengesetzt gleich und folglich wird die Gleichung (15) nur gerade Potenzen von y enthalten.

Mit Rücksicht auf (5) ist, wenn $p'(u_{\mu\nu}) = p'_{\mu\nu}$, $p''(u_{\mu\nu}) = p''_{\mu\nu}$ gesetzt wird,

$$(17) \qquad y_{\mu\nu} = \frac{p''^2_{\mu\nu} - 12 p_{\mu\nu} p'^2_{\mu\nu}}{4 p'^2_{\mu\nu}} = \frac{(6p^2_{\mu\nu} - \frac{1}{2}g_2)^2 - 12 p_{\mu\nu}(4p^3_{\mu\nu} - g_2 p_{\mu\nu} - g_3)}{4(4p^3_{\mu\nu} - g_2 p_{\mu\nu} - g_3)},$$

und folglich ist die gesuchte Gleichung (15) die durch die Transformation

$$(18) \qquad y = \frac{p''^2 - 12 p p'^2}{4 p'^2} = \frac{(6p^2 - \frac{1}{2}g_2)^2 - 12 p(4p^3 - g_2 p - g_3)}{4(4p^3 - g_2 p - g_3)}$$

aus (9) entstehende Transformierte (vgl. Bd. I, § 53 I). Ihre Aufstellung hat mit elliptischen Funktionen nichts mehr zu tun, sondern ist eine rein algebraische Aufgabe, die wir jetzt auch rein algebraisch lösen wollen. Dabei gewinnt das Zeichen p die Bedeutung einer Variabeln, und in Übereinstimmung mit dem Bisherigen wollen wir als Abkürzung für die Polynome von p

$$(19)\qquad 4p^3 - g_2 p - g_3, \quad 6p^2 - \tfrac{1}{2} g_2$$

die Zeichen p'^2 bzw. p'' verwenden.

II. Zunächst ist nach Bd. I, § 53 I, damit sich überhaupt eine Transformierte bilden läßt, erforderlich, daß der Nenner in (18) für keine Wurzel der Gleichung $F(p) = 0$ verschwindet, also relativ prim zu $F(p)$ ist. Diese Bedingung ist erfüllt; denn hätte der Nenner mit $F(p)$ eine Wurzel gemein, so wäre das, weil ja $F(p)$ die linke Seite von (8) ist, auch eine Wurzel von

$$p'' = 6p^2 - \tfrac{1}{2}g_2.$$

Daher hätten die beiden Polynome (19) eine gemeinsame Wurzel, das erste also eine mehrfache Wurzel, was aber wegen (4) nicht der Fall ist.

Nun folgt aus (8), wenn man durch $64p'^6$ dividiert, mit Rücksicht auf (18):

$$(20)\qquad y^3 - p''y - p'^2 = 0,$$

und nach (18) selbst ist

$$(21)\qquad p''^2 = (4y + 12p)p'^2.$$

Aus (21) und (20) folgt weiter:

$$(22)\qquad p''^2 = (4y + 12p)(y^3 - p''y).$$

Die Gleichungen (20), (22) lauten in ausführlicherer Schreibweise:

$$(23)\qquad \begin{cases} y^3 - (6p^2 - \tfrac{1}{2}g_2)y - (4p^3 - g_2 p - g_3) = 0, \\ (6p^2 - \tfrac{1}{2}g_2)^2 = (4y + 12p)(y^3 - 6p^2 y + \tfrac{1}{2}g_2 y). \end{cases}$$

Es handelt sich nun darum, aus den beiden Gleichungen (23) eine Gleichung für y allein zu finden. Führt man statt p eine neue Größe z ein, indem man

$$(24)\qquad p = \frac{z - y}{2}$$

setzt, so gehen die Gleichungen (23), wenn man nach Potenzen von z ordnet, über in:

$$(25)\qquad \begin{cases} z^3 - (3y^2 + g_2)z - 2g_3 = 0, \\ 9z^4 - 6(5y^2 + g_2)z^2 + 5y^4 - 2g_2 y^2 + g_2^2 = 0. \end{cases}$$

Um hieraus eine Gleichung für y allein zu bekommen, kann man die Resultante nach z bilden; doch ist ihre Berechnung mühsam, und man kommt rascher zum Ziel, wenn man die zweite Gleichung (25) nach z^2 auflöst, wodurch sich ergibt:

$$(26)\qquad 3z^2 = 5y^2 + g_2 + 2y\sqrt{5y^2 + 3g_2}.$$

Nun läßt sich die erste Gleichung (25) folgendermaßen schreiben:

$$z(z^2 - 3y^2 - g_2) = 2g_3.$$

Wenn man diese Gleichung quadriert, dann für z^2 den Wert aus (26) einsetzt und zur Vermeidung von Brüchen mit $3 \cdot 3^2$ multipliziert, ergibt sich:

$$\left(5y^2 + g_2 + 2y\sqrt{5y^2 + 3g_2}\right)\left(-4y^2 - 2g_2 + 2y\sqrt{5y^2 + 3g_2}\right)^2 = 4 \cdot 27 g_3^2,$$

oder nach Ausmultiplizieren der Klammern und Wegheben des Faktors 4:

$$5y^6 + g_2^3 - 2y^5\sqrt{5y^2 + 3g_2} = 27g_3^2.$$

Mit Rücksicht auf (4) kann man dafür auch schreiben:

$$5y^6 + \Delta = 2y^5\sqrt{5y^2 + 3g_2},$$

und nach Quadrieren und Zusammenfassung der Glieder:

$$(27) \qquad 5y^{12} - 12g_2y^{10} + 10\Delta y^6 + \Delta^2 = 0.$$

Das ist nun eine Gleichung 12-ten Grades für y, womit aber noch nicht gesagt ist, daß sie die gesuchte Transformierte mit den Wurzeln (16) ist. Unsere Rechnung zeigt vielmehr zunächst nur:

Jede der zwölf Größen (16) ist eine Wurzel von (27).

Wenn nun umgekehrt y eine Wurzel von (27) ist und wenn z durch die Gleichung (26) definiert wird, wobei das Vorzeichen von z noch willkürlich bleibt, so bestehen bei richtiger Wahl dieses Vorzeichens die Gleichungen (25). Definiert man dann durch (24) eine Größe p, so bestehen die Gleichungen (23), also auch die Gleichungen (20) und (21). Setzt man aber aus (21) den Wert von y in (20) ein, so entsteht die Gleichung (8) oder, was ja dasselbe ist, die Gleichung (9). Also ist p eine der Größen (13) : $p = p_{\mu\nu}$, und nach (21) ist dann

$$y = \frac{p_{\mu\nu}''^2 - 12p_{\mu\nu}p_{\mu\nu}'^2}{4p_{\mu\nu}'^2} = y_{\mu\nu}.$$

Somit ergibt sich:

Jede Wurzel von (27) ist eine der zwölf Größen (16).

Aus diesem Satz folgt nun, daß die zwölf Wurzeln von (27), falls sie voneinander verschieden sind[1]), gerade die zwölf Größen (16) sind, so daß die Gleichung (27) in diesem Fall die gewünschte Transformierte ist.

Wenn aber (27) eine mehrfache Wurzel hat, so ist das eine gemeinsame Wurzel der Gleichungen

$$(28) \qquad 5y^{12} - 12g_2y^{10} + 10\Delta y^6 + \Delta^2 = 0, \quad 60y^{11} - 120g_2y^9 + 60\Delta y^5 = 0,$$

aus denen weiter folgt, indem man die zweite mit $\frac{y}{10}$ multipliziert und dann die erste davon abzieht:

$$y^{12} - 4\Delta y^6 - \Delta^2 = 0.$$

[1]) Andernfalls wäre es zunächst denkbar, daß die Gleichung (27) die Wurzeln (16) nicht in der Vielfachheit besitzt, wie sie in der Reihe (16) auftreten; dann wäre (27) nicht die gesuchte Transformierte.

oder also durch Auflösung nach y^2:

$$y^2 = \sqrt[3]{(2+\sqrt{5})\Delta} = \frac{1+\sqrt{5}}{2}\cdot\sqrt[3]{\Delta},$$

wo die Radikale $\sqrt{5}$ und $\sqrt[3]{\Delta}$ eine der zwei bzw. drei möglichen Bedeutungen haben. Setzt man das aber in die zweite Gleichung (28) nach Unterdrückung des Faktors $60y^5$ ein, so kommt:

$$(3+\sqrt{5})\Delta - g_2(3+\sqrt{5})\sqrt[3]{\Delta}^2 = 0,$$

also: $\sqrt[3]{\Delta} = g_2$, und folglich wegen (4) : $g_3 = 0$.

Wenn daher $g_3 \neq 0$ ist, so sind die Wurzeln der Gleichung (27) voneinander verschieden, und folglich ist (27) die gesuchte Transformierte. Insbesondere wird das der Fall sein, wenn g_2, g_3 unabhängige Variable sind. Würde man also unter dieser Voraussetzung die Transformierte nach einer der Methoden von Bd. I, § 53 aufstellen (was aber für die praktische Ausführung zu umständlich ist), so würde man zur Gleichung (27) gelangen. Diese ganze Rechnung ist aber auch durchführbar, wenn die Variabeln g_2, g_3 durch irgendwelche spezielle Größen ersetzt werden, sofern nur $g_2^3 - 27g_3^2 \neq 0$ bleibt[1]). Daraus können wir, obwohl gerade dieser Fall uns in der Folge nicht interessieren wird, doch schließen, daß die Gleichung (27) auch im Fall $g_3 = 0$ die richtige Transformierte ist.

In Gleichung (27) treten, wie wir vorausgesehen haben, nur gerade Potenzen von y auf. Wird daher $y^2 = \frac{1}{x}$ gesetzt, so entsteht die Gleichung

$$x^6 + \frac{10}{\Delta}x^3 - \frac{12g_2}{\Delta^2}x + \frac{5}{\Delta^2} = 0,$$

und diese hat, da je zwei untereinanderstehende der Größen (16) entgegengesetzt gleich sind, die Wurzeln

$$\left(\frac{1}{y_{01}}\right)^2,\quad \left(\frac{1}{y_{10}}\right)^2,\quad \left(\frac{1}{y_{11}}\right)^2,\quad \left(\frac{1}{y_{12}}\right)^2,\quad \left(\frac{1}{y_{13}}\right)^2,\quad \left(\frac{1}{y_{14}}\right)^2.$$

Ändern wir nun die Bezeichnung etwas, indem wir

$$\frac{1}{\Delta} = -a,\quad \frac{12g_2}{\Delta^2} = b$$

setzen, oder also:

$$\Delta = -\frac{1}{a},\quad g_2 = \frac{b}{12a^2},\quad g_3 = \sqrt{\frac{g_2^3-\Delta}{27}} = \frac{\sqrt{b^3+1728a^5}}{216a^3},$$

so können wir unser Ergebnis aussprechen in dem

[1]) Diese Ausnahme erklärt sich dadurch, daß im Fall $g_2^3 - 27g_3^2 = 0$ das Polynom $F(p)$ mit dem in (18) auftretenden Nenner eine gemeinsame Wurzel hat, so daß ein in der durchzuführenden Rechnung auftretender Nenner in diesem Fall verschwindet.

Satz 112. *Um die Wurzeln der Gleichung sechsten Grades*

$$x^6 - 10ax^3 - bx + 5a^2 = 0$$

zu finden, wenn a, b komplexe Zahlen sind, und zwar $a \neq 0$, *setze man*

$$\frac{b}{12a^2} = g_2, \quad \frac{\sqrt{b^3 + 1728a^5}}{216a^3} = g_3,$$

wobei das Vorzeichen der Quadratwurzel beliebig gewählt werden darf, und bilde die elliptische p-Funktion mit den Invarianten g_2, g_3. *Ist dann* 2ω, $2\omega'$ *ein primitives Periodenpaar und setzt man*

$$\left(\frac{1}{p\left(\frac{4\mu\omega + 4\nu\omega'}{5}\right) - p\left(\frac{2\mu\omega + 2\nu\omega'}{5}\right)}\right)^2 = x_{\mu\nu},$$

so sind die sechs Wurzeln der Gleichung die Zahlen

$$x_{01},\ x_{10},\ x_{11},\ x_{12},\ x_{13},\ x_{14}.$$

Bemerkung. Im Fall $g_3 = 0$, also für $b = -12\sqrt[3]{a^5}$, hat die obige Gleichung zwei Doppelwurzeln und kann durch Quadratwurzeln gelöst werden. In der Tat, wenn man $\sqrt[3]{a} = \alpha$ setzt, ist in diesem Fall

$$a = \alpha^3, \quad b = -12\alpha^5, \quad \alpha = -\frac{12a^2}{b}.$$

und die linke Seite der obigen Gleichung läßt sich in folgender Weise zerlegen

$$x^6 - 10\alpha^3x^3 + 12\alpha^5x + 5\alpha^6 = (x^2 - \alpha x - \alpha^2)^2\,(x^2 + 2\alpha x + 5\alpha^2).$$

§ 46. Die Galoissche Gruppe der Jacobischen Gleichung.

I. Die Gleichung sechsten Grades

$$(1) \qquad x^6 - 10ax^3 - bx + 5a^2 = 0 \qquad (a \neq 0)$$

wird als eine Jacobische Gleichung bezeichnet. Einige tieferliegende Formeln aus der Theorie der elliptischen Funktionen liefern gewisse Beziehungen zwischen den sechs in Satz 112 angegebenen Wurzeln der Jacobischen Gleichung, und auf Grund dieser Beziehungen kann die Galoissche Gruppe der Gleichung aufgestellt werden. Wir wollen jedoch nichts weiter über elliptische Funktionen voraussetzen, sondern jetzt alles rein algebraisch machen.

Seien c_1, c_2, c_3, c_4 irgendwelche Größen und sei ε eine primitive fünfte Einheitswurzel. Wir setzen

$$(2) \qquad c_1\varepsilon^{\nu} + c_2\varepsilon^{2\nu} + c_3\varepsilon^{3\nu} + c_4\varepsilon^{4\nu} = \tau_\nu \qquad (\nu = 0, 1, 2, 3, 4)$$

und bilden das Polynom fünften Grades von t mit den Wurzeln τ_ν:

$$(3) \qquad \prod_{\nu=0}^{4}(t - \tau_\nu) = t^5 + a_1t^4 + a_2t^3 + a_3t^2 + a_4t + a_5.$$

Die Koeffizienten a_ν sind Größen des Ringes $\Re(c_1, c_2, c_3, c_4)$, die man durch

Ausmultiplizieren finden kann. Doch kommt man rascher ans Ziel, wenn man zuerst die Potenzsummen der τ_ν berechnet. Dabei braucht man für jede Potenz von τ_ν bloß diejenigen durch den polynomischen Satz gelieferten Glieder anzuschreiben, bei denen die Summe der Indizes (das Gewicht) durch 5 teilbar ist oder, was dasselbe ist, bei denen der im Exponenten von ε auftretende Faktor von ν durch 5 teilbar ist. Denn die anderen Glieder heben sich bei der Summenbildung infolge der Beziehung

$$1+\varepsilon+\varepsilon^2+\varepsilon^3+\varepsilon^4=0$$

heraus, während die angeschriebenen Glieder je fünfmal kommen. So lassen sich die ersten fünf Potenzsummen ohne jede Rechnung sofort hinschreiben:

$$\begin{aligned}
s_1 &= \sum \tau_\nu = 0,\\
s_2 &= \sum \tau_\nu^2 = 5(2c_1c_4+2c_2c_3),\\
s_3 &= \sum \tau_\nu^3 = 5(3c_1^2c_3+3c_2^2c_1+3c_3^2c_4+3c_4^2c_2),\\
s_4 &= \sum \tau_\nu^4 = 5(4c_1^3c_2+4c_2^3c_4+4c_3^3c_1+4c_4^3c_3+6c_1^2c_4^2+6c_2^2c_3^2+24c_1c_2c_3c_4),\\
s_5 &= \sum \tau_\nu^5 = 5(c_1^5+c_2^5+c_3^5+c_4^5+20c_1^3c_3c_4+20c_2^3c_1c_3+20c_3^3c_2c_4+20c_4^3c_1c_2\\
&\qquad +30c_1^2c_2^2c_4+30c_1^2c_3^2c_2+30c_2^2c_4^2c_3+30c_3^2c_4^2c_1).
\end{aligned}$$

Hieraus gewinnt man nun mit Hilfe der Newtonschen Formeln (Bd. I, S. 151) leicht die Koeffizienten a_ν:

$$(4)\quad \begin{cases}
a_1=0,\quad a_2=-5(c_1c_4+c_2c_3),\\
a_3=-5(c_1^2c_3+c_2^2c_1+c_3^2c_4+c_4^2c_2),\\
a_4=-5(c_1^3c_2+c_2^3c_4+c_3^3c_1+c_4^3c_3)+5(c_1^2c_4^2+c_2^2c_3^2)-5c_1c_2c_3c_4,\\
a_5=-(c_1^5+c_2^5+c_3^5+c_4^5)+5(c_1^3c_3c_4+c_2^3c_1c_3+c_3^3c_2c_4+c_4^3c_1c_2)\\
\qquad -5(c_1^2c_2^2c_4+c_1^2c_3^2c_2+c_2^2c_4^2c_3+c_3^2c_4^2c_1).
\end{cases}$$

II. Als erste Anwendung dieser Formeln setzen wir speziell

$$c_1=q,\quad c_2=0,\quad c_3=0,\quad c_4=-\frac{1}{q};$$

dann ergibt sich

$$\prod_{\nu=0}^{4}\left[t-\left(q\varepsilon^\nu-\frac{1}{q\varepsilon^\nu}\right)\right]=t^5+5t^3+5t-\left(q^5-\frac{1}{q^5}\right).$$

Setzt man hier $t-1$ an Stelle von t, so kommt weiter:

$$\prod_{\nu=0}^{4}\left[t-\left(1+q\varepsilon^\nu-\frac{1}{q\varepsilon^\nu}\right)\right]=t^5-5t^4+15t^3-25t^2+25t-125\sigma,$$

wobei zur Abkürzung

$$(5)\qquad 11+q^5-\frac{1}{q^5}=125\sigma$$

gesetzt ist. Ersetzt man jetzt t durch $-t$ und multipliziert die entstehende Gleichung mit der soeben gewonnenen, so erhält man nach Änderung des Vorzeichens:

$$\prod_{\nu=0}^{4}\left[t^2-\left(1+q\varepsilon^\nu-\frac{1}{q\varepsilon^\nu}\right)^2\right]$$
$$=t^{10}+5t^8+25t^6+125(1-10\sigma)\,t^4+625(1-10\sigma)\,t^2-125^2\sigma^2.$$

Hieraus entsteht, wenn $t^2=\frac{5x}{\varrho}$ gesetzt wird, nach Multiplikation mit $\left(\frac{\varrho}{5}\right)^5$ die Formel:

$$\prod_{\nu=0}^{4}\left[x-\frac{\varrho}{5}\left(1+q\varepsilon^\nu-\frac{1}{q\varepsilon^\nu}\right)^2\right]$$
$$=x^5+\varrho x^4+\varrho^2x^3+(1-10\sigma)\,\varrho^3x^2+(1-10\sigma)\,\varrho^4x-5\sigma^2\varrho^5.$$

Endlich folgt aus dieser Gleichung, indem man sie mit $x-\varrho$ multipliziert:

$$(6)\qquad (x-\varrho)\prod_{\nu=0}^{4}\left[x-\frac{\varrho}{5}\left(1+q\varepsilon^\nu-\frac{1}{q\varepsilon^\nu}\right)^2\right]$$
$$=x^6-10\sigma\varrho^3x^3-(1-10\sigma+5\sigma^2)\varrho^5x+5\sigma^2\varrho^6.$$

In dieser Identität dürfen ϱ und q ganz beliebige Größen sein, und σ ist dann durch Formel (5) gegeben. Man darf aber auch ϱ und σ als beliebige Größen annehmen, und dann muß q aus der Formel (5) berechnet werden, die sich nach Multiplikation mit q^5 als quadratische Gleichung für q^5 erweist; ihre Auflösung nach q ergibt:

$$(7)\qquad q=\sqrt[5]{\frac{125\sigma-11}{2}+\frac{5}{2}\sqrt{625\sigma^2-110\sigma+5}},$$

wo die Quadratwurzel und die fünfte Wurzel zwei- bzw. fünfdeutig sind; jede der so möglichen zehn Bedeutungen für q ist zulässig.

Nunmehr setzen wir in (6) für ϱ speziell eine Wurzel der Jacobischen Gleichung (1), so daß $\varrho \neq 0$ und außerdem

$$(8)\qquad \varrho^6-10a\varrho^3+5a^2=b\varrho$$

ist, und setzen weiter

$$(9)\qquad \sigma=\frac{a}{\varrho^3}.$$

Dann ist

$$(10)\qquad (1-10\sigma+5\sigma^2)\varrho^5=\frac{\varrho^6-10a\varrho^3+5a^2}{\varrho}=b,$$

und die Identität (6) geht über in:

$$(11)\ x^6-10ax^3-bx+5a^2=(x-\varrho)\prod_{\nu=0}^{4}\left[x-\frac{\varrho}{5}\left(1+q\varepsilon^\nu-\frac{1}{q\varepsilon^\nu}\right)^2\right],$$

wobei nach (7)

$$(12)\qquad q=\sqrt[5]{\frac{125a-11\varrho^3}{2\varrho^3}+\frac{5}{2\varrho^3}\sqrt{625a^2-110a\varrho^3+5\varrho^6}}$$

ist. Damit ist bewiesen der

Satz 113. *Sind a, b irgendwelche Größen, jedoch $a \neq 0$, und ist $\xi_1 = \varrho$ eine beliebige Wurzel der Jacobischen Gleichung*

$$x^6 - 10ax^3 - bx + 5a^2 = 0,$$

so sind die fünf anderen Wurzeln die Größen

$$\xi_{2+\nu} = \frac{\varrho}{5}\left(1 + q\varepsilon^\nu - \frac{1}{q\varepsilon^\nu}\right)^2 \qquad (\nu = 0, 1, 2, 3, 4),$$

wobei ε eine beliebige primitive fünfte Einheitswurzel und q die Größe (12) *ist. Die Größen a und b drücken sich dann in folgender Weise durch ϱ und q aus:*

$$a = \sigma\varrho^3, \quad b = (1 - 10\sigma + 5\sigma^2)\varrho^5, \quad \textit{wobei} \quad \sigma = \frac{1}{125}\left(11 + q^5 - \frac{1}{q^5}\right).$$

Die Größe (12) ist allerdings zehndeutig; aber wenn eine der zehn Bedeutungen mit q bezeichnet wird, so sind die anderen enthalten in den Formen

$$q\varepsilon^\mu \text{ und } -\frac{1}{q\varepsilon^\mu}.$$

Die Wurzeln $\xi_{2+\nu}$ in Satz 113 werden daher, wenn man dem q eine andere der möglichen Bedeutungen beilegt, lediglich permutiert.

III. Wir wollen jetzt die Galoissche Gruppe der Jacobischen Gleichung bestimmen.

Satz 114. *Sind ϱ, q unabhängige Variable*[1]) *und setzt man*

$$11 + q^5 - \frac{1}{q^5} = 125\sigma,$$

$$\sigma\varrho^3 = a, \quad (1 - 10\sigma + 5\sigma^2)\,\varrho^5 = b,$$

so ist die Galoissche Gruppe der Jacobischen Gleichung

$$x^6 - 10ax^3 - bx + 5a^2 = 0$$

in bezug auf den Körper $\mathfrak{K}(\varepsilon, a, b)$, wo ε eine primitive fünfte Einheitswurzel ist, von der Ordnung 60, *und zwar ist es bei geeigneter Numerierung der Wurzeln die Gruppe*

$$\mathfrak{G} = \sum_{\mu=0}^{4}\sum_{\lambda=0}^{1} T^\lambda S^\mu + \sum_{\nu=0}^{4}\sum_{\mu=0}^{4}\sum_{\lambda=0}^{1} T^\lambda S^\mu V S^\nu,$$

wobei

$$S = (2, 3, 4, 5, 6), \qquad T = (3, 6)\,(4, 5), \qquad V = (1, 2)\,(4, 5).$$

Satz 115. *Sind a, b unabhängige Variable und ist ε eine primitive fünfte Einheitswurzel, so ist die Galoissche Gruppe der Jacobischen Gleichung*

$$x^6 - 10ax^3 - bx + 5a^2 = 0$$

in bezug auf den Körper $\mathfrak{K}(\varepsilon, a, b)$ die gleiche wie in Satz 114.

Die Beweise sind für beide Sätze ziemlich übereinstimmend. Unter der

[1]) Die unabhängigen Variabeln sind hier und im folgenden immer in bezug auf irgendeinen Zahlenkörper gemeint. Welchen Zahlenkörper man nimmt, ist gleichgültig.

Voraussetzung von Satz 114 sind die sechs Wurzeln der Jacobischen Gleichung auf Grund der Identität (6) die folgenden:

$$(13)\qquad \begin{cases} \xi_1 = \varrho, \\ \xi_{2+\nu} = \dfrac{\varrho}{5}\left(1 + q\varepsilon^\nu - \dfrac{1}{q\varepsilon^\nu}\right)^2 \qquad (\nu = 0, 1, 2, 3, 4). \end{cases}$$

Aber auch unter der Voraussetzung von Satz 115 können auf Grund von Satz 113 die sechs Wurzeln in dieser Gestalt angenommen werden, wobei dann genau wie in Satz 114 auch

$$(14)\qquad \begin{cases} 11 + q^5 - \dfrac{1}{q^5} = 125\sigma, \\ \sigma\varrho^3 = a, \quad (1 - 10\sigma + 5\sigma^2)\varrho^5 = b \end{cases}$$

ist.

In (13) sind die Wurzeln ξ_λ durch ϱ und q ausgedrückt. Man kann auch umgekehrt ϱ und q durch die Wurzeln ξ_λ ausdrücken, und zwar auf mehrfache Weise. Denn nach der ersten Gleichung (13) ist zunächst $\varrho = \xi_1$, und wenn man das in die zweite einsetzt, ergibt sich durch Ausquadrieren:

$$(15)\qquad \frac{5\xi_{2+\nu}}{\xi_1} = -1 + 2q\varepsilon^\nu - \frac{2}{q\varepsilon^\nu} + q^2\varepsilon^{2\nu} + \frac{1}{q^2\varepsilon^{2\nu}}.$$

Hieraus folgt nun sogleich:

$$(16)\qquad \frac{1}{\xi_1}\sum_{\nu=0}^{4}\xi_{2+\nu} = -1,$$

$$(17)\qquad \begin{cases} \dfrac{1}{2\xi_1}\sum\limits_{\nu=0}^{4}\varepsilon^{-\nu}\,\xi_{2+\nu} = q, & \dfrac{1}{2\xi_1}\sum\limits_{\nu=0}^{4}\varepsilon^{\nu}\,\xi_{2+\nu} = -\dfrac{1}{q}, \\ \dfrac{1}{\xi_1}\sum\limits_{\nu=0}^{4}\varepsilon^{-2\nu}\xi_{2+\nu} = q^2, & \dfrac{1}{\xi_1}\sum\limits_{\nu=0}^{4}\varepsilon^{2\nu}\xi_{2+\nu} = \dfrac{1}{q^2}. \end{cases}$$

Die Formel (16) besagt nur, daß die Summe aller Wurzeln verschwindet, was auch a priori klar ist. Die Formeln (17) aber liefern gewisse Beziehungen zwischen den Wurzeln mit Koeffizienten aus $\mathfrak{K}(\varepsilon, a, b)$, sogar aus $\mathfrak{K}(\varepsilon)$, beispielsweise:

$$(18)\qquad \left(\frac{1}{2\xi_1}\sum_{\nu=0}^{4}\varepsilon^{-\nu}\xi_{2+\nu}\right)^2 = \frac{1}{\xi_1}\sum_{\nu=0}^{4}\varepsilon^{-2\nu}\xi_{2+\nu},$$

und gestatten dadurch einen Rückschluß auf die Galoissche Gruppe. Ist nämlich $\xi_1', \ldots, \xi_6'$ eine solche Permutation der Wurzeln, daß die Substitution

$$\begin{pmatrix} \xi_1, & \xi_2, & \xi_3, & \xi_4, & \xi_5, & \xi_6 \\ \xi_1', & \xi_2', & \xi_3', & \xi_4', & \xi_5', & \xi_6' \end{pmatrix}$$

der Galoisschen Gruppe in bezug auf $\mathfrak{K}(\varepsilon, a, b)$ angehört, so ist zunächst, weil die Summe aller Wurzeln verschwindet,

$$(16')\qquad \frac{1}{\xi_1'}\sum_{\nu=0}^{4}\xi_{2+\nu}' = -1.$$

Setzt man ferner zur Abkürzung

$$\frac{1}{2\xi_1'}\sum_{\nu=0}^{4}\varepsilon^{-\nu}\xi_{2+\nu}' = q',$$

so ist, weil die aus (17) folgenden Beziehungen, wie z. B. die Beziehung (18), durch die Substitution wieder in richtige Beziehungen übergehen müssen, auch

$$(17')\quad\begin{cases}\dfrac{1}{2\xi_1'}\sum\limits_{\nu=0}^{4}\varepsilon^{-\nu}\,\xi_{2+\nu}' = q', & \dfrac{1}{2\xi_1'}\sum\limits_{\nu=0}^{4}\varepsilon^{\nu}\,\xi_{2+\nu}' = -\dfrac{1}{q'},\\[2ex] \dfrac{1}{\xi_1'}\sum\limits_{\nu=0}^{4}\varepsilon^{-2\nu}\xi_{2+\nu}' = q'^2, & \dfrac{1}{\xi_1'}\sum\limits_{\nu=0}^{4}\varepsilon^{2\nu}\xi_{2+\nu}' = \dfrac{1}{q'^2}.\end{cases}$$

Aus (16′) und (17′) folgt nun sogleich, indem man die Gleichungen der Reihe nach mit 1, $2\varepsilon^{\mu}$, $2\varepsilon^{-\mu}$, $\varepsilon^{2\mu}$, $\varepsilon^{-2\mu}$ multipliziert und dann addiert:

$$\frac{5\xi_{2+\mu}'}{\xi_1'} = -1 + 2q'\varepsilon^{\mu} - \frac{2}{q'\varepsilon^{\mu}} + q'^2\varepsilon^{2\mu} + \frac{1}{q'^2\varepsilon^{2\mu}} = \left(1 + q'\varepsilon^{\mu} - \frac{1}{q'\varepsilon^{\mu}}\right)^2.$$

Schreibt man hier ν statt μ und setzt noch $\xi_1' = \varrho'$, so erhält man schließlich die Formeln

$$(13')\quad\begin{cases}\xi_1' = \varrho',\\[1ex] \xi_{2+\nu}' = \dfrac{\varrho'}{5}\left(1 + q'\varepsilon^{\nu} - \dfrac{1}{q'\varepsilon^{\nu}}\right)^2 \qquad (\nu = 0, 1, 2, 3, 4).\end{cases}$$

Damit ist zunächst gezeigt: **Jede Substitution der Galoisschen Gruppe führt die in den Formeln (13) auftretenden und durch sie eindeutig bestimmten[1]) Größen ϱ, q in gewisse Größen ϱ', q' über, die so beschaffen sind, daß die Größen (13′) wieder die sechs Wurzeln darstellen.**

Umgekehrt zeigen wir jetzt, daß auch jede Substitution dieser Art wirklich der Galoisschen Gruppe angehört.

Dazu setzen wir $11 + q'^5 - \dfrac{1}{q'^5} = 125\sigma'$ und bemerken zunächst, daß dann, weil die Größen (13′) die sechs Wurzeln sind, nach Satz 113 die folgenden zu (14) analogen Formeln gelten:

$$(14')\quad\begin{cases}11 + q'^5 - \dfrac{1}{q'^5} = 125\sigma',\\[1ex] \sigma'\varrho'^3 = a, \quad (1 - 10\sigma' + 5\sigma'^2)\,\varrho'^5 = b.\end{cases}$$

Jede Beziehung zwischen den Wurzeln mit Koeffizienten aus $\mathfrak{K}(\varepsilon, a, b)$

$$(19)\qquad f(\xi_1, \ldots, \xi_6) = 0$$

läßt sich in der Form schreiben:

$$(20)\qquad \varphi(\xi_1, \ldots, \xi_6, a, b) = 0,$$

wo φ Koeffizienten aus $\mathfrak{K}(\varepsilon)$ hat. Drückt man hier die Wurzeln sowie a und b

[1]) Vgl. z. B. die erste Formel (17).

vermöge (13), (14) durch ϱ und q aus, so entsteht eine Beziehung der Form

$$\psi\left(\varrho, q, \frac{1}{q}\right) = 0$$

oder, indem man zur Beseitigung der Nenner mit einer geeigneten Potenz von q multipliziert:

$$\Omega(\varrho, q) = 0, \tag{21}$$

wo Ω ein Polynom mit Koeffizienten aus $\mathfrak{K}(\varepsilon)$ ist. Diese Koeffizienten sind aber unter der Voraussetzung von Satz 114 alle gleich 0, weil ϱ, q unabhängige Variable sind. Aber auch unter der Voraussetzung von Satz 115 sind diese Koeffizienten alle gleich 0. Denn andernfalls ließe sich aus (21) und der ersten Gleichung (14) eine Beziehung zwischen ϱ und σ herleiten, die vermöge der zweiten Gleichung (14) in eine Beziehung zwischen ϱ und a überginge:

$$\varphi_0(a)\varrho^n + \varphi_1(a)\varrho^{n-1} + \cdots + \varphi_n(a) = 0 \qquad (\varphi_0(a) \neq 0,\ \varphi_n(a) \neq 0).$$

Folglich hätten die Polynome von x

$$\varphi_0(a)x^n + \varphi_1(a)x^{n-1} + \cdots + \varphi_n(a), \tag{22}$$

$$x^6 - 10ax^3 - bx + 5a^2 \tag{23}$$

die Wurzel ϱ gemein. Ihre Resultante müßte also verschwinden, während sie in Wahrheit ein nicht identisch verschwindendes Polynom $\Phi(a, b)$ der unabhängigen Variabeln a, b ist[1]).

Da nun in der Beziehung (21) alle Koeffizienten verschwinden, so bleibt sie richtig, wenn ϱ, q durch irgendwelche andern Größen ersetzt werden; insbesondere dürfen sie durch die oben eingeführten Größen ϱ', q' ersetzt werden. Die so entstehende Beziehung $\Omega(\varrho', q') = 0$ besagt aber wegen der Formeln (13'), (14') soviel wie

$$\varphi(\xi_1', \ldots, \xi_6', a, b) = 0.$$

Somit geht die Beziehung (20) und folglich auch (19) durch die erwähnten Substitutionen wieder in richtige Beziehungen über, so daß diese Substitutionen wirklich der Galoisschen Gruppe angehören.

IV. Nun ist es nicht mehr schwer, die Galoissche Gruppe wirklich aufzustellen. Zuerst suchen wir diejenigen Substitutionen der Gruppe, welche ξ_1 durch sich selbst ersetzen. Wegen (13) muß dann ϱ wieder durch ϱ ersetzt werden, und damit a unverändert bleibt[2]), muß nach (14) auch σ wieder durch σ ersetzt werden, also q^5 durch q^5 oder durch $-\frac{1}{q^5}$. Das gibt 10 Möglich-

[1]) Würde nämlich $\Phi(a, b)$ identisch verschwinden, so hätte das Polynom (23) auch bei beliebig spezialisiertem b eine Wurzel mit dem von b freien Polynom (22) gemein, was nicht möglich ist. Denn nach Bd. I Satz 29 kann man z. B. für b eine solche ganze Zahl setzen, daß das Polynom (23) für keine der n Wurzeln von (22) den Wert 0 annimmt.

[2]) Die Größen $-10a$, $-b$ sind ja als Koeffizienten der Jacobischen Gleichung symmetrische Grundfunktionen der Wurzeln, müssen also bei allen Substitutionen unverändert bleiben.

keiten, indem q durch $q\varepsilon^\mu$ oder durch $-\frac{1}{q\varepsilon^\mu}$ ersetzt werden kann ($\mu = 0, 1, 2, 3, 4$). Wird q durch $q\varepsilon^\mu$ ersetzt, so entsteht die Substitution S^μ, wo $S = (2, 3, 4, 5, 6)$; wird aber q durch $-\frac{1}{q}$ ersetzt, so entsteht die Substitution $T = (3, 6)(4, 5)$, und daher entsteht allgemeiner, wenn q durch $-\frac{1}{q\varepsilon^\mu}$ ersetzt wird, die Substitution TS^μ. Die Substitutionen der Galoisschen Gruppe, welche die Wurzel ξ_1 durch sich selbst ersetzen, bilden also die folgende Untergruppe $\mathfrak{U}$ von der Ordnung 10:

$$\mathfrak{U} = \sum_{\mu=0}^{4} S^\mu + \sum_{\mu=0}^{4} TS^\mu = \sum_{\mu=0}^{4} \sum_{\lambda=0}^{1} T^\lambda S^\mu. \tag{24}$$

Nunmehr untersuchen wir, ob die Galoissche Gruppe eine Substitution enthält, welche ξ_1, ξ_2 durch ξ_2, ξ_1 ersetzt. Nach unseren Feststellungen wird das dann und nur dann der Fall sein, wenn es gewisse Größen ϱ', q' gibt derart, daß die Größen (13′) die sämtlichen sechs Wurzeln sind und daß speziell

$$\varrho' = \xi_2 = \frac{\varrho}{5}\left(1 + q - \frac{1}{q}\right)^2, \tag{25}$$

$$\frac{\varrho'}{5}\left(1 + q' - \frac{1}{q'}\right)^2 = \xi_1 = \varrho \tag{26}$$

ist. Hieraus folgt durch Division und Wurzelziehen:

$$1 + q' - \frac{1}{q'} = \frac{\pm 5}{1 + q - \frac{1}{q}}.$$

Wählt man hier das obere Vorzeichen, so hat die nach Multiplikation mit q' entstehende quadratische Gleichung für q', wie man leicht nachrechnet, die Wurzel

$$q' = (\varepsilon + \varepsilon^4)\frac{q - \varepsilon^2 - \varepsilon^3}{q - \varepsilon - \varepsilon^4} = (\varepsilon + \varepsilon^4)\frac{(q - \varepsilon^2 - \varepsilon^3)^2}{q^2 + q - 1}, \tag{27}$$

und für diese ist dann weiter

$$-\frac{1}{q'} = (\varepsilon^2 + \varepsilon^3)\frac{q - \varepsilon - \varepsilon^4}{q - \varepsilon^2 - \varepsilon^3} = (\varepsilon^2 + \varepsilon^3)\frac{(q - \varepsilon - \varepsilon^4)^2}{q^2 + q - 1}. \tag{28}$$

Wir wollen daher jetzt die Größen ϱ', q' durch (25) und (27) definieren und zeigen, daß dann die Größen (13′) wirklich die sechs Wurzeln darstellen und somit eine Substitution der Galoisschen Gruppe liefern. Zunächst zeigt der Vergleich von (13′) mit (25) und (26) sofort, daß $\xi_1' = \xi_2$, $\xi_2' = \xi_1$ ist, wie wir es ja haben wollten. Sodann ist für $\nu = 1, 2, 3, 4$ die Größe $\xi_{2+\nu}' = \frac{\varrho'}{5}\left(1 + q'\varepsilon^\nu - \frac{1}{q'\varepsilon^\nu}\right)^2$ die folgende:

$$\frac{\varrho}{25}\left(1+q-\frac{1}{q}\right)^2\left[1+(\varepsilon+\varepsilon^4)\frac{(q-\varepsilon^2-\varepsilon^3)^2}{q^2+q-1}\varepsilon^\nu+(\varepsilon^2+\varepsilon^3)\frac{(q-\varepsilon-\varepsilon^4)^2}{q^2+q-1}\varepsilon^{-\nu}\right]^2$$

$$=\frac{\varrho}{25q^2}\left[(1+\varepsilon^{1+\nu}+\varepsilon^{4+\nu}+\varepsilon^{2-\nu}+\varepsilon^{3-\nu})q^2+(1+2\varepsilon^\nu+2\varepsilon^{-\nu})q\right.$$

$$\left.-(1+\varepsilon^{2+\nu}+\varepsilon^{3+\nu}+\varepsilon^{1-\nu}+\varepsilon^{4-\nu})\right]^2,$$

wofür man mit Rücksicht auf die Identität

$$(1+2\varepsilon^\nu+2\varepsilon^{-\nu})^2=9+4\varepsilon^\nu+4\varepsilon^{-\nu}+4\varepsilon^{2\nu}+4\varepsilon^{-2\nu}=5$$

auch schreiben kann:

$$\frac{\varrho}{5q^2}\left[\frac{1+\varepsilon^{1+\nu}+\varepsilon^{4+\nu}+\varepsilon^{2-\nu}+\varepsilon^{3-\nu}}{1+2\varepsilon^\nu+2\varepsilon^{-\nu}}q^2+q-\frac{1+\varepsilon^{2+\nu}+\varepsilon^{3+\nu}+\varepsilon^{1-\nu}+\varepsilon^{4-\nu}}{1+2\varepsilon^\nu+2\varepsilon^{-\nu}}\right]^2.$$

Im einzelnen ist also

$$\xi_3'=\frac{\varrho}{5q^2}\left[\frac{2+2\varepsilon^2+\varepsilon}{1+2\varepsilon+2\varepsilon^4}q^2+q-\frac{2+2\varepsilon^3+\varepsilon^4}{1+2\varepsilon+2\varepsilon^4}\right]^2$$

$$=\frac{\varrho}{5q^2}(\varepsilon q^2+q-\varepsilon^4)^2=\xi_3,$$

$$\xi_4'=\frac{\varrho}{5q^2}\left[\frac{2+2\varepsilon+\varepsilon^3}{1+2\varepsilon^2+2\varepsilon^3}q^2+q-\frac{2+2\varepsilon^4+\varepsilon^2}{1+2\varepsilon^2+2\varepsilon^3}\right]^2$$

$$=\frac{\varrho}{5q^2}(\varepsilon^3q^2+q-\varepsilon^2)^2=\xi_5,$$

$$\xi_5'=\frac{\varrho}{5q^2}\left[\frac{2+2\varepsilon^4+\varepsilon^2}{1+2\varepsilon^3+2\varepsilon^2}q^2+q-\frac{2+2\varepsilon+\varepsilon^3}{1+2\varepsilon^3+2\varepsilon^2}\right]^2$$

$$=\frac{\varrho}{5q^2}(\varepsilon^2q^2+q-\varepsilon^3)^2=\xi_4,$$

$$\xi_6'=\frac{\varrho}{5q^2}\left[\frac{2+2\varepsilon^3+\varepsilon^4}{1+2\varepsilon^4+2\varepsilon}q^2+q-\frac{2+2\varepsilon^2+\varepsilon}{1+2\varepsilon^4+2\varepsilon}\right]^2$$

$$=\frac{\varrho}{5q^2}(\varepsilon^4q^2+q-\varepsilon)^2=\xi_6.$$

Die Größen (13′) sind also wirklich wieder die sechs Wurzeln ξ_ν, und wir erhalten die Substitution

$$V=\begin{pmatrix}1, 2, 3, 4, 5, 6\\2, 1, 3, 5, 4, 6\end{pmatrix}=(1, 2)\,(4, 5).$$

Hiernach gehören auch alle Substitutionen der Nebengruppe

$$(29)\qquad\qquad \mathfrak{U}VS^\nu \qquad\qquad (\nu=0, 1, 2, 3, 4)$$

der Galoisschen Gruppe an, und zwar ersetzen sie die Wurzel ξ_1 offenbar durch $\xi_{2+\nu}$. Wenn umgekehrt G eine Substitution der Galoisschen Gruppe ist, welche ξ_1 durch $\xi_{2+\nu}$ ersetzt, so ersetzt die Substitution $GS^{-\nu}V^{-1}$ die Wurzel ξ_1 durch sich selbst, sie gehört also der Untergruppe $\mathfrak{U}$ an, und folglich ist G in der Nebengruppe (29) enthalten. Mit den Substitutionen der Gruppe

(24) und der fünf Nebengruppen (29) ist daher die ganze Galoissche Gruppe erschöpft. Damit sind die Sätze 114, 115 bewiesen.

V. Die Substitutionen S, T, V sind Produkte von einer geraden Anzahl Transpositionen. Die Galoissche Gruppe ist daher eine Untergruppe der alternierenden, und folglich muß die Quadratwurzel aus der Diskriminante bereits dem zugrunde gelegten Körper $\mathfrak{K}(\varepsilon, a, b)$ angehören. Das können wir auch leicht bestätigen. Denn die Diskriminante D ist, wenn

$$x^6 - 10ax^3 - bx + 5a^2 = f(x)$$

gesetzt wird, nach Bd. I, § 44 und § 43 gleich

$$D = D(f) = -R(f, f') = -R(f', f) = -R(f', f - xf') = -R(f - xf', f')$$

oder ausführlicher:

$$\begin{aligned} D &= -R(-5x^6 + 20ax^3 + 5a^2,\ 6x^5 - 30ax^2 - b) \\ &= 5^5 \prod_{\nu=1}^{6} R(x - \varrho_\nu,\ 6x^5 - 30ax^2 - b) \\ &= 5^5 \prod_{\nu=1}^{6} (6\varrho_\nu^5 - 30a\varrho_\nu^2 - b), \end{aligned}$$

wobei $\varrho_1, \ldots, \varrho_6$ die Wurzeln des Polynoms $x^6 - 4ax^3 - a^2$ sind, die sich in der Form schreiben lassen:

$$\varrho_\nu = \sqrt[3]{[2 + (-1)^\nu \sqrt{5}]\,a}\ \eta^\nu = \frac{1 + (-1)^\nu \sqrt{5}}{2} \cdot \sqrt[3]{a}\ \eta^\nu,$$

unter η eine primitive dritte Einheitswurzel verstanden. Daher ist

$$6\varrho_\nu^5 - 30\,a\varrho_\nu^2 - b = -12(\sqrt[3]{a})^5 \eta^{2\nu} - b = -[b + 12\,(\sqrt[3]{a})^5 \eta^{2\nu}]$$

und folglich

$$\begin{aligned} D = 5^5 \prod_{\nu=1}^{6} [b + 12\,(\sqrt[3]{a})^5 \eta^{2\nu}] &= 5^5 \prod_{\nu=1}^{3} [b + 12(\sqrt[3]{a})^5 \eta^{2\nu}]^2 \\ &= 5^5 (b^3 + 1728a^5)^2. \end{aligned}$$

Daher ist

$$\sqrt{D} = 25\sqrt{5}\ (b^3 + 1728a^5), \tag{26}$$

und das ist wirklich eine Größe des Körpers $\mathfrak{K}(\varepsilon, a, b)$, da ja $\sqrt{5}$ dem Körper $\mathfrak{K}(\varepsilon)$ angehört (z. B. nach S. 94, letzte Zeile oder S. 209 oben).

§ 47. Resolventen fünften Grades.

I. Wir machen jetzt wieder die gleiche Voraussetzung wie in Satz 115, betrachten also a und b als unabhängige Variable. Die Resultate unserer Rechnungen, nämlich die Sätze 116, 117, 118, müssen dann auch richtig bleiben, wenn nachträglich die Größen a, b beliebig spezialisiert werden, weshalb wir sie gleich ohne die einschränkende Voraussetzung formulieren werden. Die Wurzeln der Jacobischen Gleichung in Satz 115 seien wieder $\xi_1, \ldots, \xi_6$.

Die in Satz 114 und 115 angegebene Gruppe ist die Gruppe der (geeignet numerierten) sechs Ikosaederdurchmesser (§ 30 IV) oder, wenn man statt des Ikosaeders lieber das Dodekaeder nimmt, die Gruppe der sechs Verbindungslinien von Mittelpunkten gegenüberliegender Dodekaederflächen oder einfach die Gruppe der sechs Paare gegenüberliegender Dodekaederflächen. In Fig. 5 ist von jedem Paar die sichtbare Fläche gezeichnet; die gegenüberliegende unsichtbare soll die gleiche Nummer tragen. Der Substitution S in Satz 114 entspricht eine Drehung um 72^0 um die Verbindungslinie der Mittelpunkte der beiden Flächen 1. Der Substitution T entspricht eine Drehung um 180^0 um die Achse TT. Der Substitution V entspricht eine Drehung um 180^0 um eine Achse, die den Punkt V mit dem gegenüberliegenden verbindet (man mache sich ein Modell).

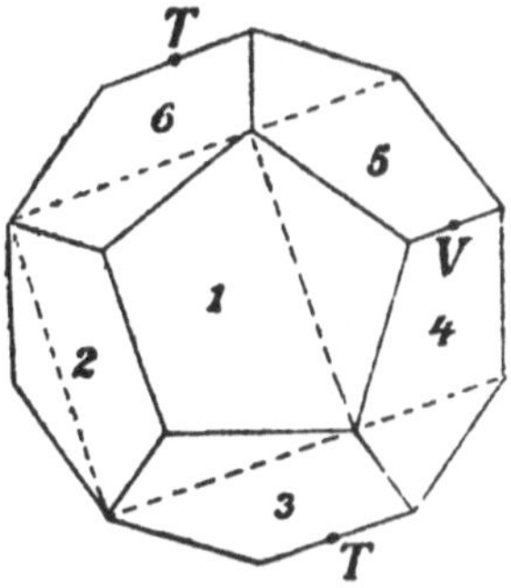

Fig. 5.

Die Gruppe ist nach § 30 IV isomorph mit der alternierenden Gruppe von fünf Ziffern, als welche man fünf Würfel nehmen kann, die mit dem Dodekaeder verbunden sind. Von einem dieser Würfel sind in Fig. 5 die sechs auf den sichtbaren Dodekaederflächen liegenden Kanten gestrichelt gezeichnet. Man erkennt, daß ein Quadrupel paralleler Würfelkanten in den Flächen 1, 2 liegt, ein zweites in den Flächen 3, 6 und das dritte in den Flächen 4, 5. Man wird daher diesen Würfel durch das Symbol

$$W_0 = [1,2]\,[3,6]\,[4,5] \tag{1}$$

bezeichnen können, wobei die Reihenfolge der Klammern und die Reihenfolge der Ziffern innerhalb einer Klammer gleichgültig sind. Analog sind dann die anderen vier Würfel durch die Symbole

$$\left\{\begin{aligned} W_1 &= [1,3]\,[4,2]\,[5,6],\\ W_2 &= [1,4]\,[5,3]\,[6,2],\\ W_3 &= [1,5]\,[6,4]\,[2,3],\\ W_4 &= [1,6]\,[2,5]\,[3,4] \end{aligned}\right. \tag{2}$$

zu bezeichnen. Da bei den Substitutionen der Gruppe die Würfel sich permutieren, so müssen auch diese Symbole sich permutieren, und daraus schließt man, daß ein Polynom $\Phi(\xi_1, \ldots, \xi_6)$, welches die Paare (ξ_1, ξ_2), (ξ_3, ξ_6), (ξ_4, ξ_5) symmetrisch enthält, bei den Substitutionen der Gruppe nur in fünf verschiedene Polynome übergeht und infolgedessen Wurzel einer Resolvente fünften Grades mit Koeffizienten aus $\mathfrak{K}(\varepsilon, a, b)$ sein wird. Solche Polynome sind z. B. die folgenden:

$$\left\{\begin{aligned} &\xi_1\xi_2 + \xi_3\xi_6 + \xi_4\xi_5,\\ &(\xi_1+\xi_2)\,(\xi_3+\xi_6)\,(\xi_4+\xi_5),\\ &(\xi_1-\xi_2)^2\,(\xi_3-\xi_6)^2\,(\xi_4-\xi_5)^2; \end{aligned}\right. \tag{3}$$

das erste und dritte wollen wir weiterbehandeln.

II. An erster Stelle suchen wir die Resolvente mit den Wurzeln

$$(4)\qquad \begin{cases} \tau_0 = \xi_1\xi_2 + \xi_3\xi_6 + \xi_4\xi_5, \\ \tau_1 = \xi_1\xi_3 + \xi_4\xi_2 + \xi_5\xi_6, \\ \tau_2 = \xi_1\xi_4 + \xi_5\xi_3 + \xi_6\xi_2, \\ \tau_3 = \xi_1\xi_5 + \xi_6\xi_4 + \xi_2\xi_3, \\ \tau_4 = \xi_1\xi_6 + \xi_2\xi_5 + \xi_3\xi_4, \end{cases}$$

deren Numerierung der Numerierung der Würfel in (1) und (2) entspricht. Es ist mit einem Blick nachzuprüfen, daß in der Tat bei den Substitutionen S, T, V, also auch bei allen Substitutionen der Galoisschen Gruppe, die τ_ν sich lediglich permutieren, so, daß die symmetrischen Grundfunktionen der τ_ν nach Satz 77 dem Körper $\mathfrak{K}(\varepsilon, a, b)$ angehören müssen. Setzt man für die Wurzeln ξ_ν die Ausdrücke aus den Formeln (13) des § 46 ein, so ist

$$\tau_0 = \frac{\varrho^2}{25}\Big[5\Big(1+q-\frac{1}{q}\Big)^2 + \Big(1+q\varepsilon-\frac{1}{q\varepsilon}\Big)^2\Big(1+q\varepsilon^4-\frac{1}{q\varepsilon^4}\Big)^2$$
$$+\Big(1+q\varepsilon^2-\frac{1}{q\varepsilon^2}\Big)^2\Big(1+q\varepsilon^3-\frac{1}{q\varepsilon^3}\Big)^2\Big]$$
$$=\frac{\varrho^2}{25}\Big(2q^4-2q^3+14q^2+14q-\frac{14}{q}+\frac{14}{q^2}+\frac{2}{q^3}+\frac{2}{q^4}\Big),$$

und hieraus geht τ_ν hervor, indem q durch $q\varepsilon^\nu$ ersetzt wird. Demnach ist

$$\tau_\nu = \frac{\varrho^2}{25}\Big[\Big(14q+\frac{2}{q^4}\Big)\varepsilon^\nu + \Big(14q^2+\frac{2}{q^3}\Big)\varepsilon^{2\nu} + \Big(-2q^3+\frac{14}{q^2}\Big)\varepsilon^{3\nu}$$
$$+\Big(2q^4-\frac{14}{q}\Big)\varepsilon^{4\nu}\Big] \qquad (\nu = 0, 1, 2, 3, 4).$$

Man kann daher, um die Koeffizienten des Polynoms

$$(5)\qquad \prod_{\nu=0}^{4}(t-\tau_\nu) = t^5 + a_1t^4 + a_2t^3 + a_3t^2 + a_4t + a_5$$

zu berechnen, die Formeln (4) des vorigen Paragraphen benutzen, in denen

$$c_1 = \frac{\varrho^2}{25}\Big(14q+\frac{2}{q^4}\Big), \qquad c_2 = \frac{\varrho^2}{25}\Big(14q^2+\frac{2}{q^3}\Big),$$
$$c_3 = \frac{\varrho^2}{25}\Big(-2q^3+\frac{14}{q^2}\Big), \qquad c_4 = \frac{\varrho^2}{25}\Big(2q^4-\frac{14}{q}\Big)$$

zu setzen ist. Dabei ergibt sich sofort:

$$(6)\qquad a_\mu = \varrho^{2\mu}\varphi_\mu\Big(q, \frac{1}{q}\Big),$$

und speziell

$$(7)\qquad \begin{cases} a_3 = \dfrac{-5\varrho^6}{25^3}(64q^{10}+\cdots), \\[2ex] a_4 = \dfrac{5\varrho^8}{25^4}(16q^{15}+\cdots), \\[2ex] a_5 = \dfrac{-\varrho^{10}}{25^5}(32q^{20}+\cdots). \end{cases}$$

wo durch die Punkte Glieder mit kleineren (teilweise negativen) Exponenten von q angedeutet sind. Die vollständige Ausrechnung auf diesem Wege wäre aber mühsam, und man kann sie auf folgende Weise umgehen. Die Koeffizienten a_μ müssen als symmetrische Funktionen der τ_ν dem Körper $\mathfrak{K}(\varepsilon, a, b)$ angehören. Aber das Polynom (5) ist ein Teiler des Polynoms

$$(8) \qquad \prod [t - (\xi_1\xi_2 + \xi_3\xi_6 + \xi_4\xi_5)],$$

wo sich das Produktzeichen auf alle 6! Permutationen der ξ_ν bezieht. Die Koeffizienten von (8) sind als symmetrische Polynome der Wurzeln ξ_ν gewiß Polynome von a und b. Dann müssen aber die Koeffizienten des Teilers (5) nach Bd. I, Satz 93 ebenfalls Polynome von a, b sein (mit Koeffizienten aus $\mathfrak{K}(\varepsilon)$). Somit ist mit Benutzung von Satz 113

$$(9) \qquad \left\{ \begin{aligned} a_\mu = \varrho^{2\mu}\varphi_\mu\left(q, \frac{1}{q}\right) &= \sum_{\varkappa\lambda} C_{\varkappa\lambda} a^\varkappa b^\lambda \\ &= \sum_{\varkappa\lambda} C_{\varkappa\lambda}\varrho^{3\varkappa+5\lambda}\sigma^\varkappa (1 - 10\sigma + 5\sigma^2)^\lambda. \end{aligned} \right.$$

Mit Rücksicht auf die Bedeutung von σ (Satz 113) ist das eine Beziehung zwischen ϱ und q (mit Koeffizienten aus $\mathfrak{K}(\varepsilon)$), und wie auf Seite 247 im Anschluß an Formel (21) ergibt sich, daß sie eine Identität ist. Es müssen also die Koeffizienten gleicher Potenzen von ϱ links und rechts dieselben sein. Nun sind die Zahlen 2 und 4 nicht in der Form $3\varkappa + 5\lambda$ darstellbar; die Zahlen 6, 8, 10 sind nur auf je eine Art darstellbar, nämlich:

$$6 = 3 \cdot 2 + 5 \cdot 0, \qquad 8 = 3 \cdot 1 + 5 \cdot 1, \qquad 10 = 3 \cdot 0 + 5 \cdot 2.$$

Daher folgt aus (9):

$$a_1 = 0, \qquad a_2 = 0, \qquad a_3 = Ca^2, \qquad a_4 = C'ab, \qquad a_5 = C''b^2,$$

wo C, C', C'' noch zu bestimmende Größen aus $\mathfrak{K}(\varepsilon)$ sind. Man findet sie, indem man nach fallenden Potenzen von q ordnet:

$$a_3 = Ca^2 = C\varrho^6\sigma^2 = \frac{C\varrho^6}{125^2}\left(q^5 + 11 - \frac{1}{q^5}\right)^2 = \frac{C\varrho^6}{125^2}(q^{10} + \cdots),$$

$$a_4 = C'ab = C'\varrho^8\sigma\,(5\sigma^2 - 10\sigma + 1) = \frac{C'\varrho^8}{125^3}(5q^{15} + \cdots),$$

$$a_5 = C''b^2 = C''\varrho^{10}(5\sigma^2 - 10\sigma + 1)^2 = \frac{C''\varrho^{10}}{125^4}(25q^{20} + \cdots).$$

Der Vergleich mit (7) ergibt sofort:

$$C = -320, \qquad C' = 80, \qquad C'' = -32.$$

Es ist also

$$a_1 = 0, \qquad a_2 = 0, \qquad a_3 = -320a^2, \qquad a_4 = 80ab, \qquad a_5 = -32b^2,$$

und man erhält den

Satz 116. *Sind $\xi_1, \ldots, \xi_6$ die Wurzeln der Jacobischen Gleichung*

$$x^6 - 10ax^3 - bx + 5a^2 = 0$$

in der durch Satz 113 festgelegten Numerierung[1]), *so hat die Gleichung*

$$t^5 - 320a^2t^2 + 80abt - 32b^2 = 0$$

die in (4) *angegebenen Wurzeln* $\tau_0, \ldots, \tau_4$.

III. Nunmehr wollen wir noch die Resolvente mit den Wurzeln

$$(10)\qquad \begin{cases} \eta_0 = (\xi_1 - \xi_2)(\xi_3 - \xi_6)(\xi_4 - \xi_5), \\ \eta_1 = (\xi_1 - \xi_3)(\xi_4 - \xi_2)(\xi_5 - \xi_6), \\ \eta_2 = (\xi_1 - \xi_4)(\xi_5 - \xi_3)(\xi_6 - \xi_2), \\ \eta_3 = (\xi_1 - \xi_5)(\xi_6 - \xi_4)(\xi_2 - \xi_3), \\ \eta_4 = (\xi_1 - \xi_6)(\xi_2 - \xi_5)(\xi_3 - \xi_4) \end{cases}$$

aufstellen. Zwar haben wir oben bei (3) nur erkannt, daß die η_ν^2 die Wurzeln einer Resolvente sind. Man sieht aber sogleich, daß auch die η_ν selbst durch die Substitutionen S, T, V; also auch durch alle Substitutionen der Galoisschen Gruppe, nur permutiert werden, so daß ihre symmetrischen Grundfunktionen Größen des Körpers $\mathfrak{K}(\varepsilon, a, b)$ sein müssen.

Setzt man in (10) für die Wurzeln ξ_ν wieder die Ausdrücke aus den Formeln (13) des § 46 ein, so ergibt sich nach leichter Rechnung:

$$\eta_0 = \frac{\varrho^3}{125}(\varepsilon^2 + \varepsilon^3 - \varepsilon - \varepsilon^4)\left(q^2 + 2q - 6 - \frac{2}{q} + \frac{1}{q^2}\right)^2\left(q + \frac{1}{q}\right)^2,$$

oder da, wie leicht zu sehen, $(\varepsilon^2 + \varepsilon^3 - \varepsilon - \varepsilon^4)^2 = 5$ ist, so daß

$$(11)\qquad \varepsilon^2 + \varepsilon^3 - \varepsilon - \varepsilon^4 = \sqrt{5}$$

gesetzt werden kann,

$$\eta_0 = \frac{\varrho^3\sqrt{5}}{125}\left(q^3 + 2q^2 - 5q - \frac{5}{q} - \frac{2}{q^2} + \frac{1}{q^3}\right)^2$$

$$= \frac{\varrho^3\sqrt{5}}{125}\left(q^6 + 4q^5 - 6q^4 - 20q^3 + 15q^2 - 24q + 44 + \frac{24}{q} + \frac{15}{q^2} + \frac{20}{q^3} - \frac{6}{q^4} - \frac{4}{q^5} + \frac{1}{q^6}\right).$$

Da aber

$$\frac{\varrho^3}{125}\left(q^5 + 11 - \frac{1}{q^5}\right) = \varrho^3\sigma = a$$

ist, so folgt aus der vorigen Formel:

$$\frac{\eta_0}{\sqrt{5}} - 4a$$
$$= \frac{\varrho^3}{125}\left(q^6 - 6q^4 - 20q^3 + 15q^2 - 24q + \frac{24}{q} + \frac{15}{q^2} + \frac{20}{q^3} - \frac{6}{q^4} + \frac{1}{q^6}\right).$$

Nun geht wieder η_ν aus η_0 hervor, indem man q durch $q\varepsilon^\nu$ ersetzt; daher ist

[1]) Natürlich ist das durchaus keine eindeutige Festlegung. Vielmehr sind alle Numerierungen zulässig, die aus einer zulässigen durch die 60 Substitutionen der Galoisschen Gruppe hervorgehen.

$$\frac{\eta_\nu}{\sqrt{5}} - 4a = \frac{\varrho^3}{125}\left[\left(q^6 - 24q - \frac{6}{q^4}\right)\varepsilon^\nu + \left(15q^2 + \frac{20}{q^3}\right)\varepsilon^{2\nu}\right.$$
$$\left. + \left(-20q^3 + \frac{15}{q^2}\right)\varepsilon^{3\nu} + \left(-6q^4 + \frac{24}{q} + \frac{1}{q^6}\right)\varepsilon^{4\nu}\right] \qquad (\nu = 0, 1, 2, 3, 4).$$

Setzt man also jetzt

$$(12)\qquad \prod_{\nu=0}^{4}\left[t - \left(\frac{\eta_\nu}{\sqrt{5}} - 4a\right)\right] = t^5 + a_1 t^4 + a_2 t^3 + a_3 t^2 + a_4 t + a_5,$$

so können die a_μ wieder nach den Formeln (4) des vorigen Paragraphen berechnet werden, in denen diesmal

$$c_1 = \frac{\varrho^3}{125}\left(q^6 - 24q - \frac{6}{q^4}\right), \qquad c_2 = \frac{\varrho^3}{125}\left(15q^2 + \frac{20}{q^3}\right),$$
$$c_3 = \frac{\varrho^3}{125}\left(-20q^3 + \frac{15}{q^2}\right), \qquad c_4 = \frac{\varrho^3}{125}\left(-6q^4 + \frac{24}{q} + \frac{1}{q^6}\right)$$

zu setzen ist. Dabei ergibt sich sofort:

$$(13)\qquad a_\mu = \varrho^{3\mu}\,\varphi_\mu\left(q, \frac{1}{q}\right) \qquad (\mu = 1, 2, 3, 4, 5),$$

und zwar:

$$(14)\qquad \begin{cases} a_1 = 0, \quad a_2 = \dfrac{5\varrho^6}{125^2}(6q^{10} + \cdots), \quad a_3 = \dfrac{5\varrho^9}{125^3}(20q^{15} + \cdots), \\ a_4 = \dfrac{5\varrho^{12}}{125^4}(21q^{20} + \cdots), \quad a_5 = \dfrac{\varrho^{15}}{125^5}(-q^{30} + 720q^{25} + \cdots). \end{cases}$$

Die weitere Ausrechnung auf diesem Wege kann man wieder umgehen. Denn wie oben in II sieht man, daß die a_μ wieder Polynome von a, b sein müssen:

$$a_\mu = \varrho^{3\mu}\varphi_\mu\left(q, \frac{1}{q}\right) = \sum_{\varkappa\lambda} C_{\varkappa\lambda} a^\varkappa b^\lambda$$
$$= \sum_{\varkappa\lambda} C_{\varkappa\lambda}\varrho^{3\varkappa+5\lambda}\sigma^\varkappa(1 - 10\sigma + 5\sigma^2)^\lambda.$$

Es ist also $3\mu = 3\varkappa + 5\lambda$ und daher:

$$a_2 = Ca^2 = C\varrho^6\sigma^2 = \frac{C\varrho^6}{125^2}\left(q^5 + 11 - \frac{1}{q^5}\right)^2 = \frac{C\varrho^6}{125^2}(q^{10} + \cdots),$$
$$a_3 = C'a^3 = C'\varrho^9\sigma^3 = \frac{C'\varrho^9}{125^3}(q^{15} + \cdots),$$
$$a_4 = C''a^4 = C''\varrho^{12}\sigma^4 = \frac{C''\varrho^{12}}{125^4}(q^{20} + \cdots),$$
$$a_5 = C_1'''b^3 + C_2'''a^5 = C_1'''\varrho^{15}(5\sigma^2 - 10\sigma + 1)^3 + \frac{C_2'''\varrho^{15}}{125^5}(q^{25} + \cdots)$$
$$= \frac{C_1'''\varrho^{15}}{125^5}(q^{30} - 684q^{25} + \cdots) + \frac{C_2'''\varrho^{15}}{125^5}(q^{25} + \cdots).$$

Der Vergleich mit (14) liefert:

$$C = 30, \quad C' = 100, \quad C'' = 105, \quad C_1''' = -1,$$
$$C_2''' - 684 C_1''' = 720, \quad \text{also} \quad C_2''' = 36.$$

Daher ist schließlich

$$a_1 = 0, \quad a_2 = 30a^2, \quad a_3 = 100a^3, \quad a_4 = 105a^4, \quad a_5 = -b^3 + 36a^5,$$

und man erhält:

$$\prod_{\nu=0}^{4}\left[t - \left(\frac{\eta_\nu}{\sqrt{5}} - 4a\right)\right] = t^5 + 30a^2t^3 + 100a^3t^2 + 105a^4t + 36a^5 - b^3.$$

Setzt man hier $t = \frac{y}{\sqrt{5}} - 4a$, so ergibt sich nach Multiplikation mit $25\sqrt{5}$:

$$\prod_{\nu=0}^{4}(y - \eta_\nu) = y^5 - 20\sqrt{5}\, ay^4 + 950a^2y^3 - 4500\sqrt{5}\, a^3y^2 + 50625a^4y$$
$$- 25\sqrt{5}\,(b^3 + 1728a^5).$$

Somit erhalten wir den

Satz 117. *Sind $\xi_1, \ldots, \xi_6$ die Wurzeln der Jacobischen Gleichung*

$$x^6 - 10ax^3 - bx + 5a^2 = 0$$

in der durch Satz 113 festgelegten Numerierung, so hat die Gleichung

$$y^5 - 20\sqrt{5}ay^4 + 950a^2y^3 - 4500\sqrt{5}a^3y^2 + 50625a^4y$$
$$- 25\sqrt{5}(b^3 + 1728a^5) = 0$$

die in (10) *angegebenen Wurzeln $\eta_0, \ldots, \eta_4$. Das Radikal $\sqrt{5}$ hat dabei die durch* (11) *eindeutig festgelegte Bedeutung.*

Man wird bemerken, daß das Produkt der η_ν in (10) gleich dem Differenzenprodukt der ξ_ν ist, also gleich der Quadratwurzel aus der Diskriminante der Jacobischen Gleichung. Die Diskriminante selbst muß daher gleich dem Quadrat des letzten Koeffizienten in der vorstehenden Resolvente sein, also gleich

$$625 \cdot 5(b^3 + 1728a^5)^2,$$

wie wir auch auf S. 250 fanden.

IV. Setzt man $y = \sqrt{5}\, v^2$, so geht die in Satz 117 angegebene Gleichung fünften Grades nach Division durch $25\sqrt{5}$ über in:

$$v^{10} - 20av^8 + 190a^2v^6 - 900a^3v^4 + 2025a^4v^2 - (b^3 + 1728a^5) = 0,$$

oder, was dasselbe ist:

$$(v^5 - 10av^3 + 45a^2v)^2 = b^3 + 1728a^5.$$

Daraus ergibt sich, indem $b^3 + 1728a^5 = \gamma^2$ gesetzt wird, der

Satz 118. *Um die Wurzeln der Gleichung fünften Grades*

$$v^5 - 10av^3 + 45a^2v + \gamma = 0$$

zu finden, bestimme man eine Größe b so, daß $b^3 + 1728a^5 = \gamma^2$ ist, also

$$b = \sqrt[3]{\gamma^2 - 1728a^5}.$$

Bildet man dann die Jacobische Gleichung

$$x^6 - 10ax^3 - bx + 5a^2 = 0$$

und bezeichnet ihre Wurzeln in der durch Satz 113 festgelegten Numerierung mit $\xi_1, \ldots, \xi_6$, so sind die Wurzeln der Gleichung fünften Grades durch folgende Formeln gegeben:

$$v_0 = \sqrt{\frac{1}{\sqrt{5}}(\xi_1 - \xi_2)(\xi_3 - \xi_6)(\xi_4 - \xi_5)}, \qquad v_1 = \sqrt{\frac{1}{\sqrt{5}}(\xi_1 - \xi_3)(\xi_4 - \xi_2)(\xi_5 - \xi_6)},$$

$$v_2 = \sqrt{\frac{1}{\sqrt{5}}(\xi_1 - \xi_4)(\xi_5 - \xi_3)(\xi_6 - \xi_2)}, \qquad v_3 = \sqrt{\frac{1}{\sqrt{5}}(\xi_1 - \xi_5)(\xi_6 - \xi_4)(\xi_2 - \xi_3)},$$

$$v_4 = \sqrt{\frac{1}{\sqrt{5}}(\xi_1 - \xi_6)(\xi_2 - \xi_5)(\xi_3 - \xi_4)}.$$

Dabei hat $\sqrt{5}$ die durch (11) eindeutig festgelegte Bedeutung, während die eindeutige Festlegung der äußeren Quadratwurzelzeichen sich direkt aus der gegebenen Gleichung ergibt, indem man sie in der Form schreibt:

$$v = \frac{-\gamma}{v^4 - 10av^2 + 45a^2},$$

wo rechts nur gerade Potenzen von v auftreten.

Nach § 44 läßt sich jede Gleichung fünften Grades (von trivialen metazyklischen Gleichungen abgesehen) auf die Brioschische Normalform transformieren. Die Auflösung einer Brioschischen Gleichung wird aber durch Satz 118, wenn darin speziell $a = 1$ gesetzt wird, zurückgeführt auf die Auflösung einer Jacobischen Gleichung sechsten Grades, und diese läßt sich nach Satz 112 durch elliptische Funktionen auflösen. Damit ist auch die Auflösung der allgemeinen Gleichung fünften Grades (mit Zahlenkoeffizienten) durch elliptische Funktionen bewerkstelligt.

Sach- und Namenverzeichnis.

Verzeichnis der Sätze.